国家出版基金资助项目
“新闻出版改革发展项目库”入库项目
“十三五”国家重点出版物出版规划项目

钢铁工业绿色制造
节能减排先进技术丛书

主　编　于　勇
副主编　王天义　洪及鄙
　　　　赵　沛　王新江

钢铁工业绿色制造节能减排技术进展

Progress in Green Manufacturing and Energy Conservation Technology for Iron and Steel Industry

王新东　于　勇　苍大强　编著

北　京
冶　金　工　业　出　版　社
2024

内容简介

本书系统地阐述了钢铁工业节能减排先进技术和最新成果及其在生产中的应用。全书共分9章，主要内容包括绿色制造概论、国内外钢铁工业绿色制造节能减排现状和趋势、国内外钢铁工业能耗及污染物排放分析、钢铁工业绿色制造节能减排系统框架和技术、钢铁工业循环经济发展与技术创新、中长期前沿技术、钢铁制造流程优化及生命周期评价、世界钢铁工业低碳技术进展，以及钢铁工业的绿色设计及评价体系等。

本书可供钢铁行业及环境保护、清洁生产领域的科研人员、工程技术人员、管理人员和政府有关人士阅读，也可供高等院校钢铁冶金、环境工程及相关专业的师生参考。

图书在版编目(CIP)数据

钢铁工业绿色制造节能减排技术进展/王新东，于勇，苍大强编著．—北京：冶金工业出版社，2020.10（2024.8重印）

（钢铁工业绿色制造节能减排先进技术丛书）

ISBN 978-7-5024-8345-6

Ⅰ.①钢…　Ⅱ.①王…　②于…　③苍…　Ⅲ.①钢铁工业—无污染技术—技术发展　②钢铁工业—节能—技术发展　Ⅳ.①TF4

中国版本图书馆CIP数据核字(2020)第000041号

钢铁工业绿色制造节能减排技术进展

出版发行　冶金工业出版社　　**电　话**　(010)64027926

地　址　北京市东城区嵩祝院北巷39号　　**邮　编**　100009

网　址　www.mip1953.com　　**电子信箱**　service@mip1953.com

策划编辑　任静波

责任编辑　任静波　杜婷婷　张登科　美术编辑　彭子赫

版式设计　孙跃红　责任校对　王永欣　责任印制　窦　唯

北京建宏印刷有限公司印刷

2020年10月第1版，2024年8月第2次印刷

710mm×1000mm　1/16；23印张；445千字；345页

定价 116.00元

投稿电话　(010)64027932　投稿信箱　tougao@cnmip.com.cn

营销中心电话　(010)64044283

冶金工业出版社天猫旗舰店　yjgycbs.tmall.com

（本书如有印装质量问题，本社营销中心负责退换）

丛书编审委员会

丛书出版说明

随着我国工业化、城镇化进程的加快和消费结构持续升级，能源需求刚性增长，资源环境问题日趋严峻，节能减排已成为国家发展战略的重中之重。钢铁行业是能源消费大户和碳排放大户，节能减排效果对我国相关战略目标的实现及环境治理至关重要，已成为人们普遍关注的热点。在全球低碳发展的背景下，走节能减排低碳绿色发展之路已成为中国钢铁工业的必然选择。

近年来，我国钢铁行业在降低能源消耗、减少污染物排放、发展绿色制造方面取得了显著成效，但还存在很多难题。而解决这些难题，迫切需要有先进技术的支撑，需要科学的方向性指引，需要从技术层面加以推动。鉴于此，中国金属学会和冶金工业出版社共同组织编写了“钢铁工业绿色制造节能减排先进技术丛书”（以下简称丛书），旨在系统地展现我国钢铁工业绿色制造和节能减排先进技术最新进展和发展方向，为钢铁工业全流程节能减排、绿色制造、低碳发展提供技术方向和成功范例，助力钢铁行业健康可持续发展。

丛书策划始于2016年7月，同年年底正式启动；2017年8月被列入“十三五”国家重点出版物出版规划项目；2018年4月入选“新闻出版改革发展项目库”入库项目；2019年2月入选国家出版基金资助项目。

丛书由国家新材料产业发展专家咨询委员会主任、中国工程院原副院长、中国金属学会理事长干勇院士担任主编；中国金属学会专家委员会主任王天义、专家委员会副主任洪及鄙、常务副理事长赵沛、副理事长兼秘书长王新江担任副主编；7位中国科学院、中国工程院院士组成顾问团队。第十届全国政协副主席、中国工程院主席团名誉主席、中国工程院原院长徐匡迪院士为丛书作序。近百位专家、学者参加了丛书的编写工作。

针对钢铁产业在资源、环境压力下如何解决高能耗、高排放的难题，以及此前国内尚无系统完整的钢铁工业绿色制造节能减排先进技术图书的现状，丛书从基础研究到工程化技术及实用案例，从原辅料、焦化、烧结、炼铁、炼钢、轧钢等各主要生产工序的过程减排到能源资源的高效综合利用，包括碳素流运行与碳减排途径、热轧板带近终形制造，系统地阐述了国内外钢铁工业绿色制造节能减排的现状、问题和发展趋势，节能减排先进技术与成果及其在实际生产中的应用，以及今后的技术发展方向，介绍了国内外低碳发展现状、钢铁工业低碳技术路径和相关技术。既是对我国现阶段钢铁行业节能减排绿色制造先进技术及创新性成果的总结，也体现了最新技术进展的趋势和方向。

丛书共分 10 册，分别为：《钢铁工业绿色制造节能减排技术进展》《焦化过程节能减排先进技术》《烧结球团节能减排先进技术》《炼铁过程节能减排先进技术》《炼钢过程节能减排先进技术》《轧钢过程节能减排先进技术》《钢铁原辅料生产节能减排先进技术》《钢铁制造流程能源高效转化与利用》《钢铁制造流程中碳素流运行与碳减排途径》《热轧板带近终形制造技术》。

中国金属学会和冶金工业出版社对丛书的编写和出版给予高度重视。在丛书编写期间，多次召集丛书主创团队进行编写研讨，各分册也多次召开各自的编写研讨会。丛书初稿完成后，2019 年 2 月召开了《钢铁工业绿色制造节能减排技术进展》分册的专家审稿会；2019 年 9 月至 10 月，陆续组织召开 10 个分册的专家审稿会。根据专家们的意见和建议，各分册编写人员进一步修改、完善，严格把关，最终成稿。

丛书瞄准钢铁行业的热点和难点，内容力求突出先进性、实用性、系统性，将为钢铁行业绿色制造节能减排技术水平的提升、先进技术成果的推广应用，以及绿色制造人才的培养提供有力支持和有益的参考。

中国金属学会
冶金工业出版社
2020 年 10 月

总　序

党的十九大报告指出，中国特色社会主义进入了新时代，“我国社会主要矛盾已经转化为人民日益增长的美好生活需要和不平衡不充分的发展之间的矛盾”。为更好地满足人民日益增长的美好生活需要，就要大力提升发展质量和效益。发展绿色产业、绿色制造是推动我国经济结构调整，实现以效率、和谐、健康、持续为目标的经济增长和社会发展的重要举措。

当今世界，绿色发展已经成为一个重要趋势。中国钢铁工业经过改革开放40多年来的发展，在产能提升方面取得了巨大成绩，但还存在着不少问题。其中之一就是在钢铁工业发展过程中对生态环境重视不够，以至于走上了发达国家工业化进程中先污染后治理的老路。今天，我国钢铁工业的转型升级，就是要着力解决发展不平衡不充分的问题，要大力提升绿色制造节能减排水平，把绿色制造、节能环保、提高发展质量作为重点来抓，以更好地满足国民经济高质量发展对优质高性能材料的需求和对生态环境质量日益改善的新需求。

钢铁行业是国民经济的基础性产业，也是高资源消耗、高能耗、高排放产业。进入21世纪以来，我国粗钢产量长期保持世界第一，品种质量不断提高，能耗逐年降低，支撑了国民经济建设的需求。但是，我国钢铁工业绿色制造节能减排的总体水平与世界先进水平之间还存在差距，与世界钢铁第一大国的地位不相适应。钢铁企业的水、焦煤等资源消耗及液、固、气污染物排放总量还很大，使所在地域环境承载能力不足。而二次资源的深度利用和消纳社会废弃物的技术与应用能力不足是制约钢铁工业绿色发展的一个重要因素。尽管钢铁工业的绿色制造和节能减排技术在过去几年里取得了显著的进步，但是发展仍十分不平衡。国内少数先进钢铁企业的绿色制造已基本达到国际先进水平，但大多数钢铁企业环保装备落后，工艺技术水平低，能源消耗高，对排放物的处理不充分，对所在城市和周边地域的生态环境形成了严峻的挑战。这是我国钢铁行业在未来发展中亟须解决的问题。

国家“十三五”规划中指出，“十三五”期间，我国单位 GDP 二氧化碳排放下降 18%，用水量下降 23%，能源消耗下降 15%，二氧化硫、氮氧化物排放总量分别下降 15%，同时提出到 2020 年，能源消费总量控制在 50 亿吨标准煤以内，用水总量控制在 6700 亿立方米以内。钢铁工业节能减排形势严峻，任务艰巨。钢铁工业的绿色制造可以通过工艺结构调整、绿色技术的应用等措施来解决；也可以通过适度鼓励钢铁短流程工艺发展，发挥其低碳绿色优势；通过加大环保技术升级力度、强化污染物排放控制等措施，尽早全面实现钢铁企业清洁生产、绿色制造；通过开发更高强度、更好性能、更长寿命的高效绿色钢材产品，充分发挥钢铁制造能源转化、社会资源消纳功能作用，钢厂可从依托城市向服务城市方向发展转变，努力使钢厂与城市共存、与社会共融，体现钢铁企业的低碳绿色价值。相信通过全行业的努力，争取到 2025 年，钢铁工业全面实现能源消耗总量、污染物排放总量在现有基础上又有一个大幅下降，初步实现循环经济、低碳经济、绿色经济，而这些都离不开绿色制造节能减排技术的广泛推广与应用。

中国金属学会和冶金工业出版社共同策划组织出版“钢铁工业绿色制造节能减排先进技术丛书”非常及时，也十分必要。这套丛书瞄准了钢铁行业的热点和难点，对推动全行业的绿色制造和节能减排具有重大意义。组织一大批国内知名的钢铁冶金专家和学者，来撰写全流程的、能完整地反映我国钢铁工业绿色制造节能减排技术最新发展的丛书，既可以反映近几年钢铁节能减排技术的前沿进展，促进钢铁工业绿色制造节能减排先进技术的推广和应用，帮助企业正确选择、高效决策、快速掌握绿色制造和节能减排技术，推进钢铁全流程、全行业的绿色发展，又可以为绿色制造人才的培养，全行业绿色制造技术水平的全面提升，乃至为上下游相关产业绿色制造和节能减排提供技术支持发挥重要作用，意义十分重大。

当前，我国正处于转变发展方式、优化经济结构、转换增长动力的关键期。绿色发展是我国经济发展的首要前提，也是钢铁工业转型升级的准则。可以预见，绿色制造节能减排技术的研发和广泛推广应用将成为行业新的经济增长点。也正因为如此，编写“钢铁工业绿色制造节能减排先进技术丛书”，得到了业内人士的关注，也得到了包括院士在内的众多权威专家的积极参与和支持。钢铁工业绿色制造节能减排先进技术涉及钢铁制造的全流程，这套丛书的编写和出版，既是对我国钢铁行业节能环保技术的阶段性总结和下一步技术发展趋势的展望，也是填补了我国系统性全流程绿色制造节能减排先进技术图书缺失的空白，为我国钢铁企业进一步调整结构和转型升级提供参考和科学性的指引，必将促进钢铁工业绿色转型发展和企业降本增效，为推进我国生态文明建设做出贡献。

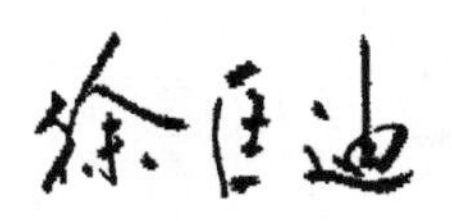

2020 年 10 月

序

中国钢铁工业经过70年的飞速发展，从规模上说已是名副其实的钢铁大国。新中国成立初期，全国粗钢产量只有15.8万吨，2019年粗钢产量已经达到9.96亿吨，占世界粗钢总产量的53.3%，但从技术、装备、控制和绿色化创新方面还不能称为一个完全的钢铁强国。经过多年粗放发展，钢铁行业当前面临着巨大的外部压力，能源、环保和资源等方面的压力越来越大。“十三五”以来，中国钢铁行业贯彻落实绿色发展理念，加快创建用地集约化、生产洁净化、废物资源化、能源低碳化等特点的绿色工厂，通过一系列的技术措施，加强内部管理，不断提升节能环保水平，保证了节能减排指标的持续改善。

钢铁是人类社会进步所依赖的重要物质基础。钢铁工业长期以来是世界各国国民经济的基础产业，钢铁工业发展水平如何，历来是衡量一个国家工业化水平高低和国家综合国力的重要标志，美国、日本、德国等经济发达国家无不经历了以钢铁工业为支柱产业的重要发展阶段。从20世纪70年代以来，美国、日本等一些钢铁强国不断实施结构调整，组成集团化，甚至是国际资本的跨国公司，通过调整和联合，企业间优势互补，由过去的分散格局，逐步组合成更具竞争力的企业集团，增强了它们在国际市场上的竞争力。世界钢铁工业长期的实践证明，钢铁工业的绿色化既是当今钢铁工业生存，也是钢铁工业未来发展的需求，绿色化已经是一个“钢铁大国”成为“钢铁强国”的必经之路。

发展绿色产业、绿色制造是推动我国经济结构调整，实现以效率、和谐、健康、持续为目标的经济增长和社会发展的重要举措。钢铁行业在推进绿色制造过程中大有可为，绿色制造节能减排技术的研发和广泛推广将成为钢铁行业新的经济增长点。近年来，我国钢铁行业在节能减排技术研究上取得了显著成效，一批具有自主知识产权的创新性成果获得了应用，总结我国钢铁行业节能环保技术的阶段性成果和展望下一步的技术发展趋势，对提高中国钢铁工业的绿色制造和节能减排水平具有重大意义。

本书主要阐明了钢铁工业绿色制造的主要内容、新发展阶段对钢铁工业的新要求和钢铁工业绿色化的基本路径和方法、国内外钢铁工业绿色制造技术的现状及未来展望、钢铁行业能耗及污染物排放情况；重点介绍了钢铁工业绿色制造节能减排系统框架和技术、钢铁企业循环经济发展以及技术创新、钢铁制造流程优化、中长期前沿技术、绿色设计评价体系以及世界钢铁工业低碳技术的进展等。全书较系统、全面地介绍了钢铁行业节能减排的先进技术与最新成果及其在实际生产中的应用，并指出今后的技术发展方向。

本书由河钢集团有限公司首席技术官、副总经理王新东，世界钢铁协会主席、河钢集团有限公司董事长于勇，北京科技大学苍大强教授等共同编著。王新东教授级高级工程师从事钢铁行业绿色制造节能减排技术研发应用工作36年，积累了丰富的工程经验；于勇教授级高级工程师在绿色发展、智能制造、可持续发展方面有深刻的理解，对钢铁工业绿色制造节能减排做出了突出贡献；苍大强教授主要从事钢铁行业节能减排技术、方法和理论的研究，在理论及技术研发方面积累了大量成果。本书凝聚了作者长期积累的理论成果和实践经验，希望能够为从事钢铁行业绿色制造节能减排的科研和技术人员、高校师生以及各级管理人员提供参考，最后，感谢本书所有作者为撰写本书所付出的辛勤努力！

殷瑞钰

2020年10月

前　言

绿色制造是制造业转型升级的必由之路。我国作为制造大国，转变发展方式，实现绿色发展尤为重要。目前，我国资源能源消耗和污染物排放与国际先进水平相比仍存在较大差距，资源环境承载能力已近极限，加快推进制造业绿色发展刻不容缓。全面推行绿色制造，不仅对缓解当前资源环境瓶颈约束、加快培育新的经济增长点具有重要现实作用，而且对加快转变经济发展方式、推动工业转型升级、提升制造业国际竞争力具有深远历史意义。

国家“十三五”规划指出，“十三五”期间，我国单位GDP二氧化碳排放下降18%，二氧化硫、氮氧化物排放总量分别下降15%。钢铁工业节能减排形势严峻，二氧化碳、二氧化硫、氮氧化物、粉尘等主要污染物治理、固体废弃物综合利用等任务十分艰巨。钢铁行业如何解决高能耗、高排放的难题，如何以低碳技术为核心，实现低碳化已成为人们普遍关注的热点，钢铁行业在推进绿色制造、低碳发展过程中大有可为。

本书重点介绍了钢铁工业绿色制造的内涵，结合国内外钢铁工业绿色制造技术的现状和展望、钢铁行业能耗、污染物排放情况进行分析，系统地梳理了钢铁工业全流程多工序绿色制造节能减排技术，重点对烧结（球团）、焦化、炼铁、炼钢、连铸、轧钢工序进行了详细介绍，综合钢铁循环经济发展及技术创新、钢铁制造流程优化、中长期前沿技术、绿色设计评价体系以及世界钢铁工业低碳技术的进展，系统、全面地阐述了钢铁行业绿色制造节能减排技术，为钢铁企业绿色制造节能减排提供技术参考。此外，本书通过对国内外低碳发展形势和我国现状的分析，给出了钢铁工业低碳技术路径。书中还提出了一些中长期需要研究的新理论和新课题，供中国钢铁人举一反三。希望不久的将来会有越来越多的钢铁人加入“钢铁强国”的建设队伍中。

本书由河钢集团有限公司首席技术官、副总经理王新东承担主要编写工作，并负责全书统稿；世界钢铁协会主席、河钢集团有限公司董事长于勇对全书框架、结构、内容的确定和遴选提出了建设性的建议；北京科技大学苍大强教授负责第1章、第6章、第9章的编写并负责整体修改工作。刘义教授级高级工程师负责第4章的编写，王倩工程师负责第2章的编写，田京雷高级工程师负责第3章、第5章的编写，李立业高级工程师负责第8章的编写，钢铁研究总院郦秀萍教授负责第7章的编写。胡启晨、郝良元负责烧结、炼铁方面的编写，张瑞忠、刘崇负责炼钢方面的编写；李杰负责连铸方面的编写，李杰、杨士弘、年保国负责轧钢方面的编写，侯长江、侯环宇、刘金哲参与了节能环保方面的编写，河钢集团孙力、庞得奇、黄世平、刘泳、刘国良、吴保华、苏冬艳等参与了书稿的部分编写及校对工作。感谢冶金工业出版社任静波总编辑在出版各环节提供的诸多建议和帮助，感谢国家出版基金的资助，感谢干勇院士对本书的指导，感谢殷瑞钰院士的支持并在百忙之中为本书作序；中国金属学会专家委员会王天义主任和洪及鄙副主任、常务副理事长赵沛、副理事长兼秘书长王新江，河钢集团钢研总院李建新院长等在本书编写过程中给予了指导和大力支持，在此一并表示衷心的感谢！

由于作者水平所限，书中不足之处，恳请广大读者批评指正。

王新东　于　勇　苍大强

2020年10月

目　录

1 绿色制造概论

1.1 绿色制造的概念和内涵

1.1.1 绿色制造的概念

绿色制造是在应用先进工艺、装备和合规原料，在满足产品质量和产量的前提下，一种综合考虑制造过程资源、能源消耗和环境影响的现代制造模式，目标是使产品从设计、制造、运输、使用到使用终止后的循环利用和处理的整个生命周期对生态环境的负面影响最小、资源和能源利用率最高，并使企业的经济效益、环境效益和社会效益最大化。

绿色制造被称为环境意识制造（Environmental Conscious Manufacturing），也有称为面向环境的制造（Manufacturing for Environment），是一个不光考虑产品功能、数量、质量和成本的制造过程，还必须考虑制造过程对环境影响和资源、能源的效益的高低，绿色制造是一个新的现代化制造模式。

绿色制造的绿色不光指环保内容，还包括节能、资源利用等内容，绿色制造是一个循环系统（低熵生产模式），系统内的资源和能源得到了高效利用，并且对外界环境的负面影响最小。如果用一个形象的公式表示绿色制造，则有：

绿色制造=环保+节能+资源高效利用

=绿色原料+绿色能源+清洁生产+绿色应用+绿色回收

1.1.2 绿色制造的内涵

绿色制造不是单纯的环保问题，而是一个具有狭义和广义内容的系统内涵，由于单纯治理污染物的环保已经进入生态环保的大系统多要素的环境保护，环保问题的形成和解决也已经从局部向区域乃至全球在不同尺度上多层次地开展。

绿色制造具有多尺度、多层次的内涵。它需要运用可持续发展观点和系统论等普遍的方法进行整体性的研究。要将不同层次、不同尺度上的理论、技术、工具集成起来；在微观层次上采用产品设计，原材料、能源选择代替，工艺、装备和管理完善等方法；在介观层次上采用区域内物流循环和行业共生、共存等工业生态链策略；在宏观层次上采取政策、法规等行政经济杠杆来导向。在研究开发绿色制造流程、绿色生产技术时，有必要借鉴艺术上采用的先总体构思、后具体实施的方法。

首先，要从整体上（既有微观的，又有宏观的）把握好完美的概念和内涵，作为解决环境友好的绿色制造体系的方法。由于环境问题往往需要从整体上来把握好解决问题的思维和途径，因此，人们应以一种总体设计者的眼光来观察问题，即先从整体、宏观上思考，逐步深入到介观、微观层次。而且，对于从整体到介观、微观之间的联结方法可以用白箱、灰箱和黑箱等方式来解决。

绿色制造理念是以减少污染物排放为核心，以降低物耗、能耗为重点，以提高生产效率为导向，以加强循环利用为支撑，立足于现场，采用先进适用的技术措施，强化精益生产和精细管理，注意环保的红线和能耗的底线，严格控制成本，实现生产的高效化、消耗的减量化、排放的最小化、资源的循环化、环境的友好化。加大先进适用的节能环保工艺装备研发力度，加快钢铁工业绿色改造进程。

绿色制造在解决环境、能源和资源问题的方法上，也与原来开环的制造系统有很大的区别，开环制造模式，是用末端治理的方法解决环境问题；而绿色制造闭环封闭制造系统是在满足产品的基本属性基础上，主要从源头和过程治理环境问题，使产品在满足其应有的基本性能、质量和使用寿命等基础上，还能很好地满足环境目标的要求。

当今世界上掀起一股绿色浪潮，环境问题已经是世界各国的热点，发达国家已经把绿色制造作为改变传统制造业的重要手段，ISO 14000 系列标准已经成为绿色制造全球化的基础，越来越多的国家已经要求进口产品要有绿色认定（绿色标志），有些国家以保护环境为名，制定了苛刻的产品环境指标，来限制国际产品进入本国市场，中国要尽早为更多的中国产品进入国际市场做准备，绿色制造是目前被认为一种最新的应该实施的制造方式。

工业和信息化部《工业绿色发展规划（2016—2020 年）》提出了大力推进能效提升、大幅减少污染排放、加强资源综合利用、削减温室气体排放、提升科技支撑能力、加快构建绿色制造体系、推进工业绿色协调发展、实施绿色制造+互联网、提高绿色发展基础能力、促进工业绿色开放发展等 10 大主要任务。根据规划提出的目标，到 2020 年，绿色发展理念要成为工业全领域全过程的普遍要求，工业绿色发展推进机制要基本形成，绿色制造产业要成为经济增长新引擎和国际竞争新优势，工业绿色发展整体水平要显著提升。

1.2 绿色制造的基本原则

1.2.1 国家的产业政策、法律和法规

由于钢铁形势变化快，2018 年国家针对钢铁产业产能严重过剩、无序竞争、自主创新能力不足和综合竞争力不强等问题，将 2015 年制定的《钢铁产业政策》修订为《钢铁产业调整政策》。该政策制定的目标是：2015 年钢铁产品与服务全

面满足国民经济发展需要，实现钢铁企业资源节约、环境友好、创新活力强、经济效益好、具有国际竞争力的转型升级。产品服务、工艺装备、节能环保、自主创新等达到世界先进水平，公开开放的市场环境基本形成。新政策具体目标中，除钢铁产品质量和服务达到世界先进水平外，产能利用率大于 80%，生产设备大型化自动化水平进一步提高。

值得注意的是：

(1) 新政策鼓励推广以废钢为原料的短流程炼钢工艺及装备的应用。到 2025 年我国炼钢废钢比要大于 30%，非钢铁加工配送体系基本建成。大中型钢铁企业主业劳动生产率大于 1000 吨/(人·年)，先进企业大于 1500 吨/(人·年)。

(2) 钢铁空间布局要优化调整。积极推进中心城市城区钢厂转型和搬迁改造，使优势产能向优势企业和地区集中。

(3) 技术创新体系不断完善。到 2025 年，形成行业发展的自主创新和研发体系，建成一批具有先期介入、后续服务及推广应用功能的研发中心、实验室和产业联盟等创新平台，构建起世界领先的科研领军人才和职业技能人才培养体系。大中型钢铁企业新产品销售收入占企业销售收入比重超过 20%，R&D (Research and Development) 经费占主营业务收入比重不低于 1.7%。

(4) 两化水平明显提高，并成为新型钢铁企业的重要特征。行业大数据资源开发利用及云计算平台建设取得较大进展，装备智能化水平不断提高，电子商务全面普及。

(5) 节能减排。到 2025 年，钢铁企业污染物排放、工序能耗全面符合国家和地方规定的标准。钢铁行业吨钢综合能耗下降到 560kgce，取水量下降到 3.8m^3以下，SO_2排放量下降到 0.6kg，烟粉尘排放量下降到 0.5kg，固体废弃物实现 100%利用。

另外，钢铁企业一定要注意和遵守国家颁布的最新法律和法规，避免盲目决策造成重大失误。

1.2.2 国家和当地的环保、能耗等标准

近年来，国家对绿色钢铁工业的节能环保高频率地颁布了越来越严格的节能环保标准，例如对粉尘、SO_2和 NO_x 的排放，先后颁布了国家标准、排放限值、超低标准，部分地区还颁布了更严格的环保标准，如邯郸和唐山地区的超超低排放标准。

另外，还要注意生态环境部可能颁布的新的强制性污染物的排放标准，提前做好各种准备。

1.2.3 生产资源节约型的高品质钢铁产品

钢铁工业的基本任务是生产足量和合格的钢铁产品，但绿色钢铁工业对钢铁

产品的要求，除严格的环保要求外，还要加上节约资源和能源的要求。

资源包括一次资源和二次资源，一次资源是指铁矿石、石灰石、萤石等，二次资源是指钢铁工业的渣、尘、泥、废弃耐火材料、废水和废气等。

能源包括一次能源和二次能源，一次能源是指煤、油、天然气等，二次能源有余热、余压、副产煤气等。

目前生产1t粗钢约需4t的固体原料（资源）和0.5t标准煤能源，以建筑用钢为例，如果新生产的钢产品是两倍于普通钢强度和寿命的产品，则4t固体原料和0.5t标准煤就能生产出相当于2t钢产品，所以生产高品质钢是一种大节能大环保和资源节约的方法。中国应该大量开发和生产高强钢和长寿钢产品，以减少用钢量和资源能源消耗量，从而减少污染物排放量。

1.2.4 实现企业内的清洁生产与企业内外结合的循环经济

联合国环保规划署（United Nations Environment Programme，UNEP）20世纪90年代颁布的工业清洁生产方法，是工业全流程节能减排和资源循环的好办法，清洁生产是一个对生产过程不断改进和提高水平的新途径，全世界都在推行该方法，取得了巨大成果。UNEP援助我国的一批清洁生产项目，也在我国起到了很好的清洁生产示范作用。

我国政府此后又根据我国自身情况（资源能源效率低、浪费大，工艺、装备和原料加工水平参差不齐等），提出了循环经济概念，强调了资源循环和能源高效利用的要求，并颁布了一系列法律规范和标准。钢铁工业也颁布了相应的规范和标准，强调钢铁工业在高效利用一次资源的同时，不但要加强企业内的资源循环，还要建立和社会资源循环的要求，加上高效能源的效果，就构成了绿色钢铁的基础，也成了判断一个钢铁企业是否是绿色钢铁企业的一条准则。

1.2.5 最小化钢铁工业对当地自然生态及社会的负面影响

钢铁工业离不开社会和周边的自然生态系统，二者相互影响，而且共生共存。绿色钢铁企业是把对周边生态系统和人类社会的影响降到最低，评价的标准就是至少要满足国家和当地政府颁布的各项标准，有些钢铁企业消纳处理社会和其他工业的固体废弃物，并为社会和其他工业企业提供余热和煤气等。这是绿色钢铁企业衡量的标准之一。

1.2.6 高水平的绿色化人才培养和建立健全的组织机构

国外自21世纪开始，就对绿色工业企业提出了要在大学开始培养多维人才的计划，即具备多专业的知识、有很强的创新意识、有较好的管理水平和金融知识等。

对绿色钢铁企业的全面和严格的要求，亟须一批高素质和有远见的“多维人才”。这是目前中国钢铁工业的一个突出弱点，需要国家、钢铁企业和大学共同推动，以解决这个影响深远的问题。为解决该问题，建立健全一个强有力的绿色钢铁的保障系统和组织，是保证绿色钢铁能否得以实现的不可或缺的基础。这点也成了判断该钢铁企业是否是绿色钢铁企业的一个标准。

1.3 绿色制造的体系及内容

尽管我国在绿色制造方面提出了一系列的政策规范和评价方法，但总体上还处在早期阶段，长期延续的传统工艺、装备和原料加工方法，已经不能满足现阶段国家和地方对环保和节能的要求，大量的绿色工艺、装备、技术和软件还有待颠覆性的开发。正因为如此，绿色制造需要有一个就目前条件下的保证体系，来实现绿色的目标。

基于国内外的做法，绿色制造体系应该由如下几部分组成：

(1) 具备符合国内或国外标准的绿色钢铁产品及结构；

(2) 具备符合现有国家标准的绿色主流程和副流程；

(3) 具有绿色的原料和能源的储存、运输、加工系统；

(4) 具有合理的主流程结构和高水平的装备条件；

(5) 资源高效循环利用和能源高效转换与利用；

(6) 开展制造流程和产品的全生命周期评估、诊断，并不断提高；

(7) 建立和完善数字化、智能化的软硬件控制技术系统；

(8) 有健全的绿色组织保障机构、制度和一批高水平绿色专业人才。

2 国内外钢铁工业绿色制造节能减排现状和趋势

2.1 中国钢铁工业绿色制造节能减排现状和趋势

2.1.1 中国钢铁工业绿色制造节能减排现状

随着经济的快速发展，中国钢铁工业持续推进改革创新、转型升级和绿色发展，粗钢产量持续增加，品种质量明显改善，基本满足了经济发展和产业结构调整的需要；工艺技术装备水平显著提升，主要技术经济指标不断进步；废钢总消费量随粗钢总量增长而递增；钢铁工业吨钢综合能耗逐年下降；一些节能技术迅速普及，节能取得明显效果。总体看，中国钢铁工业在产业规模、布局调整、工艺装备、品种质量、节能环保和技术创新等方面取得了显著成绩，为国民经济发展提供了有力支撑[1]。

钢铁行业的发展历程主要经历了第一代钢厂和第二代钢厂两个大的阶段。从19世纪下半叶到20世纪上半叶，随着焦炭高炉、贝塞麦炼钢炉、平炉炼钢、托马斯炼钢炉、电弧炉炼钢、热连轧机的发展，第一代钢厂的主要特征是：厂址接近原料产地，高炉—转炉（平炉）—模铸—初轧（开坯）—各类成品轧机组成的生产体系，形成类似于“百货公司”式钢铁产品制造商。运行过程以间歇—停顿—间歇—停顿、重复升温—降温为表征。

到20世纪下半叶至21世纪初，随着澳洲、巴西大型铁矿的开发，大型散装船的运输，大规模廉价制氧技术的出现，以及氧气转炉、连续铸钢、铁水预处理技术、钢水二次冶金技术、铸坯热送热装技术、超高功率电炉和薄板坯连铸连轧技术的产业化，第二代钢厂主要特征是：厂址沿海布局，高炉—铁水预处理—转炉—二次冶金—连铸—热送热装—再加热—热连轧机为制造流程的工程体系，形成第二代专业化、高效化钢铁产品制造商及高级产品制造商。运行过程以连续（准连续）生产和间歇生产协同运行为标志，开发了一些界面技术，避免（减少）间歇生产，减少重复加热。

从钢铁工业生态化和发展循环经济的理念出发，钢厂未来发展模式将通过绿色制造向生态化转型。在循环经济社会中，生态化钢厂可能承担以下社会经济职能：

（1）钢厂是铁—煤化工的起点，既要生产出更好、更价廉的钢，又要充分利用能源；大型钢铁联合企业应向“只买煤、不买电、不用燃料油”的方向发展，同时也应该看到，钢厂有可能制造出相对价廉的、大量的氢气。

（2）钢厂也可以是城市社会某些大宗废弃物的处理-消纳站和邻近社区居民生活热能供应站。

（3）钢厂可以是某些工业排放物质再资源化循环、再能源化梯级利用和无害化处理的协调处理站。钢厂可以通过延伸其制造链、经营链成为特定区域构筑循环经济社会的重要环节。

20世纪90年代以来，我国钢铁工业先后在全国范围内大面积地突破了6项关键共性技术，即连铸技术、高炉喷煤技术、高炉长寿技术、棒线材连轧技术、流程工序结构调整综合节能技术以及转炉溅渣护炉技术[2]。由于6项关键共性技术的突破和有序集成，配合及时、有序的战略投资，初步实现了中国钢厂技术结构升级，促进了钢厂长材及部分板材生产流程的整体优化。2000年以后，由于大量利用国际矿产资源和废钢资源，一批先进工艺装备的自主设计和本土化制造的比率逐步提高以及节能技术的大量普及，使钢厂的单位产能投资额不断降低，并对节能降耗、降低成本、提高产品质量、减少生产过程的排放量和提高劳动生产率等产生了显著的效果，钢铁工业的主要技术经济指标取得明显进步，见表2-1。

表2-1　中国钢铁产业发展历程与效率指标变化

发展阶段	粗钢产量/万吨	吨钢综合能耗/tce	占世界比例/%	人均钢产量/kg	高炉利用系数/t·(m³·d)⁻¹	转炉炉龄/炉	连铸比/%	重点钢铁企业综合成材率/%
起步阶段（1949~1978）	15.8~3178	—	约4.43	0.29~33.24	—	—	约3.5	—
成长阶段（1979~1990）	3448~6535	2.01~1.611	4.6~8.62	35.35~58.45	约1.73	约438	4.4~22.65	约83.21
快速发展阶段（1991~2015）	7100~80382.5	1.611~0.571	8.62~49.45	58.45~586.21	1.73~2.46	438~10812	26.53~99.27	83.21~96.41
绿色化智能化发展阶段（2016~2030）	80382.50~	0.568 ~	49.45~	586.21~	2.46~	10812~	99.27~	96.41~

2.1.1.1　产量产能变化显著

改革开放以来，特别是20世纪90年代以来，我国钢铁工业得到快速发展，在全球钢铁工业占有重要地位，取得了举世瞩目的成就，这一时期也是我国钢铁工业在全球崛起的时代。1996年，我国钢产量历史性地突破1亿吨，跃居世界第一位，占世界钢产量的13.5%，成为世界钢铁大国。之后，在经济发展和固定资产投资增长的拉动下，我国钢产量出现阶梯增长，连续跨越几个大台阶。2000年粗钢产量超过4亿吨，2008年超过5亿吨，2010年超过6亿吨，2014年，我国粗钢产量达到8.23亿吨。2015年达到8.03亿吨，占世界粗钢产量的50.26%；2017年中国粗钢产量8.32亿吨，2018年粗钢产量增长到9.23亿吨，同比增长6.6%。钢铁工业发展有效支撑了我国经济的快速发展[3]，不论是在基础设施建设，还是工业制造，都需要强大、高效、优质的钢铁做支撑。

我国生铁产量于1995年首破1亿吨，达到1.05亿吨，成为世界第一大产铁国。至今，我国生铁产量已连续23年居世界第一位。我国生铁产量2003年突破2亿吨，2005年突破3亿吨，2006年突破4亿吨，2009年突破5亿吨，2011年突破6亿吨，2013年突破7亿吨以后，除2015年稍微回落至6.9亿吨之外，一直保持在7亿吨以上的规模[4]，2018年我国生铁产量7.71亿吨。

1978~2017年，我国钢材（扣除重复材）产量增长了35.5倍，年均增产钢材2011万吨，年均增长率为9.7%。中国钢材产量基本上呈稳定态势，年产量保持在10亿~11亿吨，2018年我国钢材产量11.06亿吨。

2000~2018年我国生铁、粗钢、钢材产量及变化情况，如图2-1所示。由图可见，“十二五”期间，我国粗钢产量增速放缓[5]，在2014年达到高峰后，在2015年首次出现下降，同比降低2.3%。这说明在经济增速“换挡”、去产能的大背景下，下游行业需求的降低对钢铁行业的影响显著，以及“去产能、降产量”的行动已取得初步成效。进入“十三五”以来，随着“地条钢”产能全面退出，从根本上扭转了“劣币驱逐良币”现象，有效净化了市场环境，统计内合规产能开始快速释放，粗钢产量呈反弹趋势。2018年我国粗钢产量9.23亿吨，

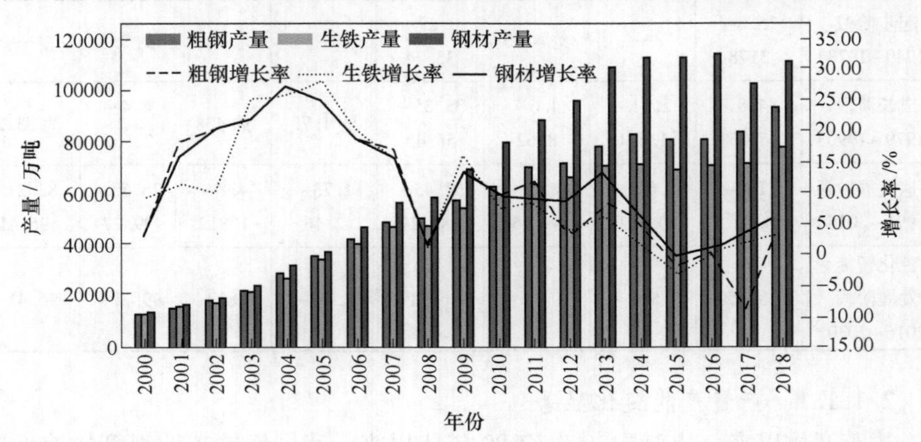

图2-1　2000~2018年我国主要钢铁产品产量及变化趋势

（数据来源：中国钢铁工业协会，国家统计局）

同比增长 6.6%，达到历史最高值；生铁产量 7.71 亿吨，同比增长 3.0%；钢材产量 11.06 亿吨，同比增长 8.5%。

2016 年《国务院关于钢铁行业化解过剩产能实现脱困发展的意见》（国发〔2016〕6 号）提出，从 2016 年开始，用 5 年时间再压减粗钢产能 1 亿~1.5 亿吨的目标。同年，《钢铁工业调整升级规划（2016—2020 年）》进一步明确，到 2020 年，粗钢产能在 2015 年 11.3 亿吨的基础上压减 1 亿~1.5 亿吨，控制在 10 亿吨以内。2017 年要求压减 5000 万吨，2018 年继续压减 3000 万吨钢铁产能。同时，建议在空气污染比较严重的地区制定更严格的去产能目标。

“十三五”以来，通过常态化开展去除过剩产能、严禁新增产能、全面取缔“地条钢”、清理违法违规建设项目等行动和措施，不达标的过剩产能加速退出。钢铁行业去产能情况，如图 2-2 所示。

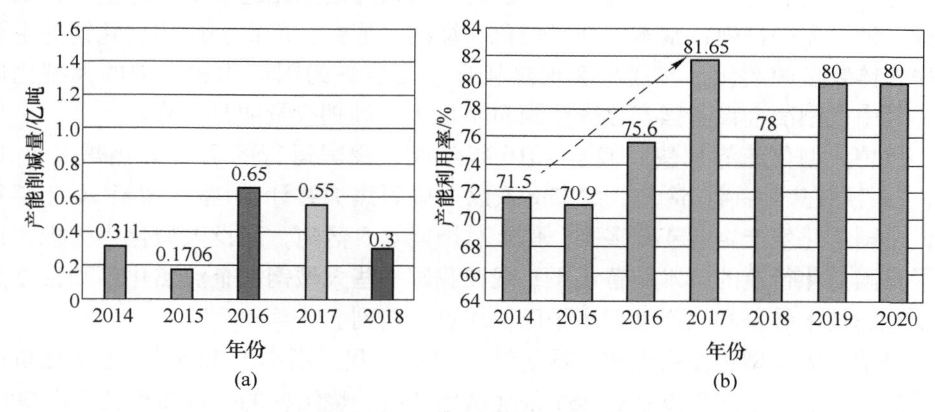

图 2-2 钢铁行业去产能情况

（a）产能削减量；（b）产能利用率

2016 年，全国粗钢去产能提前超额完成 6500 万吨，2017 年通过全力清缴“地条钢”1.4 亿吨以上，极大地解决了一大批长期影响行业规范发展，特别是节能环保水平低劣的生产能力清退问题，为行业绿色发展奠定了基础，提供了保障。全国粗钢去产能 5500 万吨，超额完成去产能目标。2018 年提前超额完成全年压减钢铁产能 3000 万吨以上，我国钢铁行业提前完成了 5 年化解过剩产能 1 亿~1.5 亿吨的上限目标，产能严重过剩矛盾有效缓解，企业效益明显好转。2016~2017 年两年来，累计压减粗钢产能 1.2 亿吨，已超过去产能目标中 1 亿吨的底线；产能利用率达 81.65%，已超过 2020 年 80%的目标值；取缔了约 1.4 亿吨“地条钢”产能，有效净化了市场环境，产能利用率和供给基本进入合理区间，经营效益明显改善，钢铁行业供给侧改革取得显著成效。通过前两年去产能攻坚，钢铁去产能任务“大头”已经落地。

“十三五”规划中要求到 2020 年钢铁去产能 1 亿~1.5 亿吨，至 2018 年已提前完成化解过剩产能任务，钢铁行业去杠杆、去库存均已实现。目前我国钢铁行业已从过去产能严重过剩，向部分地区产能过大、钢铁产能集中度低、环境能耗难以承受三方面问题转化。2019 年钢铁行业要继续以供给侧结构性改革为主线，把提高供给质量作为主攻方向，巩固去产能成果，增强钢铁企业市场活力，提升产业链供给水平，畅通对国民经济的保障能力，推动我国钢铁工业由大到强。

2.1.1.2　装备水平显著提升

我国钢铁企业主体装备总体达到国际先进水平，已拥有一批 $3000m^3$ 级以上高炉、5m 级宽厚板轧机、2m 级热连轧机和冷轧机等世界最先进的现代化冶金装备。一方面是由于企业通过升级改造和改扩建增加部分装备，另一方面是淘汰落后产能工作取得一定的效果，关停了部分落后产能。宝武、首钢、河钢、沙钢、鞍钢等大型企业的主要技术装备水平已达到或超过世界先进水平，有些工艺创新也进入世界先进行列，基本实现了焦化、烧结、炼铁、炼钢、连铸、轧钢等主要工序主体装备国产化，并逐步实现热轧自动化装备的国产化和高炉的大型化进程，其中大型冶金设备国产化率达到 90%以上，吨钢投资明显下降。

焦炉大型化趋势加快。截至 2016 年年底，我国运行的 7. 63m 焦炉共计 17 座，7m 顶装焦炉共计 58 座，6. 25m 及以上捣固焦炉共计 11 座；截至 2017 年年底，全国焦化生产企业 470 多家，焦炭总产能 6. 5 亿吨，建设大型化焦炉极大提高了我国焦化行业的技术装备水平，现在我国一些大型钢铁企业焦化厂和独立焦化企业的技术装备和生产管理水平已位居世界前列。

烧结机的大型化发展迅速。据统计，2015 年我国不小于 $360m^2$ 大型烧结机已经超过 100 台，全国重点企业 284 条烧结生产线，烧结机的平均面积已经由 2001 年的 $76m^2$ 提高到 2015 年的近 $240m^2$。2017 年年末中国钢铁工业协会会员企业中烧结机有 434 台，设备处理能力 99894 万吨；烧结机面积的大型化不仅仅是设计的进步，还包括机械装备、控制技术、工艺技术、仪器仪表、环境保护等全方位的进步。

高炉装备大型化趋势明显。截至 2017 年年底，中国共有规范合格企业炼铁高炉 917 座，其中 $5000m^3$ 以上 6 座，最大容积 $5800m^3$；$4000m^3$ 以上高炉 23 座，$2000m^3$ 及以上高炉约有 120 座；$1000\sim2000m^3$ 高炉约 340 座[6]。高炉大型化不仅是高炉炉容的扩大，还包括铁前配套工序和应用技术的提升、匹配的原燃料、加工技术与装备等硬件条件。

转炉等装备大型化趋势明显。重点大中型钢铁企业拥有大约 669 座转炉，其中 100t 及以上转炉（电炉）占炼钢总产能 65%，200t 及以上转炉占炼钢总产能的 13%。2017 年年末统计中国钢铁工业协会会员企业，转炉共计 547 座，生产能力 68891 万吨，其中 300t 及以上有 14 座，生产能力为 4550 万吨。

热轧宽带钢轧机水平已达到国际先进，以薄板坯连铸连轧和热连轧两种类型为主，宽度覆盖600~2300mm。近年来，以无头轧制技术（ESP）为特征的第三代薄板坯连铸连轧技术更是快速发展。截至2018年3月，全球已建成薄板坯连铸连轧生产线68条102流，年生产能力超过1.2亿吨，其中我国已建产线18条31流，另有3条在建，总产能达到5000万吨/年。2013年在宁波建成了国内首条工业化的薄带连铸连轧示范产线。同时，我国热连轧产线已达到57条，宽度1250~2250mm，后续还有产线在建。

棒线材轧机装备水平已经接近世界先进水平，2017年全国共有接近700条棒线材生产线。通过消化—转化—提升引进的国外装备，我国棒线材轧机主流装备的特征主要有以下几点：

（1）高刚度轧机及减定径机组得到广泛应用，使高速线材轧制速度提高到100m/s以上，棒线材产品尺寸精度超过国家标准，并且具备热机轧制能力，提高了产品力学性能。

（2）高速棒材装备应用比例逐渐上升。近期投产的棒材产线采用高速棒材轧制工艺的越来越多，其轧制速度已经达到40m/s以上，结合在线控冷设备，采用高速棒材工艺生产细晶钢筋的技术已经越来越受到关注。

（3）棒材卷取设备应用逐渐增加。相对于传统的倍尺剪切、冷床收集的工艺，棒材卷曲收集技术应用正在不断增加。采用卷曲收集技术交货的棒材产品，相对于传统定尺交货方式，特别适用于钢筋冷弯加工企业，大幅度降低了短尺钢筋造成的金属损失。

冷轧机组的集约化、专业化趋势显著。近10年来，酸洗冷连轧联合机组替代酸洗机组加冷连轧机组、连续退火机组替代罩式退火等，均体现了冷轧生产集约化趋势；宝钢、鞍钢等生产薄规格高强钢的多辊单机架冷轧机，河钢家电用覆膜彩钢生产线，宝钢宝日汽车板生产线，宝钢、河钢的水淬技术连续退火线等，以满足个性化需求或生产个性化产品的专业化是冷轧发展的另一个主要趋势。截至2017年年底，冷连轧和酸洗冷连轧联合机组数量90余条，产能1.2亿吨；连续退火机组40余条，产能2500万吨；连续热镀机组580余条（主要是热镀锌或锌合金）产能9500万吨；连续彩色涂层机组360余条，产能3920万吨。伴随国内产业升级和环保治理，每年均有一定数量的冷轧机组停产或新建。国内1700mm级以上的高端冷轧机组被SMS、普锐特、CMI、新日铁、POSCO等公司垄断。1700mm级以下，绝大多数被中冶南方、中冶京诚和中冶赛迪等国内工程公司承担。

钢铁行业干熄焦装置、TRT装置数量均位居世界第一。截至2015年年底，对烧结机全部进行了脱硫技术改造。截至2017年年底，我国已累计建设投产了200多套干熄焦装置，干熄焦总处理能力达到2.6万吨/h，1000m^{3}以上高炉TRT配备率接近100%。干熄焦装置的投产，为我国焦化行业提高产品质量、促进炼铁生产中节约焦炭消耗、提高高炉生产效率、钢铁-焦化行业节能减排等发挥了重要作用。

2.1.1.3　品种质量明显改善

随着国内大型钢铁企业技术装备升级和技术创新的推进并进入世界先进行列，近年来钢材品种结构升级换代成绩显著，产品性能、质量不断提升。在关键钢材品种上，第三代汽车钢、高效率低损耗硅钢、非晶带材、特殊条件下油气用钢、650~700℃超临界机组用耐热耐高压钢、极地船舶用高等级低温钢、核电用高性能钢、船用高品质耐蚀钢、轴承钢、齿轮钢、高速重载钢轨和车轮、家电用薄规格耐指纹镀铝锌板、热镀锌无铬钝化板、无铬彩涂板、电工钢环保涂层板等产品的实物质量达国外先进水平的钢材品种有497项，占全部品种的40%，有力地支撑了航海、航天、高速运输、核电、桥梁建设等国家重点重大工程项目。

热轧卷板品种和质量逐步满足高质量、高附加值、高技术含量和特殊用途的新要求，广泛应用于冷轧基料、船舶、汽车、桥梁、建筑、机械、输油管线、压力容器、包装、电子等关系国计民生的行业，其需求与宏观经济情况紧密相连。耐候、耐蚀钢研发取得突破，完成了耐腐蚀油船货油舱用钢板、耐腐蚀石油天然气集输和长距离输送用管线钢、耐腐蚀油井管等关键技术开发及产品生产，耐高温 H_2S 腐蚀深井钻具用钢、高品质钻头和高级耐 H_2S 应力腐蚀开裂油井管等产品实现产业化应用。高强薄规格生产、大壁厚止裂性能控制、合金减量化、减酸洗技术等一批绿色环保技术已经成熟，推动品种结构调整和质量提升，有力地支撑了下游用钢行业和经济社会发展。

中厚板产品中超大型集装箱船用止裂钢、超大型LNG船用高等级低温钢也已通过了认证，并实现了批量供货。北极服役要求的海上风电发电塔用结构钢板以及大厚度的超低温3.5Ni钢已经应用到北极圈内的极寒地带。开发了NM450~NM600系列高强钢，实现了40~50mm厚度方向硬度变化不大于HBW15、最大厚度可达100mm的耐磨钢。开发了不锈钢复合板以及镍基合金复合板，已应用于管线、造船、压力容器、水电站等。

特殊钢产业呈现国有专业特殊钢企业、民营特殊钢企业、地方专业特殊钢企业和大型钢铁集团下属特殊钢企业并存的现状，优特钢棒线材产品以优碳钢和合金结构钢占比偏高，产品档次仍然偏中低端；高质量齿轮钢、轴承钢、工模具钢等产品占比偏低。诸多特殊钢高端产品，如高端装备制造业中高档轿车核心部件用钢，高速、重载铁路用轴承及轴承材料、车轴及车轮材料、转向架用弹簧，特种装备用超高强度不锈钢，新能源产业中风电轴承、火电轴承、700℃超超临界电站用钢，航空、军工等高端、极限环境下工作的零部件用钢等关键基础材料尚未完全实现国产化，基本依赖进口。高端特殊钢的大量进口和低端特殊钢的供大于求使得我国特殊钢行业竞争力差、盈利能力低。

冷轧产品的主要发展方向转为超高强、超深冲、高等级表面质量和个性化需求。材料强度已由传统高强钢向第二代高强钢生产和第三代高强钢的研发方向转变。宝钢、河钢相继开发出 MS1500，并实现市场化；主要钢铁企业的 DP1200、HS1500 等已稳定生产。近几年开发的 Q&P 钢已成功用于汽车制造，先进高强钢的发展为汽车的进一步轻量化提供了材料支撑。但超高强钢在成形和安全性上还存在一些问题，超高强钢势必对加工设备提出更高的要求，高回弹性一直在制约着产品的推广使用。部分先进高强钢延时开裂的不确定性，成为制约大量采用的另一个问题。超深冲钢的生产仍在延续 IF 钢或超低碳的生产工艺，一般 DDQ 或 EDDQ 产品是采用超低碳或 IF 钢的分界线，缺点是材料强度较低。汽车面板、家电面板的生产在国内主要大型钢铁企业已经是大宗产品，如宝武、河钢、首钢、鞍钢等，均在为外资、合资和自主品牌汽车供应 FD 等级冷轧板和 FC 等级镀锌板，生产中需要近乎完美的工况条件，带出品率普遍较高。个性化需求日益突出，ZAM、ZM、SD、GI、GA、GL 等各种镀层较好地满足了耐蚀、高温成形等的需求；抗时效铝镇静钢较好地满足了家电行业对低成本彩钢板的需求。

冷轧汽车板由普通 HSS 发展到 AHSS、UHSS，包括 DP980、TRIP780 冷轧及镀锌汽车板已经批量商业化生产；国内先进钢铁企业开发出 QP1180、MS1500、TW950 等新材料，以及先进的热冲压成形、液压成形、辊压成形、VRB 板成形和激光拼焊板成形等技术，不断推进车辆轻量化进程；宝钢、太钢批量生产第三代汽车钢后，我国第三代汽车钢研发生产和应用提速，钢铁企业、汽车企业、研究院所正在加快构建新一代汽车钢研发应用一体化的平台。

我国钢铁工业必须把提高供给质量作为主攻方向，不断提升产品和服务质量，显著增强我国钢铁工业质量优势，加强与国际优质产品的质量对比，加强钢铁行业品牌建设，推动中国产品向中国品牌建设转变，提升中国品牌的知名度和美誉度。

2.1.1.4 节能技术普及率提升，节能效果显著

几十年来，我国钢铁工业在技术装备、科技创新等方面，都取得了很大的进步，钢铁工业节能经历单体设备节能、流程结构优化与系统节能、节能技术推广与应用等阶段，取得显著效果，吨钢综合能耗持续下降。

“十五”和“十一五”期间，通过技术改造、技术进步和技术创新，我国钢铁工业各项技术经济指标明显改善。钢铁行业以节能降耗、降成本、减排放为原则，推广了干熄焦技术、小球烧结工艺技术、低温厚料层烧结技术、链箅机-回转窑球团技术、烧结余热回收利用技术、高炉浓相高效喷煤技术、高炉炉顶煤气干式余压发电技术（TRT）、高温高压高炉煤气发电、冲渣水余热回收、高炉热风炉双预热技术、转炉“负能炼钢”工艺技术、高效连铸技术、转炉烟气高效利用技术、连铸坯热装热送技术、轧钢加热炉蓄热式燃烧技术、能源管理中心及

优化调控技术等节能技术应用，大幅度提高了钢铁行业节能水平。主要生产工序技术经济指标明显改善，能源管理方面日渐重视和强化，大范围地采用了余热、余压、余能利用等多方位的综合措施，大中型企业工序能耗稳步降低，部分技术经济指标接近或达到国际先进水平[7]，一批节能环保难点技术实现突破，部分企业在焦炉和烧结烟气脱硫脱硝、荒煤气显热回收、高炉渣余热回收及综合利用等技术难点领域开展了试点示范，其中部分重点技术推广应用已取得初步成效，大大缩短了我国钢铁工业与发达国家能源消耗差距。“十三五”期间，单位产品和主要生产工序能耗指标持续下降，二次能源回收及利用效率和自动化技能水平稳步提升。2018 年，重点统计钢铁企业高炉煤气累计产生量 9107.15 亿立方米，高炉煤气利用率 98.55%；转炉煤气累计产生量 666.32 亿立方米，转炉煤气利用率 98.67%；焦炉煤气累计产生量 461.84 亿立方米，焦炉煤气利用率 98.97%。

2.1.1.5　吨钢污染物排放降低

钢铁行业产业链长、工序复杂、资源消耗量大，一直是我国大气污染防治的重点行业之一。在巨大的环保压力下，中国钢铁工业按照绿色发展要求，加大资金、人才、技术研发等各方面投入，在新一代可循环钢铁制造流程、绿色制造、环境经营等方面进行了有益的探索，涌现出一批节能环保先进企业，河钢、太钢、宝钢等企业成为了钢铁行业绿色发展的名片。企业的环境保护工作已经从单纯的环境治理，转变为全流程节能环保技术集成优化和资源能源高效利用前提下的清洁生产绿色制造。

2015 年，新环保法的实施对钢铁行业提出了更高要求、更严标准，钢铁行业通过加大各项投入推动技术升级和全面推广应用，近年来我国钢铁企业在废气污染排放控制方面取得了较大进步。2017 年钢铁行业二氧化硫、氮氧化物和颗粒物排放量分别为 106 万吨、172 万吨、281 万吨，占全国排放总量的 7%、10%、20%左右。2018 年，重点统计钢铁企业累计排放废气 13.94 万亿标准立方米。外排废气中二氧化硫排放量比 2017 年减少 5.67%，烟粉尘排放量比 2017 年减少 5.63%，吨钢二氧化硫和吨钢烟粉尘排放量较 2017 年下降幅度达到 10%以上。

2.1.1.6　固体二次资源利用率提高

钢铁工业生产过程中产生的固体二次资源主要包括高炉渣、钢渣、含铁尘泥（含氧化铁皮、除尘灰、高炉瓦斯灰等）。我国钢铁产量占据世界产量的一半以上，生产过程中产生的固体二次资源产量可想而知。按照 2018 年钢产量 9 亿吨测算，全年共计产生 4.2 亿吨固体二次资源。自 2009 年我国颁布《循环经济促进法》，针对性地提出了冶金渣再利用以来，这些固体二次资源的综合利用率不断提高。2018 年，重点统计钢铁企业产生钢渣 7772.96 万吨，钢渣利用率 97.92%；累计产生高炉渣 20364.13 万吨，高炉渣利用率 98.10%；累计产生含铁尘泥3403.16万吨，含铁尘泥利用率99.65%。

2.1.1.7　发展中存在的问题

A　钢铁工业企业参差不齐，存在部分落后装备及工艺技术

钢铁企业生产装备及工艺技术跨度较大，先进装备、工艺与落后装备、工艺并存，结构性矛盾突出，宝钢、首钢、河钢、鞍钢等一大批钢铁企业的装备以及工艺技术已达到或接近世界先进水平，主要技术经济指标也随之明显提高。冶金装备正向大型化、高效化、自动化、连续化的环境友好型经济方向发展，但仍有部分落后装备以及工艺技术，产能大、能耗高、污染重，这部分落后产能影响中国钢铁工业整体技术水平的提高。

B　钢铁企业布局不合理

中国钢铁工业受历史条件限制，大多数企业靠近原燃料产地，属资源内陆型布局，城市型特征明显。钢铁企业布局不合理的一个突出问题就是城市钢厂，伴随着中国经济的快速发展，中国各大城市的发展水平快速提升，城市钢厂与城市发展的新要求不相适应的矛盾日益显现，特别是在环境、能源、土地、交通等方面，城市钢厂在城市的生存空间受到挤压，区域布局问题日益显现。

C　我国钢铁工业长流程工艺占主导地位

我国天然气短缺、煤资源相对丰富，能源结构中80%以上是煤炭，废钢资源积蓄量不足，长期处于废钢蓄积阶段，2014年粗钢产量达到高平台区时，废钢年产出量仅占当年粗钢产量的18.5%。我国废钢炼钢比仅为11%左右，而全世界的平均值为51.6%，一些发达国家如美国，废钢炼钢比已达到75%左右。“十二五”期间，废钢资源利用有所推进，但是废钢单耗却逐年下降，2016年废钢综合单耗仅为111.5kg/t（具体见表2-2）。与国外单耗450kg/t的废钢消费水平相比，我国废钢利用严重不足，有很大的提升空间。

表2-2　我国废钢资源消耗情况

项　目	2010年	2011年	2012年	2013年	2014年	2015年	2016年
年废钢消耗/万吨	8670	9100	8400	8570	8830	8330	9010
综合单耗/$kg \cdot t^{-1}$	138.4	133.2	117.2	110.0	107.3	103.6	111.5

究其原因是中国钢铁工艺流程的结构性矛盾：从2011年开始，以铁矿石为主要原料、以高炉—转炉长流程为主要方式的中国钢铁行业逐渐成形并长期占据主导地位。作为废钢消化主力的短流程电炉，其钢产量在中国占比远远低于世界平均水平。我国钢铁工业长流程工艺占主导地位，为我国节能减排、绿色环保增加了很大的压力。我国钢铁工业铁钢比高，世界平均铁钢比在0.7左右，除中国以外为0.56，中国为0.94。钢铁制造流程的效率和效能水平有待提高，我国钢铁企业相对分散，集中度低，中小规模企业众多，钢铁产业区域聚集情况严重，

造成能源利用率低，吨钢污染物排放量高，处理难度大。

D 绿色钢铁工业存在的问题

a 钢铁工业流程的余热利用存在固有问题

钢铁工业的二次能源的利用率与各工序的温度分布呈正相关，通过图 2-3 钢铁长流程各工序的温度分布可以看出钢铁工业流程的二次能源利用率不高。

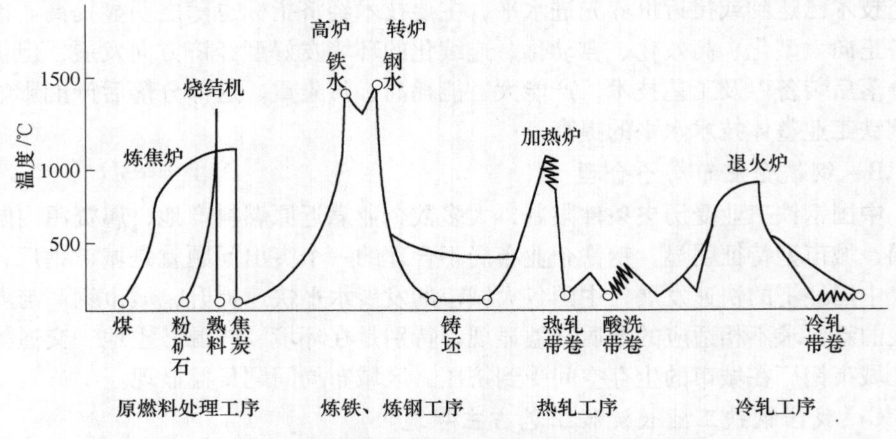

图 2-3 典型的钢铁长流程各工序的温度分布

几乎所有的钢铁制造流程工序都是从常温升到高温，完成工艺任务后，产品温度迅速降低到常温，没有得到高效回收和利用（根据蔡九菊教授团队的现场调查[8]：每吨粗钢产生的余热数量占每吨粗钢总能耗的 1/3，其中高温余热约占总余热量的 40%，中温余热约占 26%，低温余热约占 34%）。

近年来虽然有不少余热回收的技术出现，但仅仅回收了低温或中低温阶段的余热，高温部分的高价值余热还是没有得到回收（约占高温余热 56%），该余热还没有回收和利用的技术。这种本征的固有的二次能源利用率低的问题，是导致钢铁流程能耗高的原因之一。

b 炼铁—炼钢反向化学反应导致的吸热—放热过程无法相互利用

分析炼铁—炼钢的化学反应性质可以看出：高炉炼铁过程的化学反应是还原反应、吸热反应、取出氧的过程；转炉炼钢过程的化学反应是氧化反应、放热反应、加入氧的过程。

炼钢过程放出的大量物理热至今还无法用于炼铁过程需要的大量还原热，转炉炼钢过程释放的钢铁工业最高温余热不但无法回收高温段热量，还成了一种炼钢工序的负担，例如需要为转炉煤气管路系统降温以保护该系统的设备，既降低能源效率，又增加了成本投入，该问题至今没有解决。

c 钢铁原料反复重复加工

矿山开采出块矿后，要破碎选矿，选矿后的精矿粉，又要重新高温烧制成块矿产品（烧结矿和球团矿），提供给高炉炼铁。这种块矿粉碎，又加工成块矿的过程，反复耗能和消耗材料，每年要加工十几亿吨的此类原料，能耗和污染物排放巨大，至今没有改变这样的做法。

d　能效问题

钢铁制造流程目前还没有一个真正可比较的能耗指标：原有的吨钢综合能耗、工序能耗和可比能耗，经过长时间的实践和分析，业内人士一致认为：上述 3 种能耗指标均无法用于比较不同钢铁企业间的能耗水平。

根据发达国家经验，用能源效率来描述流程、工艺或某设备的能耗水平，可以比较客观地体现某工艺或流程的能源利用水平。

另外，一些难回收的余热仍然没有回收，如分散、间歇的气相、液相和固相的高温、中温和低温余热没有回收，具体如钢渣、铁渣高温余热，转炉和电弧炉的烟气高温余热，以及高炉冲渣水低温余热等。

另一个值得注意的是，钢铁工业的能源数量得到了较高的重视，但是钢铁能源的质量没有得到应有的重视，浪费了大量可用能。

上述问题是钢铁流程下一步节能的研究课题。

e　固废利用问题

钢铁制造流程产生的固废数量巨大，虽然已经利用了其中的一部分，但仍然还有不少钢铁工业固废没有得到理想的利用，如各种钢渣、废耐火材料、除尘灰和含铁固废中的有价元素回收（不普遍）等。

值得注意的是，一些钢铁工业危险废弃物还没有得到很好的无害化和资源化处理，如不锈钢酸洗污泥、废催化剂和部分环保副产品等。

f　烟气污染物超低排放治理成本高和开发新的超低排放方法问题

随着国家超低排放要求的提出，按原来国家或地方排放标准投入巨资建设的除尘、脱硫和脱硝系统，已经不能满足新的超低排放要求，很多钢铁公司被要求在短时间内整改，并达到超低排放标准的要求。

由于此前标准的排放值已经很低了，继续降低排放浓度，按原有的思路继续减排，投资和运行成本都将越来越高，技术难度也越来越大，企业普遍感到了越来越大的压力。

目前超低排放基本采用的都是末端治理的技术，已经背上了沉重的末端治理固有的高经济负担，亟须开发低成本的超低排放新方法和相关技术。

2.1.2　中国钢铁工业绿色制造节能减排趋势

绿色制造是“中国制造 2025”的重要内容，绿色化是国际社会的大势所趋，是我国建设生态文明的必由之路，是建设制造强国的内在要求。钢铁工业作为国民经济的基础原材料工业，钢铁行业未来必须要以绿色化作为发展方向，实现绿色制造，实现制造绿色。

2.1.2.1 从规模扩大转向存量优化、内涵质量提升，发展绿色经济

目前我国钢铁工业在产量、装备水平均居世界前列，下一步应注重提高钢材质量标准和稳定性，利用能耗、环保标准淘汰过剩产能，提高产业集中度和企业竞争力，国有大型钢铁企业应在先进技术创新等方面发挥领军型企业带头示范的作用[9]。

2.1.2.2 从依赖国外引进技术转向以我国自主知识产权技术为主

未来国际钢铁工业仍面临激烈竞争，国外先进技术一方面不会轻易向我国输入，另一方面也不能够满足我国钢铁工业发展所遇到的问题。因此，我国钢铁工业应结合发展实际，产、学、研、用相结合，发展具有自主知识产权的技术。

2.1.2.3 发挥钢厂三大功能，拓展工业生态链接，与城市共存

钢铁工业作为流程制造业，应充分发挥“钢铁产品制造、能源转换和社会废弃物处理—消纳”三大功能，与电力、石化、化工、建材、有色等行业建立工业生态链接，为城市处理废钢、废塑料、城市污水，为周边社区提供能源，体现钢厂的社会服务价值，与城市共生。

2.1.2.4 发展短流程炼钢

我国钢铁工业应颠覆式发展，推进直接还原铁的发展，实现钢铁转型升级。我国钢铁工业长流程的格局，为发展气基直接还原铁生产提供了最佳的气体资源，可以弥补天然气短缺的短板，可为大容量地发展 DR-EAF（直接还原电炉炼钢）工艺提供可靠的气体资源，可以保持钢铁工业的可持续发展。合理、创新地用好焦炉煤气，将为世界钢铁发展提供变革的机遇和新的发展模式，推进世界钢铁新发展。

废钢是可循环再生利用的绿色资源，在钢铁生产中可替代生铁原料炼钢，减少了焦化、烧结和炼铁的过程，减少了能源消耗，并大大降低废气、废水、废渣的排放量。近10年来，我国电炉炼钢在装备的大型化和现代化方面都取得了明显进步。随着国家化解钢铁过剩产能工作的深入推进，对节能环保工作的进一步重视以及废钢和电力供应条件的改善，我国电炉炼钢行业将迎来重要的发展机遇期。“十三五”期间，我国废钢资源和电力供应条件进一步改善，伴随着国家去产能工作的深化，尤其是大力淘汰中频炉“地条钢”，以及对钢铁行业节能减排工作的日益重视，结合国家提出的“中国制造2025”和“互联网+”战略，电炉钢将迎来发展良机。预计到2020年，我国电炉钢产量将突破1亿吨，所占总产量的比例将达到15%以上。2025年我国的废钢产生量将达2亿~3亿吨，2030年有可能达到3.2亿~3.5亿吨，这将对钢铁工业结构调整、技术进步、节能环保发展产生重大影响。废钢资源持续大量产出，再加上钢铁行业节能环保、绿色制造和可持续发展的总体规划，对中国的电炉来说，无疑是前所未有的重大机遇。发展短流程炼钢的时机已经成熟。

2.2 欧盟钢铁工业绿色制造节能减排现状和趋势

欧盟是仅次于中国的全球第二大产钢地区，钢铁工业一直位于环境绩效、产品质量和创新的最前沿。但是，自2007年全球金融危机之后便陷入长期低迷，欧盟钢铁需求总量降幅约为25%，截至2017年，全年欧盟粗钢产量是1.686亿吨，同比增加1.9%，但钢材进口量同比增加，钢铁企业并未从中获益。近年来，欧盟钢铁需求一直在缓慢增长。需求增长主要归功于建筑和汽车行业等终端用户消费量的增加，但依然面临着全球过剩产能和来自第三方国家进口产品冲击的巨大压力，成为全球最艰难的市场之一。因此，欧盟钢铁工业更关注于可持续发展，特别是创建循环经济。

2.2.1 欧盟钢铁工业绿色制造节能减排现状

钢铁工业绿色制造的发展水平和能源来源、能源价格息息相关。欧盟由于能源资源少，来源紧张，能源价格很高，所以欧盟对节能技术开发和推广很重视。日益严峻的碳成本和减排压力，使欧盟钢铁业必须有效解决碳排放问题。

作为实现欧盟温室气体减排目标的一个最重要的政策工具，欧洲碳交易体系（European Union Emission Trading Scheme，EU-ETS）占据着欧盟气候政策的核心地位。EU-ETS在2005年1月1日正式启动，是目前全球规模最大、体系建设最成熟的跨国强制性碳交易体系。该体系涵盖了包括28个欧盟成员国及冰岛、挪威、列支敦士登在内的31个国家，包括了电力、钢铁、水泥、玻璃、陶瓷、造纸及航空等多个行业的12000个设施，大约覆盖欧盟整个温室气体排放总量的45%，每年的碳排放权配额总量约为20亿吨CO_2e。EU-ETS自2005年建立，到目前已经历了三个阶段，分别是第一阶段（2005~2007年）、第二阶段（2008~2012年）、第三阶段（2013~2020年）。钢铁行业在第一批即被纳入欧洲的碳管控和碳交易体系。目前欧盟确定了后续第四阶段，即2021~2028年的安排。EU-ETS的第三个阶段从2013年开始实施生效。较前两个阶段主要的变化包括：在现有的各国家排放总量之上，引入全欧盟范围内单一的碳排放配额上限，且配额总量的上限将逐年减少，至2020年实现碳排放量比2005年降低21%的目标；免费的配额分配方式，将逐渐由有偿的拍卖所替代；EU-ETS所覆盖的行业类别和气体种类也将略有扩大。

为了顺应节能减排、低碳发展的潮流，欧盟钢铁业采取了一个强有力的措施，即建立欧洲钢铁技术平台[10]（European Steel Technology Platform，ES-TEP）。该平台集行业与政府之力，通过创新、研发和共享新技术，有效降低和分摊了钢铁业的碳成本，达到了节能减排的目的。ES-TEP建立于2003年，成员包括欧洲主要的钢铁公司、行业协会、相关供应商、相关的大学和科研机构，欧盟委员会和成员国政府参与管理委员会的工作。ES-TEP 作为非法人组织，是一个先进钢铁工业技术研发的平台，设有指导委员会、支持组和镜像组。指导委员会是 ES-TEP 的决策机构，由 17 位欧洲钢铁业的高层管理人员组成；支持组负责项目管理研发和日常监督；镜像组由成员国代表组成，主要为 ES-TEP 提供相关政策和项目信息。

ES-TEP 四大战略目标分别是：

（1）利润。通过研发新技术来确保欧洲钢铁业的利润。

（2）合作伙伴。通过加强与汽车业、建筑业和能源业等相关工业伙伴的合作，及时满足市场需求。

（3）环保。通过开发突破性降污减排技术，以及提高能源利用效率等方式，达到在生产过程中保护环境的目标。

（4）人力资源。吸引和保护钢铁人才，优化欧洲钢铁人力资源的部署，为钢铁业的发展提供源源不断的人才。

在这四大战略目标的指引下，ES-TEP 成立了 6 个工作小组并制定实施了三大产业计划。这 6 个工作小组各司其职：创新小组致力于开发清洁且低成本的技术；环境小组主攻低碳节能技术；汽车伙伴、建筑伙伴和能源伙伴这 3 个小组，针对不同领域钢铁用户的切实需求开展研发活动；人力资源小组则为培养和保护钢铁人才而努力工作。三大产业计划分别是：开发安全、清洁、低成本高效益以及低资本密集度的技术计划；合理使用能源、资源和废物管理计划；面向终端用户、具有吸引力的钢铁解决方案计划。此外，ES-TEP 又补充制定了钢铁人才吸引和保护计划，目的是为这三大产业计划的实施提供高质量的钢铁人才。事实上，三大产业计划与 6 个工作小组的工作在目标和内容上是一致的。

ES-TEP 在超低二氧化碳排放、高效钢铁处理以及智能生产等多种技术研发上取得了不少成果，尤其是有利于减少温室气体排放量的低碳技术，和一些有利于节约钢铁生产成本的制造技术，如低成本钢铁处理技术、柔性和多功能生产链技术等，使清洁高效的钢铁生产技术和节能减排的理念，融入生产过程的各个环节，使钢铁业可持续地发展。

（1）低碳技术研发。2004 年专门设立了欧洲超低二氧化碳排放项目（Ultra Low CO_2 Steelmaking，ULCOS），进行低碳技术研发，目标是使欧盟吨钢二氧化碳的排放量比该项目实施前最先进生产工艺的吨钢排放量还要降低至少 50%。目前，ULCOS 在高炉煤气循环利用技术（TGR-BF）、新熔融还原工艺、直接还原工艺、电解铁矿石技术以及二氧化碳捕获和储存（CCS）等技术研发上，都有斩获。

（2）低成本制造技术。ES-TEP 研发的低成本制造技术，为欧盟钢铁业节约了大笔生产成本。例如 ES-TEP 研发的“降低和控制结垢技术”，通过减少生产过程中的结垢，使铁收得率上升。这一技术可以使每吨钢铁产品的生产，减少3~3.5kg 的铁矿石原料，还使得对碳素钢的酸洗处理成本大大降低。自动化和过程控制技术在降低成本方面也取得了骄人的成绩，使生产过程中的维护成本和质量成本大大下降。

(3) 面向终端用户的钢铁解决方案。ES-TEP 提出了面向终端用户的钢铁解决方案，在欧盟钢铁生产商和客户之间建立直接的研发合作伙伴关系。这样钢铁企业能得到客户的资金和技术支持，从而节省了研发成本，同时还可以在第一时间了解和满足客户日趋复杂的需求，尤其是对高性能材料和低碳产品的需求，例如与能源部门合作，研发新技术，生产新钢材，用于能源部门的专有设备，以此协助提高燃煤火电厂的净效率。这种合作方式不仅能为不同客户量身定制产品，满足客户的不同需求，帮助客户提高能效降低能耗，还为自己的产品打开了销路，降低了因碳成本上升而导致的市场份额减少等风险。

2.2.1.1 欧盟最佳可行技术体系

1996 年 9 月，欧盟委员会发布了污染综合防治指令（IPPC），提出建立最佳可行技术（Best Available Techniques，BAT）体系，该体系从 1999 年开始用于新建设施，到 2007 年所有现有设施都应达到其要求。2014 年 1 月，欧盟正式实施工业排放指令（IED），强化了 BAT 在环境管理和许可证管理中的作用和地位。欧盟 BAT 体系是基于综合污染防治指令（IPPC）建立并实施的，包括各重点行业最佳可行技术参考文件（BAT Reference Documents，BREFs）及横向综合 BREFs，涵盖废气、废水、固体废物等各环境要素。

钢铁行业工艺复杂、产污环节众多，是欧盟环境管理重点行业之一。欧盟钢铁行业最佳可行技术能够反映欧盟最佳可行技术体系的框架、内容、应用及全面服务排污许可制度等特点，具有较强代表性，且多年实践验证了其在行业环境管理工作中的关键及核心作用。欧盟钢铁行业最佳可行技术共分 95 个部分，涵盖炼焦、烧结、球团、炼铁、炼钢等工序，包括 19 个总项和 76 个分项。在 76 个分项中，涉及废气排放的有 40 个，涉及废水排放的有 14 个，涉及能源消耗的有 12 个，涉及生产残渣的有 9 个，涉及噪声的有 1 个。其特点主要有：

(1) BAT 适用范围。大宗原材料的装载、卸载和处理，原材料的搅拌和混合，铁矿石的烧结和球团粒化，从焦煤生产焦炭，通过高炉工艺生产铁水（包括高炉渣处理），使用氧气顶吹吹炼法生产钢水（包括铁水预处理、钢水精炼和钢渣处理），通过电弧炉生产钢水（包括钢水精炼和钢渣处理），连铸。不包括石灰、铁合金、焦炉煤气制酸、50MW 及以上燃烧车间、下游处理、薄板坯/薄带钢和直轧浇铸（近终成型）的连铸、储存和处理、冷却系统、排放和消耗监控、综合能量效率、经济等。

(2) 新老生产设施差异化规定。以 BAT 结论发布时间为节点，将设备分为新设备、现有设备，针对同种 BAT，设定不同排放水平。以炼焦工序为例，对于焦炉加热 BAT 氮氧化物排放水平，新工厂或大修后的工厂（10 年以下），排放水平为小于 350~500mg/m^3；而配备有维护良好的燃烧室和采用低氮氧化物技术的老工厂，排放水平为小于 500~650mg/m^3。

（3）无组织排放详细规定。钢铁行业 BAT 要求，通过直接测量、间接测量、排放系数等方法确定无组织排放大小。其中，若在排放源本身处测量排放量，则应采用直接测量方法，能够测量或确定浓度和质量；若在距排放源一定距离处测定排放量，则应采用间接测量方法；最后是排放系数估算法。同时，BAT 对上述测量方法进行了举例描述。直接测量的示例是带炉罩的风洞测量或工业生产设备顶部准排放测量等方法；对于后者，需要测量风速和屋顶轮廓线通风口并计算流速，屋顶轮廓线通风口测量平面的横截面分为几个表面积相同的部分（网格测量）。间接测量的示例包括检测气体的使用、反向扩散模型（RDM）方法和应用灯光检测及排列的质量平衡方法（LIDAR）。利用排放系数估算的示例包括物料储存和处理产生的无组织粉尘排放量等，计算指南包括 VDI3790 第 3 部分和美国环保署 AP-42 手册。

（4）最佳可行技术排放水平主要为日均值。钢铁行业 BAT 中的废气、废水最佳可行技术排放水平限值测量时段以日均值为主，即 24h 均值。但是，欧盟成员国在落实 BAT 要求时，可以制定更加严格的测量时段规定。以钢铁行业烧结机头烟气 BAT 为例，该排放水平为 24h 均值，德国在实施该项要求时，将其修改为 30min 均值，从某种程度上提高了 BAT 要求。

（5）颗粒物排放限值更加严格。钢铁行业 BAT 中关于颗粒物排放水平的要求较为严格。基于技术领先、高品质产品、不断创新的优良传统和工艺诀窍，欧盟钢铁工业自身具备的优势有助于其面对全球化挑战。为了保持和巩固竞争地位，欧盟钢铁工业必须持续强化优势，不断寻找新的市场机会。欧盟钢铁工业必须高度重视新技术投资，基于战略合作和伙伴关系不断创造价值，才能保持竞争优势。欧盟应该鼓励钢铁企业在提升生产效率和生产灵活性方面持续改进。

欧盟钢铁工业通过不断发展清洁生产技术、管理体系、产品、运输和服务，应对气候变化挑战。欧盟政策制定者需要致力于完善环境条件，如创造更加公平的国际市场环境、积极提高劳动者技能、优先研发清洁生产技术。

欧盟钢铁工业明确以下六大领域的行动方针：积极应对气候变化挑战；参与上游原燃料投资；技术领先和卓越运营；完善知识共享和构建战略网络，保持竞争地位，强化能够应对未来风险和挑战的能力；创建公平竞争环境，提升能源和运输市场影响力；提高基本技能，实现终生学习战略。

应对气候变化挑战，持续投资于高效技术，提升能源利用效率、降低排放量，进而压低成本。技术创新投资的目标是研发更加清洁、更加安全的生产技术，不但要符合法律、法规要求，更为重要的是满足对清洁和安全技术不断提升的社会要求，并且也是企业社会责任的一部分。技术和生产工艺改善领域的创新和投资是企业的战略选择，企业自身定位为持续繁荣、见多识广，且具有环保意识和社会意识。实施先发应对战略将使得欧盟钢铁工业受益于气候变化挑战，并处于强势地位。不仅仅为了抵御环保立法造成的产业威胁，欧盟钢铁工业实施应对气候变化挑战的战略选择还将成为把握满足未来高环保标准产品新商机的重要手段。这一方面，未来只有得到绿色认证的钢铁产品，或以其他方式带有可靠环保性能信息的钢铁产品才能参与市场竞争，这将有助于支撑欧盟钢铁工业在环保领域的努力。例如：钢铁制造产生的气体再利用清洁技术，能够在降低环境负荷的同时，减少能源消耗。企业应用能源分类管理系统和环境管理系统，投入最佳可行性技术将进一步减少能源消耗和降低排放。

2.2.1.2 碳减排 ULCOS 项目

ULCOS 是 2004 年欧洲钢铁技术平台为了研究低碳减排技术特意设立的。宗旨是为了降低欧盟整体吨钢碳排放，使其远低于目前最为先进的钢铁生产工艺的碳排放值。印度 Tata Steel、德国 Thyssen Krupp、意大利 Ilva、德国 Saarstahl、德国 Dillinger Hütte、奥地利 Voestalpine、瑞典 SSAB Swedish Steel Group、瑞典 LKAB 等为项目董事会成员，安赛乐米塔尔公司为项目董事会主席。ULCOS 研发低碳技术的核心三大技术——减碳、无碳、去碳技术。

欧洲钢铁业者在世界钢铁协会的协调下，由安赛乐米塔尔公司牵头对“超低 CO_2 排放（ULCOS）”项目进行研发。ULCOS 作为一项研究与技术开发项目，旨在开发突破性的炼钢工艺，达到 CO_2 减排的目标。ULCOS 的研究包括了从基础性工艺的评估到可行性的研究实验，最终实现商业化运作。从所有可能减排 CO_2 的潜在技术中进行分析，选择出最有前景的技术。以成本和技术可行性为基础进行选择，对其工业化示范性水平进行评估，最后实现大规模工业化应用。该工艺采用气基直接还原，并辅以 CO_2 捕集与封存技术。该项目集中了欧洲 48 个钢铁公司、研究院所的力量，旨在通过突破性的技术发展，比如回收高炉煤气，利用氢气和生物质能，开发分离 CO_2 以及如何在适合的地理结构中贮存 CO_2 等技术，使钢铁工业的 CO_2 排放量进一步减少 30%~70%。

这个项目分三个阶段实施。第一阶段是 2004~2009 年。这一阶段的主要任务是分别测试以煤炭、天然气、电以及生物质能为基础的钢铁生产路线，是否有潜力满足钢铁业未来减排 CO_2 的需求。第二阶段是 2009~2015 年，这一阶段则是在第一阶段测试成果的基础上，在现有工厂进行两个相当于工业化的试验，并且至少运行 1 年，检验工艺中可能出现的问题，以便进行修正，并且估算投资和运营费用。第三阶段的主要任务是在 2015 年以后，在对第二阶段工业化实验成果进行经济和技术分析的基础上，建设第一条工业生产线，这个阶段有别于一般意义上的研发，它将成为真正的工业实践，而且在该阶段，这个项目会受到欧盟在财政上的大力支持。

在 ULCOS Ⅰ 理论研究和中试试验阶段（2004~2010 年），项目研究人员采用数学模拟和实验室测试对 80 个不同的技术的能源消耗、CO_2排放量、运营成本和可持续性进行了评估，最后选择了其中 4 个最有前景的技术做进一步的研究和商业化，即高炉炉顶煤气循环、新型直接还原工艺、新的熔融还原工艺和电解铁矿石。此外，开发氢气和生物质还原炼铁技术作为这些技术的支撑。在 ULCOS Ⅱ 工业示范阶段（2010~2015 年），通过对欧洲几个综合型炼钢厂的设备进行改造建立了中试装置，并对这些方案的工艺、经济和稳定性等因素进行了检验和完善。

2.2.1.3　HYBRIT 技术

瑞典钢铁公司（SSAB）、瑞典大瀑布电力公司（Vattenfall）和瑞典矿业集团（LKAB）联合创立的非化石能源钢铁项目 HYBRIT 获得了瑞典能源署 5.28 亿瑞典克朗（约合 5801 万美元）的资金支持。瑞典能源署向 HYBRIT 项目提供的资助资金主要涵盖两个子项目（见图 2-4）：一是利用氢气直接还原进行钢铁生产

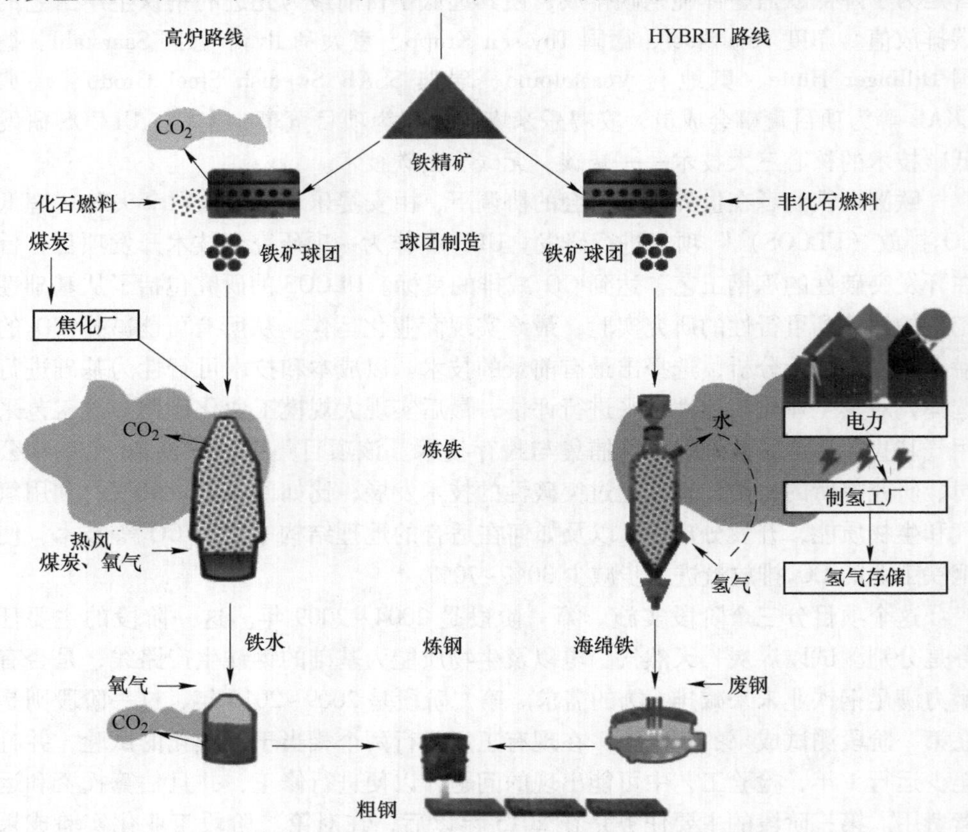

图 2-4　高炉工艺和 HYBRIT 工艺生产铁水和海绵铁的对比

初步研究项目，该研究项目的目标是开发出一种以纯氢气为球团矿生产海绵铁的还原剂的技术；二是球团、烧结工艺的非化石能源加热初步研究项目[11]，该研究项目有着双重目标，即在减少现有球团厂的温室气体排放的同时，设计出一种全新的造块工艺。该方案可能会使瑞典的 CO_2 排放量减少 10%、芬兰的 CO_2 排放量减少 7%。

2018 年 SSAB、Vattenfall、LKAB 在瑞典吕勒奥开始建设一座 HYBRIT 项目的中试工厂，进行一系列非化石能源钢铁生产试验。该厂计划于 2020 年之前建成。HYBRIT 项目的中试阶段预计将花费 14 亿瑞典克朗（约合 1.53 亿美元），用于建设中试工厂和进行后期的科学研究。瑞典能源署提供的 5.28 亿瑞典克朗资金支持约占总支出的 37%，其余 63%（约 8.7 亿瑞典克朗，约合 9559 万美元）由 SSAB、LKAB 和 Vattenfall 共同出资。

建设 HYBRIT 的想法是利用无化石能源的电能产生的氢，然后排放出普通的清洁水。其目标是在 2035 年之前，开发一个完全无化石能源的钢铁生产工艺。项目各个阶段的安排如下：

（1）2016~2017 年，预可行性研究。结论是，考虑到现在的电力、煤炭和二氧化碳排放的价格，无化石能源钢铁的价格将会上涨 20%~30%。随着无化石能源的电力价格不断下降，以及通过欧盟排放交易系统（ETS）的 CO_2 排放成本的上升，预可行性研究认为，未来无化石能源钢铁将能够在市场上与传统钢铁相竞争[12]。

（2）2018~2020 年，试验线设计和建造；开始建设试验工厂。

（3）2021~2024 年，试验线试验。

（4）2025~2035 年，示范厂试验。

无化石能源的钢铁生产是从矿山开始。当前，正在进行的一项研究是将 Oxelosund（瑞典钢铁奥克隆德公司）的高炉转换为电弧炉。这是改变无化石能源钢铁生产过程的第一步。这个转换将于 2025 年左右实现，这意味着 SSAB 公司能够在瑞典减少 CO_2 排放约 25%。

2.2.1.4 高球团比技术

高炉还原过程中，高效、稳定的煤气利用效能是稳定燃烧带的重要前提。球团矿与烧结矿相比粒度小而均匀（其平均粒度范围为 8.16mm），有利于改善高炉上部料层的透气性，使料层分布更趋均匀合理。球团形状近似圆形，其比表面积远远比烧结矿高，球团在氧化气氛下焙烧获得，FeO 含量（质量分数）低 1.5%左右，而烧结矿 FeO 含量（质量分数）达 8%~12%。因此，球团矿较烧结矿具有含铁品位高，堆比重大，还原度高、热强度好、煤气利用好，间接还原发展等优势。欧盟由于环保要求，烧结厂的生产和建设受到了严格的限制，为了进一步改善高炉炼铁指标，充分发挥球团矿在高炉炼铁中优越的冶金性能，因而以球团矿为主。欧美高炉球团矿使用比例一般都较高，个别的高炉达100%。其中，一部分高炉使用熔剂型球团矿，如加拿大 Algoma 7 号高炉熔剂球团矿比例达99%，墨西哥 AHMSA 公司 Monclova 厂 5 号高炉熔剂球团矿比例为93%，美国 AKSteel 公司 Ashland. KY 厂 Amanda 高炉熔剂球团矿比例为90%以上；另一部分高炉以酸性球团矿为主，配比一般在70%以上。欧洲高炉中，瑞典、英国和德国的部分高炉球团矿的比例很高，并取得了降焦增铁的效果。世界各国高炉球团比例如图 2-5 所示。

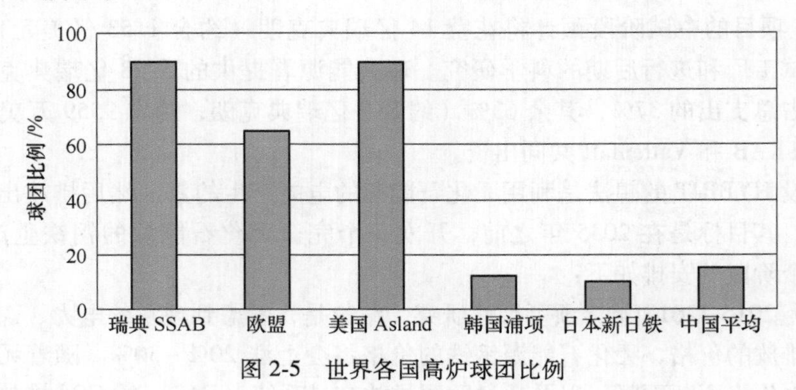

图 2-5　世界各国高炉球团比例

2.2.1.5　高富氧率技术

高炉富氧鼓风是向高炉鼓风中加入工业氧，使鼓风含氧超过大气含量，其目的是在不增加风量、不增加鼓风机动力消耗的情况下，提高冶炼强度以增加高炉产量和强化喷吹燃料在风口前燃烧。鼓风中氧的浓度增加，燃烧单位碳所需的鼓风量减少；鼓风中氮的浓度降低，也使生成的煤气量减少，煤气中 CO 浓度因此而增大，由于煤气体积较小，煤气对炉料下降的阻力也减少，为提高高炉产量创造了条件。

20 世纪 90 年代，为了进一步提高喷煤量，瑞典钢铁公司在 1989~1991 年对同轴氧煤枪进行了应用试验，并选择燃烧焦点可调的同轴旋流式氧煤枪在 Oxelosund 厂高炉各风口进行了富氧喷吹煤粉工业试验，当富氧率 3%时，煤比为 140kg/t，焦比为 320kg/t；德国蒂森高炉 1992 年开始采用氧煤枪喷吹，当富氧率 3%时，煤比为 224kg/t，焦比为 268kg/t；卢森堡 PW 公司等也相继开发或使用了高炉氧煤枪。总体来看，高炉富氧喷煤的整体水平较高。近几年，2000m^3以上高炉利用系数甚至超过 3t/(m^3·d)，典型的低焦比为 260~270kg/t。其中，苏联是世界各国中高炉用氧最普遍、持续时间最长，也是目前高炉富氧率最高的国家，基本在 10%~20%之间。荷兰高炉富氧炼铁已达到 35%~40%，韩国光阳高炉富氧率 10.47%，其中 5%依靠氧煤枪加入，达到煤比为 200kg/t，焦比为 291kg/t。德国迪林根公司萨尔厂 2356m^3高炉，采用 30 根同轴氧枪喷吹煤粉，喷煤比达到

200kg/t。国内炼铁厂各类型高炉富氧现状如图 2-6 所示。

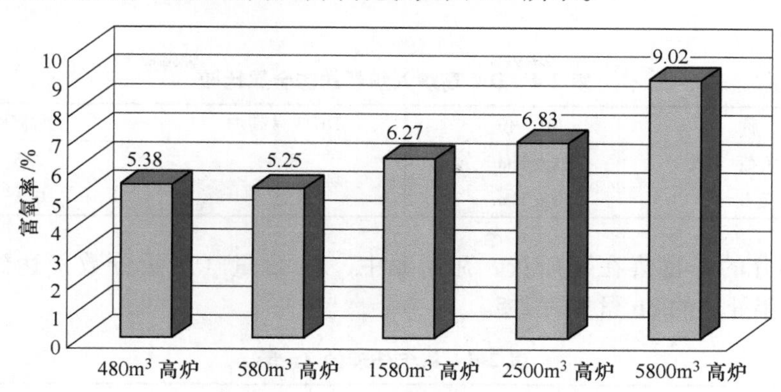

图 2-6 国内炼铁厂各类型高炉富氧现状

2.2.1.6 DK 高炉工艺处理固体废料技术

欧盟固体废料，包括高炉转炉瓦斯灰、瓦斯泥、轧钢铁皮、部分电池等固体废料均由 DK 公司处理。DK 公司是目前世界上最大的处理固体废料公司，处理钢铁厂废料有 30 多年的历史，处置欧盟近 40 家含锌固废企业的固废。2008 年、2009 年、2010 年产值分别为 1.14 亿欧元、0.46 亿欧元、0.92 亿欧元，设有烧结厂、高炉炼铁厂、发电厂与铸铁机。

其烧结厂建于 1982 年，年产能 50 万吨，有效烧结面积为 60m^2。烧结所用原料有转炉泥，高炉瓦斯灰、瓦斯尘泥、轧钢屑、电池等固体废料及部分正常铁矿。DK 所用原料成分分析见表 2-3。

表 2-3 DK 所用原料成分分析（质量分数） （%）

名 称	H_2O	Fe	Zn	C	S	CaO
转炉泥 1	9.2	62.1	0.6	1.2	0.2	6.5
转炉泥 2	0	43.3	11.6	0.8	0.05	14.2
高炉尘泥	34.3	22.9	3.7	34.7	1.4	3.5
轧钢屑	6.5	68.0	0.05	0.8	0.03	2.1
正常铁矿	7.5	66.3	0.01	0.04	0.01	0.02

通常用两座高炉进行废料的处理冶炼，高炉几乎采用常压操作，冶炼铸造铁，生铁含硅（质量分数）在 1.5%~2.8%，高炉采用最原始的料罐上料，较强烈的发展边缘与中心操作。煤气利用差，煤气 w[CO(30%)]、w[CO_2(13%)]、η_{CO}为 30%左右；入炉焦比 630kg/t，煤比 70kg/t，燃料比在 700kg/t 以上。铁水罐采用加苏打进行铁水脱硫。出来的铁中 w[S] 为 0.1%左右，脱硫后为 0.05%左右。生铁调运到铸铁机进行铸块。

DK 高炉入炉料的碱金属及 Zn 负荷与正常高炉料的碱金属及 Zn 负荷的比较见表 2-4。

表 2-4　DK 高炉入炉料的碱金属比较

名　称	单　位	DK 3 号高炉	正常高炉
碱负荷	kg/Thm	8.5	2.6
Zn 负荷	kg/Thm	38	0.1

大部分的锌富集在瓦斯灰、瓦斯泥中，Zn 含量（质量分数）达到 60%～70%。每年处理的 Zn 量见表 2-5。

表 2-5　每年处理的 Zn 量

年份	2003	2005	2006	2007	2008	2010
处理 Zn 量/t	9000	8200	8100	9600	8900	8700

高炉瓦斯泥中的富锌物成分见表 2-6。

表 2-6　富锌物成分（质量分数）　（%）

成分	含量	成分	含量
Zn	65～68	F	<1.0
Pb	1～2	Cl	<1.0
C	<2	Na	<0.1
Fe	<1.5	K	<0.15

高炉年处理的电池量见表 2-7。

表 2-7　高炉年处理的电池量

年　份	2005	2006	2007	2008	2009	2010
电池量/t	1700	1600	1800	2100	1600	1700

高炉生铁成分完全能满足铸造生铁需要：w[Si] 为 2.5%～3.0%，w[Mn] 为 0.5%～1.0%，w[P] 为 0.012%，w[S] 为 0.04%，w[C] 为 3.5%～4.2%。

2.2.2　欧盟钢铁工业绿色制造节能减排趋势

近年来，欧盟钢铁产业集中度明显提升，但仍存在进一步并购整合的空间。并购整合形成与上游原料供应商和下游用钢产业规模相匹配的区域性或全球性钢铁企业，提升钢铁产业的议价能力，以确保持续稳定地获取原料和能源。并购非欧盟钢铁企业成为全球性钢铁企业，不但通过增加产能满足全球客户需求，生产出符合专业产品标准和要求的产品，还能提升议价能力，为欧盟钢铁产品进入新市场提供了机会。上游原料加工和优化原料利用是另一个强化欧盟钢铁产业原料效率的途径，降低对原料供应波动的敏感性。此外，优化原料利用还有助于降低能源消耗，减少二氧化碳排放。为了符合立法的要求，同时企业降低成本，欧盟钢铁产业寻求发展更加清洁安全高效的生产技术创新，能够提升能源利用效率、降低 CO_2 排放。欧盟钢铁产业生产出拥有绿色标志的钢铁产品，开拓符合更高环保标准的钢铁产品市场，才能推动欧盟钢铁产业能源效率更进一步提升。这需要持续优先投资，以及构建战略网络和实现知识共享。

钢铁产品的应用日益广泛，涉及从汽车制造到钢罐、容器等不同领域。欧盟钢铁产业已经拥有具有良好客户关系的新技术研发平台来开发市场商机。为了寻求市场商机，保持和巩固竞争优势，欧盟钢铁产业必须持续投资新技术研发和改进生产工艺，目标是使生产流程更加高效、更加灵活。智能制造、精益制造、高效知识管理，以及运用新信息技术都将是未来几年欧盟钢铁企业提升竞争优势的途径。未来高端产品市场需求还将保持增长，而欧盟钢铁产业在这一领域具有竞争优势。欧盟钢铁产业必须优先培育研发高品质高附加值产品、解决方案和服务的能力和实力，持续专注于价值创造。与客户以及最终用户直接合作研发高品质高附加值产品和先进材料解决方案，对于欧盟钢铁产业来说至关重要。持续高度关注价值创造是一项重要的战略机会，可以避免与竞争对手展开价格或数量竞争。

2.3 日本钢铁工业绿色制造节能减排现状和趋势

日本钢铁工业起步于 1901 年，至今已经历了 100 多年的历史，日本粗钢产量在 1950~1973 年经历过一个快速发展期，年产量从 484t 增长到 1.2 亿吨，年均增长率达到 3%；1973~2015 年日本粗钢产量基本保持平稳，维持在 1 亿吨左右，且技术创新一直处于国际领先水平，长期保持着钢铁大国和钢铁强国的地位[13]。

2016 年，日本粗钢产量约 1.05 亿吨，热轧长材产量 2824.3 万吨，热轧扁平材产量 6298.4 万吨[14]。2017 年，日本粗钢产量为 1.0466 亿吨，同比 2016 年 1.0477 亿吨的粗钢产量减少了 0.1%。其中：生铁产量为 7833 万吨，转炉钢产量为 7934 万吨，电炉钢产量为 2494 万吨，占全年粗钢产量的 23.9%。按钢材的种类划分，普碳钢产量为 7957 万吨，特殊钢产量为 2510 万吨。

截至 2017 年年底，日本共有 25 座高炉在运行，目前运行的容积为 $5000m^3$ 及以上的高炉数量依然为 14 座[15]。平均利用系数为 $1.88t/(m^3 \cdot d)$。2017 年 10 月，神户制钢关停了神户厂的炼钢装备，JFE 钢铁公司宣布将在西日本制铁所（仓敷地区）新建一套连铸设备，计划于 2021 年完成。

2.3.1 日本钢铁工业绿色制造节能减排现状

日本钢铁产业 20 世纪 70 年代进入成熟期，钢铁产业对环境造成了严重污染。1970 年日本颁布了 14 个环境保护相关法律，控制环境污染。同时日本政府调整钢铁产业政策，制定环保与节能政策，通过提供优惠贷款等政策，鼓励钢铁企业加强节能环保设备的投资力度及节能环保设备的改造与升级[16]。

20 世纪 90 年代是日本经济缓慢增长时期，日本政府政策上引导钢铁产业兼并重组，向国际化、全球化、低碳化方向发展。相继制定和颁布了多项与环境相关的法律法规，提出“循环”“共生”“参与”及“国际合作”等环保理念，制定《环境基本计划》，指导钢铁产业向循环经济发展模式的转变。

进入 21 世纪，钢铁产业的低碳化发展成为主流。在日本经济团体联合会的统一布置下，各行业制定了以减排 CO_2 为中心的企业节能环保志愿计划，推动了钢铁工业新一轮节能环保技术的发展。具体措施包括：推广已有的节能技术，同时开发新技术；争取在政府和自治体的协作下扩大钢铁厂对废塑料的利用和低温余热供社会利用；大力开发高强度钢材和低电阻电工钢板等节能钢材；加强节能、环保的国际协作和技术转让，为全球减排 CO_2 做贡献；重视厂内废钢再生利用并不断采用新技术；为取得 ISO 14000 认证，不断完善钢铁企业管理体制。

日本钢铁企业在除尘设施、末端脱硫脱硝装置、防尘网、水处理系统等环保设备方面进行了大量投资。此外，各财团为环境科学技术研究提供了大量赞助，对钢铁企业的环保技术进步起了很大作用。全国性环境法规的制定及实施、全社会的努力以及技术进步，使日本的环境有了明显改善，已经基本解决了传统的环境问题。钢铁业的环保工作成为其他产业的表率。日本制定的与钢铁行业相关的环境法规见表 2-8。

表 2-8　日本与钢铁行业相关的环境法规

对象	名称	内容	规定物资
大气	大气污染防治法（二噁英对策特别措施法）	向大气排放有害物资	二噁英、苯、镍化合物、锰、水银等
		烟尘管理规则	SO_x、NO_x、镉、铅、氧、氟等
		汽车废气管理规则	CO、NO_x、烃、粒子状物资、VOC
		粉尘管理规则	普通粉尘、特定粉尘（石棉）
水质	水污染防治法	生活环境标准规定	氮、磷、氢离子、COD、BOD、浮游物、大肠杆菌等
		健康环境标准规定	28 种特定有害物资（镉、六价铬、总氰化物、铅、氟、硼、砷等）
土壤	土壤污染防治法	污染土壤的管理（土壤调查、污染区域的确定、污染排除等）	25 种特定有害物资（镉、六价铬、氰化物、水银、硒、铅、砷、苯、氟、PCB 等）

续表 2-8

对象	名 称	内 容	规 定 物 资
废弃物	关于废弃物处理及清扫的法律规定	产业废弃物的正确处理方法（处理标准、委托处理）	产业废弃物（纸屑、木屑、纤维屑、金属屑、动植物废物、橡胶质、碎玻璃、混凝土碎渣、碎陶瓷、矿渣、煤灰、污泥、废油、废酸、废碱、废塑料等）
		废弃物排放企业的责任	
化学物质	化学物质审查法	过去未生产的化学物质审查；化学物质上市后的继续管理；根据化学物质特性的管理制度	第一种特定化学物质（难以分解、长期毒性、慢性毒性物质）；监视化学物质；优先评价化学物质
	化学物质管理促进法	促进特定化学物质管理、掌握特定物质的排放量的 PRTR（特定化学物质排放和转移注册）制定	462 种第一种化学物质（对人体和生态环境有害，包括破坏臭氧层物质）和在环境中广泛存在的致癌物质、导致生殖细胞变异的特定第一种化学物质

（1）温室气体减排。2005 年日本内阁审议通过了京都议定书目标计划，日本钢铁业“自主行动计划”为目标的完成起到了核心作用。日本钢铁业“自主行动计划”确定在粗钢产量 1 亿吨的前提下，2008~2012 年度的钢铁生产能源消费量比 1990 年度下降 10%。计划期间实际钢铁生产的能源消费量比 1990 年度下降了 10.7%，完成了目标。“自主行动计划”完成后，日本钢铁联盟继续制定了新的节能减排措施。2009 年，制定了“低碳社会实施计划”[第 I 期（目标年度 2020 年度）]，目标是到 2020 年，日本钢铁业的二氧化碳排放量将比 2005 年减少 200 万吨。

（2）工业生态系统理念的良好贯彻。日本钢铁业“低碳社会实施计划”的基本理念是“3 个 ECO”（Eco-processes，Eco-products，Eco-solutions）。

1）Eco-processes 生态过程。生态过程是指在生产过程中减少 CO_2 排放，主要通过生产系统的优化、装备和技术的改进、先进节能技术和装备的应用。从 20 世纪 70 年代到 80 年代，日本钢铁工业总计投入资金 3 万亿日元用于环境保护和节能，并引入了大批节能设备。当时日本的能源节约了 20%。通过自主行动计划的执行，在京都议定书第一承诺期内，实现了比 1990 财年 CO_2 排放量减少 1800 万吨的目标。日本钢铁业实现了全球最高水平的能源利用率。数据显示，日本钢铁工业的能源利用率约高于能源利用率最差的国家 30%。

2）Eco-products 生态产品。生态产品是指能源节约体现在产品使用阶段，是为用户提供高性能的钢铁材料，如开发和推广车体轻量化的高强钢等，通过能源的经济性利用达到能源节约。高性能钢材具有高强度和优良的耐热性等性能，在钢材使用阶段，可提高用能效率和减低 CO_2 排放，因此是环保型钢铁产品。

2010 年日本铁钢联盟成立的“LCA 能量评价委员会”、钢材用户产业团体和日本能源经济研究所，共同从 LCA 角度每年对高性能钢材使用阶段产生的 CO_2减排效果做了定量的分析评价。该项目的产品类别包括高性能的汽车板、取向电工钢、船板用钢、钢管和不锈钢等。数据结果显示，在日本使用的这 5 类钢材的 CO_2减排量为 926 万吨，海外的减排量为 1282 万吨。因此，高性能钢材使用实现的总减排量为 2208 万吨。2015 年，日本 5 种高性能钢材的产量是 724 万吨，其中国内使用 369.6 万吨，出口 354.4 万吨。2015 年，5 种高性能钢材在国内使用产生的 CO_2 减排量是 985 万吨，5 种高性能钢材出口使用产生的 CO_2 减排量是 1766 万吨，两者合计 CO_2 减排量为 2751 万吨。据测算，这 5 种高性能钢材在 2020 年产生的 CO_2 减排量将达到 3400 万吨[17]。

目前，对高性能钢材减排效果定量化测算只有 5 个钢材品种，除了这 5 个品种，具有 CO_2 减排效果的高性能钢材还有许多。例如，为实现低碳社会、对运输业减排具有重要作用的混合动力汽车和电气列车的高效率发动机不可或缺的无取向电工钢板，就是一种具有 CO_2 减排效果的高性能钢材。此外，充氢站等公共设施也是实现氢能社会不可缺少的装置。

3） Eco-solutions 生态解决方案。生态解决方案是指通过研发和全球推广相关的节能环保技术来减少全球的 CO_2 排放。这种先进技术和装备向其他国家输出，也为全球范围的能源节约和遏制全球变暖提供了有效的途径。

日本钢铁业认为，截至 2010 年，其向国外转让的节能环保设备已使受让国的 CO_2减排量达到 3300 万吨/年。此前，日本推广的 CDQ（干熄焦）、TRT（高炉炉顶煤气余压发电）等主要节能技术的 CO_2 减排效果，截至 2014 年已经达到减排 5340 万吨 CO_2。继续实施环保技术服务，预计 2020 年可使世界 CO_2 减排量达到 7000 万吨/年，2030 年可使世界 CO_2 减排量达到 8000 万吨/年。

2016 年生效的《巴黎协定》，消除了京都议定书时期的发达国家与发展中国家的对立结构，建立了所有主要排放国自定目标，并为目标实现而努力的新型结构。在这种形势下，日本铁钢联盟推进节能减排技术为核心的国际交流，促进了发展中国家的节能减排，从而提高了全球变暖对策的实效性。在 2016 年 6 月举行的第 6 届日印钢铁官民协力会上遴选出 5 项被推进的技术。经两国确认，预计这些节能技术的引进实施，将在 2025 年产生减排 3200 万吨 CO_2 的效果。在促进各国节能减排实施的同时，日本节能技术的拥有方也从中获益良多（比如配额）。

为实现节能减排目标，各大钢铁企业全面加强节能管理、完善干熄焦、高炉顶压发电等原有重大余能利用技术，另外钢铁企业加快了合并重组、淘汰落后设备、扩大设备规模的步伐。

2.3.1.1 新型炉料技术

JFE 钢铁在国家研发项目支持下，成功开发以铁焦代替部分焦炭炼铁的节能技术，即在非黏结煤中掺入约 30%的铁矿粉，压块成型后经干馏生产出铁焦。由于 M-Fe 有提高焦炭反应性的催化剂作用，铁焦在高炉内反应温度降低 150℃，折合节能量约 6%，且可代替大量强黏结煤，经济效益显著。2013 年 3 月已在千叶厂 5000m^3高炉连续 5 天工业试验成功。JFE 在东日本钢铁京滨厂建设了一个铁焦产能为 30t/d 的试验工厂，并得到日本新能源产业技术综合开发机构的赞助支持。

2.3.1.2 碳减排技术

A 高效发电技术

住友金属于 1999 年引进美国卡利纳循环发电技术，即以氨和水的混合液回收转炉煤气除尘冷却水，100℃的低温余热产汽发电，成为全球实用化的首例[18]。JFE 对众多的高压氧气、氮气压缩机进行持续的更新改造，更新改造的钢厂包括京滨厂、千叶厂、冈山厂和福山厂等。在千叶厂，JFE 正在建设一套 150MW 的燃气轮机联合循环自用发电机组，以通过提高能源利用效率来节约能源、减排 CO_2。该新机组已于 2015 年投入运行。

B “海田造林”技术

JFE 钢铁成功开发将转炉钢渣粉碎后制浆，再用 CO_2喷吹使之和其中的 CaO 反应生成多孔质 $CaCO_3$，沉入近海海底以供珊瑚、海带等海洋生物附在其上生长，以利于改善近海生态环境。而海带等在成长过程中每天 24h 吸收海水中的 CO_2，比陆地上的植物光合作用吸收 CO_2的时间要长，且长大后可供制生物油利用。新日铁积极参与了此项活动，并称之为“海田造林”。

C Super-SINTERTM 技术

Super-SINTERTM 技术主要是在烧结过程中，用氢基气体代替常用的碎焦炭。天然气等氢基气体，比碳基焦炭具有更低的 CO_2排放。该项技术最初应用于 JFE 京滨厂，在 2012 年应用于 JFE 的全部钢厂。

2.3.1.3 消纳社会废弃物

1995 年，JFE 钢铁学习德国技术开始将废塑料粉碎并去除 PVC 到 2%以下后混入煤粉喷入高炉代替焦炭，2000 年实施容器包装再生法后，在分类回收和生产者责任制的合理机制推动下，不仅废塑料的回收量上升，钢铁厂还可收到废塑料协会每吨 2 万~4 万日元的委托处理费，高炉年用量上升到 20 万吨以上。2002 年，新日铁成功开发将废塑料粉碎后加入煤中 1%~2%炼焦的技术，不仅 PVC 含量放宽至 5%，且能量利用率由高炉喷吹的 70%提高到 94%，并在所属 5 个钢铁厂全部推广，年用量很快达30万吨以上。另外，大同特钢还成功开发将废塑料和机床车屑混合造粒后喷入吹氧电炉利用的技术，节能效果好，但由于回收废塑料跟不上导致未能推广。2012年的高炉、焦炉废塑料用量达近100万吨。

广烟厂因高炉停产，转炉用冷料顶底吹氧喷煤化铁炼钢，2003年起将不便作原料用的废汽车轮胎粉碎后掺入喷吹煤中利用，不仅节约了喷煤量，连轮胎中的子午线钢丝亦作为铁源利用，综合节能效果更好，年用量保持在6万吨以上。之后又将废轮胎配合煤炭用发生炉生产煤气代替轧钢加热炉用的重油，炉渣中的含铁块则作为转炉原料利用，综合节能效果很好。

普钢电炉厂利用电炉中的高温优势，开始利用回收的废电池等废物，在节能的同时又收取一定的委托处理费。之后扩大应用到医疗用针管等废物，既可收取较高的委托处理费，又有一定的节能效果和较好的社会效益，现已普遍推广应用。

2.3.1.4　高温空气燃烧技术

JFE是高温空气燃烧的发源地之一，NKK曾经在福山的3号加热炉建成世界上第一座全蓄热加热炉，并通过使用形成了属于自己的技术。

一是把自己的技术推向海外，建立在蓄热式燃烧技术基础上的高性能工业炉应用到了加利福尼亚钢铁工业公司，该公司是JFE和巴西淡水河谷公司的合资公司，在2010年5月18日该公司建成5号加热炉，这是美国最大的使用蓄热烧嘴的加热炉，获得了节能20%的效果，炉子具备很高的热效率。另外，在JFE集团的国际合作项目中JFE还向波兰推荐高性能工业炉项目，对泰国的6座加热炉也推荐使用高性能工业炉项目。

二是JFE工程拓展了高温空气燃烧技术的应用领域，开发出采用高温空气燃烧技术的废物焚烧炉，通过废料的燃烧来发电，还开发出通过优化燃烧实现源头脱硝的目标，可以在废物焚烧的过程中不需要催化脱硝，烟气中的NO_x就可以小于$50\times10^{-4}\%$，同时利用废料发电的效率可以达到17%，由此可见高温空气燃烧技术还有很大的潜力可挖。另外，国内的神雾公司还将高温空气燃烧技术应用在转底炉上，实现了对难选矿的提炼。

三是开发了回转式蓄热换热器，大大提高了蓄热炉的炉温稳定性。

2.3.1.5　创新型技术研发——COURSE50

COURSE50项目是日本新能源和工业技术部（NEDO）于2008年7月委托日本神户制钢、JFE、新日铁、新日铁工程公司、住友金属以及日新制钢6家公司共同合作开展的“环境友好型炼铁技术开发”项目，该项目计划2050年实现工业化应用，如图2-7所示。

抑制高炉的CO_2排放和分离回收高炉煤气中的CO_2，削减CO_2排放量约30%的COURSE50项目，由两项主要研究活动构成。

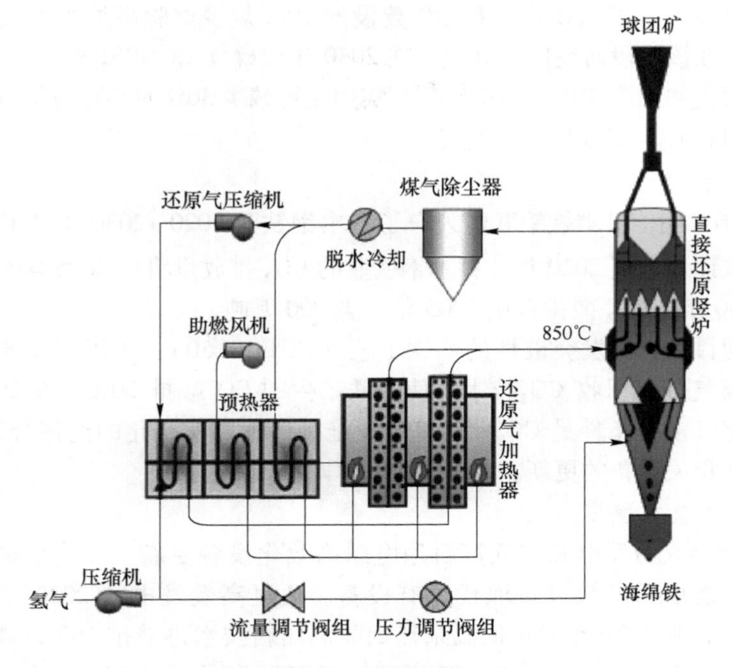

图 2-7 COURSE50

第一项是从以氢还原铁矿石为核心的高炉减排 CO_2 技术开发，主要技术包括：

（1）增加使用氢的炉内还原反应控制技术；

（2）COG 中碳氢化合物改质技术；

（3）适合低焦比操作的焦炭改良技术等开发项目。

第二项是从利用钢铁厂因不经济未利用的余热高炉煤气（BFG）中，采用化学吸收法和物理吸附法分离回收 CO_2 的技术开发。两项减排 CO_2 技术开发的目标是钢铁厂减排 CO_2 约 30%。

该项目第一阶段（2008~2012 年度，共 5 年）完成了关键技术开发：

（1）利用尚未利用的焦炉煤气显热（800℃）的富氢技术的开发；

（2）氢还原铁矿石技术的开发；

（3）利用尚未利用的炼铁余热从高炉煤气（BFG）中分离回收 CO_2技术的开发。

该项目从 2013 财年开始进行为期 5 年的第二阶段研发。建设了 10m^3 规模试验高炉，综合验证第一阶段实验室的研究结果，确立了最大化氢还原效果的反应控制技术。作为分离回收高炉煤气中的 CO_2 技术，为了开发可与验证试验高炉匹配的 CO_2 分离回收成本 2000 日元/t CO_2的技术，进行了高性能化学吸收液等的开发、物理吸附法的更高效化和运用未利用余热技术的适应性研究，以开发进一步降低成本的技术。

2015 年 9 月，新日铁住金君津厂建设的 10m^3 规模试验高炉竣工，2016 年开始试运行。在该阶段研究的基础上，在 2030 年前确立 COURSE50 技术，2050 年前实现实用化并推广应用。COURSE50 实用化可减少 30%的 CO_2 排放（前提是政府主持的回收 CO_2 储存措施的实现）。

A　目标

2014 年年底，日本铁钢联盟公布了日本钢铁业 2020~2030 年的 CO_2 减排计划。根据该计划，到 2020 年，日本钢铁业的 CO_2 排放量将比 2005 年减少 200 万吨；到 2030 年，CO_2 减排量比 2005 年减少 900 万吨。

中长期目标：开发突破性的炼铁工艺（COURSE50）：采用氢还原铁矿石技术和高炉煤气分离回收 CO_2技术，使炼铁产生的 CO_2减排 30%。在 2030 年前 1 号机实机化（前提条件是 CO_2储存基础设施的保证和实机化的经济合理性），同时进行高炉相关设备的更新。2050 年普及 COURSE50。

B　主要技术预测

（1）社会火力发电和钢铁厂自用电站高效化设备更新。立足于未来的最佳设备配置，逐步用高效设备取代原有设备。通过高效发电在 2020 年以前减排 CO_2 10 万吨，到 2030 年通过低温余热回收利用新技术再减排 160 万吨。通过设备更新改造在 2020 年以前减排 100 万吨，到 2030 年再减排 150 万吨。

（2）扩大废塑料等化学废弃物在钢铁厂的循环利用。使用根据容器循环利用法回收的废塑料等，减少煤炭消费量。

（3）提高用电设备效率。用高效率用电设备替代钢铁厂原有的用电设备。

（4）增加并强化节能设备。增加并强化 TRT、焦炉显热回收等废热利用节能设备，将设备的能源利用率提高到最高水平。

（5）SCOPE21 型焦炉。通过采取 SCOPE21（21 世纪高产无污染大型焦炉）炼焦技术在 2020 年以前减排 CO_2 90 万吨，到 2030 年再减排 130 万吨。

（6）采取在煤中掺入 30%矿粉的铁焦和焦炉煤气改质为纯氢后喷入高炉作为还原剂的创新工艺技术，上述措施可在计划期内减排 CO_2 260 万吨。

C　节能环保产品

混合动力汽车、电动汽车用高强度钢板和电工钢板，燃煤火力超超临界发电（USC）锅炉用高强度、高耐蚀性钢管，核电站用压力容器锻钢件、钢板，蒸汽发生器钢管等高性能钢材的需求将会不断增加。这些高性能钢材是构建低碳社会不可或缺的材料。

2.3.2　日本钢铁工业绿色制造节能减排趋势

为提高日本金属材料的竞争力，2015 年日本经济产业省编制了“强化金属材料竞争力计划”，推进三大战略[3]：

（1）技术开发战略。着重于发展材料设计技术、制造技术、分析评价技术、人才培养、利用数字化的预防性维护技术、对资源和能源的高效利用技术和发展环保型材料技术。

（2）强化国内制造基础战略。防止产业安全事故，通过产业重组提高竞争力，应对能源及环境问题，以及应对信息化的影响。

（3）全球化战略。技术开发战略，提高资源循环使用以应对原材料供应短缺的风险。所有的日本钢铁企业都在根据这些问题和方向来推进技术的发展和装备的引进。

日本钢铁企业持续推进设备整合和陈旧焦炉的现代化改造工作，稳步推进产品开发来满足用户需求，开发具有高成形性的超高强度钢，同时继续考虑多种材料的共同使用，通过不同材料的组合应用，来提升产品的附加值。另外，将最先进的 IT 技术引入钢铁制造设备维修领域，钢铁企业也努力通过数据库和 AI 技术，来更好地利用老员工的丰富经验，提高维修领域的效率，应对时代的快速变化。

2.4 韩国钢铁工业绿色制造节能减排现状和趋势

20 世纪 60 年代，韩国钢铁工业从零开始，注重工艺先进技术引进和自主技术研发以及节能政策的制定和实施离不开政府的计划干预，发展到 90 年代中期，韩国成为世界第六大钢铁生产国，并通过持续技术创新确保全球竞争力，克服了其他国家钢铁行业激烈竞争，最终成为钢铁巨头，并一直保持至今。

2.4.1 韩国钢铁工业绿色制造节能减排现状

韩国钢铁工业起步较晚，20 世纪 60 年代，韩国政府决定兴建钢厂以扩大经济增长。到了 70 年代，韩国钢铁生产规模迅猛发展，成立了浦项制铁公司，下设拥有 1200 万吨/年产能的浦项厂和 1500 万吨/年产能的光阳厂[19]。随着已成熟的钢铁技术的应用，浦项厂和光阳厂逐步成为世界最具竞争力的联合钢铁厂之一。2016 年，韩国粗钢产量 6857.6 万吨，热轧长材产量 2038.3 万吨，热轧扁平材产量 4674.8 万吨。铁矿石消费以进口为主，并逐年上升，2016 年铁矿石进口 7174.1 万吨。进口直接还原铁 38.3 万吨，进口生铁 33.7 万吨，净进口废钢 528.6 万吨。2017 年，韩国粗钢产量 7108.1 万吨，较 2016 年增长 3.6%。

浦项制铁公司产品结构以扁平材为主，冷轧比例较高，汽车板、家电板是拳头产品。冷轧比例为 42%，有较高比例的厚板（18%）和不锈钢产品（5%），这两类产品的盈利能力要远高于宝钢在厚板方面的同类产品，由于韩国造船企业在高端船舶制造方面更具优势，厚板市场占有率和盈利能力都处于较高水平。在不锈钢方面，由于浦项制铁公司很早就在海外大量收购镍、铬、锰、钼等稀有金属矿产资源，有效提升了不锈钢品种竞争力。战略产品和 EVI 产品销量在逐步增长，已经明确把能源用钢作为未来战略核心产品之一[20]。开发的彩涂板产品可以呈现各种色彩和设计图案，涂镀产品 MACOSTA 耐腐蚀性更高，广泛应用于光伏设备支架、住宅外墙、装饰面板等。浦项与钢轮毂制造企业联手进军汽车轻量化钢轮毂市场[21]。

（1）通过对产业结构的合理规划实现节能。韩国于 1970 年颁布了《钢铁工业育成法》，在《钢铁工业育成法》中考虑到韩国缺乏高炉用的炼焦煤和铁矿石这一实际情况，为确保高炉厂的规模效益，规定只允许浦项一家企业建高炉，其他则发展电炉钢。电炉所需废钢除一半是进口外，其余则在政府积极组织下回收，大力开展全民回收废钢的运动。因此在执行《钢铁工业育成法》期间，韩国的钢铁工业得到迅速发展。实践证明这一政策是正确的，它既保证了浦项制铁公司的快速发展，成为韩国所占比重达 50%以上的核心企业，同时又促进了众多电炉钢厂的合理快速发展，使造价、能耗和成本低的电炉钢占有较大的比重。

（2）大力投资环保节能设备实现节能。韩国的能源高度依赖进口。两次石油危机对韩国经济产生了极为消极的影响。1978 年，韩国政府成立能源与资源部。1980 年韩国成立了能源管理公团，执行国家节能计划，提高社会能源利用效率。韩国还制定了“五年经济能源节约计划”，将钢铁行业等 194 个高耗能行业作为节能重点，并规定了每年 11 月为节能月，号召全民节能。2007 年，韩国钢铁行业在环保节能设备方面的投资达到 2498 亿韩元。

（3）重视节能技术的开发和应用实现节能。节能减排技术开发的过程大致可分为三个阶段，即基础性研究、应用研究、产品和工艺技术开发，这三个研究阶段政府的支持重点也有所不同。前两个阶段的研究开发具有风险大、应用面广、共用性强的特点，企业往往没有实力进行这样的研究开发，因此从政府职能和公共财政的性质出发，基础性研究和共用性强的产业技术研究开发是政府支持的重点。韩国规定对于直接关系国家利益的项目，全部由政府资助，并由公立研究机构承担；对于具有商业价值的项目，由企业提供部分资金，合作进行研究，私营企业研究机构承担或参与核心技术开发、基础技术开发、产业技术开发，替代能源开发的国家研究开发项目任务的，政府给予研究开发经费 50%的补贴；对于个人或小企业从事新技术商业化的，政府提供总经费 80%～90%的资助。

2015 年 1 月起，韩国碳排放权交易制度正式实施，政府对于温室气体排放的限制更加严格。相关企业可以将排放权配额中的剩余部分以股权形式通过韩国交易所向市场出售，不足的部分也可以外购。不过事实上，有意购买的企业偏多，而有意出售的企业却很少。如果不能购买额外的排放权，就必须缴纳排放附加税，排放权的市场价格是 1 万韩元/t，而附加税则是 3 万韩元/t。

2.4.1.1 副产煤气环保高效发电技术

2014 年 7 月，浦项能源公司所属的环保高效发电站正式竣工，利用尾气进行发电。该发电站位于浦项钢厂内，投资5885亿韩元，占地4.9万平方米。发电站每小时发电量290MW，并向韩国电力公社输送。总电量相当于48万户家庭一年的使用量，完全可以满足浦项和庆州两地合计31万户家庭的实际需要。

发电站将高炉排放的高炉煤气（BFG）和FINEX炉排放的尾气（FINEX Off Gas，FOG），以及焦炉煤气（COG）作为燃料使用。其中FOG的标注热量比BFG高2倍，提高了发电站的功率。复合发电系统中，燃气机发电后，蒸汽机追加发电，最大化地提高了效率。如果把副产煤气燃料换算成原油，不仅可替代进口，CO_2每年可减排18万吨。将BFG和FOG混合后作为燃料使用，此项技术是全世界首创。

2.4.1.2 光阳钢厂丽水产业园区海底隧道项目

2015年6月，连接浦项光阳钢厂和丽水产业园区的海底隧道正式开建。该项目主要是用于钢铁和化工园区产生的副生煤气交换利用，每年可创造1200亿韩元的经济效益。

项目总投资费用为2400亿韩元，以民间资本的形式投入，主要由浦项、GS石油公司、大成工业气体、德阳、韩国液化气体、韩华化学及Huchems等企业共同分摊。工程完工之后，光阳钢厂炼钢过程中产生的聚氨酯石脑油、乙烯、芳烃等副产物将向丽水石油化工企业进行供应，而丽水化工园产生的氯气、盐酸、硝酸和氢氧化钠等将通过埋设的6个管道向光阳厂供应，双方的副产物经过交换之后就变成了各自所需的原料，此举每年有望节省约1200亿韩元的生产成本。该项目开创了化工园区和钢铁厂有机融合的先例，一旦完工，双方都将产生巨大的协同效应。

2.4.1.3 FINEX-CEM技术

浦项自主开发的FINEX-CEM技术可构成紧凑的工艺路线，减少投入费用、操作成本，以及污染物排放[22]。其中，FINEX技术可利用铁矿粉和质量较差的煤在内的各种含碳物质，铁矿粉直接装入流化床反应器，再被熔融气化炉中煤与氧气反应产生的一氧化碳和氢气还原，如图2-8所示。这种非高炉炼铁工艺没有炼焦和烧结工序，降低电力消耗，同时不受废钢质量的影响，生产高附加值钢种。

根据产品的种类和厚度，紧凑式无头连铸及轧制（Compact Endless Cast & Rolling Mill，CEM）技术可进行单块轧制或无头轧制，在没有更换设备或新增设备的情况下，这两种轧制模式可随时自由转换操作。单块轧制模式主要用于生产厚规格产品，无头轧制模式主要用于生产薄规格产品，尤其适用于生产超薄热轧卷，用于替代部分冷轧产品。

2.4.1.4 PS-BOP工艺

为了减少CO_2排放，钢厂开始在碱性氧气转炉中部分使用废钢，但废钢熔化

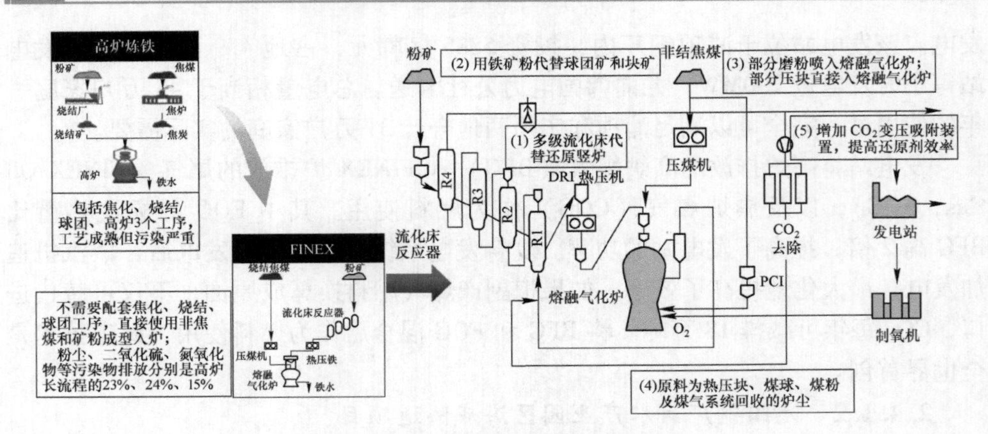

图 2-8　FINEX 新型非高炉炼铁技术

的热源不足，因而废钢的使用比重最高只能维持在15%左右。浦项与德国萨斯特公司（Saarstahl）合作共同开发出碱性氧气转炉（POSCO-Saarstahl，PS-BOP）新工艺，利用底部吹氧和顶部吹送热风来大幅提高转炉内二次燃烧率，依靠炉内热风喷射可以降低铁水比。

2.4.1.5　煤气中CO_2分离技术

A　钢铁副生煤气中CO_2分离技术

2006年开始，RIST利用氨水捕集BFG中的CO_2，该技术回收钢铁厂内存在的大量中低温余热[23]。2008年12月开始进行了容量$50m^3/h$（标态）高炉煤气的第一阶段中试试验，实现了90%以上的CO_2捕集率，CO_2的纯度达到了95%以上。2010年开始容量$1000m^3/h$（标态）高炉煤气的第二阶段中试试验，并于2011年7月在浦项钢厂设立了试验工厂，2012年建立了回收CO_2的液化贮藏设备，将CO_2除去水分、H_2S、HCN、NH_3等杂质后，纯度可达99.8%，在-20℃和20个大气压的条件下液化后存储于液化罐中。技术成熟后，可将钢铁、石化、发电等行业化石燃料燃烧产生的CO_2分离捕集出来，进行二次利用，以及封存于地下或海底，而不是直接向大气排放。

B　变压吸附分离副生煤气中CO和CO_2技术

从2011年开始，浦项采用变压吸附分离技术从副生煤气中分离CO和CO_2，并积极推进工艺优化和吸附剂的研发工作。通过容量$1m^3/h$（标态）的小型中试装置，可以吸附分离出纯度在99%以上的CO，在生产现场进行应用研究，今后还计划在现场通过安装容量$100m^3/h$（标态）以上的装置，实现纯度99%以上的CO商业化生产。

2.4.1.6　氢气还原炼铁技术

2016年9月，韩国政府提出了《提升钢铁工业竞争力方案》，明确在2017~

2023 年之间推行氢气还原炼铁工艺的研究工作。该项技术在炼铁工序中用氢气替代传统的碳还原剂，可除去铁矿石中的杂质和氧，在还原反应过程中只会产生水，从而显著降低 CO_2 排放。作为重要的参与方之一，浦项已经开展了前期的可行性研究，计划短期内将钢厂副生煤气进行氢气富集，然后进行后期的钢铁生产工序。目标是 2020 年中期之前实现氢气还原炼铁工艺的商业化应用。

2.4.1.7 余热利用技术

A 熔融盐回收余热技术

浦项正在开发采用熔融盐作为传热介质的余热回收技术。根据温度条件选择不同的熔融盐，将熔融盐作为热媒，高温性能稳定。最高温度可达 1000℃，由于沸点高，无需额外的高压系统。如果将熔融盐用于连续热源产生蒸汽，其蓄热能力可实现连续生产，无需单独的蒸汽储存设备。

B 余热资源化利用技术

2014 年 7 月，现代制铁联合韩国产业园区工团忠南事业团、韩国耐火公司、未来保健环境研究所等进行合作，开展了余热资源化利用研究，并成为“热配送”业务指定发展商[24]。2015 年 6 月，现代制铁技术研究所将 350℃ 的烟囱尾气压缩成固态，储存于氧化铝的蓄热剂中，然后由卡车进行运输，通过开展“热配送”业务，为方圆 40km 以内的住宅、农业大棚、食物残渣干燥设备供热，不仅可以为用户节省 90%以上的燃料采购费用，还可以减少局部地区的温室气体排放。

C 炉渣显热回收技术

浦项从 2009 年开始回收高温炉渣中的热能，不仅提高了钢铁生产的能源利用率，还减少了 CO_2的排放。2012~2013 年间，设立了炉渣处理能力为 2t/h 的中试工厂，通过现场应用试验，热回收温度在 460℃ 以上，回收率在 50%以上，今后还将设立规模为 20~40t/h 的新厂。

D 中低温余热发电技术

中低温发电是利用工业余热或新再生能源 100~300℃ 中低温热源的技术。2011 年开始，浦项开发了相比现有的有机朗肯循环（Organic Rankine Cycle，ORC）系统温度更低、效率更高的卡琳娜（Kalina）系统，2013 年安装于光阳钢厂烧结五分厂，进行了试运行，通过性能优化和长期运行情况评价，完成了 600kW 级标准模型的开发。2016 年，制作出两台 600kW 级卡琳娜涡轮机。

2.4.1.8 环保型高效电弧炉技术

2009 年 9 月，东国制钢与日本 SPCO 公司签订设备协议，投入 2800 亿韩元，在仁川厂引进 Eco-Arc 电炉，达到节能和减排的效果。废钢通过密闭型竖式电弧炉垂直下落而连续装料，再由推料机送至炉内中心部位熔化。最大的优点就是在密闭型预热室对废钢进行高温预热，产生的余热可向炉内集中，温度维持在

900~1000℃，每吨粗钢的单位耗电量约 270kW · h/t，远低于普通电炉 400kW · h/t 的水平，可节能约 30%。传统的电炉装料方式会产生粉尘和噪声的问题，而且料罐容量有限，只能大量使用密度高的废钢原料。Eco-Arc 电炉通过料车从电炉上部装料，可装入大量的低密度废钢，同时安装了烟尘室，二次燃烧后进行急冷，可从源头阻断二噁英和呋喃等有害物质的产生。

2.4.2　韩国钢铁工业绿色制造节能减排趋势

韩国由于国内市场容量有限，未来浦项制铁公司产能扩张计划基本都是依靠海外建厂实现。从 20 世纪 90 年代开始，浦项制铁公司就确定了“携划时代开展海外扩张”战略，凭借其拥有的高端技术和产品，积极推行全球化布局战略，扩大国际市场份额。海外主攻方向已由中国和日本逐步拓展到澳大利亚以及印度、越南、印度尼西亚等新兴经济体，并将触角伸向巴西、墨西哥、美国、波兰、土耳其、津巴布韦等欧美和非洲国家。在多元发展过程中，也凸显不少问题，如海外发展风险较大、海外某些钢铁项目持续陷入亏损、过于注重海外市场和多元产业导致国内钢铁市场占有率和控制力下降等问题。浦项制铁公司远景规划 2020 年粗钢产能 7100 万吨，其中海外产能高达 2600 万吨，占比 36.6%。其次通过产品技术服务、资金支持、扩大 WP 产品销售、转让技术、国际重大展会展示、持续改进升级解决方案等策略，从设计、材料供应到建造整个过程的解决方案，锁住高端钢材产品的供应。应对节能减排方面，发展低碳炼钢技术、进行 CO_2 分离和捕获、开发氢能炼钢技术。

钢铁行业是能源消耗的大户，同时又是污染排放的大户，随着城市化发展进程的加速，原来偏僻的钢铁厂逐渐成为了城市的一部分，原来能源粗放型使用和高污染排放的发展模式受到了前所未有的考验。对此 POSCO 提出了“四绿”的口号，即绿色钢铁、绿色业务、绿色生活、绿色伙伴。

浦项作为韩国钢铁行业中最有创新力的企业，在温室气体减排技术方面，POSCO 的步子迈得最快，2010 年 2 月出版了《CARBONREPORT 2010》。从吨钢的 CO_2 排放入手，制定出详细的规划，2009 年作为基准年，浦项制铁计划分两步走：第一步是在 2015 年之前，采用减排新设备和新技术进行废热气发电，使生产吨钢排放的 CO_2 平均减少 3%；第二步是在 2020 年之前，采用不需要再加热的炼钢和热轧工艺技术，使生产吨钢排放的 CO_2 平均再减少 6%。立足开发能够显著降低 CO_2 的新技术，目前主要的技术与 JFE 一样，着手从高炉煤气中分离 CO_2 的技术和回收生产过程中余热提高能源效率的技术。最终的目标是开发下一代不使用煤的钢铁生产工艺，这样就可以彻底消除碳的排放。其减排技术开发的方向分三步走：第一步为低碳炼钢技术，第二步为 CO_2 分离和捕获，第三步为氢能炼钢。

浦项制铁制订了长远的开发计划，即开发出超高温氢气核反应堆，它能将950℃以上的高温原子吸收进来。浦项制铁将与韩国核能研究所合作，共同开发第四代核反应堆，从而能够产生950℃以上的高温和以低廉成本生产出大量的氢。浦项制铁确定的目标是到2050年开发出核反应堆的炼铁新技术。

参考文献

[1] 李新创，高升．钢铁工业绿色发展途径探讨［J］．工程研究-跨学科视野中的工程，2017，9（1）：19-27.

[2] 殷瑞钰．中国钢铁工业崛起与技术进步［M］．北京：冶金工业出版社，2004.

[3] 李冰，李新创，李闯．国内外钢铁工业能源高效利用新进展［J］．工程研究-跨学科视野中的工程，2017，9（1）：68-77.

[4] 国家统计局．中国统计年鉴2015［M］．北京：中国统计出版社，2016.

[5] 李新创．钢铁工业“十二五”回顾和未来发展思考［J］．钢铁，2016，51（11）：1-6，13.

[6] 王晓峰，赵双，于国华．山钢日照钢铁厂5100m^{3}高炉出铁场设计特点［J］．工业炉，2018，40（05）：27-29.

[7] 国家统计局．中国统计年鉴2017［M］．北京：中国统计出版社，2018.

[8] 张琦，蔡九菊，段国建，等．钢铁工业系统节能方法与技术浅析［J］．节能，2006，25（1）：35-37.

[9] 张春霞，王海风，张寿荣，等．中国钢铁工业绿色发展工程科技战略及对策［J］．钢铁，2015，50（10）：1-7.

[10] 王少雨，黎苑楚，陈宇．欧洲钢铁技术平台2030年构想［J］．全球科技经济瞭望，2006（12）：44-46.

[11] 罗晔．瑞典加快无化石能源钢铁生产的步伐［N］．世界金属导报，2018-10-16.

[12] 饶蕾，曹双双．钢铁业如何应对碳成本［J］．环境经济，2012（9）：42-46.

[13] 马琳，商龚平，王兴艳．日本钢铁行业技术创新经验借鉴［J］．冶金经济与管理，2016（3）：52-54.

[14] 于勇，罗书，王新东，等．世界钢铁发展规律认识与国际产能合作［M］．北京：冶金工业出版社，2018.

[15] 首钢技术研究院信息所．2017年日本钢铁工业发展综述［N］．世界金属导报，2018-9-4.

[16] 唐佩绵．日本钢铁生产相关环境规制及应对措施［N］．世界金属导报，2014-9-9.

[17] 杨婷．日本钢铁业应对地球温暖化对策［N］．世界金属导报，2017-4-11.

[18] 郭廷杰．日本钢铁节能环保企业志愿计划推动的节能减排技术［N］．世界金属导报，2013-11-26.

[19] 宏济．韩国炼铁技术发展概述［N］．世界金属导报，2015-11-24.

[20] 徐少兵．韩国浦项制铁公司发展特征分析及其对宝钢的启示［J］．冶金管理，2014

(6)：31-36.
[21] 翩跹．浦项拓展技术和产品市场 [N]．世界金属导报，2018-10-16.
[22] 罗晔．FINEX-CEM 综合工艺的技术优势 [N]．世界金属导报，2017-3-28.
[23] 罗晔，王超．韩国浦项制铁公司的二氧化碳捕集与封存技术 [J]．环境保护与循环经济，2016，(12)：29-30.
[24] 吴瑾．现代制铁节能环保创新实践 [N]．中国冶金报，2016-5-19.

3 国内外钢铁工业能耗及污染物排放分析

3.1 能耗标准分析

钢铁是工业行业中能源消耗较高的产业，约占全国能耗的15.2%，占全国废水、废气总排放量的14%，固体废弃物排放量的6%。钢铁各工序能耗占钢铁联合企业（不包括外购焦炭）总能耗的比例为：烧结7.4%，球团1.2%，焦化15.5%，炼铁49.4%，转炉5.9%，电炉3.6%，轧钢9.6%，动力7.5%。近几十年来，钢铁工业在技术装备、科技创新等方面，都取得了很大的进步，主要生产工序技术经济指标明显改善，能源管理方面日渐重视和强化，大范围地采用了余热、余压、余能利用等多方位的综合措施，大中型企业工序能耗稳步降低，部分技术经济指标接近或达到国际先进水平[1]，大大缩短了我国钢铁工业与发达国家能源消耗差距。

尽管我国钢铁工业采用了大量节能措施，但我国钢铁节能形势依然严峻，工业能源消耗和大多数先进国家相比仍然较高，能耗偏高的主要原因是：

（1）钢铁产业链不断延伸，吨钢能耗还存在上升因素；

（2）各大企业不断开发新品种、增产高附加值产品，炼钢过程中铁水预处理、精炼工序能耗不断提高，必然造成我国炼钢工序能耗不断上升；

（3）低回收及低效率循环使用二次能源导致能耗增加；

（4）钢铁行业统计的能耗指标都是重点大中型企业的指标，小规模、分散的企业未足够重视能源回收，中小型钢铁企业的烧结、炼焦、炼铁等工序能耗指标仍远高于大中型钢铁企业，全国实际能耗指标要高于重点大中型钢企的平均水平。

“十五”以来，我国钢铁行业推进系统节能技术进步，包括高炉热风炉高风温、喷煤、TRT、烧结余热回收、CDQ、高温蓄热燃烧以及企业能源管控中心建设等。大量节能技术推广应用，钢铁行业吨钢综合能耗取得了显著成绩。2000~2017年我国重点统计钢铁企业总能耗及吨钢能耗变化情况，如图3-1所示。由图可知，“十二五”时期末，重点统计钢铁企业平均吨钢综合能耗由2010年的599kgce降至572kgce，2015年重点钢铁企业节能工作取得了很大成绩，总能耗全年累计45967万吨标准煤，比上年降低4.44%，较2010年下降20.4%。各工序能耗均有所降低。

2017 年，重点统计钢铁企业总能耗同比上升 3.97%，吨钢综合能耗为 570.51kgce，同比下降 2.16%，较“十二五”末下降 0.23%，实现了“十二五”吨钢综合能耗降低至 580kgce 的规划目标，吨钢综合能耗同比下降 3.99%，吨钢耗电同比下降 1.59%，较“十二五”末下降 0.23%。具体情况如图 3-1 所示。

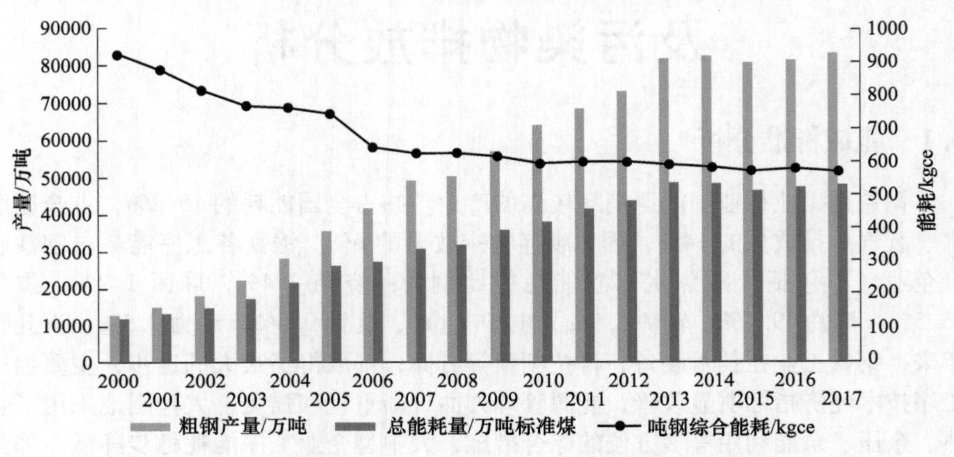

图 3-1　2000~2017 年重点统计钢铁企业总能耗及吨钢能耗变化情况
（数据来源：中国钢铁工业协会）

单位产品和主要生产工序能耗指标持续下降，二次能源回收及利用效率和自动化节能水平稳步提升。重点统计钢铁企业 2011~2017 年总能耗及工序能耗指标见表 3-1。

表 3-1　重点统计钢铁企业 2011~2017 年工序能耗

指标名称	单位	2017 年	2016 年	2015 年	2014 年	2013 年	2012 年	2011 年
1. 综合能耗指标								
吨钢综合能耗	kgce	570.51	585.66	571.85	584.7	591.92	603.75	601.72
吨钢耗电	kW·h	468.29	473.98	471.55	464.37	467.03	473.49	475.11
2. 工序能耗指标								
烧结工序	kgce/t	48.50	48.39	47.2	48.9	49.98	50.42	54.34
球团工序	kgce/t	25.59	26.8	27.65	27.49	28.47	28.84	29.73
焦化工序	kgce/t	99.67	96.88	99.66	98.15	99.87	105.10	106.65
炼铁工序	kgce/t	390.75	391.52	387.29	395.31	397.94	402.48	404.07
转炉工序	kgce/t	−13.93	−13.20	−11.65	−9.99	−7.33	−6.16	−3.21
电炉工序	kgce/t	58.11	52.65	59.67	59.15	61.87	66.91	69.00
钢加工工序	kgce/t	56.89	56.08	58	59.22			

由图 3-2 可知，2017 年重点统计钢铁企业球团工序和炼铁工序能耗较上年降低，同比下降幅度分别为 4.51%、0.02%。烧结工序、焦化工序、转炉工序、电炉炼钢工序和钢加工工序能耗较上年略有上升，同比升高 0.23%、2.88%、5.53%、10.37%和 1.44%。

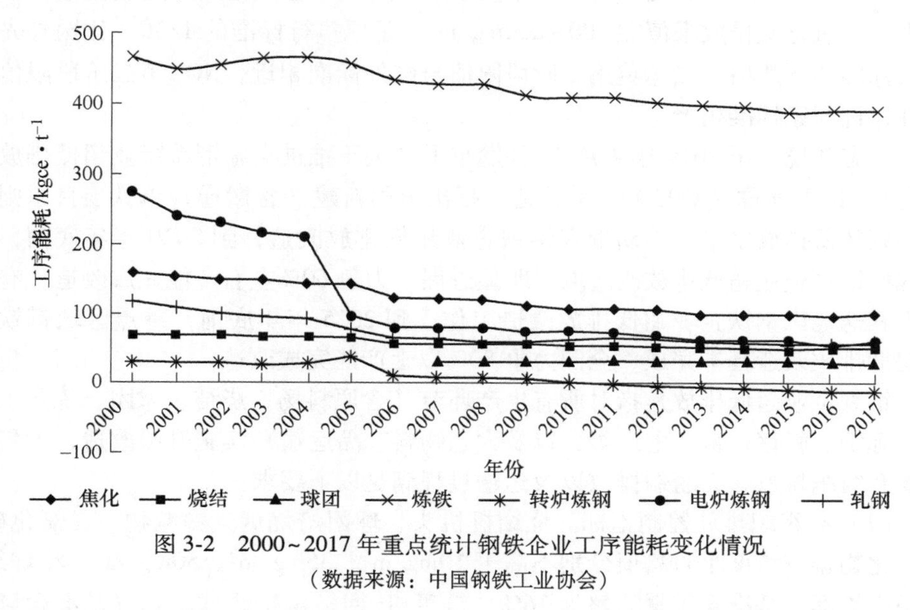

图 3-2 2000~2017 年重点统计钢铁企业工序能耗变化情况
（数据来源：中国钢铁工业协会）

近年来，重点统计钢铁企业球团工序能耗呈现明显的下降趋势，其他工序能耗数据呈现小幅波动状态。受环保要求日益严格影响，环保设施用电量上升，工序能耗处于波动状态甚至略有上升。

3.2 污染物排放标准分析

随着钢铁工业的发展以及人们对环境质量关注的提高，原有的环保标准已经不能满足需求，新的排放标准也不断进行更新。

3.2.1 中国钢铁工业污染物排放标准

2012 年，生态环境部发布了新的涵盖采选矿、烧结、炼铁、炼钢、轧钢、焦化、铁合金 7 个工序的钢铁工业大气污染物排放系列标准。新标准增加了较多污染物排放限值，比如二噁英、氟化物的排放限值，并提出特别排放限值。

新标准覆盖了钢铁工业的主要工序，形成了一个系统的钢铁工业污染物排放标准体系；新标准中大气污染物控制项目共 22 个种类，对不同工序增加了氮氧化物、二噁英、油雾、碱雾、H_2S、NH_3、酚类、非甲烷总烃、氰化氢和铬及其化合物的排放标准；分时段、分新老企业、分地域设置了不同的排放限值和特别排放限值，对现有企业设置过渡期，要求在2015年达到新建企业的污染控制水平；新标准大幅收紧了颗粒物、二氧化硫和化学需氧量的排放值，颗粒物排放限值（除烧结、转炉一次、钢渣处理外）在50~100mg/m^3，其他工序排放质量浓度均不大于30mg/m^3，还有的要求不大于20mg/m^3，已接近国外先进国家标准的水平，二氧化硫排放限值在100~200mg/m^3，是原执行标准的1/10，比国外先进国家标准还要严格，二噁英第二阶段限值与国外标准相近，NO_x第二阶段限值比国外先进国家标准稍严。

生态环境部于2019年4月28日发布了《关于推进实施钢铁行业超低排放的意见》（以下简称《意见》），《意见》指出全国新建（含搬迁）钢铁项目原则上要达到超低排放水平。推动现有钢铁企业超低排放改造，到2020年年底前，重点区域钢铁企业超低排放改造取得明显进展，力争60%左右产能完成改造，有序推进其他地区钢铁企业超低排放改造工作；到2025年年底前，重点区域钢铁企业超低排放改造基本完成，全国力争80%以上产能完成改造。

钢铁企业超低排放是指对所有生产环节（含原料场、烧结、球团、炼焦、炼铁、炼钢、轧钢、自备电厂等，以及大宗物料产品运输）实施升级改造，大气污染物有组织排放、无组织排放以及运输过程满足以下要求：

（1）有组织排放控制指标。烧结机机头、球团焙烧烟气颗粒物、二氧化硫、氮氧化物排放浓度小时均值分别不高于10mg/m^3、35mg/m^3、50mg/m^3，将烧结/球团竖炉烟气基准含氧量调整为16%，链箅机-回转窑带式球团烟气基准含氧量调整为18%；其他主要污染源颗粒物、二氧化硫、氮氧化物排放浓度小时均值原则上分别不高于10mg/m^3、50mg/m^3、200mg/m^3。达到超低排放的钢铁企业每月至少95%以上时段小时均值排放浓度满足上述要求。

（2）无组织排放控制措施。全面加强物料储存、输送及生产工艺过程无组织排放控制，在保障生产安全的前提下，采取密闭、封闭等有效措施，有效提高废气收集率，产尘点及车间不得有可见烟粉尘外逸。

（3）大宗物料产品清洁运输要求。进出钢铁企业的铁精矿、煤炭、焦炭等大宗物料和产品采用铁路、水路、管道或管状带式输送机等清洁方式运输比例不低于80%；达不到的，汽车运输部分应全部采用新能源汽车或达到国六排放标准的汽车（2021年年底前可采用国五排放标准的汽车）。

由于严重的大气污染趋势及越来越严苛的环保要求，一些地方出台了更为严格的钢铁工业大气污染物排放标准。按河北省政府印发的《河北省打赢蓝天保卫战三年行动方案》要求，2020年，全省符合改造条件的钢铁企业全部达到超低排放标准。到2020年10月，全省焦化行业全部完成深度治理，达到超低排放标准。河北省《钢铁工业大气污染物超低排放标准》和《炼焦化学工业大气污染物超低排放标准》于2019年1月1日实施。2020年，全省符合改造条件的钢铁企业全部达到超低排放标准。到 2020 年 10 月，全省焦化行业全部完成深度治理，达到超低排放标准。以烧结工序为例，中国、韩国、日本以及德国的钢铁生产超低排放标准对比见表 3-2。

表 3-2 超低排放标准对比（标准状态） (mg/m³)

国家和地区			颗粒物	SO_2	NO_x(NO_2计)	二噁英（ng-TEQ/m³）
中国	大陆地区	2012 新标准	50	200	300	0.5
		特别排放限值	40	180	300	0.5
		2019 超低排放值	10	35	50	0.5
	台湾地区	2012 年 6 月 14 日后新建	20	102.5	133	
		已有烧结机	30	205	205	
日本		一般区域	150		451	0.1
		特别区域	100			
韩国		2010 年 1 月	30	772	450	
德国		新建	20	500	400	0.1
		已有烧结机	50			

河北省 2020 年 10 月 1 日起执行表 3-3~表 3-6 规定的排放限值。新建企业自标准实施之日起执行表 3-3~表 3-6 规定的排放限值。

表 3-3 颗粒物排放限值 (mg/m³)

生产工序		排放限值
烧结（球团）	烧结机头、球团焙烧设备	10
	烧结机机尾、带式焙烧机机尾及其他生产设施	10
高炉炼铁	热风炉	10
	高炉出铁场	10
	原料系统、煤粉系统、其他生产设施	10
炼钢	转炉（一次烟气）	50
	混铁炉及铁水预处理、转炉（二次烟气）、精炼炉	10
	连铸切割机火焰清理、石灰窑、白云石窑焙烧	10
	钢渣处理	50
	其他生产设施	10
	电炉	10
轧钢	精轧机（热轧卷板）	10
	热处理炉、拉矫、精整、抛丸、修磨、焊接机及其他生产设施	10
	废酸再生	10

表 3-4 二氧化硫排放限值 (mg/m^3)

生产工序		排放限值
烧结（球团）	烧结机头、球团焙烧设备	35
高炉炼铁	热风炉	50
炼钢	石灰窑、白云石窑焙烧	50
轧钢	热处理炉	50

表 3-5 氮氧化物（以 NO_2 计）排放限值 (mg/m^3)

生产工序		排放限值
烧结（球团）	烧结机头、球团焙烧设备	50
高炉炼铁	热风炉	150
炼钢	石灰煅烧窑、白云石窑焙烧	150
轧钢	热处理炉	150

表 3-6 其他污染物排放限值（二噁英除外） (mg/m^3)

生产工序		污染物项目	排放限值
烧结（球团）	烧结机头、球团焙烧设备	氟化物（以 F 计）	4
		二噁英类（ng-TEQ/m^3）	0.5
		铅及其化合物①	0.7
炼钢	电炉	二噁英类（ng-TEQ/m^3）	0.5
	电渣冶金	氟化物（以 F 计）	5
轧钢	酸洗机组	氯化氢	15
		硫酸雾	10
		铬酸雾	0.07
		硝酸雾	150
		氟化物	6
	废酸再生	氯化氢	30
		硝酸雾	240
		氟化物	9
	涂镀层机组	铬酸雾	0.07
	涂层机组	苯	5
		甲苯	25
		二甲苯	40
		非甲烷总烃	50
	脱脂	碱雾②	10
	轧制机组	油雾②	20

① 铅及其化合物限值为参考指标；② 待国家监测方法标准发布后实施。

据测算，到2020年10月，钢铁、焦化行业全部达到超低排放标准后，河北省钢铁行业颗粒物、二氧化硫、氮氧化物削减比例分别为15.9%、64.8%、64.9%，全省焦化行业颗粒物、二氧化硫、氮氧化物削减比例分别为23%、56.7%、59.1%。

3.2.2 欧盟钢铁工业污染物排放标准

工业排放指令IED2010/75/EU是目前欧盟最新的核心污染物排放指令。该指令将工业排放领域的7个指令——IPPC指令、大型燃烧装置指令（2001/80/EC）、废物焚烧指令（2000/76/EC）、溶剂排放指令（1999/13/EC）和3个钛白粉指令（78/176/EEC、82/883/EEC、92/112/EEC）整合为1个指令。该指令将工业生产活动划分为六大类38个子类（行业），钢铁行业是其中之一。

为实现工业排放指令IED2010/75/EU的规定以及企业排污许可证的实施，欧盟委员会出版了最佳可用技术文件（Best Available Techniques，BAT）。以欧盟发布的BAT文件有关排放水平的结论为参考，各成员国根据本国法律及工业污染物控制实践，将其转换为本国标准，并在行业性组织和非政府组织的监督下，保障指令规定的目标得以实现。如果由于地理位置或者当地环境条件、装置的工艺性能等原因，达到BAT结论的排放水平会导致过高的成本，主管机关可以允许企业采用灵活性的措施，但需在许可证中记录原因。钢铁行业最新BAT文件发布于2012年3月。

实践中，成员国或地方法律法规执行标准更严，比如德国等成员国SO_2、NO_x和颗粒物排放标准相对欧盟IED指令更为严格。

3.2.3 日本钢铁工业污染物排放标准

1970年日本成立环境厅后，出台了一套比较完整的环境保护法律法规，几经修订成为今天的《环境基本法》。以《环境基本法》为基础，相应制定了各种污染防治法，如针对大气污染防治的《大气污染防治法》。2001年原环境厅升格为环境省，成为唯一一个在日本中央政府机构改革中未被精减却升格扩大规模的政府部门。2002年颁布的日本《环境省设置法》赋予环境省最高长官（环境大臣）对其他相关行政机构最高长官的约束权力，并规定环境省具有环境保护综合管理的财政资源调配权。

日本不按行业制定污染物排放标准。日本国家大气排放标准基于《大气污染防治法》，地方政府可根据本地实际污染物排放情况制定严于国家标准的地方大气污染排放标准。

浓度控制、K值控制和总量控制是日本对于固定污染源的三大控制方法。对于固定污染源，日本《大气污染防治法》将固定源大气污染物分为5类，即烟气、挥发性有机物VOC、粉尘、特定物质（28种）和有害大气污染物（234种，其中优先污染物22种）。对于烟气规定了一般排放限值和特别排放限值（SO_2和烟尘）、追加排放限值（烟尘、有害大气污染物）和总量控制（SO_2和NO_x）。

浓度控制，即控制污染源排放口污染物的浓度；K值控制，调整污染源烟囱排放高度和排放量降低近地面大气中的污染物浓度；总量控制，根据环境科学理论计算出某区域所允许的污染物排放总量，并合理分配给该区域内的每一个排放源。

3.2.4　中国、欧盟、日本典型工序钢铁工业污染物排放标准比较

根据相关资料，表3-7对中国、欧盟、日本钢铁工业典型工序污染物排放标准进行了比较[2]。

表3-7　烧结工序污染物排放标准对比（标准状态）　（mg/m^3）

<table>
<tr><th rowspan="3">生产工序或设施</th><th rowspan="3">污染物项目</th><th colspan="7">限值</th></tr>
<tr><th colspan="3">中国</th><th colspan="2">欧盟</th><th colspan="2">日本</th></tr>
<tr><th>现有</th><th>新建</th><th>超低</th><th colspan="2">BAT</th><th>一般</th><th>特别</th></tr>
<tr><td rowspan="8">烧结机机头</td><td rowspan="2">颗粒物</td><td rowspan="2">50</td><td rowspan="2">40</td><td rowspan="2">10</td><td>袋式除尘</td><td>1~15</td><td rowspan="2">200</td><td rowspan="2">100</td></tr>
<tr><td>静电除尘</td><td>20~40</td></tr>
<tr><td rowspan="2">二氧化硫</td><td rowspan="2">200</td><td rowspan="2">180</td><td rowspan="2">35</td><td>袋式除尘</td><td>350~500</td><td rowspan="2" colspan="2">需计算</td></tr>
<tr><td>RAC（活性炭）</td><td>100</td></tr>
<tr><td>氮氧化物</td><td>300</td><td>300</td><td>50</td><td colspan="2">120~500</td><td colspan="2">220×10⁻⁶</td></tr>
<tr><td>氟化物</td><td>4.0</td><td>6.0</td><td>4.0</td><td colspan="2">—</td><td colspan="2">10~20</td></tr>
<tr><td rowspan="2">二噁英类</td><td rowspan="2">0.5</td><td rowspan="2">0.5</td><td rowspan="2">0.5</td><td>袋式除尘</td><td>0.05~0.2</td><td rowspan="2" colspan="2">0.1</td></tr>
<tr><td>静电除尘</td><td>0.2~0.4</td></tr>
<tr><td>烧结机机尾、带式焙烧机机尾、其他生产设备</td><td>颗粒物</td><td>50</td><td>40</td><td>10</td><td>—</td><td>200</td><td colspan="2">100</td></tr>
</table>

注：烧结机机头二噁英类限值单位统一为ng-TEQ/m^3（标态）。

3.2.4.1　烧结工序污染物排放标准

烧结工序大气污染物的控制重点在烧结机机头的排放。欧盟标准根据采用的脱除工艺设定了不同的限值标准。我国分为3种排放标准，现有、新建和超低标准，从数值上看，对于新建企业排放的要求比现有企业要求提高0%~20%

（2015 年 1 月 1 日以后现有企业要求执行新建企业排放限值要求），超低排放限值要求比新建企业要求提高 80%～84%。

烧结机机头排放的颗粒物，我国的超低排放限值标准是日本特别标准的 10%，相比欧盟标准，欧盟标准细分为袋式除尘和静电除尘，袋式除尘可控制在 15mg/m^3以下，静电除尘控制在 40mg/m^3以下。目前我国烧结（球团）工序机头电除尘器的除尘效率设计在 90%～99.4%，实测在 87%～99.42%；基本能够稳定将排放浓度控制在 80mg/m^3 以下；为达到标准要求，除尘效率需要稳定提高到 99.9%以上。烧结机机头排放的 SO_2，新建企业需控制在 35mg/m^3以下，需采取烟气脱硫工艺才可达到该限值要求；欧盟标准对于活性炭工艺要求控制值较低，为 100mg/m^3，我国某钢铁企业烧结机采用活性炭法，SO_2出口浓度可达 15mg/m^3以下。

氮氧化物是钢铁企业污染负荷最大的污染物，它对于 PM2.5 的二次生成起了关键的作用。浓度标准限值要求均在 120～500mg/m^3之间，我国基本在 300～400mg/m^3，在不脱硝的情况下即可满足现有标准，但从超低排放要求来看，企业需采取脱硝的方式（可控制在 50mg/m^3以下），才可满足各地方环保主管部门下达的超低排放指标要求。

3.2.4.2 焦化工序污染物排放标准

2012 年我国制定的《炼焦化学工业污染物排放标准》（GB 16171—2012）首次将焦炉烟囱排放的 NO_x 列为我国焦化企业大气污染物排放的控制指标，2015 年 1 月 1 日起所有企业焦炉烟囱排放 SO_2小于 100mg/m^3，NO_x 小于 200mg/m^3（热回收焦炉），其中特别排放区需要满足 SO_2小于 30mg/m^3，NO_x 小于 150mg/m^3的排放限值。在行业产能过剩的压力下，不管是独立焦化还是钢铁企业联合焦化烟气污染物普遍都不达标。2015 年，我国焦化行业 SO_2排放量为 17.7 万吨，NO_x为 63.8 万吨，其中 110 万吨/年产能的焦炉烟气量约为 30 万立方米/小时，废气排放总量大。在电力行业全面实施超低排放的情况下，焦化行业面临着巨大的环保压力。

国内焦化行业的污染物排放标准对新建的焦炉并不是难以达到的，但是对运行了 10～20 年、寿命已经达到中后期的焦炉将是严峻的考验。目前我国大多数焦炉，特别是用焦炉煤气加热的焦炉，烟囱排放的 NO_x 一般高于 500mg/m^3，绝大多数焦化老企业烟气中 SO_2的平均浓度达到 450mg/m^3，NO_x 浓度为 800mg/m^3左右，远高于污染排放限值。

日本和德国早在 20 世纪 70 年代和 80 年代已分别制定出类似的排放标准，欧洲等通过制定法规对污染物排放进行控制，一个是工业排放指令（IED 指令），另一个是空气质量指令。IED 指令中明确了“最佳可用技术”（BAT）、工厂生产的条件和设立的排放控制标准，“最佳可用技术参考”

(BREF）文件中对“最佳可用技术”进行了描述。最佳可用技术相关排放水平（BAT-AEL）给出了污染物排放水平的范围，这一排放水平通过应用“最佳可用技术”是可以达到的。与炼焦生产相关的排放标准对比情况（中国与欧盟）见表3-8。

表3-8 中国与欧盟焦化工序污染物排放标准对比（标准状态） (mg/m^3)

<table>
<tr><th rowspan="2">序号</th><th rowspan="2">污染物排放环节</th><th rowspan="2">污染物项目</th><th colspan="3">中国</th><th colspan="2">欧盟</th></tr>
<tr><th>新建</th><th>现有</th><th>超低</th><th colspan="2">BAT</th></tr>
<tr><td>1</td><td>精煤破碎、焦炭破碎、筛分运转</td><td>颗粒物</td><td>30</td><td>50</td><td>15</td><td colspan="2">10~20</td></tr>
<tr><td rowspan="3">2</td><td rowspan="3">装煤系统焦炉室</td><td>颗粒物</td><td>50</td><td>100</td><td>30</td><td colspan="2">50</td></tr>
<tr><td>二氧化硫</td><td>100</td><td>150</td><td>70</td><td colspan="2"></td></tr>
<tr><td>苯并[2]芘</td><td>0.3μg/m³</td><td>0.3μg/m³</td><td>0.3μg/m³</td><td colspan="2"></td></tr>
<tr><td rowspan="4">3</td><td rowspan="4">推焦</td><td rowspan="3">颗粒物</td><td rowspan="3">50</td><td rowspan="3">100</td><td rowspan="3">30</td><td>Ⅰ防尘罩</td><td>20</td></tr>
<tr><td>Ⅱ袋式除尘器或其他</td><td>10</td></tr>
<tr><td>Ⅲ移动熄焦车</td><td>20</td></tr>
<tr><td>二氧化硫</td><td>50</td><td>100</td><td>30</td><td colspan="2"></td></tr>
<tr><td rowspan="4">4</td><td rowspan="4">焦炉烟囱</td><td>颗粒物</td><td>30</td><td>50</td><td>10</td><td colspan="2">1~20</td></tr>
<tr><td>二氧化硫</td><td>50/100</td><td>100/200</td><td>30</td><td colspan="2">200~500</td></tr>
<tr><td rowspan="2">氮氧化物</td><td rowspan="2">500/200</td><td rowspan="2">800/240</td><td rowspan="2">130</td><td colspan="2">10年以上工厂500~650</td></tr>
<tr><td colspan="2">10年内工厂300~500</td></tr>
<tr><td rowspan="4">5</td><td rowspan="4">熄焦</td><td rowspan="3">颗粒物</td><td rowspan="3">50</td><td rowspan="3">100</td><td rowspan="3">30</td><td>Ⅰ干法熄焦 CDQ</td><td>20</td></tr>
<tr><td>Ⅱ湿法熄焦</td><td>25g/t</td></tr>
<tr><td>Ⅲ稳定淬火 CSQ</td><td>10g/t</td></tr>
<tr><td>二氧化硫</td><td>100</td><td>150</td><td>80</td><td colspan="2"></td></tr>
</table>

破碎、筛分、装煤、推焦和熄焦各工序排放污染物，我国标准与欧盟BAT标准水平相当。但焦炉烟囱排放污染物浓度限值有较大差异，其中值得关注的是氮氧化物超低排放限值，为130mg/m^3，欧盟的最低标准在300mg/m^3以上。现有资料显示钢铁企业NO_x排放浓度与燃烧煤气有关，若燃烧焦炉煤气，NO_x浓度为500~1000mg/m^3；若燃烧高炉煤气，则NO_x浓度为300~500mg/m^3。目前焦炉烟气最常用的脱硝方法为中低温SCR，可使氮氧化物排放浓度降低至130mg/m^3，河钢、安钢等企业建设的焦炉烟气活性焦脱硝示范，可实现氮氧化物排放满足超低排放要求。

3.2.4.3 炼铁工序污染物排放标准

炼铁工序污染物排放标准对比见表3-9。

表 3-9 炼铁工序污染物排放标准对比（标准状态） （mg/m^3）

生产工序或设施	污染物项目	限值					
		中国			欧盟	日本	
		新建	现有	特别	BAT	一般	特别
热风炉	颗粒物	20	50	15	10	50	30
	二氧化硫	100	100	100	200	需计算	
	氮氧化物	300	300	300	100	100×10^{-6}	—
原料系统、煤粉系统	颗粒物	25	50	15	20	—	—
高炉出铁场	颗粒物			10	1~15	—	—

各钢铁企业高炉热风炉以燃烧高炉煤气为主，高炉煤气经过湿法或干法除尘，含尘浓度可控制在 $50mg/m^3$ 以下，为达到特别排放限值要求，需控制高炉煤气含尘浓度，目前我国近 10 年建的大中型高炉项目大多采用了干法布袋除尘系统，净化后煤气的含尘浓度可以达到 $5mg/m^3$ 以下，完全可以满足颗粒物排放限值要求。欧盟对于 NO_x 限值要求相对较低，在 $100mg/m^3$ 以下，根据我国钢铁企业热风炉 NO_x 监测在 100~$180mg/m^3$ 之间，热风炉烟气尚无脱硝案例，要稳定达到 $100mg/m^3$，存在较大困难。

3.2.4.4 炼钢工序污染物排放标准

炼钢工序污染物排放标准对比见表 3-10。

表 3-10 炼钢工序污染物排放标准对比（标准状态） （mg/m^3）

污染物项目	生产工序或设施	限值							
		中国			欧盟		日本		
		新建	现有	特别	BAT		规模	一般	特别
颗粒物	转炉（一次烟气）	50	100	50	干式除尘	10~30	>4 万立方米	100	50
					湿式除尘	50	≤4 万立方米	200	100
	混铁炉及铁水预处理、转炉二次烟气、电炉、精炼炉	20	50	15	袋式除尘	1~10			
					静电除尘	20			
	连铸切割及火焰清理、石灰窑、白云石焙烧	30	50	30				100×10^{-6}	
	钢渣处理	100	100	100		10~20			
	其他生产设施	20	50	15					
二噁英类 ng-TEQ/m^3	电炉	0.5	1	0.5		0.1		0.6pg-TEQ/m^3	
	电渣冶金	5.0	6.0	5.0		1~15		10~20	
氟化物汞	电炉	—	—	—		0.05			

转炉一次烟气排放颗粒物，欧盟标准分为干式和湿式除尘，干式除尘比湿式除尘低40%；日本标准按转炉烟气大小分别界定了排放限值，相差两倍，最低值与我国新建和特别排放限值相同，最高值高于我国现状值的两倍。转炉二次烟气排放颗粒物与欧盟标准相近。二噁英排放限值要求高于欧盟和日本标准，国内监测情况与上述提到的烧结工序排放二噁英情况相似。

（1）从大气控制指标看，日本大气污染物排放标准是由国家制定统一的排放标准，控制指标最完整；我国与欧盟相比，控制指标差异较大；我国钢铁行业各工序大气污染物排放新建值和特别排放限值与欧盟 BAT 水平相当，严于日本部分限值。

（2）我国大气污染物排放标准中企业排放颗粒物、SO_2和 NO_x，现有值与新建值最大相差60%、67%和38%，2015 年1 月1 日起现有企业要求执行新建值要求，但仍存在大量企业未能完成整改，企业需要通过技术升级改造完成达标任务。

（3）我国钢铁行业污染物排放水平要达到国际先进水平，吨钢环保投资增加 30 元以上，吨钢环保设施运行成本增加 50 元以上。按我国钢产量 9.2 亿吨计算，每年我国钢铁行业需增加的环保改造投资和运行成本将分别超过 220 亿元和360 亿元。

（4）强化科技支撑，开展新技术研发、示范和推广。重点示范和开发如烧结烟气脱硫脱硝脱二噁英及重金属的一体化技术，形成具有自主知识产权的集成技术、成套装备。开展钢铁工业颗粒物排放特征基础研究工作、研发适合我国钢铁工业的 PM2.5 监测、减排技术与装备，形成具有自主知识产权的集成技术、成套装备和智能监测技术。

3.3 重点工序气体污染物排放分析

钢铁生产流程起点是铁矿石等含铁物料，终点是钢铁产品，包括采矿、选矿、烧结、高炉、转炉、连铸、轧钢等工序；此外还包括对生产流程有较大影响的辅助生产工序，主要包括炼焦工序、铁合金工序等。虽然各个工序均有污染物产生，但是各个工序产生的污染物的种类、量及特点各不相同。

烧结（球团）气体污染源特点是：烟气温度高、流量大、成分复杂，除产生大量的烟（粉）尘外，还含有 SO_2、NO_x、CO、HF、二噁英等多种气态污染物。

焦化工序的排放主要为焦炉烟气以及装煤、推焦、熄焦过程中产生的无组织废气，主要污染物除粉尘、SO_2、NO_x 外，还有苯并芘、酚类和苯等有机物。

高炉炼铁气体污染源特点是：

（1）冷态源（常温）产尘点多而分散，有的产尘点上百个，粉尘原始浓度大，无组织排放多；

（2）热态源（高温）烟气温度高达1000℃，废气源控制难度大；

（3）废气量大，高炉煤气中含有 CO、H_2和 CH_4，发热值约为 3500kJ/m^3，可用作燃料，粉尘含铁可返回配料，煤气余压可发电。

炼钢工序气体污染源的特点是：

（1）吹炼时原始烟气中含尘浓度可高达 100～150g/m^3，烟尘粒度 50%以上小于 30μm；

（2）吹炼时原始烟气中 CO 高达 80%～90%，毒性大，原始烟气温度高达1400～1600℃，增加了废气净化难度；

（3）高温烟气中的余热、CO 及烟尘中的铁均具有较高的回收综合利用价值。

轧钢气体污染源特点是：废气及其污染物种类多，阵发性强，不易收集，排放点多。

总体上来讲，钢铁工业的大气污染物主要来源于：

（1）原燃料的运输、装卸、加工及存储等过程产生的大量含尘废气；

（2）钢铁厂各种窑炉在生产过程中排放的大量含尘及有毒有害废气（含煤气和烟气）；

（3）生产工艺过程化学处理产生的废气，如焦化副产品回收和轧钢酸洗过程产生的废气。

为系统识别钢铁行业主要污染工序和重点污染物，杨晓东等选择国内 7 家具有代表性的大中型钢铁联合企业（粗钢产量为 500 万～1600 万吨，污染控制措施较为完整），统计了国内外各主要工序吨产品废气污染物排放因子，见表 3-11。从表中可以看出对于主要污染物粉尘、二氧化硫、氮氧化物等，焦化和烧结/球团工序为气态污染物重要排放工序。

表 3-11 中国大陆大中型企业及欧盟主要工序吨产品废气污染物排放因子（kg）

工序 污染物	烧结		球团		焦化		炼铁		炼钢		轧钢	
	中国大陆	欧盟	中国大陆	欧盟	中国大陆	欧盟	中国大陆	欧盟	中国大陆	欧盟	中国大陆	欧盟
TSP	0.21	0.071～0.85	0.15	0.014～0.15	0.24	0.016～0.30	0.16	0.0054～0.20	0.124	0.014～0.14	0.02	—
PM 10	0.13	<0.18	—	—	—	—	0.03	0.00026～0.026	0.014	—	—	—
PM 2.5	0.11	—	—	—	—	—	0.03	—	0.012	—	—	—

续表 3-11

工序 污染物	烧结		球团		焦化		炼铁		炼钢		轧钢	
	中国大陆	欧盟	中国大陆	欧盟	中国大陆	欧盟	中国大陆	欧盟	中国大陆	欧盟	中国大陆	欧盟
SO_2	0.36	0.22~0.97	0.61	0.011~0.21	0.09	0.08~0.90	0.01	0.009~0.34	0.004	0.0038~0.013	0.04	—
NO_x	0.50	0.31~1.03	0.53	0.15~0.55	0.39	0.34~1.78	0.19	0.0008~0.17	0.034	0.008~0.06	0.20	—
BaP	—	—	—	—	<150	120	—	—	—	—	—	—
F	0.0036	0.0004~0.0082	—	—	—	—	—	—	0.0011	0.00012~0.00076	—	—
H_2S	—	—	—	—	0.006	0.012~0.1	—	—	—	—	—	—
NH_3	—	—	—	—	0.039	—	—	—	—	—	—	—
酚类	—	—	—	—	0.00007	—	—	—	—	—	—	—
苯	—	—	—	—	0.0016	0.0001~0.045	—	—	—	—	—	—
二噁英	1.19	0.15~16	—	—	—	—	—	—	0.54	0.04~6（电炉）	—	—

3.3.1 焦化工序气体污染物排放分析

焦化是钢铁工业最重要的辅助工序，是以煤为原料，在950~1050℃高温干馏生产焦炭的过程。焦化工序是钢铁行业主要的气体污染物排放环节，主要污染物为粉尘、SO_2、NO_x、H_2S 等。对焦化工序污染物排放的控制可以有效地降低钢铁行业污染物的排放总量。

3.3.1.1 焦化生产流程及产污节点

焦化生产是指煤的高温干馏过程，即煤在无氧条件下加热至950~1050℃成焦炭的过程。炼焦生产过程一般包括备煤、炼焦、化产回收或利用三部分，其生产工艺以生产焦炭为主，以煤气和煤焦油中回收部分化产产品为辅。焦化过程主要是煤炭的热解过程，煤炭经过20~1100℃的干馏过程，这个过程分为3个阶段：

（1）干燥脱气过程，20~300℃；

（2）解聚与分解反应（胶质体软化熔融过程），300~600℃；

（3）缩聚反应过程（半焦收缩及焦炭成熟过程），600~1100℃。

经过这3个阶段最终生产出焦炭、焦油和煤气。炼焦煤通过煤气在燃烧室燃烧供热进行焦化，焦化过程从与焦炉壁接触的煤层开始逐渐由外向内层层结焦，焦煤经过干燥、软化、熔融、黏结、固化、收缩等阶段最终形成多孔状的焦炭。炼制成的赤热焦炭由推焦车推出，经拦焦车导焦栅送入熄焦车中，将熄焦车牵引至干熄焦炉或熄焦塔。熄焦后的焦炭送到晒焦台，继而送筛焦楼破碎筛分处理，炼焦生产工艺流程如图3-3所示。

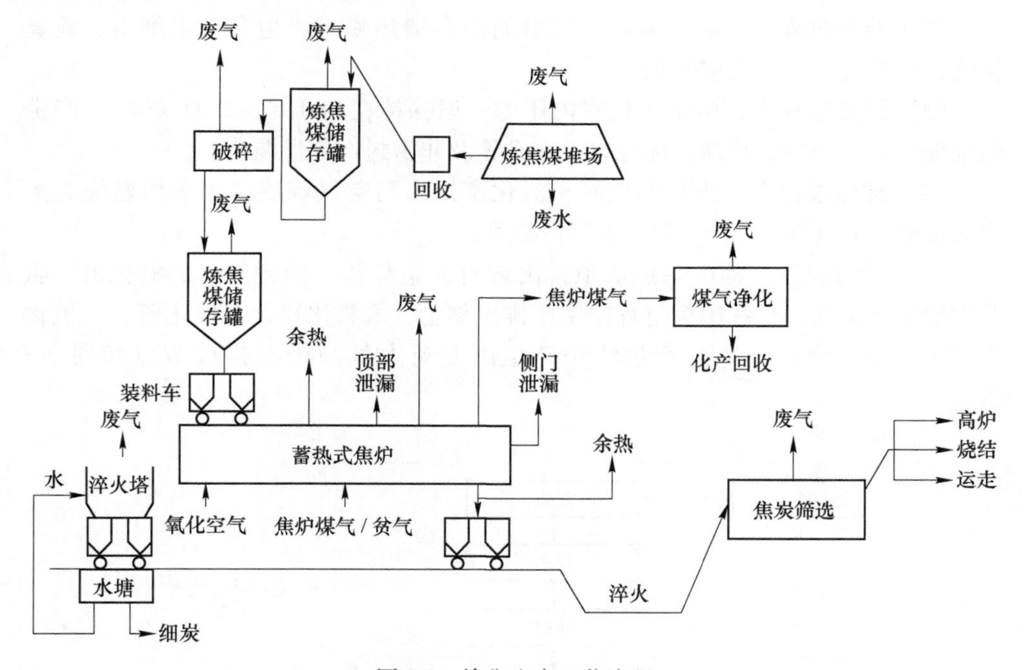

图3-3 炼焦生产工艺流程

焦炉生产设备目前主要有顶装焦炉、捣固焦炉、直立式炭化炉。顶装焦炉按照规模和尺寸又可分为大型顶装焦炉和中小型顶装焦炉两种。捣固焦炉多用于地区煤质不好、弱黏结性或高挥发分煤配比比较多的企业。直立式炭化炉一般用于煤制气或生产特种用途焦。钢铁企业主要采用顶装焦炉和捣固焦炉，而其中以顶装焦炉为多，占所有焦炉数量的90%以上。大型现代化钢铁企业采用大型焦炉，按一定比例自动配煤，然后经过粉碎调湿形成配合煤，装入焦炉炭化室中，经高温干馏生成焦炭后推出，再经熄焦、筛焦得到粒径不小于25mm的冶金焦；焦炉顶部的荒煤气则送往煤气净化系统，脱除煤气中的水分、氨、焦油、硫、氰、苯、萘等杂质，最后产出净煤气。

焦化废气主要产生于备煤和炼焦环节，也有部分来自化产回收过程，少部分产生于粗苯精制车间。废气的排放量与煤质有着直接的关系，也与工艺装备技术与生产管理水平相关。废气污染物中主要含有煤粉、焦粉，其次是 H_2S、HCN、NH_3、SO_2、NO_x 等无机类污染物，另外还有包括苯类、酚类以及多环和杂环芳烃在内的有机类污染物。

结合炼焦生产过程，焦化工序大气污染物主要来自于：

（1）炭化室由焦炉煤气或高炉煤气为燃料在燃烧室燃烧间接加热，废气由焦炉烟囱排入大气；

（2）装煤过程中，进入高温炭化室的冷煤骤热喷出煤尘和大量烟尘、硫氧化物、苯并［a］芘等污染物；

（3）炼焦过程中，由于炭化室内压力一般保持在 980.67~1471.00Pa，产生的荒煤气将从炉门、炉顶、加煤口、上升管及非密封点等泄漏[3]；

（4）推焦过程中，炽热的焦炭从炭化室推出与空气骤然接触激烈燃烧会生成大量的 CO、CO_2、C_nH_m 和粉尘等污染物；

（5）湿法熄焦过程由熄焦塔顶排出含有大量焦粉、硫化氢、二氧化硫、氨及含酚的水蒸气，干法熄焦过程中主要排出焦尘、氮氧化物、二氧化硫、二氧化碳等污染物。焦化工艺生产过程中产生的主要大气污染物排放节点如图 3-4 所示。

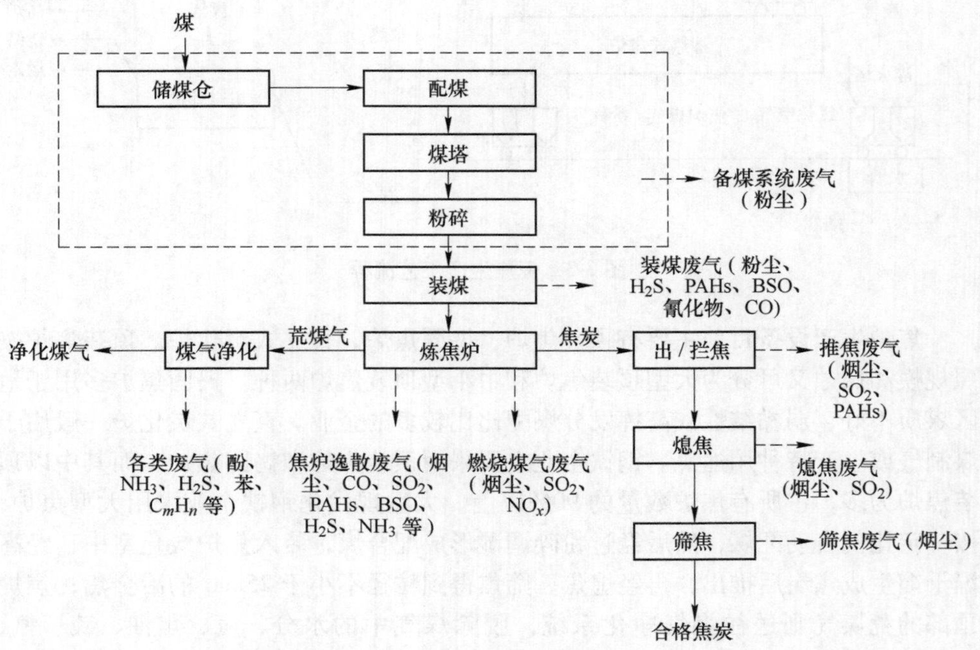

图 3-4　焦化工序主要大气污染物排放节点

3.3.1.2 炼焦过程烟气污染物排放控制

A 配煤过程

煤在粉碎和输送过程中会产生大量的粉尘，煤尘属无机粉尘，是爆炸危险品。煤尘中5~25μm的细颗粒占煤尘总量的15%~40%，粒径0.5~5μm的飘尘对人的危害最大，它可以直接到达肺细胞而沉积引起呼吸道、心肺等方面的疾病。煤尘控制主要有以下措施：

(1) 输送皮带系统安装喷雾抑尘喷带；

(2) 粉碎机/转载落料点安装喷雾；

(3) 储煤场采用喷淋系统；

(4) 完善管理措施；

(5) 采用储配一体化的大型储煤仓。

B 装煤过程

焦炉装煤、出焦过程中的烟尘量占焦炉炉体废气污染物排放量的60%以上，是焦炉最主要的污染源。焦炉装煤除尘和推焦除尘系统是利用炉顶装煤车、拦焦车上的捕集装置，将装煤、出焦时散逸出来的烟气、粉尘，通过风机抽吸、捕集的作用，经过冷却、安全保护等装置分别经各自的输送管网系统，输送到地面除尘站布袋除尘器机组，分离出粉尘，将净化后达到排放标准的烟气，经烟囱排入大气。

顶装焦炉的烟尘控制有以下几种措施：

(1) 用高压氨水喷射上升管；

(2) 采用螺旋或圆盘式装煤机构装煤；

(3) 改进装煤漏斗套筒，在平煤孔与平煤杆之间设置密封套筒，以保持平煤孔负压。

以上措施的综合采用可以捕集装煤过程产生烟尘的约60%，经上升管导入集气管，但捕集率偏低，难以达到环保要求。为了更有效地控制装煤烟尘的外逸，还需采取以下措施：

(1) 车载式除尘系统。在装煤车上安装抽吸设施，导出一部分荒煤气，采取点燃、清洗后放散，或经干法布袋除尘后放散，烟尘捕集率可以达到90%以上，烟尘净化效率达到99%以上。

(2) 地面站除尘系统，可以是湿式清洗或者布袋除尘器，烟尘捕集率可以达到95%以上，烟尘净化率达到99%以上。

捣固焦炉装煤烟尘净化主要有两种方式：

(1) 消烟除尘车；

(2) 地面站式除尘。

C 推焦过程

推焦过程产生大量烟尘，污染物主要是焦粉、二氧化碳、氧化物、硫化物等。如果焦化不均匀或焦化时间不足，将产生生焦，此时推焦过程产生的烟气呈黑色，含有较多的焦油物质。推焦工序产生颗粒物1.0~4.0kg/t焦炭，是装煤工序的2~4倍，占炼焦无组织排放的40%~60%；产生苯并［a］芘0.02~0.08g/t焦炭，是装煤工序的2%~4%，占炼焦无组织排放的1%。因此，推焦工序主要是控制烟尘。

保证焦炭在炭化室内均匀成熟，是减少推焦过程烟尘产生的重要因素，同时还需采用以下烟尘控制措施：

（1）热浮力罩式除尘系统。利用推焦过程中排出的高温烟气自身的热浮力，将导焦槽顶的烟气经管道收集，借助风机吸至喷雾淋水室洗涤除尘、旋风分离后排放；进入熄焦车顶部热浮力罩中的烟气在上升过程中经淋水净化后排放。

（2）车载式除尘系统。熄焦车与除尘设备均设在同一台车上，推焦时产生的烟尘被集尘罩收集，借助风机通过导管进入车上的洗涤器，净化后排放。

（3）地面站除尘系统。推焦地面站除尘系统由吸气罩、烟气引出管道及地面除尘设备三部分组成，烟尘净化效率可达99%以上。

D 干熄焦过程

焦化厂熄焦的方式有炉内熄焦和炉外熄焦两种。炉内熄焦是在焦炉内用蒸汽或煤气将焦炭冷却后再卸出焦炉，通常只能用于连续式直立焦炉中，目前已很少使用。国内焦化厂大多采用炉外熄焦，炉外熄焦有湿法熄焦和干法熄焦两种。湿法熄焦烟尘控制一般是采用在熄焦塔增设折流式翻板、木格捕尘器和喷淋装置，同时将熄焦塔增高，除尘效率在60%左右，无法满足国家污染物排放要求，而且存在粉尘堵塞装置等问题。干法熄焦烟尘控制有水膜除尘和布袋除尘两种技术。干法熄焦装置中的除尘系统，包括干法熄焦循环气体除尘系统和干法熄焦环境除尘系统两部分。

干法熄焦环境除尘技术由国外引进，主要来源于日本和乌克兰，二者存在很大区别。日本技术使用布袋除尘；乌克兰技术采用一级旋风除尘器除去颗粒大的粉尘，然后二级除尘，最后采用湿法除尘；由此产生了布袋除尘器和湿式除尘器两种形式。干法熄焦环保效果的好坏主要靠环境除尘效果来评定。

3.3.1.3 焦炉烟气污染物排放控制

A 焦炉烟气排放特征分析

一般焦炉加热用煤气多为焦炉煤气或高炉煤气，独立焦化企业使用焦炉煤气，而钢铁联合企业可使用高炉煤气。焦炉烟气为焦炉加热燃烧废气，是焦炉煤气或高炉煤气或混合煤气在焦炉内燃烧的产物，通过焦炉烟囱排放，焦炉是冶金企业中造成大气污染最严重的设备之一，焦炉烟气排放的污染物成分复杂，含有CO、CO_2、H_2S、HCN、NO_x、SO_2、NH_3、酚以及煤尘、焦油等。

焦炉烟气排放特点如下：

（1）焦炉烟气温度一般为180~300℃，多数为200~230℃。

（2）焦炉烟气中SO_2含量范围广：60~800mg/m^3；NO_x含量差别大：400~1200mg/m^3；含水量大不相同：5%~17.5%。

（3）焦炉烟道气组分随焦炉液压交换机的操作呈周期性波动，烟气中SO_2、NO_x、氧含量的波峰和波谷差值较大。

（4）影响焦炉烟气组分的因素包括焦炉生产工艺、炉型、加热燃料种类、焦炉操作制度、炼焦原料煤有机硫等组分含量、焦炉窜漏等。

（5）为保证焦炉始终处于正常操作状态，净化后的焦炉烟道气必须送回焦炉烟囱根部，烟气回送温度不应低于130℃，防止烟气结露腐蚀烟囱内部结构，同时保证烟囱始终处于热备状态。

焦炉煤气贫化有助于焦炉烟气NO含量降低，焦炉煤气贫化使煤气热值降低，减慢煤气燃烧强度，使火焰拉长，以降低燃烧温度和高温点区域，达到低NO_x排放的目的[4]。随着贫煤气掺混比例的增加，NO含量和温度均呈现下降趋势。在研究区间（0%~50%，煤气H_2含量由53.5%降至33.99%）内，NO浓度由1183.07×10^{-6}降至728.96×10^{-6}，降低了38.37%，烟气温度降低了100℃。

焦炉烟气是焦炉煤气燃烧后生成的废气，焦炉煤气常用的湿法脱硫工艺是将煤气中的H_2S脱除到200mg/m^3以下，煤气中的有机硫不能有效脱除，因此焦炉烟气中含有较高的SO_2，一般在50~800mg/m^3，而煤气高温燃烧过程中生成的NO_x浓度在200~1800mg/m^3，除SO_2和NO_x外，焦炉烟气中还含有大量的PAHs，《焦化行业“十三五”发展规划纲要》明确要求焦炉烟囱二氧化硫、氮氧化物及苯并［a］芘排放全面达标。焦炉烟气污染物含量差别较大，受燃料、焦炉炉型、操作制度水平等影响较大，因此在对烟气排放后污染物进行末端控制的同时还需要对生产过程进行有效控制。

B　SO_2控制技术

焦炉烟气中SO_2主要来自两个方面：

（1）煤气中含硫物质的燃烧，其中来自加热煤气中H_2S的SO_2占30%~33%，来自有机硫的占9.6%~12.5%；

（2）焦炉炉体中荒煤气泄漏进入炭化室和燃烧室，其中的H_2S、有机硫、HCN等与O_2反应生成SO_2，占烟气中SO_2排放总量的55%~65%[5]。

从来源来看，焦炉烟气中SO_2排放浓度难以达标的原因主要体现在以下方面：

（1）现有焦化烟气脱硫基本采用湿法脱硫，且相当一部分焦化企业采用前脱硫工艺，煤气中H_2S含量较高；

（2）由于入炉煤质差异，部分焦化厂煤气中有机硫含量较高，而现有煤气净化所采用的脱硫工艺对有机硫又基本无脱除效果；

（3）焦化企业由于长期运行，可能会造成炭化室与燃烧室窜漏，使 H_2S 含量高达 $4\sim8g/m^3$ 的荒煤气进入燃烧室，使焦炉烟气中 SO_2 大幅超标。

因此，可通过采取优化煤气脱硫工艺、减少煤气窜漏等措施，从根本上降低焦炉烟气中 SO_2 的含量，对于焦炉煤气中硫组分较高的情况，必须采取措施降低炼焦用煤硫含量，对于烟气中 SO_2 含量严重超标，无法通过改进煤气脱硫、配煤等方案解决的焦炉，可借鉴锅炉等烟气脱硫工艺，在末端安装脱硫装置。

a　焦炉煤气脱硫工艺优化

我国焦化厂当前焦炉加热用焦炉煤气 H_2S 含量与配套运行的煤气脱硫工艺及其脱硫效率有关，供焦炉加热用的焦炉煤气 H_2S 质量浓度大多在 $200\sim1000mg/m^3$ 波动，以 H_2S 完全燃烧计算，$1m^3$ 净煤气燃烧后生成的烟气量为 $6.23m^3$。因此，在不考虑煤气中有机硫燃烧的情况下，H_2S 燃烧对烟气中 SO_2 浓度的贡献值在 $60\sim300mg/m^3$，现有重点区域焦炉 SO_2 应执行 $50mg/m^3$ 的特别排放限值，因此对不适应 SO_2 排放标准要求的煤气脱硫技术应采取改造措施，使净煤气中 H_2S 控制在 $20mg/m^3$ 以下。

b　焦炉配煤优化

炼焦煤主要是指气煤（含气肥煤、1/3 焦煤）、肥煤、焦煤、瘦煤 4 个煤种，我国炼焦煤储量占总查明储量的 26.24%，一般炼焦煤的原煤灰分含量在 20% 以上，硫分含量较高，硫分超过 2% 的炼焦煤大约有 20% 以上，优质炼焦用煤不多，因此在满足高炉所用焦炭质量的前提下，想要高效利用炼焦煤资源，需要进行配煤结构优化。配煤技术主要包括传统配煤技术、煤岩学配煤技术、配入添加物炼焦技术等，近年来基于降低生产成本等方面的考虑，高硫肥煤和高硫主焦煤的配入比例呈升高趋势，导致入炉煤硫分含量已达 0.9%~1.0%。配合煤中的硫分在炼焦过程中有 30%~35% 进入煤气，因此可根据配合煤中的全硫含量预测煤气中的 H_2S 含量。在炼焦过程中，配合煤中的硫分高低，直接影响焦炭和煤气的硫含量，因此炼焦配煤一定要控制好配合煤的硫分。煤中硫可分为有机硫和无机硫两大类，煤中的有机硫主要包括硫醇、噻吩、硫醌、硫醚等物质，煤中的无机硫主要是黄铁矿硫和硫酸盐。经过炼焦，配合煤中有一部分硫存留在焦炭中，称为固定硫；有一部分进入煤气，称为挥发硫。固定硫和挥发硫随煤种、炼焦条件不同而变化，按煤中硫转化到焦炭中的比例为转化率，按照递增规律一般为肥煤、瘦煤、焦煤、1/3 焦煤、弱黏煤，根据这一结果可以对配煤方案进行优化，降低配合煤的全硫含量。

此外，国内外开发的新型配煤技术还包括配型煤炼焦技术、沸腾床风动选择粉碎技术、入炉煤调湿技术、煤的气流分级分离调湿技术和煤预成型技术等。通过配煤技术优化，可在同等产量条件下减少炼焦炉数和废气排放量，目前这些配煤技术已被国内一些大型焦化企业引入并投入生产，取得了较好的运行效果。

c 焦炉炉墙窜漏及炭化室密封调整

焦炉炉体窜漏致荒煤气中的硫化物从炭化室炉墙缝隙窜漏至燃烧室，并燃烧生成 SO_2，从而导致焦炉烟囱废气中 SO_2浓度升高。荒煤气含硫化物（以 H_2S 为主）总质量浓度一般为 6500~10000mg/m^3，是净化后煤气的 15~25 倍，因此，虽然仅有少量荒煤气窜漏，也会对焦炉烟囱废气 SO_2 排放浓度达标构成严重影响。

焦炉质量水平决定了焦化过程发生荒煤气泄漏的频率，间接影响 SO_2排放浓度，因此应采取有效措施增强焦炉炉体的气密性，使荒煤气泄漏率低于 2%。

处理炉墙裂缝等炉体缺陷的方法通常有湿法喷补、抹补和半干法喷补以及炉顶灌浆、挖补和机械压入等，但是对于看火孔的窜漏实际只能用喷补、抹补和挖补来处理，尤其是以挖补为主。

抹补就是人工用抹子将抹补泥料压入砖缝或炉墙凹陷处，用泥料将其密封，保证其严密性。在抹补看火孔时，往看火孔内放入用 1mm 厚钢板制成的杯子，杯子的上部焊有两根具有 90°弯的钢棍，用它挂在看火孔顶面砖上接渣，然后用长把抹子进行修补。

喷补就是用压空作为动力将喷浆机内含 40%~50%水分的泥浆喷射到炉墙上，利用泥浆中结合剂在高温下有较强黏结性的特点，将耐火泥黏附在炉墙表面，从而对炉墙缺陷、缝隙进行修补。

挖补就是将原砌筑的有缺陷部位进行拆除后重新进行砌筑，从而保证砌体的整体性和严密性。挖补时需要拆除旧砖并重新砌筑，职工劳动强度非常巨大，由于缝隙是相互交错的，窜漏根源从表面很难判断，给挖补造成很大的技术难题。传统采用的处理看火孔窜漏方法均存在巨大缺陷，实施起来难度较大，不适宜于焦炉中后期、看火孔窜漏高发期的处理。

针对上述治理方法存在的问题，生产人员已开发了多种新的控制方法及装置例如，利用窜漏点的相通性，采用灌浆的方法堵塞看火孔处的窜漏，增加焦炉护炉铁件弹簧的吨位，减少砖层之间的位移等方法，在这些方法的实践中开发了一些实用的工具，便于人员操作。

d 末端烟气脱硫技术

焦炉烟气脱硫主要采用的脱硫技术有石灰石-石膏法、钠-钙双碱法[6]、湿式氧化镁法和氨法等，技术比较成熟，脱硫效率较高，例如，石灰石-石膏法可将焦炉烟气中 SO_2控制在 30mg/m^{3}以下，钠-钙双碱法对高温高硫的焦炉烟气也具有良好的脱硫效果[7]。

由于焦炉烟气组分复杂多变，含有 H_2S、PAHs、焦油等，湿法脱硫液中富集的盐类和有机烟尘含量较高，若脱硫液置换量不足，循环过程中会造成烟气中颗粒超标，脱硫副产物面临价值不高、不易处理的问题，脱硫循环废液不能直接外排，处理难度较大。

氨法脱硫剂的碱性相对于钙基脱硫剂更强，吸收效率更高，脱硫产生的副产物硫酸铵经过结晶、干燥后能够作为氮肥原料，适合焦化厂利用副产品氨水进行烟气脱硫，置换出的脱硫废液可配入酚氰废水处理系统予以处理或掺入煤中回炉处置，产生的硫铵可与饱和器的硫铵系统共同处理。为降低氨逃逸产生二次污染，氨法脱硫反应温度要求控制在80℃左右[8]。

针对焦炉烟气高温、高含水量、低含硫量的特征，采用焦化自产氨水作为脱硫剂可降低运行成本，山东济南钢铁8号焦炉烟气通过喷雾氨法已对其中的5000m^3/h烟气进行了中试，经氨法脱硫后，SO_2排放浓度小于30mg/m^3，脱硫效率达到95%[9]。

C NO_x 控制技术

焦炉烟气中 NO_x 的控制技术与其他燃煤烟气中 NO_x 控制技术相同，主要可通过改变燃烧方式和生产工艺以及采用末端烟气脱硝技术两种途径来控制焦炉烟气中 NO_x 的浓度[10]。

a 改变燃烧方式和生产工艺

控制热力型氮氧化物的主要手段就是控制反应温度，使燃烧温度不在某一区域内过高。一般当立火道温度低于1350℃时热力型NO_x浓度很低，但当立火道温度大于1350℃，热力型 NO_x 的生成量随温度升高迅速增加。立火道温度每升高10℃，NO_x 浓度增大30mg/m^3，当温度高于1600℃，NO_x 浓度按指数规律迅速增加。同时，高温区中高温烟气的停留时间和燃烧室内的氧气浓度也会对热力型 NO_x 的生成造成影响。因此，最有效降低焦炉加热过程中氮氧化物生成的方法是降低燃烧室火焰温度，缩短烟气在高温区停留时间以及合理控制氧气供入量，具体措施和方法包括废气再循环技术、分段加热技术、适当降低焦化温度、提高焦炉炉体的密封性等。

废气再循环技术是指将一部分低温废气与燃料以及助燃空气混合，再次送入立火道中燃烧。废气再循环是国内焦化厂燃烧中降低氮氧化物采用的主要方法。废气再循环技术由于掺杂了部分低温低氧废气，从而降低了燃烧环境中氧含量和炉内温度，减少了氮氧化物的生成。Fan 等的研究表明焦炉中废气循环系统的使用可以显著降低废气中氮氧化物的浓度，并对烟道气再循环技术过程中 NO_x 的反应行为进行了研究。废气循环量的选取存在最佳取值范围，一般为40%，具体数值需要经过科学和实际工艺才能确定。

适当降低焦化温度更能直接减少立火道燃烧温度，控制 NO_x 的生成，但会对冶炼的焦炭质量产生影响。此外可以通过减少炭化室与燃烧室之间的温度梯度，来间接降低立火道温度从而控制 NO_x 生成。

从焦化行业大气污染物排放量来看，欧盟国家现有焦化企业中，没有采用分段加热和废气循环技术的焦炉，NO_x 排放量为1300~1900g/t（以焦炭计）。应用了以上技术后，焦炉 NO_x 的排放量大大减小，可降低至450~700g/t。可见，采用低 NO_x 燃烧技术可以在很大程度上减少燃烧过程中 NO_x 的生成，对焦化行业节能减排工作具有极其重大的意义。但是随着我国焦炉烟气污染物超低排放限值的执行，焦炉烟囱 NO_x 的排放值必须控制在130mg/m^{3}以下，因此必须采用尾气脱硝技术才能达标排放。

b 末端烟气脱硝技术

烟气脱硝技术是采用合适的还原剂、吸附剂或尾部烟气吸收剂对烟气中 NO_x 进行脱除，从而减少氮氧化物的排放量。目前，焦炉烟气脱硝技术已经成熟并在各焦化厂建立工程应用，在国内外已有应用的以 SCR 催化法和活性焦脱硝技术为主。

SCR 脱硝技术是指在合适的催化剂的催化作用下，用氨气作为还原剂将 NO_x 还原成无毒无害的氮气。中温催化剂的载体是 TiO_2，另外在 TiO_2 载体上面负载 V、W 和 Mo 等组分。根据催化剂适用的烟气温度条件，SCR 脱硝技术被分为高温 SCR 技术（反应温度大于450℃）、中温 SCR 技术（反应温度在280~450℃之间）和低温 SCR 技术（反应温度在120~280℃之间），目前工业应用最多的是中温催化剂。中温 SCR 脱硝技术对 NO 的脱除率高，能除烟气中90%以上的氮氧化物。由于焦炉烟气温度较低，对于焦炉烟气的脱硫脱硝可以先加热再采用中温 SCR 法进行脱硝，或者采用低温 SCR 催化剂。

活性焦脱硝是利用活性焦庞大的孔结构和比表面积，通过物理和化学吸附作用吸附烟气中的 NO_x 并用 NH_3 还原吸附的 NO_x 为 N_2，可实现多种污染物联合脱除。此外，活性焦的适用烟气温度为110~140℃，而焦炉烟气温度相对较高，因此可以增加焦炉烟气余热回收利用设备。

3.3.2 烧结（球团）工序烟气多污染物超低排放分析

烧结是将各种粉状含铁原料配入一定比例的燃料（焦粉、无烟煤）和熔剂（石灰石、生石灰或消石灰），加入适量的水，经混合造球后平铺到烧结台车上进行高温焙烧，部分烧结料熔化成液相黏结物，使散料黏结成块状，冷却后再经破碎、筛分整粒后，形成具有足够强度和适宜粒度的烧结矿作为炼铁的原料。

烧结工序气态污染物主要来自以下3个方面：

（1）烧结原料在装卸、破碎、筛分和储运的过程中产生的含尘废气，混合料系统中产生的水汽-颗粒物共生废气；

（2）烧结过程产生的含有颗粒物、SO_2 和 NO_x 的高温烟气（烧结烟气），从烧结机机头由主抽风机抽出；

（3）烧结矿在破碎、筛分、冷却、储存和转运的过程中产生的含尘废气等，从烧结机机尾抽出。

其中除粉尘来源于以上3个方面外，其他污染物主要来源于烧结烟气，图3-5为烧结主要生产流程及产污节点示意图。

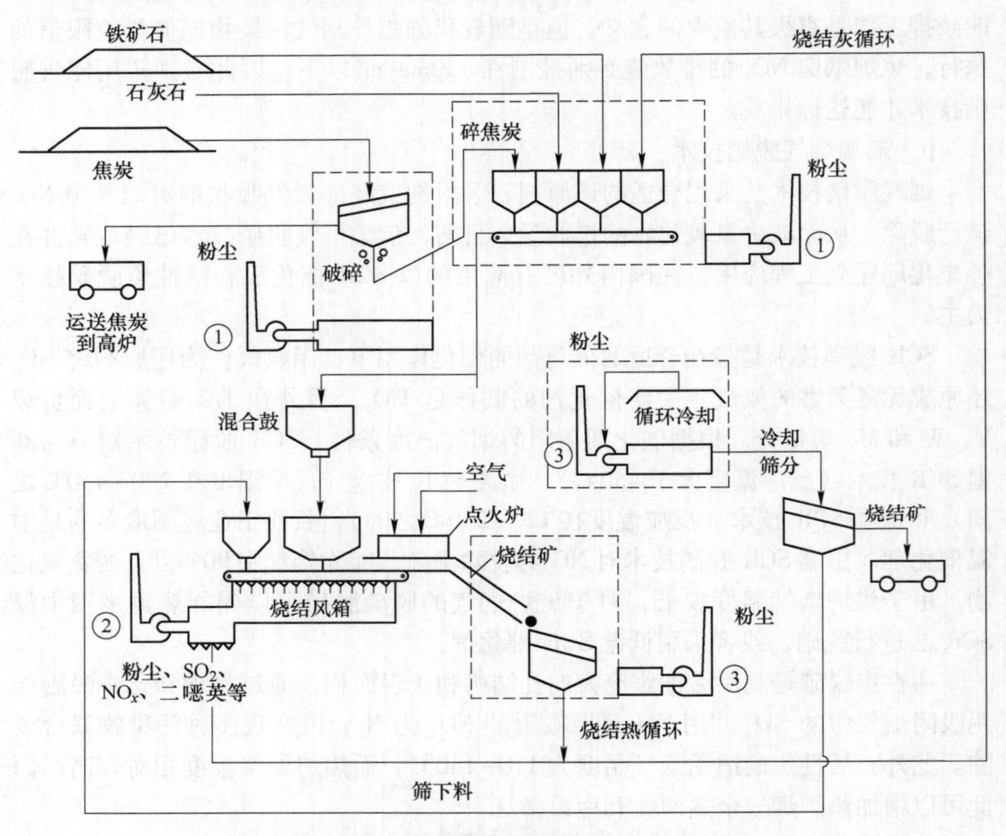

图3-5 烧结主要生产流程及产污节点示意图

3.3.2.1 烧结（球团）工序烟气特点分析

烧结烟气是烧结工序主要气态污染物来源，具有以下主要特点：

（1）烟气量大。烧结工艺是在完全开放及富氧环境下工作，过量的空气通过料层进入风箱，进入废气集气系统经除尘后排放，由于烧结料层中含碳量少、粒度细而且分散，按重量计燃料只占总料重的3%~5%，按体积计燃料不到总料体积的10%。为保证燃料的燃烧，烧结料层中空气过剩系数一般较高，常为1.4~1.5，折算成吨烧结矿消耗空气量约为2.4t，从而导致烟气排放量大，每生产1t烧结矿产生4000~6000m^3烟气[11]。

（2）烟气温度波动较大。随工艺操作状况的变化，烟气温度一般在100~200℃。

（3）烟气排放不稳定性。烧结工艺状况波动会带动烟气量、烟气温度、SO_2浓度等发生变化，阵发性强。

（4）烟气夹带粉尘含量较大，含尘量一般为1~5g/m^3，粉尘粒径小，微米级和亚微米级占60%以上，粉尘主要由铁及其化合物、不完全燃烧物质等组成，还含有微量重金属、碱金属元素。

（5）烟气含湿量大。为了提高烧结混合料的透气性，混合料在烧结前必须加适量的水制成小球，所以烧结烟气的含湿量较大，按体积比计算，水分含量一般在10%左右。

（6）烟气含有腐蚀性气体。混合料烧结成型过程，均将产生一定量的SO_x、NO_x、HF、HCl等酸性气态污染物，对金属部件会造成腐蚀。

（7）SO_2排放量较大。烧结过程能够脱除混合料中80%~90%的硫，SO_2初始排放浓度一般在1000~3000mg/m^3，每生产1t烧结矿SO_2排放量为6~8kg。

（8）二噁英排放量较大。钢铁烧结工序是二噁英主要排放源之一。据相关数据显示，2004年我国铁矿石烧结二噁英排放量为2648.8g TEQ，其中大气二噁英排放量1522.5g TEQ，远高于垃圾焚烧二噁英排放量。

球团排放的烟气与烧结烟气化学成分、物理性质类似，但由于生产工艺和原料存在差别，球团烟气与烧结烟气相比，存在的主要区别如下：

（1）球团烟气气量稳定、波动小，易于净化处理；

（2）球团烟气中SO_2浓度一般在200~1200mg/m^3；

（3）球团温度比较稳定，一般在120℃左右，而烧结烟气温度波动较大，一般在100~200℃之间。

3.3.2.2 烧结（球团）工序烟气超低排放技术

钢铁行业大气污染物的排放控制主要有3个方向，即源头减排、过程控制和末端治理。末端治理是目前钢铁行业实现污染物脱除的最常用也是最实用的手段[12]。

A 源头减排技术

烧结系统漏风主要指在抽风作用下烧结台车铺底料高度以下的空气不通过料面而是通过各漏风点进入烧结主排气管道中。漏风不仅导致烟气量增大，主抽风机能耗增加，而且会使烧结矿的产量和品质下降。从烧结机系统设计角度，分析漏风原因，对漏风点进行综合治理，可以从源头减少烟气的产生量。例如，通过设置烧结台车栏板活动密封装置，减少台车漏风；通过对风箱和变径管进行特殊设计、加耐高温耐磨浇注层、隔离高速烟气对风箱侧板面的冲刷等减少风箱磨损漏风；采用负压吸附式烧结机端部密封装置，减少端部漏风。

厚料层烧结技术是指保持较高的铺料厚度进行烧结的工艺。随着烧结料层的提高，点火时间和高温保持时间延长，表层供热充足，冷却强度降低，烧结表面强度差的烧结矿比例相应下降，成品烧结矿产量提高。此外，厚料层烧结能有效地改善烧结矿的质量、提高烧结矿机械强度、减少粉末量、降低氧化亚铁（FeO）含量、改善还原性能，对节约燃料消耗也都有显著的效果。

B 过程控制技术

在烧结机料面喷吹蒸汽对空气有引射作用，可提高料面风速；催化碳燃烧、强化碳燃烧反应，提高燃烧效率，降低 CO 的生成；同时利用水蒸气提高料面空气渗入速度及改变氯的形态等作用，减少烧结矿残碳并将氯源从 Cl_2转化为 Cl 离子形态，显著降低烧结废气二噁英含量的同时，改善了烧结矿的产品质量，实现了烧结烟气污染物的过程控制。

选择性烧结烟气循环技术是选择性地将部分烧结烟气返回到点火器后烧结机台车上部的循环烟气罩中循环使用的一种烟气利用技术，可以实现回收烧结烟气中显热和潜热、降低烟气中 SO_2、CO、NO_x 的浓度、减少后续脱硫脱硝系统的烟气处理量，如图 3-6 所示。根据烧结机烟气取风位置的不同可以分为内循环工艺和外循环工艺，内循环工艺在烧结机风箱支管取风，外循环工艺在主抽风机后烟道取风。研究表明，内循环工艺操作灵活，可以通过选择不同风箱位置来调整循环的效果，可以实现节能与减排相统一。河钢邯钢 360m^{2}烧结机已经成功应用该技术，项目自投运后已经实现吨矿烟气量减排 21.5%，吨矿固体燃料消耗降低 10.8%，产量提升 3.2%~6.2%，实现烟气循环率 25%~30%，吨烧结矿 CO 减排 4.4kg，并已推广至河钢乐钢等 6 台（套）烧结机配套应用，取得了良好的环境、经济和社会效益。

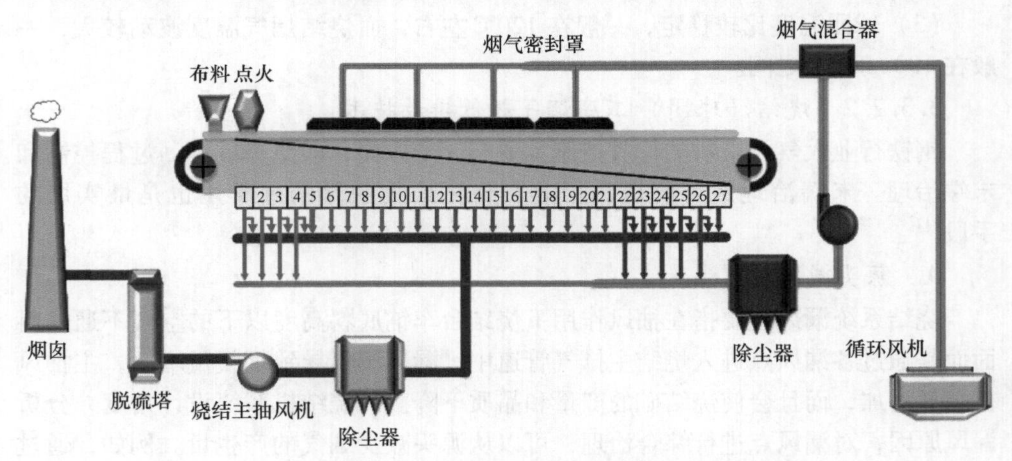

图 3-6 选择性烧结烟气循环与余热利用技术

C 末端治理技术

末端治理是烟气污染物处理最主要的手段，制约着烟气污染物排放的水平。末端治理包括除尘、脱硫和脱硝，由于国家政策原因，对污染物控制经历了先除尘、后脱硫、再脱硝的过程。由于污染物控制设备及水平的不同，因此末端污染物控制技术需要协同控制。

除尘常用的技术有重力除尘、旋风除尘、电除尘与布袋除尘，随着环保标准的提高，重力除尘以及旋风除尘难以满足粉尘的特别排放标准（$<40mg/m^3$），四电场电除尘器配合湿法脱硫可以使烟气粉尘排放浓度低于 $40mg/m^3$，布袋除尘后烟气粉尘排放浓度低于 $20mg/m^3$。钢铁行业实施超低排放之后（$<10mg/m^3$），对于湿法脱硫之后可增设湿式电除尘以满足粉尘超低排放，对于半干法脱硫后的袋式除尘器通过更换第三代滤袋满足粉尘超低排放，或者在布袋前增加粉尘预荷电装置，荷电后粉尘团聚成大颗粒附着在布袋上形成疏松的过滤层，提高滤袋的过滤效率，可使烟气出口粉尘稳定达到 $10mg/m^3$以下。

脱硫常用的方法有湿法、半干法以及活性炭法，均可以实现 SO_2的超低排放。湿法投资和运行费用较低，但有脱硫废水难处理、烟气拖尾等问题；半干法脱硫无废水处理问题，且可以同时脱除重金属、SO_3等非常规污染物，但脱硫灰的处理目前仍是一个难题；活性炭法可以实现多污染物同时脱除，但投资和运行成本较高。综合考虑，半干法更适合钢铁行业烟气脱硫。目前，半干法脱硫在钢铁行业中所占比例在逐步提高。

钢铁行业烟气脱硝常用的方法有低温氧化-吸收法、低温 SCR 还原法和活性炭（焦）一体化法。

低温氧化-吸收法具有占地面积小、投资小，对现有设备改动较小等优点；但该工艺存在能耗高等问题，而且其副产物的处理也是一个难点问题。对于臭氧氧化脱硝最适宜的烟气温度在 90~130℃，烧结烟气温度约为 160℃左右，因此需要在烟气入口进行喷水降温，以达到工艺所需温度[13]，如图 3-7 所示。

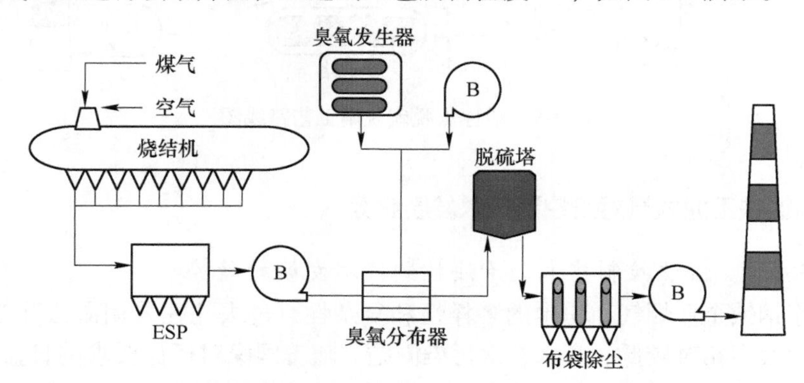

图 3-7 臭氧氧化-吸收脱硝工艺路线图

低温 SCR 还原法在电厂烟气的脱硝领域被广泛应用，但钢铁厂烧结烟气温度较低，粉尘较大，且含有重金属，极易引起催化剂中毒，因此 SCR 催化剂需要放置在脱硫之后，且催化剂前需要增设加热装置与 GGH，如图 3-8 所示。

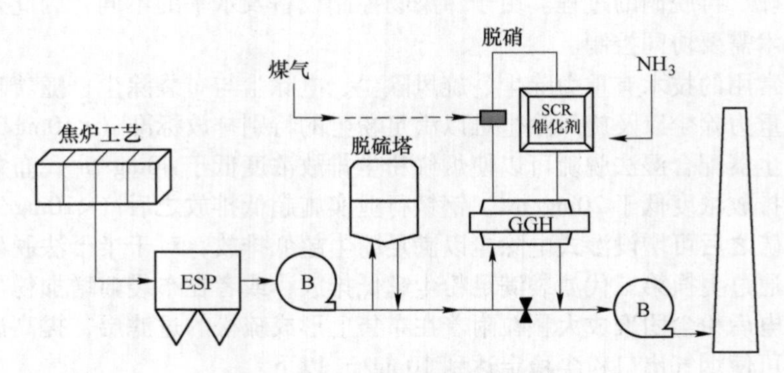

图 3-8　SCR 脱硝工艺路线图

活性炭（焦）一体化是利用活性炭（焦）庞大的孔结构和比表面积，通过物理和化学吸附作用吸附烟气中的 NO_x 并用 NH_3 还原吸附的 NO_x 为 N_2，可实现多种污染物联合脱除，如图 3-9 所示。此外，活性焦的适用烟气温度为 110～140℃，对于烧结烟气可以满足温度条件。

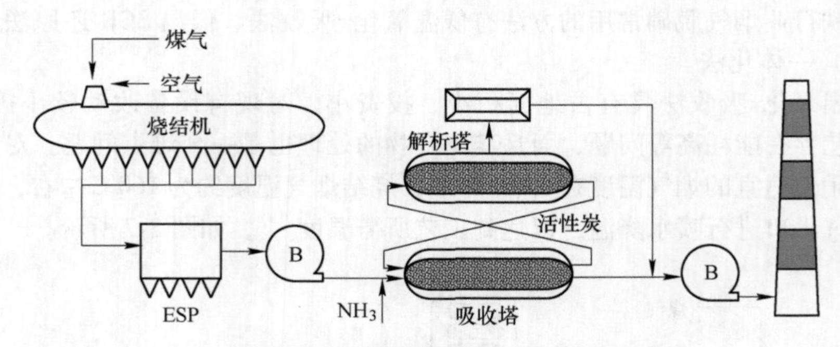

图 3-9　活性焦脱硫脱硝工艺路线图

3.3.3　钢铁工业大气污染控制技术发展趋势

3.3.3.1　湿法控制技术向干法控制技术发展的趋势

由于钢铁企业烟气和粉尘的多样性和复杂性，过去往往采用湿法除尘措施，存在除尘效率相对较低、废水二次污染问题。随着国家对环保要求的日益严格和建设节约型社会的需要，湿法除尘有被干法除尘取代的趋势。例如，炼焦厂装煤车除尘，由湿法文丘里管除尘改为干法布袋除尘，高炉煤气由湿法除尘改为干法布袋除尘，干法除尘系统后煤气含尘量可控制在 $10mg/m^3$ 以下，系统阻力降低 2/3，降低系统耗电。钢铁行业脱硫技术呈现多样化的特征，湿法脱硫技术较为成熟，应用广泛，但存在设备腐蚀、副产物二次污染的问题，近几年全国建成和在建的烧结烟气脱硫装置中半干法和干法脱硫比例有所上升。与湿法脱硫相比，大多数半干法或干法系统简单，占地面积小，适合我国钢铁企业狭小的安装空间，无废水排出，脱硫副产物易于处理，活性炭干法除尘的副产物为硫酸，实现烟气中硫资源的回收利用。

3.3.3.2 单一污染物控制向多污染物协同控制发展的趋势

受污染物处理技术和经济条件的限制，目前我国钢铁行业主要控制烟（粉）尘和 SO_2，已实施的烟气处理基本上都以脱硫除尘为主，对于 NO_x、二噁英、重金属等污染物的控制尚处于起步阶段，建成的工程应用案例也不多。2012 年新发布的钢铁行业污染物排放标准中将工序特征污染物如 NO_x、二噁英、苯并［a］芘、氰化氢等新纳入进来，集脱硫、脱硝、脱二噁英、脱 HF、脱重金属等污染物的一体化装置将可能逐步取代单独脱硫技术。此外，环境保护部同年发布的《环境空气质量标准》（GB 3095—2012）强调企业细颗粒物的治理和排放总量控制。因此，在建污染物控制工艺需要预留拓展的空间，以及在选择烟气处理工艺时，需要考虑同时减排细颗粒物粉尘、SO_2、NO_x、氟化物和二噁英等多污染物协同控制技术。

3.3.3.3 末端控制向源头、过程控制发展的趋势

现阶段我国钢铁行业污染物末端治理技术是最主要的控制手段，可有效减缓钢铁生产过程对环境的污染和破坏。但随着工业化进程的加快，末端治理处理的污染物种类趋多，设施投资及运行费用高，导致生产成本上升，而污染物处理过程往往会产生新的副产物，不能从根源上消除污染物。随着治理力度的增加，未来末端治理技术的空间会越来越小，钢铁行业污染物减排还应该从工艺过程入手，重视污染物源头与过程控制技术的研发和应用，如烧结烟气循环技术、燃烧/加热设施的废气加氧循环技术、废钢预热技术、短流程炼焦技术、全氧高炉技术、增加球团矿比例技术等，从根本上解决污染物排放的问题。

3.3.3.4 污染物控制与节能、资源利用相结合的趋势

2015 年，原环境保护部、国家发展和改革委员会、工业和信息化部等联合发布《环保“领跑者”制度实施方案》，旨在推动环境管理模式从“底线约束”向“底线约束”与“先进带动”并重转变，加快生态文明制度体系建设。钢铁工业为遵守循环经济和建设节约型社会的原则，所采用的环保设备必须低能耗高效率，在技术开发上，实现污染物脱除效率提高的同时，使系统高效节能运行，充分利用生产过程产生的余热及废弃物，最大限度降低污染物脱除过程中能源、资源的消耗，延长行业产业链，从生产全过程控制节能，减少污染物排放。

参考文献

[1] 国家统计局．中国统计年鉴 2017 [M]．北京：中国统计出版社，2018.
[2] 姜琪，岳希，姜德旺．我国与欧盟、日本钢铁行业大气污染物排放标准对比分析研究 [J]．冶金标准化与质量，2015，53（3）：18-22.
[3] 陈勇．检查及其治理焦炉炉墙串漏实现 SO_2 达标排放的方法及措施 [J]．河南冶金，2016，5：16-18.
[4] 顾卫荣．燃煤烟气脱硝技术的研究进展 [J]．化工进展，2012，31（9）：2084-2092.
[5] 季广祥．焦化厂焦炉烟囱 SO_2 排放浓度达标途径 [J]．煤化工，2014，1：35-38.
[6] 梁勇，杨婷婷，周宇，等．钠-钙双碱法工艺在高温焦炉烟气脱硫中的应用 [J]．环境工程，2011，3：66-68.
[7] 韩新萍．焦炉煤气脱硫工艺分析与优化 [J]．武钢技术，2010，1：10-12.
[8] 汤志刚，贺志敏，郭栋，等．焦炉烟道气双氨法一体化脱硫脱硝：从实验室到工业实验 [J]．化工学报，2017，2：496-508.
[9] 张薇，杨国栋，朱广起．现行焦炉烟气 SO_2 排放现状及整改措施分析 [J]．环境与可持续发展，2015，2：91-93.
[10] 尹华，吕文彬，孙刚森，等．焦炉烟道气净化技术与工艺探讨 [J]．燃料与化工，2015，2：1-4.
[11] 石磊．烧结烟气综合治理技术现状与展望 [R]．北京：第八届中国国际钢铁年会，2014.
[12] 王代军．烧结球团烟气综合治理技术的应用与分析 [R]．石家庄：京津冀钢铁业清洁生产、环境保护交流会，2015.
[13] 马双忱．臭氧同时脱硫脱硝技术研究进展 [J]．中国环保产业，2009，4：29-34.

4 钢铁工业绿色制造节能减排系统框架和技术

4.1 系统框架

根据工业和信息化部2018年12月1日最新公布的《绿色工厂评价通则》内容可知，钢铁工业绿色制造系统由以下5个主要内容组成：

（1）用地集约化。用最小的占地高效生产钢铁产品。

（2）原料无害化。从源头上杜绝各种污染物从原料和能源渠道进入钢铁生产过程。

（3）生产洁净化。最小化钢铁生产过程的气相、固相、液相和噪声等二次污染物的产生量。

（4）废物资源化。钢铁生产过程产生的气相、固相和液相的废物（二次资源）得到最大化的循环利用。这点特别要注意的是：废物的循环利用不能局限在钢铁流程内，要力争实现厂内和厂外循环利用，最大化废物的资源化利用。

（5）能源低碳化。首先实现一次能源的高效使用，并最大化地回收二次能源，使能源效率最大化和CO_2等温室气体排放最小化，以缓解地球的温室效应。

上述5项内容基本构建了目前阶段钢铁工业绿色制造系统的主要框架。

河钢集团公司、中国宝武集团公司、首钢京唐公司等越来越多的钢铁公司近年来陆续完成了钢铁工业绿色制造系统的建设。

日本新日铁公司1996年阶段性地完成了该钢铁公司的工业生态系统（日本人认为这是绿色制造体系内容）的工业化实施。整个系统（1996年版本）如图4-1所示。由图4-1明显看出：钢铁工业已经不单单生产钢铁产品了，当今的钢铁工业实现了多功能化：

（1）生产钢铁产品；

（2）为社会和其他工业处理由它们产生的废弃物；

（3）为社会及其他工业提供二次能源；

（4）利用钢铁工业和其他工业以及社会一般固废和危险废弃物协同制备出了越来越多的非钢产品；

（5）利用钢铁工业的二次能源生产新的能源产品。

中国钢铁绿色工业制造系统的内容将随着新思维、新的顶层设计产生的新流程、新工艺、新技术、新装备和新控制方式的不断出现，会出现越来越丰富的绿色制造内涵。

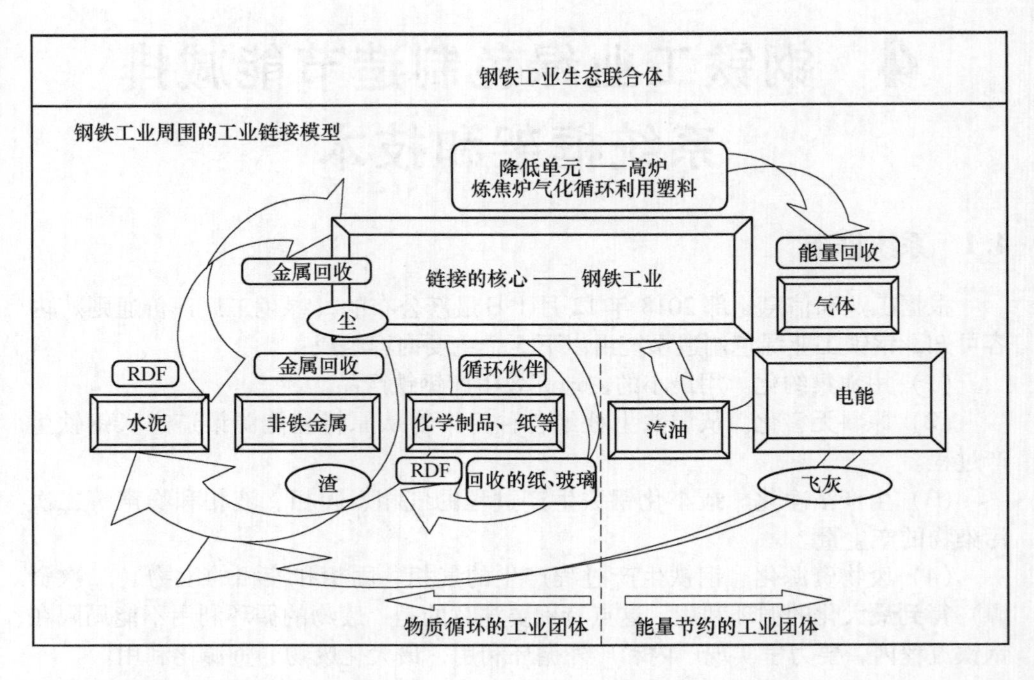

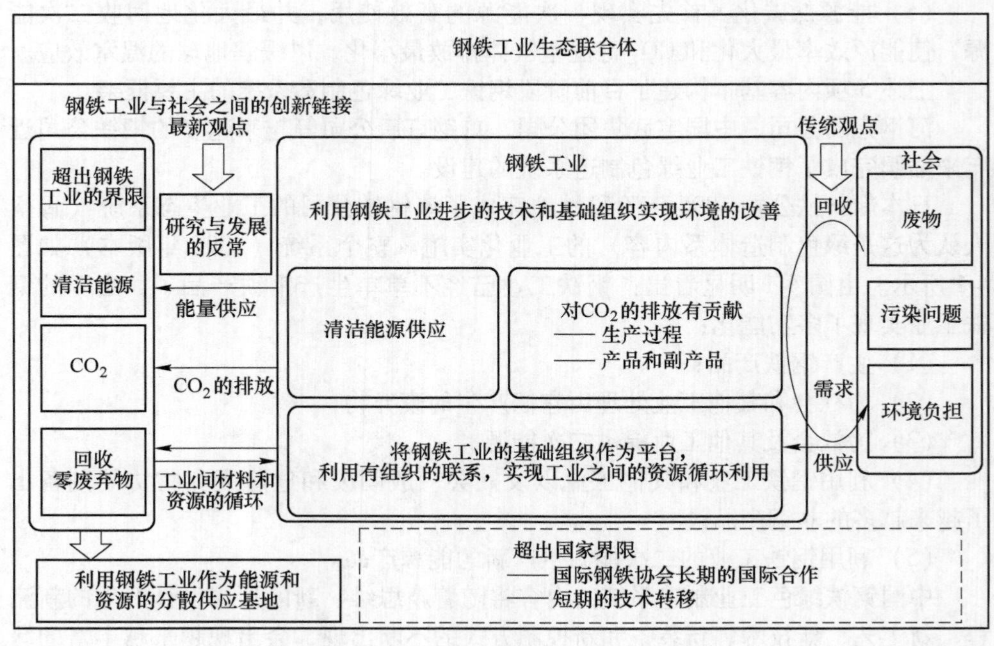

图 4-1　日本新日铁公司的绿色制造系统（工业生态系统）

4.2 焦化工序

焦化工序是以煤为主要原燃料，通过配煤、炼焦、回收净化以及化产品深加工等工艺过程，为钢铁企业提供优质焦炭、焦炉煤气和化工产品等原燃料。焦化工序是一个污染较重的工艺生产过程，焦化的发展离不开焦化自身的绿色制造、节能减排技术的发展，特别是“十一五”以来，中国的焦化工序全面推进清洁生产，推广和采用国际上先进的和具有较好应用前景的清洁、先进、高效的技术，提高焦化工序生产效率，促进焦化绿色转型。

4.2.1 大型化焦炉炼焦技术

焦炉大型化是炼焦技术的发展方向。1898 年，我国第一批工业规模的焦炉在江西省萍乡煤矿和河北省唐山开滦煤矿建成投产。第一次世界大战之后，我国的鞍山、本溪、石家庄等地区建成了一系列可回收化工产品的焦炉。20 世纪30~40 年代，我国东北、华北、山西、上海、四川等地先后建成投产了一系列不同规模的现代焦炉。新中国成立前，我国已经拥有 28 座焦炉（共计 1137 孔），每年的设计焦炭产能达到 510 万吨。受战争的破坏，1949 年新中国成立时我国的焦炭产能仅为 52.5 万吨。新中国成立之后，我国先后引进了苏联的焦炉技术，自主创新和生产了众多牌号的焦炉。2008 年我国的焦炭产能达到 32359 万吨，成为世界焦炭第一生产大国、第一消费大国和第一出口大国。

与其他工业发展之路相似，我国焦化工业同样经历了从无到有、从小到大、从弱到强的发展历程。

首先，从顶装焦炉的大型化来看，我国焦炉的大型化脚步是从跟跑到领跑的发展趋势。2010 年之前，我国焦炉基本是以 4.3m 和 6m 焦炉为主流，是在吸收国外焦炉优势的情况下自主创造的；2010 年之后，我国焦炉基本采用自主研发技术，实现焦炉的大型化和现代化。1959 年，我国首套自主设计的 58 型焦炉在北京焦化厂建成投产；1967 年，我国自主设计的 3 孔 6.1m 焦炉在鞍钢试生产成功；1971 年我国自主建设的首套 5.5m 焦炉在攀钢建成投产；1984 年，我国自主设计的单孔 8m 实验焦炉在鞍钢实验成功；1985 年，我国首座从日本引进的 M 型 6m 焦炉在宝钢建成投产；1987 年，我国自主设计的 JN60 型 6m 焦炉在北京焦化厂建成投产；2006 年，我国首套从德国引进的 7.63m 焦炉在山东兖矿建成投产；2008 年，我国自主设计的 6.98m 焦炉分别在鞍钢和邯钢建成投产。2015 年以来，建成了一系列 7m 及以上大型焦炉。图 4-2 为河钢唐钢 2014 年建成投产的 7m 宽炭化室大型焦炉。

其次，从捣固焦炉的大型化来看，捣固焦炉炭化室高度从 2.8m、3.2m、3.8m 逐渐发展到 4.3m、5m、5.5m、6.25m。2003 年，首套 4.3m 捣固焦炉在山

图 4-2　河钢唐钢 7m 宽炭化室大型焦炉

西同世达、山西茂胜等一批焦化企业先后投产；2006 年，5. 5m 捣固焦炉先后在云南、河南、河北等地建成投产；2009 年，我国首套自主设计的世界最大的 6. 25m 捣固焦炉在唐山佳华建成投产。2010 年以后，民营企业建成了大批 5. 5m 及以上的大型捣固焦炉。

4. 2. 1. 1　大型焦炉技术

中国钢铁工业的快速发展，为焦化工业提供了更高的要求，高炉大型化要求的焦炭质量更加稳定更加优越，并且焦炭需求量显著增加。目前，我国焦炉装备水平尚不能适应高炉大型化发展的需求，抓紧焦炉的技术改造，以大型的现代化焦炉替代中小型焦炉，实现我国焦炉的大型化和高效化，势在必行。

A　大型焦炉的紧迫性

作为全球最大的焦炭生产和消费大国，同时也是出口焦炭的大国，中国焦化工业虽然有大型钢铁联合企业，如宝武集团、河钢集团、鞍钢集团、首钢集团等一大批现代化大型焦炉，但同时还有一大批落后的不环保的中小焦炉存在。高炉大型化和实施精料措施及强化冶炼技术，对高炉用焦的各种性能指标提出了更高的要求，焦炭在高炉内的支撑骨架作用突显，要求焦炭的抗碎强度 M_{40} 在 85%以上，反应后强度 CSR 在 65%以上。高质量的焦炭必须使用新的炼焦技术来生产，焦炉大型化无疑是改善焦炭质量的一个重要措施。

为淘汰关停土焦、改良焦生产及工艺装备，国家发改委等 9 个部委联合发出了《清理规范焦炭行业若干意见的紧急通知》，停止建设和改造 4. 3m 以下落后产能的小焦炉，已成为我国炼焦界的共识。

B　大型焦炉的必要性

焦炉的大型化，是实现我国炼焦工业的稳定、健康、环保、高效、可持续发展的一个重要手段，是炼焦技术的现代化发展方向。2008 年，以鞍钢鲅鱼圈首座 7m 完全自主知识产权的焦炉问世以来，中国焦炉的大型化技术得到飞速发展，各大钢铁联合企业和大型民营企业都选择更加高效环保的 7m 及以上焦炉。

焦炉大型化的直接反映就是焦炉炭化室高度增加，容积显著增加，在同等生产规模及外部环境下，焦炉大型化使得结焦时间延长，可大幅减少出炉次数，减少装煤和出焦的阵发式烟尘污染，改善炼焦生产的环境；大容积焦炉的自动化水平更高，炼焦能耗明显降低，生产效率显著提高；焦炉的大型化也提高了装煤堆密度，降低了结焦速率，使得焦炭更加均匀成熟，焦炭质量得到提高。

我国焦炭产量由 2003 年的 1.7775 亿吨增加到 2018 年的 4.3820 亿吨，15 年增长了 2.4 倍以上，占全球焦炭生产的 67%以上，发展非常迅速，但我国还不属于炼焦强国。针对我国焦化工业能耗高、污染大、资源浪费等突出问题，为了推进焦化“清洁生产与环保治理”的进程，国家《焦化行业准入条件》已经颁布并持续发力，遏止低水平重复建设与盲目扩张的态势，从法律规范上促进我国焦化工业的健康稳定发展。

C 大型焦炉的技术要求

焦炉炉型的大型化，对焦炉的操作水平、管理水平和维护水平提出了越来越严格的要求。要求焦化企业拥有雄厚的技术力量、熟练的操作技术和焦炉管理制度，更要求技术人员科学智能化的管理。

焦炉炉型的大型化是发展趋势，但必须遵循事物发展的规律。“BESTBUY”原则是指选择“最佳性价比”焦炉，即焦化企业需要根据生产规模、资金情况、市场情况、技术水平等来综合评价，选择最适合的炉型，不要一味地追求所谓的世界先进水平。

D 焦炉的选择原则

(1) 根据企业的煤源情况，选择合适的炉型。将各种煤炭预先进行指标检测，综合考虑后选择哪种炉型。

(2) 根据焦炭生产规模，来选择合适的炉型，特别是大型钢铁联合企业，根据钢铁产能确定焦炭生产规模，再选择合适的炉型，避免焦炭产量的不匹配。

(3) 根据企业的技术水平，选择合适的炉型。焦炉炉型越大，对操作水平、管理水平、维修力量和现代化水平要求越高。如果一个焦化企业的技术力量不强，不宜选择大型焦炉，可采用投资较低、更加成熟的 6m 顶装焦炉或 5.5m 捣固焦炉。

4.2.1.2 焦炉智能加热系统

焦炉大型化要求的自动化水平更高，配备更加智能高效的焦炉加热系统。某钢厂的焦炉智能加热系统如图 4-3 所示。

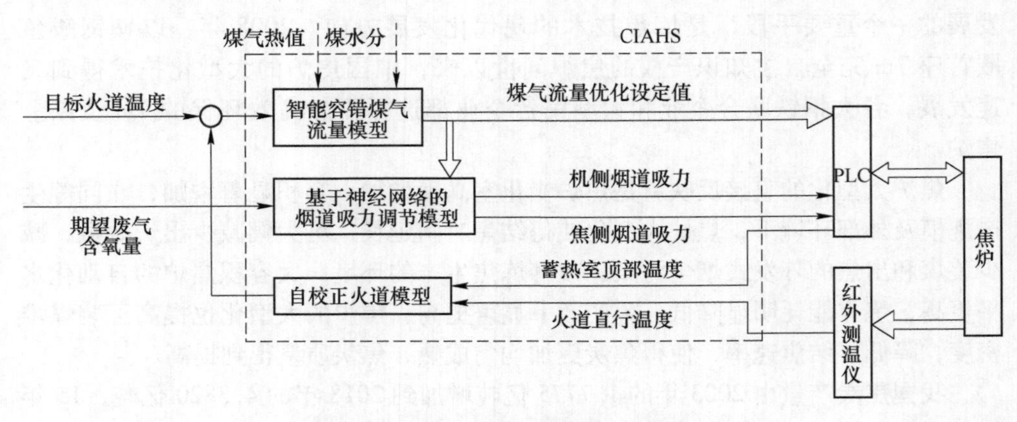

图 4-3　某钢厂的焦炉智能加热系统

焦炉炼焦过程是钢铁企业的巨大耗能的工序之一，它是一个复杂的间歇式操作的热工过程，通过焦炉控制系统可以实现单孔装炉和连续产生焦炭。焦炉炼焦过程是一个非常复杂的传热传质过程，也是一个非常复杂的化学变化过程，需要精准的炉温控制来实现整个过程耗能低、污染小。焦炉智能加热系统是通过焦炉炉温的检测和分析来实现焦炉稳定均匀的加热，提高焦炉生产效率，稳定提高焦炭质量，不但降低了炼焦能耗和延长了焦炉寿命，而且有效降低了炼焦过程的环境污染。

焦炉炼焦过程中，由于装煤量、入炉煤水分、燃烧室煤气调控技术以及焦炉炉体等情况的变化，必须快速准确地调节供热，以确保焦炉各炭化室的焦饼在设定的结焦时间达到均匀成熟和相同的成熟度，所以，焦炉加热调节的主要任务是实现全炉、各燃烧室高向煤气和空气的合理分配。

焦炉智能加热系统是通过自动监控和通信的方式，实现加热系统数据的采集和设定。整套系统由电脑软件控制，实时监控和精准调节焦炉各燃烧室的立火道煤气和空气的分配比例，实现焦炉的智能加热，稳定和提高了焦炭质量，显著降低了煤气消化量，减少了燃烧室局部高温现象的出现频率，焦炉烟气中的氮氧化物浓度显著降低。

焦炉自动加热系统主要包括准确的数据采集系统、自动加热系统和智能的控制系统等模块。

（1）准确地数据采集系统。数据采集系统负责实时采集燃烧指标，如燃烧室长向和高向温度指标、空气含量、煤气含量，通过 PLC 传送到电脑的采集系统中，系统可以获取任何时刻的监控指标。数据采集系统会自动向智能控制系统发送采集的数据。

（2）智能控制系统。智能控制系统是整个软件系统的中枢大脑，完成所有数据的存储、逻辑推理、设定计算、界面显示等主要功能。主要作用表现为：一方面，处理来自数据采集系统的实施监控数据，并分类保存；另一方面还要比对已设定的指标对自动加热系统下达调控命令，完成计算并实现监控。

（3）自动加热系统。自动加热系统接收智能控制系统下达的调控命令，通过调控煤气和空气开关来实现焦炉自动加热。

我国的焦炉加热系统最早开始于20世纪80年代初期。1981年7月，上海焦化厂进行了焦炉加热微机控制系统的研究，两年后首次在上海焦化厂四号焦炉实现了工业化运行。当时的焦炉还是采用人工测量温度和人工调节温度，无法达到与焦炉生产所需求的热量相一致，有的甚至无法根据工况的变化做出适时的调整。

20世纪80年代以来，宝钢焦化、山西阳光焦化、酒钢焦化、旭阳焦化、济南焦化等先后引进或研发了焦炉自动加热系统，技术成熟度越来越好，自动化程度越来越高，智能控制越来越精确，使得我国焦炉自动加热系统得到不断进步和完善。目前，正是焦炉从粗放型发展转变成集约型发展的关键时期，焦化环保压力巨大，精细化操作和环境治理越来越重要。焦炉自动加热系统对于稳定焦炭质量、延长焦炉寿命、节能降耗、环境保护都有着非常重要的意义。

焦炉自动加热系统的优势主要有以下3点：

（1）焦炉自动加热系统实现了焦炉温度控制在标准温度（或动态标准温度）的±1℃以内，温度控制的精度很高。

（2）无须人工干预，正在实现焦炉温度的自动测量和调控，大幅降低了燃烧室局部高温的出现频率，降低燃料气的消化，并且有效降低了氮氧化物的生成量。

（3）智能检测和控制水平高，有效节约了人工成本，显著降低了燃料气的消耗。

4.2.1.3 四车自动联锁系统

焦炉的大型化需要配备更加智能更加绿色的四车自动联锁系统，如图4-4所示。

为了保证焦炉高效、稳定和安全生产，提供焦炉的整体操作水平，解决装煤车、推焦车、拦焦车和熄焦车之间的相互配合、炉号对位、自动识别、推焦车和拦焦车联锁、推焦车和装煤车的联锁、摘门联锁、四大车自动行走对位联锁等一系列关键问题，实现干熄焦中控室与焦炉中控室的联锁，确保了焦炉生产操作的计算机管控和协调。

焦炉运行设备主要包括焦炉加热交换设备（简称交换机）、装煤车、推焦车、拦焦车和熄焦车，称为“四车一机”，而装煤车、推焦车、拦焦车和熄焦车通常称为“四大车”。

随着焦炉机械和自动化水平逐渐提高，“四大车”之间的协调控制（简称四

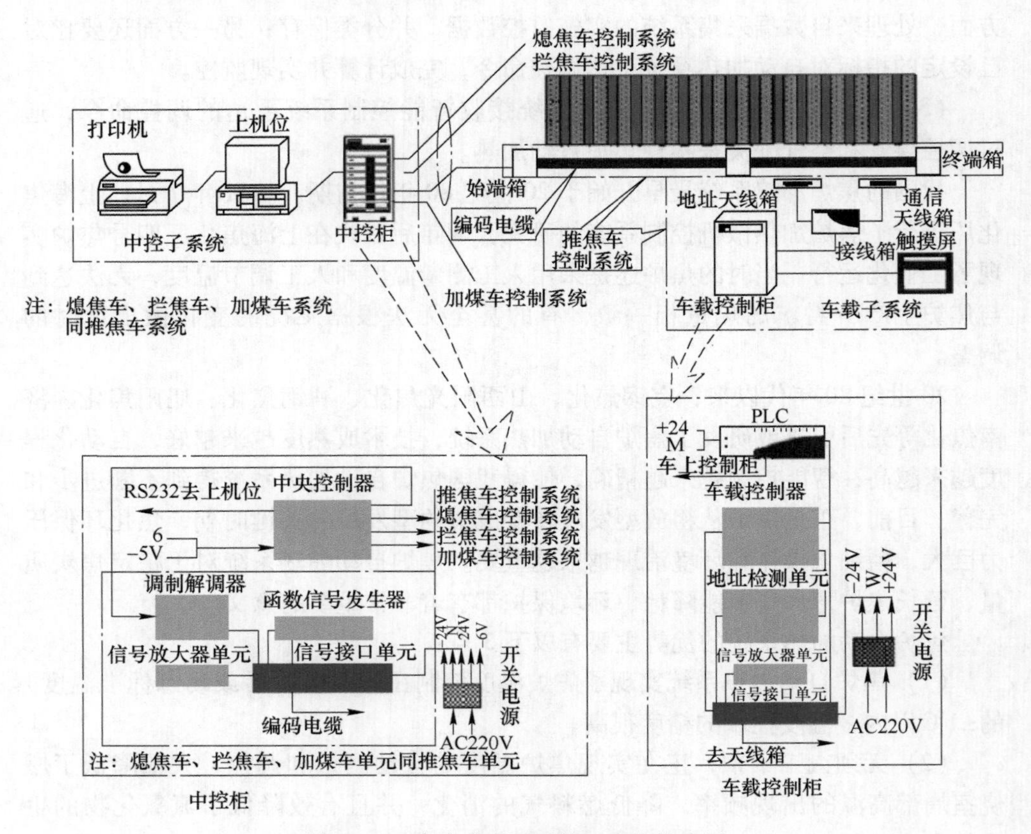

图 4-4　四车自动联锁系统的基本构成图

车自动联锁系统）越来越安全，降低了操作人员的劳动强度。四车自动联锁系统的优化，就是“四大车”之间自动化程度越来越高，是相互间的通信、目标炉号对位、推焦过程联锁、装煤过程联锁、出焦过程联锁等一系列的自动化控制技术。同时，四车自动联锁系统能使“四大车”平稳运行，避免了“四大车”在生产过程中因走位出现问题而产生的事故，从而增加了焦炉机车和焦炉本体的使用寿命，确保了操作工艺的稳定，使焦炭质量更加稳定，提高了生产效率，从整体上带来了巨大的经济效益。

A　4 个关键联锁控制过程

（1）熄焦车联锁控制过程。通过四车自动联锁系统推算的出炉计划和推焦时间，系统自动计算熄焦车在推焦过程需移动一个车身的距离，准确发送是否推焦的信号给推焦司机。

（2）拦焦车联锁控制过程。当推焦车到达所要推焦的炉号时，系统比对计划出炉的炉号，如一致，系统发出允许导焦栅插入，否则禁止导焦栅插入并报报警信号。当导焦栅插入后，系统再发出允许推焦的信号。

（3）推焦车联锁控制过程。推焦车到达所要推焦的炉号时，系统通过比对出炉的炉号，并在收到系统允许推焦信号后，如炉号一致，推焦车完成摘炉门、推焦和装炉门等步骤。另外，当装煤车完成装煤操作后，系统发出平煤操作信号，推焦车摘下小炉门，进行平煤操作。平煤之后，完成小炉门的安装。

（4）装煤车联锁控制过程。推焦车完成装炉门操作后，装煤车到达所要装煤的炉号，系统比对装煤的炉号，并收到系统允许装煤信号后，装煤车开始装煤。

B 技术要求

焦炉四车自动联锁系统是非常复杂的大型焦炉自动控制系统，包含着大量的信息处理技术，智能控制水平高，并涉及众多学科的知识，现代化水平高。

4.2.2 配煤专家系统

炼焦煤是一种结构非常复杂多变、成分多种多样的混合物，同时，我国炼焦煤绝大部分都是混洗混配的煤种，配煤技术是一项非常专业和高技术含量的系统工程，长期以来都是依赖焦化技术人员的头脑风暴和经验来实现配煤。目前，焦化技术人员相对焦炭产能来说越来越匮乏，靠经验得到的配煤比的可信度很低，很难实现最佳经济效益和焦炭的稳定生产。

配煤专家系统是一套专业解决配煤优化、炼焦生产优化的一体化管控技术，如图 4-5 所示。该系统采用先进的计算机软件算法，需要建立在焦炉自动控制系

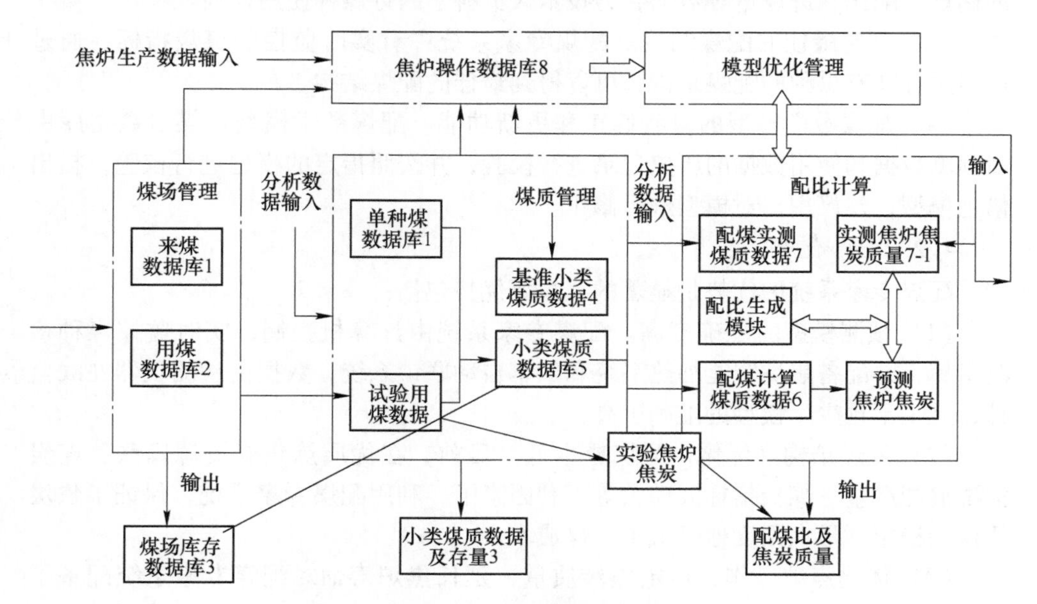

图 4-5 某公司开发的配煤专家系统流程图

统的基础上，充分利用自动控制系统对配煤指标、配煤比、焦炉操作指标、焦炭质量等各种检测数据进行汇总和分析，通过储煤和配煤系统精准规范，解决炼焦过程焦炉的稳定和优化配煤比，来达到稳定焦炭质量、稳定焦炉加热和降低焦炭成本的目的。

4.2.2.1 装备配置

配煤专家系统的基本配置是由以下单元组成：单种煤指标数据库，配煤结构预测，配煤指标预测，焦炭质量预测，自动配煤系统，焦炉智能加热系统，四车自动联锁系统等。检测数据和监测数据自动上传至配煤专家系统，技术人员调控配煤结构，系统自动预测配煤指标和焦炭质量，通过调整系统现有煤种的配煤结构，可以得到最佳的配煤结构，将得到的最佳配煤结构传送到自动配煤系统，实现配煤成本大幅降低和焦炭质量的稳定。

4.2.2.2 作用

配煤专家系统的作用主要体现在以下几方面：

(1) 指导煤炭采购。配煤专家系统连接着网络，实时采集国内外最新的煤炭资源的数据。由于各个焦化企业对焦炭质量和指标都有不同的需求，根据配煤专家系统对配煤结构的优化，能够准确显示不同煤种的性价比。如果最佳配煤结构中采用了性价比较低的煤种，技术人员可以将该煤种反映给煤炭采购部门，并提供一系列高性价比的煤种供采购部门考虑，实现了采购成本的不断降低。

(2) 制订煤炭使用计划。通过配煤专家系统的计算，准确显示了各种煤种的储量、配比、进煤量等数据，为技术人员科学制订煤种使用计划。

(3) 制定最佳的配煤结构。配煤专家系统中有实时监控的煤炭指标，通过调整系统现有煤种的配煤结构，可以得到最佳的配煤结构。

(4) 配煤数学模型的自我修正和更新功能。配煤数学模型在煤炭数据库中对预测数据和使用数据的历史记录进行校验，并按照指定的模型进行校验，提出修正模型，建议用户对模型进行修正。

4.2.2.3 优势

配煤专家系统的优势是显著的，主要优势包括：

(1) 预测模型的准确度高。配煤专家系统由计算机控制，实时监控煤种检测指标，并配备焦炉智能加热系统和四车自动联锁系统，数据由检测仪器在线监控，人工干预少，模型的准确度高。

(2) 配煤结构最优化，配煤成本低。目前，在优质炼焦煤资源紧张、煤炭混洗混配严重、煤炭指标波动大等不利因素下，利用配煤专家系统，保证了焦炭质量的稳定，最大限度地降低了配煤成本。

(3) 优化焦炉操作，稳定焦炭质量，延长焦炉寿命。配煤专家系统配备了焦炉智能加热系统和四车自动联锁系统，稳定了焦炉加热温度，大幅降低了局部高温出现的频率，降低了焦炉烟气的 NO_x 含量，优化了焦炉操作，稳定了焦炭质量，延长了焦炉使用寿命。

4.2.2.4 技术要求

配煤专家系统的技术要求是采用计算机科学、结合技术人员所积累的丰富经验、应用人工智能技术、总结多年的配煤和炼焦生产实践、建立适合自身特点的数学模型等。

4.2.3 高压高温干熄焦技术

所谓干熄焦（Coke Dry Quenching，CDQ），是相对湿熄焦而言的，是指采用惰性气体（通常为氮气）将红焦降温冷却的一种熄焦方法，如图 4-6 所示。

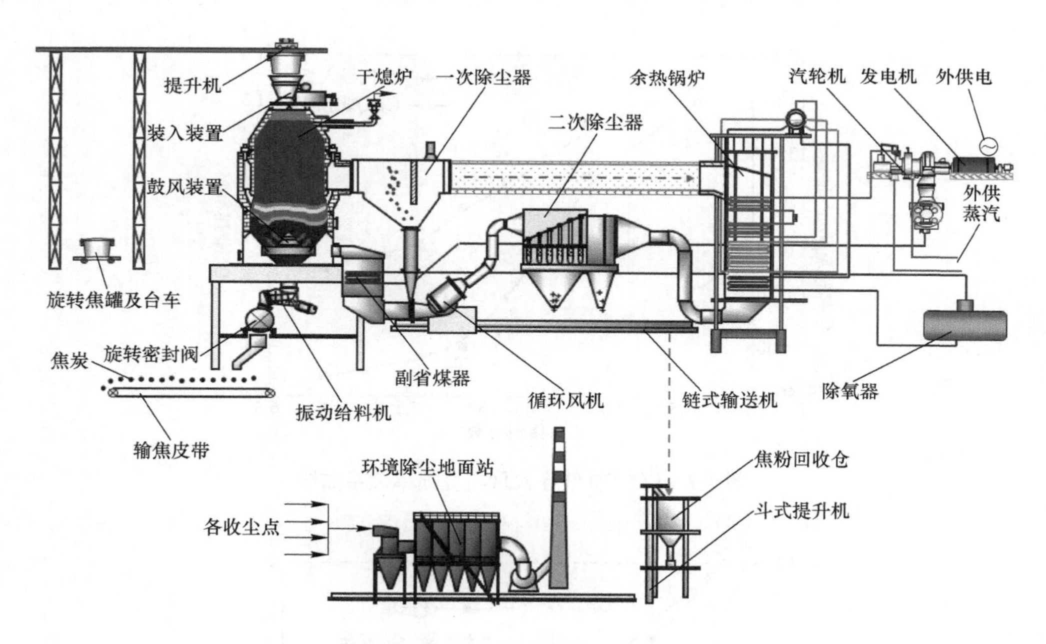

图 4-6 高压高温干熄焦工艺流程图

干熄焦过程是指从焦炉出来的 1000℃ 的红焦从干熄炉顶部装入，130℃ 的低温循环惰性气体由循环风机鼓入干熄炉冷却段红焦层内，用于吸收红焦显热。冷却后的焦炭（低于 200℃）从干熄炉底部排出，加热后的惰性气体的温度在 800℃ 以上，从干熄炉环形烟道出来，进入干熄焦锅炉进行热交换，锅炉产生蒸汽，冷却后的惰性气体由循环风机重新鼓入干熄炉，惰性气体在封闭的系统内循环使用。

高压高温干熄焦技术采用了高温高压锅炉，其整个炉壁是由二维膜式水冷壁组成，而炉内受热面从上至下由二次过热器、一次过热器、光管蒸发器、鳍片管蒸发器及鳍片管省煤器组成；其中一、二次过热器之间设置有用于控制出口过热蒸汽温度的减温器，其炉管参数对比见表 4-1，其结构与中温中压锅炉基本相同。

表 4-1　高温高压锅炉和中温中压锅炉对比表　（mm）

项目	锅炉类型	水冷壁	二次过热器	一次过热器	光管	鳍片	省煤器
传统工艺	中温中压	$\phi57\times4$	$\phi38\times3.5$	$\phi38\times3.5$	$\phi38\times3.5$	$\phi38\times3.5$	$\phi38\times3.5$
高温高压	高温高压	$\phi76\times6$	$\phi42\times6$	$\phi38\times5$	$\phi45\times4.5$	$\phi45\times4.5$	$\phi45\times4.5$

4.2.3.1　高压高温干熄焦的低烧损率技术

采用建立 CO 含量、空气导入量与烧损率的关系模型（见图 4-7），并建立烧损率与生产热力负荷的关系模型，如图 4-8 所示。

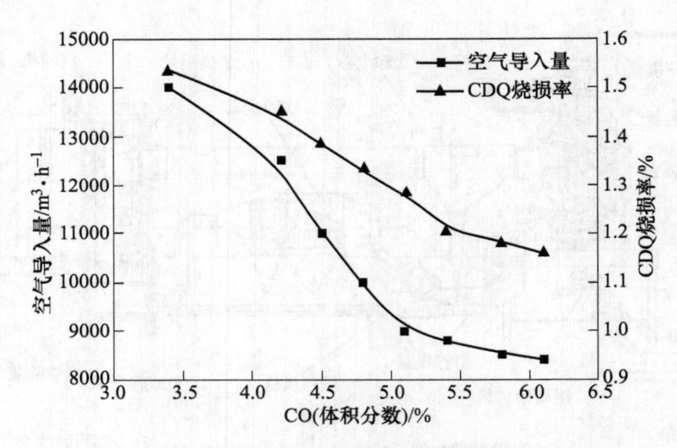

图 4-7　CO、空气导入量与烧损率关系曲线

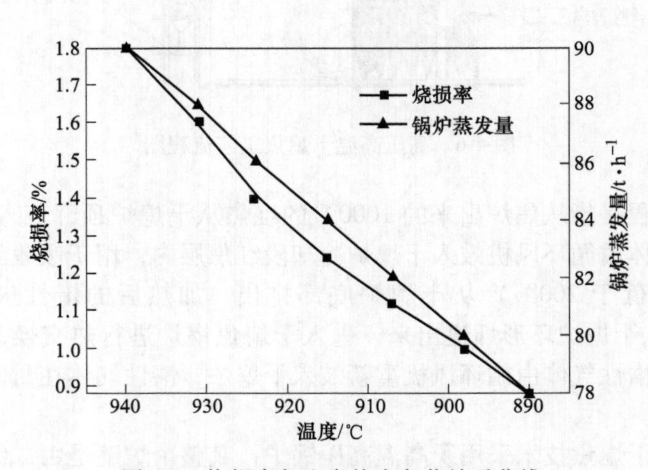

图 4-8　烧损率与生产热力负荷关系曲线

利用因素间关系模型，优化影响干熄焦烧损率的3个主要因素，即空气导入量、可燃成分含量和预存室压力。再利用正交实验的方法，优化出最佳的干熄焦操作条件。通过优化过程控制参数，将焦炭处理量190t/h的超大型干熄炉内可燃成分含量控制在6%，实现了干熄炉烧损率由1.3%降低至1.1%以下，相比同类型干熄焦操作指标达到最优。

4.2.3.2 高压高温干熄焦的能效大幅提高技术

普通干熄焦的锅炉产生的蒸汽为中温中压蒸汽，其压力为4.9MPa，温度为480℃，高压高温干熄焦采用的锅炉的设计出口蒸汽为过热蒸汽，其压力为9.8MPa，温度为540℃。干熄炉如图4-9所示。

高压高温干熄焦技术采用了混合传热模式，包括对流传热、辐射传热，且换热介质成分复杂。根据多孔固体介质传热理论，高压高温干熄焦采用非局域热平衡法，干熄焦炉循环气体和炙热焦炭之间的流动与传热过程进行了详细分析，建立一维数学模型，即只研究干熄炉内沿炉体高度方向的流动与传热规律，如图4-10所示。

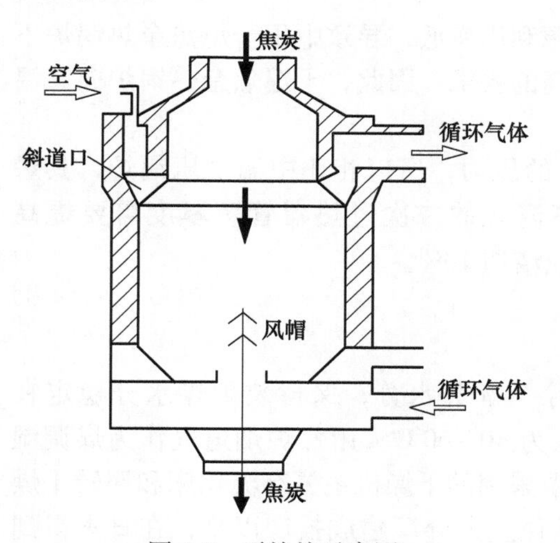

图4-9 干熄炉示意图

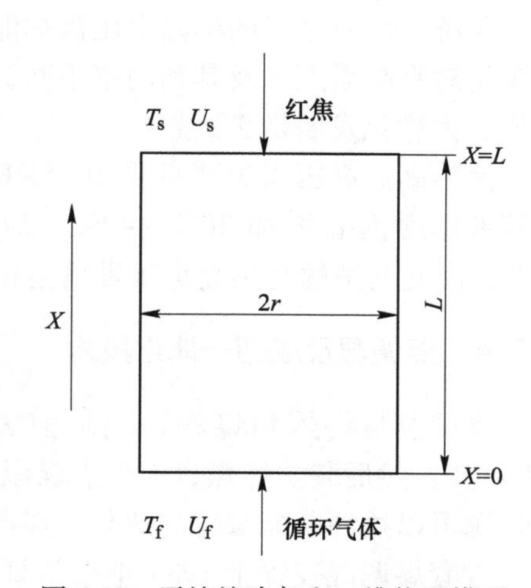

图4-10 干熄炉冷却室一维物理模型

对循环气体得到式（4-1）：

$$\frac{\partial(\rho_f u_f c_f T_f)}{\partial X} = \frac{\partial\left[\varepsilon\lambda_f \frac{\partial T_f}{\partial X}\right]}{\partial X} + a_v(T_s - T_f) \tag{4-1}$$

对焦炭得到式（4-2）：

$$\frac{\partial(\rho_s u_s c_s T_s)}{\partial X} = \frac{\partial\left[(1-\varepsilon)\lambda_s \frac{\partial T_s}{\partial X}\right]}{\partial X} + a_v(T_f - T_s) \tag{4-2}$$

式中 T_f，T_s——分别为循环气体和炽热焦炭的入口温度，K；

u_f，u_s——分别为循环气体和炽热焦炭的风量和料流量，kg/s；

ρ_f，ρ_s——分别为循环气体和炽热焦炭的密度，kg/m^3；

c_f，c_s——分别为循环气体和炽热焦炭的定压比热，J/(kg·℃)；

λ_f，λ_s——分别为循环气体和炽热焦炭的导热系数，W/(m·℃)；

a_v——循环气体和炽热焦炭之间的容积对流换热系数，$W/(m^2 \cdot ℃)$。

由式（4-1）和式（4-2）可以得到，干法熄焦过程中的传热效率主要受到生产过程中的循环气体温度 T_f、焦炭温度 T_s、循环气体流速 u_f 和焦炭下落速度 u_s 等因素的影响。

高压高温干熄焦技术是通过优化预存室及冷却室的高径比，建立适宜高径比为1.95的干熄炉。特别是通过改变循环气体和焦炭在干熄炉内的流动速度，有效降低焦炭床层阻力及焦炭在炉内活跃区域停留时间，以及减少焦炭烧损和风机运行压头，从而大幅提高干熄焦过程中的能源利用效率。

4.2.3.3 高压高温干熄焦的优势

传统干熄焦采用的中温中压锅炉能源利用率低，导致中压干熄焦余热锅炉不能满足对高品质蒸气及其利用率不断提高的要求。因此，干熄焦余热锅炉向高温高压、大型化发展是必然趋势。

因为高温高压锅炉要承受10.5MPa的压力，所以相比中温中压锅炉，其炉管管壁厚度需要增加30%~40%，最高温区的二次过热器管壁厚度需要提高50%，由此锅炉的受热面炉管重量会相应增加10%。

4.2.4 煤调湿及成型一体化技术

煤调湿是将炼焦煤料在装炉前去除一部分水分，保持装炉煤水分稳定在6%~8%，然后装炉炼焦，入炉焦煤温度为40~60℃。用焦炉烟道气作为煤调湿的热源可以达到节能减排的效果。煤调湿采用的干燥机主要有流化床和回转干燥机。首套煤调湿装置于1983年在新日铁住金大分厂建成投产以来，在日本得到了广泛应用。影响煤调湿推广的主要问题是焦煤装炉时的粉尘问题。由于焦煤入炉水分降低，焦煤中细粉在装炉过程中析出，导致炉墙结石墨加快；煤粉随荒煤气进入煤气净化系统，引起一系列运行问题。

4.2.4.1 气流床煤调湿技术

2009年某企业投产一套气流床煤调湿装置，利用两座4.3m年产焦炭60万吨的顶装焦炉产生的2×(47000~50000)m^3/h焦炉烟道废气为热源。最大处理能力180t/h（湿煤），调湿后配煤水分降低2.2%；全年减少回炉煤气用量1474万立方米；CO_2 减排8750t，减少焦化废水处理量2万吨，焦炉生产能力提高5%[1]。

4.2.4.2 流化床干燥机的煤调湿技术

2011年，国内某企业2×6m焦炉（年产焦炭100万吨）配套建设以焦炉烟道废气为热源、采用流化床干燥器的煤调湿装置，处理能力167t/h干煤或180t/h湿煤，总投资1.4亿元人民币。

4.2.4.3 炼焦配合煤梯级筛分煤调湿技术

将200~250℃焦炉烟道废气抽出，在废热锅炉内与低温水进行间接热交换，得到约150℃高温热水送至带有内置加热模块的流化床调湿装置，作为煤料调湿的热源。采用常温空气作为流化介质的低速流化床技术对炼焦配合煤进行分级。不大于4mm粒级煤料送至流化床调湿装置进行调湿处理，流化床内设置焦炉烟道气废热回收装置产生的高温热水作为加热热源与不大于4mm粒级煤料进行间接热交换，煤料经适度干燥去除4%~6%的水分后排出设备；采用流化介质为常温空气的流化床对大于4mm粒级经粉碎处理后的煤料进行选粉，将200μm以下的煤料选出送至粉煤成型装置，其他的煤料与流化床调湿装置调湿处理后的煤料经混合后送煤塔供焦炉炼焦生产。煤粉与选出的不大于200μm的煤料一起，采用无黏结剂或有黏结剂成型技术进行压块，确保细粉煤在装炉过程中不外溢；有效防止在炭化室顶部、上升管等快速炭化结石墨。

4.2.4.4 滚筒型煤调湿技术

以焦炉烟道废气作为主要热源，雨季通过预热式旋风燃气炉燃烧焦炉煤气补充供热，确保装炉煤水分保持10%±1%并基本恒定。

4.2.4.5 旋流流化床煤调湿技术

改变传统流化床的结构，充分利用焦炉烟道气热量，煤料在设备内处于流化状态并呈螺旋线前进，延长煤料在设备内与热风接触的时间，保调湿煤水分基本恒定从而完成调湿的工艺过程。调湿机设有多个独立风室，分别与进气管道连通，并设有独立调节装置。干燥机排出的气体经由保温管道送入除尘地面站进行粉尘捕集处理，净化后的气体经烟囱外排。

4.2.4.6 振动流化床煤炭风力分离及调湿技术

煤炭通过布料装置被连续抛洒到振动流化床风力分离调湿机的床面上，不同粒径的煤料在调湿机中处于不同的调湿状态，热烟道气分两次进入调湿机：一次风用于流化原料煤，对粗颗粒煤料进行调湿；二次风用于细颗粒煤料的调湿。调湿煤则从不同渠道分离并流出：未被流化的粗颗粒煤料在振动力的作用下，从调湿机出口流出；中、细颗粒煤料则随气流流出，进入细粒分离器后，中颗粒煤料被分离收集，细颗粒煤料则被细粒回收装置收集。

煤调湿技术是焦化厂发展循环经济的有效措施，各种煤调湿技术必须围绕两个关键：一是如何节能；二是如何清洁生产[2]。如果实施方案设计合理，有很好的推广价值，但设计方案中如果没有解决以上问题，实施过程中就达不到理想效果，而且运行过程中可能出现新的环保问题。

煤调湿及成型一体化技术是利用煤调湿技术和粉煤成型相结合的综合技术，能有效解决煤干燥后转运、装煤和化产回收过程中粉尘问题，是适合中国焦化现状的改良版煤调湿技术，粉尘挤压成型如图4-11所示。

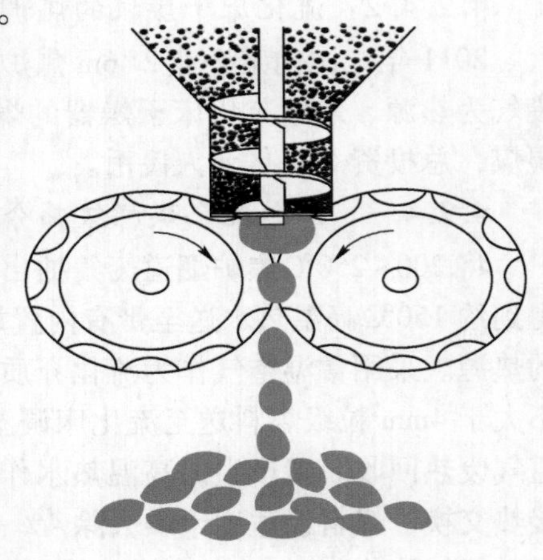

图4-11　干粉压球装置的示意图

4.2.5　焦炉上升管余热回收技术

焦炉荒煤气温度为650～750℃，属于中温余热，约占焦炉支出热量的36%，炼焦荒煤气余热回收利用的经济效益显著。理论及中试数据表明，炭化室高4.3m的焦炉每生产1t红焦的高温荒煤气余热回收后至少能产生0.6MPa、150℃饱和蒸汽90～100kg。另外，根据企业实际情况，还可将上述饱和蒸汽过热到（350±30）℃以上生产过热蒸汽或提压到1.3～2.5MPa生产中压蒸汽。

2018年，我国焦炭累计产量39843万吨，如其荒煤气余热全部得到回收利用，则至少可回收3943.7～43820万吨0.6MPa、150℃饱和蒸汽，折合标煤约424～471万吨，年可减排CO_2 1109～1232万吨，节能潜力巨大[3]。

20世纪70年代，首钢、太钢采用夹套上升管内冷却水吸收荒煤气所携带的热量而汽化，产生蒸汽，实现热能的回收利用，曾一度被多家焦化企业采用。但存在上升管焊缝拉裂、漏水、漏气等问题，因系统安全稳定性等原因纷纷停用。济钢把冷却水换成导热油，但导热油在700℃高温下容易变质，且上升管导热油夹套制造和在余热回收装置内存在积碳、积焦油的技术难题。有企业陆续做过热管回收荒煤气、锅炉回收荒煤气、半导体温差发电技术回收上升管余热的试验。

目前工业化成熟应用实例有福建三明焦化厂，采用江苏龙冶公司的技术，在两座65孔4.3m焦炉上应用上升管荒煤气换热器，设计平均吨焦回收100kg蒸汽，工序能耗降低10.16kg，投资3000万元，预计两年可收回投资，实际吨焦蒸汽回收量65kg。邯钢焦化厂采用常州江南冶金科技有限公司开发的焦炉荒煤气上升管余热回收技术，吨焦回收饱和蒸汽100kg，对于100万吨焦炭产能的焦化厂来说，荒煤气温度由750℃冷却至450～500℃，每小时可回收0.6～0.8MPa、175℃的饱和蒸汽约10t，年可回收压力0.8MPa的饱和蒸汽8.76万吨，折合节约标煤0.829万吨，每年可以实现减排CO_2 2.17万吨，SO_2 70.5t，环境效益和社会效益好。

某厂 6m 焦炉在使用新型高效上升管余热回收装置的现场效果如图 4-12 所示。该余热回收换热系统采用的结构形式不同于以往的任何换热装置，不但克服了以往换热装置的种种弊病，而且有效消除了周期性热应力的破坏问题。与传统换热器相比，该系统具有耐高温、耐磨、耐腐蚀、使用寿命长、换热效率高等优点，且能够满足余热资源节能回收利用周期短、效果好的要求。

图 4-12 余热回收换热器现场效果图

使用上升管余热回收装置前、后的上升管内筒壁温度变化如图 4-13 所示。由图可见，使用新型上升管余热回收装置后，上升管出口的荒煤气温度大幅度下降，由使用前的平均 804℃降至使用后的平均 552℃，降低了 252℃。

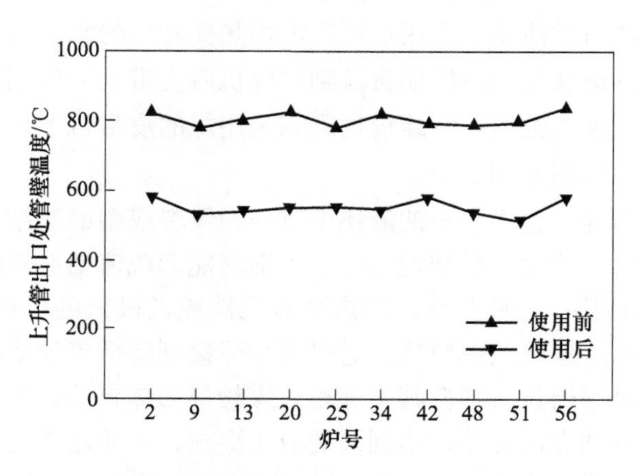

图 4-13 某厂 6m 焦炉使用新型高效上升管余热回收装置前后的对比情况

有研究者提出研发用特殊水套管（不同于过去汽化冷却式水套管）回收荒煤气上升管余热，同时集成以循环氨水为热源的制冷技术。根据企业实际情况，综合考虑余热利用方向，是当前炼焦行业的重点研究课题。

4.2.6 焦油渣资源化利用技术

从焦炉逸出的荒煤气在集气管和初冷器冷却的条件下，高沸点的有机化合物被冷凝形成煤焦油，与此同时煤气中夹带的煤粉、半焦、石墨和灰分等也混杂在煤焦油中，形成大小不等的团块，这些团块称为焦油渣。焦油渣与焦油依靠重力的不同进行分离，在机械化澄清槽沉淀下来，机械化澄清槽内的刮板机，连续地排出焦油渣。因焦油渣与焦油的密度差小，粒度小，易与焦油黏附在一起，所以难以完全分离，从机械化澄清槽排出的焦油尚含2%~8%的焦油渣，焦油再用离心分离法处理，可使焦油除渣率达90%左右。焦油渣的数量与煤料的水分、粉碎程度、无烟装煤的方法和装煤时间有关。一般焦油渣占炼焦干煤的0.05%~0.07%，采用蒸汽喷射无烟装煤时，可达0.19%~0.21%。采用预热煤炼焦时，焦油渣的数量更大，约为无烟装煤时的2~5倍，所以应采用强化清除焦油渣的设备。焦油渣内的固定碳含量约为60%，挥发分含量约为33%，灰分约为4%，气孔率63%，真密度为1.27~1.3kg/L。

焦油渣资源化利用包括以下几个方面：

（1）回配到煤料中炼焦。焦油渣主要是由密度大的烃类组成，是一种很好的炼焦添加剂，可提高各单种煤胶质层指数，即可增大焦炭块度，增加装炉煤的黏结性，提高焦炭抗碎强度和耐磨强度。马鞍山钢铁公司焦化公司，在煤粉碎机后，送煤系统皮带通廊顶部开一个0.5m×0.5m的洞口，作为配焦油渣的输入口。利用焦油渣在70℃时流动性较好的原理，用12只（1700mm×1500mm×900mm）带夹套一侧有排渣口的渣箱，采用低压蒸汽加热夹套中的水，间接地将渣箱内焦油渣加热，使焦油渣在初始阶段能自流到粉碎机后皮带上。后期采用台车式螺旋卸料机辅助卸料，使焦油渣均匀地输送到炼焦用煤的皮带机上，通过皮带送到煤塔回到焦炉炼焦，如图4-14所示。

此外，在配型煤工艺中，焦油渣还可以作为煤料成型的黏结剂。焦油渣灰分和硫分含量低，冷态成型时黏结能力强，干馏时能形成流动性好的胶质体。

（2）作燃料使用。一些焦化厂的焦油渣无偿或以极低的价格运往郊区农村，作为土窑燃料使用，但热效率较低。通过添加降黏剂降低焦油渣黏度并溶解其中的沥青质，若采用研磨设备降低其中焦粉、煤粉等固体物的粒度，添加稳定分散剂避免油水分离及油泥沉淀等，达到泵送应用要求，可使之成为具有良好的燃烧性能的工业燃料油[4]。

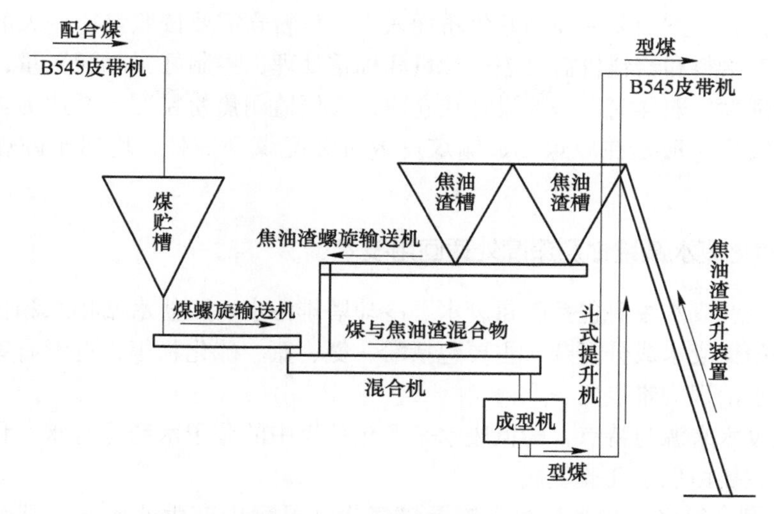

图 4-14 添加焦油渣配煤炼焦的工艺流程图

4.2.7 焦粉资源化利用技术

焦化厂炼焦过程中对煤炭进行高温焦化处理，产生大量的焦粉，部分品质较高的焦粉可做通用，如运送到烧结厂作粗焦用，而其他细焦粉直接废弃。这种行为不仅不利于环境保护，还造成资源的浪费，不符合科学可持续发展的理念。焦粉回配技术作为一种能源再利用技术在焦化厂应用效果显著，可做节能新技术研究推广用。焦粉是在煤炭产品焦化处理过程中产生的，焦粉产出率约占煤炭产品产出总量的3%~4%。焦粉直接废弃将造成能源资源的浪费，而采用焦粉回配技术是将已产出的焦粉回配加入煤炭中再次炼焦，循环使用中，每回收1t焦粉能节约煤炭1.25~1.3t。

焦粉在配煤中主要起瘦化及骨架作用，在结焦过程中本身并不熔融，无黏结性，在其颗粒表面吸附相当一部分配合煤热裂解生成的液相产物，使塑性体内液相量减少。因此，在配合煤中添加适量焦粉，一方面可以降低装炉煤的半焦收缩系数，使焦炭内部裂纹减少，从而提高了焦炭块度；另一方面焦粉本身是一种无黏结能力的惰性组分，随着其配入量的增加，降低了配合煤的 G 值（黏结指数），从而降低了配合煤胶质体的数量及黏结能力，必然会降低反应后强度[5]。

焦粉回配使用中，需要做好焦粉水分、粉磨处理。粉磨焦粉过程中容易受焦粉含水量的影响，一般需要通过烘干处理，减低焦粉水分，提高工业生产的总体效率。焦粉粉磨时，可以选用多种配置方案，根据物料特性选择不同功能和效用的粉磨机设备，同时制定好备用方案，防止设备轮换、检修或频率调整影响正常的作业。工业生产系统中对于焦化厂焦粉回配技术的使用，一方面需要确定焦粉回配位置，另一方面需要控制好焦粉配入量。焦粉仓需要按照焦粉一天的配入量来设计，对给料和给料机需要进行计量和称重处理，控制好实际配入量，保证精确性与合理性。取样窗口一般设计在仓前，方便监测焦粉粒度是否达标。焦粉回配位置的安排一般是在原煤场、输煤皮带机和配煤仓等处，均属于碎煤机前后位置。

4.2.8 焦化废水减量化及深度处理回用技术

焦化企业废水主要包括酚氰废水、冷却塔排污水、脱盐水站排水和生活污水等。其中酚氰废水成分复杂，主要包括酚、氨、氰、硫化物等，有毒有害且难降解，是废水治理的难点之一[6]。

焦化废水来源与特点，酚氰废水来源包括煤中的分子水和化合水、化产回收废水等，主要由以下几类组成：

（1）剩余氨水。氨水是煤干馏及煤气冷却过程中产生的废水，其数量占全部废水量 1/2 以上。为进一步将剩余氨水中的氨提取利用，一般会将剩余氨水送到蒸氨塔中精馏，在塔顶得到浓氨气，用于生产硫铵或作为氨法脱硫的碱源，在塔底得到含氨较少的氨水即为蒸氨废水；含有较高浓度的氨、酚、氰、硫化物及石油类污染物。

（2）煤气净化过程产生的废水。如煤气终冷水和粗苯分离水等；含有一定浓度的酚、氰和硫化物，水量不大，但成分复杂。

（3）其他废水。焦油、粗苯等化工产品精制及其他场合（如煤气水封、冲洗地面、油品槽等）产生的废水；大多为间断性排水，含有酚、氰等污染物。

（4）初期雨水。装置区降雨初期时的雨水，这部分雨水因污染物浓度较高需单独收集处理，一般排入厂区酚氰废水处理站处理。

从工艺、废水组成可知，焦化废水来源（见图 4-15）的主要途径有：

1）原料煤；

2）蒸汽是化产生产过程的主要能源介质，其使用后变成冷凝水造成生产污水增加；

3）传统熄焦采用湿法熄焦，水量消耗较多，会产生大量的熄焦水。

4.2.8.1 焦化废水减量化技术

根据焦化废水来源分析，按照清洁生产理念，从原料、工艺、污染治理等方面分析废水减排措施，可从以下几个方面着手：

（1）原料煤调湿技术。焦化废水中污染物的最终来源是来自于炼焦所使用的煤，而一旦煤的种类确定了，那么其含有的成分也相对固定了。因此，焦化废水的源头控制只能从控制焦化废水排放量入手，减少由煤自身的水分形成的焦化废水，即煤调湿技术。

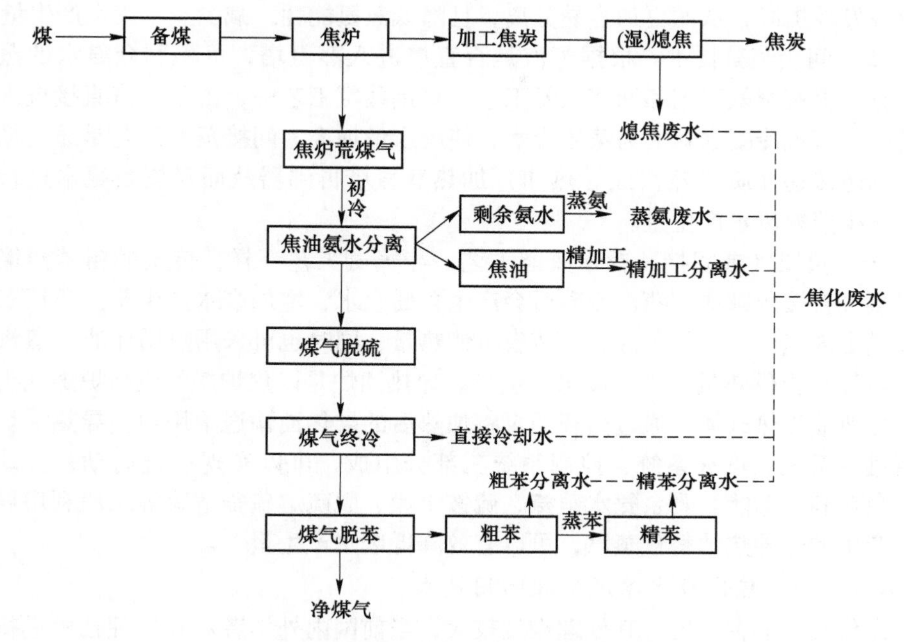

图 4-15 焦化废水产生来源示意图

煤调湿（CMC）是利用外加热能将炼焦原料煤在炉外进行干燥、脱水的预处理工艺，进而调节入炉煤水分，控制炼焦能耗，提高焦炭质量。“装炉煤水分控制工艺”，是将炼焦煤料在装炉前去除一部分水分，保持装炉煤水分稳定在一个湿度水平，然后装炉炼焦。一般煤的自由水分为 8%～12%，化合水分为 2%，自由水分在炼焦过程中挥发逸出，化合水经煤料受热裂解析，两者经初冷凝器冷却形成冷凝水。同时高温粗煤气在大量氨水的喷淋下降温，喷淋氨水与煤焦油分离后部分用于循环冷却煤气，另一部分与冷凝水一同作为剩余氨水排出。一般经过煤调湿可将燃煤含水量降低到 6%，通常可减少约 30% 的剩余氨水量，这不仅减少了焦化废水产量，同时也降低了蒸氨能耗。另外采用 CMC 技术后，煤料含水量每降低 1%，炼焦耗热量就降低 62.0MJ/t（干煤），也有利于降低焦化能耗。

（2）低水分熄焦技术。在低水分熄焦系统中，熄焦水在一定压力下以柱状水流喷射到焦炭层内部，使顶层焦炭只吸收了少量的水，大量的水迅速流过各层焦炭至熄焦车倾斜底板。当熄焦水接触到红焦时，就转变为蒸汽，水变为蒸汽时的快速膨胀力使蒸汽向上流动通过焦炭层，由下至上地对车内焦炭进行熄焦。该技术可缩短熄焦时间和节约熄焦用水。

（3）干熄焦技术。利用惰性气体作为循环气体与炽热红焦炭换热从而熄灭红焦，同时回收显热生产蒸汽；比湿熄焦节约用水，同时减少焦化废水产生量。

（4）负压蒸氨技术。依靠减压操作条件降低剩余氨水的沸点温度，使氨的相对挥发性提高，从而更加容易分离，且降低蒸氨能耗，减少蒸氨废水产生量。

(5) 间接蒸氨技术。根据蒸汽是否直接进入蒸氨塔，可将剩余氨水的蒸馏工艺分为直接蒸氨工艺和间接蒸氨工艺。直接蒸氨工艺中，由于蒸汽直接进入蒸氨塔底，蒸汽冷凝水就变为蒸氨废水，使废水量加大。间接蒸氨工艺是通过循环使用的热传递介质（蒸汽或导热油）加热蒸氨塔再沸器从而对剩余氨水进行蒸馏，减少蒸氨废水产生量。

(6) 负压（或间接）粗苯蒸馏工艺。与蒸氨工艺一样，传统的粗苯蒸馏工艺是蒸气直接蒸馏法，蒸汽冷凝后会产生含酚废水，增加废水产生量。负压蒸馏可降低塔内气压，降低苯沸点，节省蒸馏热量；同时也可采用热循环油（蒸汽间接加热等）提供热量，减少废水产生量。导热油炉是以焦炉煤气或高炉煤气为燃料，导热油为热载体，通过循环油泵将加热后的导热油输送给用户。导热油炉通常由供热系统、点火系统、控制系统三部分组成，可以实现一键启动、自动点火、余热利用功能。剩余氨水蒸氨、硫铵干燥、脱硫熔硫釜熔硫等工段利用导热油炉产生的热导热油替代蒸汽，可以有效降低废水产生量[6]。

4.2.8.2 焦化废水深度处理回用技术

焦化废水危害突出，其处理难度较大，当前国内外学者对其处理技术进行大量研究，针对不同种类、不同特性的焦化废水，提出了有效的处理工艺。当前，焦化废水处理工艺大致分为生物处理法、物理法、化学法和物理化学处理法四大类[7]。

A 生物处理法

生物处理法主要利用微生物的氧化分解能力来分解焦化废水中的有机物，经常用于焦化废水处理系统的生物处理法是活性污泥法，它是当前广泛应用的一种焦化废水好氧生物处理技术。利用这种处理技术使生物絮凝体、活性污泥以及废水中的有机物之间相互充分接触，这样会使焦化废水中溶解的有机物被生物细胞所吸收或吸附，并经过氧化作用成为以 CO_2 为主的最终产物。而对于焦化废水中非溶解性的有机物，首先经历一定的过程，先转化为溶解性的有机物，然后进一步被微生物代谢和利用。但是，活性污泥处理法存在弊端，处理后的焦化废水出水中的 COD_{Cr}、NH_3-N、BOD_5 等污染物指标并没有达到规范要求，尤其是对于 NH_3-N，整个过程对其几乎没有降解效果。

目前在焦化废水处理中常采用活性污泥法，低氧、好氧曝气、接触氧化法和生物脱氮法等。

a 活性污泥法

活性污泥法是利用活性污泥中的好氧菌及其他原生动物对污水中的酚、氰等有机质进行吸附和分解以满足其生存的特点，把有机物最终变成 CO_2 和 H_2O。目前，国内多数焦化厂采用这种方法净化废水。

流程中的主体构筑物是曝气池，废水经过适当预处理后，进入曝气池与池内活性污泥混合成混合液，并在池内充分曝气，一方面使活性污泥处于悬浮状态，废水与活性污泥充分接触；另一方面，通过曝气，向活性污泥供氧，保持好氧条件，保证微生物的正常生长与繁殖。废水中有机物在曝气池内被活性污泥吸附、吸收和氧化分解后，混合液进入二次沉淀池，进行固液分离，净化的废水排出。大部分二沉池的沉淀污泥回流入曝气池保持足够数量的活性污泥。通常，参与分解废水中有机物的微生物的增殖速度，都慢于微生物在曝气池内的平均停留时间。因此，如果不将浓缩的活性污泥回流到曝气池，则具有净化功能的微生物将会逐渐减少。污泥回流后，净增殖的细胞物质将作为剩余污泥排入污泥处理系统。

另外，为提高 COD 及 NH_3-N 去除率，人们在此基础上研发了生物铁法、粉末活性炭活性污泥法、生长剂活性污泥法、二段曝气法等强化活性污泥法。

b 低氧、好氧曝气、接触氧化法

低氧、好氧曝气、接触氧化法是经过充氧的废水以一定的流速流经装有填料的曝气池，使污水与填料上的生物接触而得到净化。经预处理后的废水，首先进入低氧曝气池，在低氧浓度下，利用兼性菌特性改变部分难降解有机物的性质，使一些环链状高分子变成短链低分子物质，这样在低氧状态下能降解一部分有机物，同时使其在好氧状态下也易于被降解，从而提高对有机物的降解能力。进入好氧曝气池后，在好氧段去除大部分易降解的有机物，这样进入接触氧化池的废水有机物浓度低，且留下的大部分是难降解有机物。在接触氧化池中，经过充氧的废水以一定流速流经装有填料的滤池，使废水与填料上的生物膜接触而得到净化。

c 生物脱氮工艺

根据生物脱氮工艺中好氧、厌氧、缺氧等反应装置的不同配置，焦化污水的生物脱氮工艺可分为 A/O、A^2/O、A/O^2 及 SBR-A/O^2 等方法，这些方法对去除焦化废水中的 COD 及 NH_3-N 具有较好的效果。

(1) 缺氧好氧生物脱氮工艺（A/O 工艺）。该工艺由两个串联反应器组成：第一个是缺氧条件下微生物死亡所释放的能量作为脱氮能源进行的反硝化反应；第二个是好氧生物氧化的硝化作用。这是将好氧硝化反应器中的硝化液，以一定比例回流到反硝化反应器，这样反硝化所需碳源可直接从入流污水获得，同时减轻硝化段有机负荷，减少了停留时间，节省了曝气量和碱投加量。目前 A/O 工艺已成功地应用于国内几家焦化厂，其出水水质基本达到地方或国家的污水排放标准，基建投资较普通生化处理装置约增加 30%左右，操作费用较普通生化处理的增幅较大。该工艺具有如下特点：利用污水中的碳作为反硝化时的电子供体，无须外加碳源；该工艺属于硝酸型反硝化脱氮，即污水中的氨氮在 O 段被直接氧化为硝酸盐氮后，回流到A段进行反硝化，故工艺流程短；运行稳定，管理方便。

(2) 厌氧缺氧好氧工艺（A^2/O工艺）。A^2/O工艺比A/O工艺在缺氧段前增加一个厌氧反应器，主要利用厌氧作用首先降解污水中的难生物降解有机物，提高其可生物降解性，不仅可改善系统COD去除效果，还利于后续A/O系统的脱氮效果，是目前较为理想的处理工艺。

(3) 短程硝化反硝化工艺（A/O^2工艺）。由于A/O工艺存在处理构筑物较大、投资高、操作费用高等问题。因此，在此基础上开发了A/O^2工艺，即短程硝化反硝化工艺或亚硝酸型反硝化生物脱氮工艺，也称节能型生物脱氮工艺。该工艺还具有如下特点：将亚硝化过程与硝化过程分开进行，并用经亚硝化后的硝化液进行反硝化脱氮；反硝化仍利用原污水中的碳，但和A/O工艺相比，反硝化时可节碳40%，在C/N比一定的情况下可提高总氮的去除率；需氧量可减少25%左右，动力消耗低；碱耗可降低2%左右，降低了处理成本；可缩短水力停留时间，反应器容积也可相应减少；污泥量可减少50%左右。

以上介绍的是废水处理的基本方法，在实际应用时，各方法往往不独立使用，否则难以达到排放标准。针对某种废水，往往需要通过几种方法组合成一定的二级或三级处理系统，才能达到排放标准。

B　物理法

物理法主要是去除焦化废水中的焦油、胶状物及悬浮物等，以降低生化处理的负荷。废水中含油浓度通常不能大于30~50mg/L，否则将直接影响生化处理。

物理法处理废水是利用废水中污染物的物理特性（如密度、质量、尺寸、表面张力等），将废水中呈悬浮状态的物质分离出来，在处理过程中不改变其化学性质。物理法处理废水可分为重力分离法、离心分离法和过滤法。

(1) 重力分离法是利用废水中的悬浮物和水的密度不同，借重力沉降或上浮作用，使密度大于水的悬浮物沉降，密度小于水的悬浮物上浮，然后分离除去。重力法分离废水的装置分为平流式沉淀池、竖流式沉淀池、辐射式沉淀池和斜管式或斜板式沉淀池。

(2) 离心分离法是利用悬浮物与水的质量不同，借助离心设备的旋转，因离心力的不同，使悬浮物与水分离。

(3) 过滤法是利用过滤介质截留废水中残留的悬浮物质（如胶体、絮凝物、藻类等），使水澄清。

目前，国内外焦化废水的物理处理多采用均和调节池调节水量和水质，采用沉淀与上浮法除油和悬浮物。

C　化学法

焦化废水的化学处理方法主要包括化学氧化法、化学混凝和絮凝法、焚烧法和电化学氧化技术。例如，利用化学氧化法可以将焦化废水中溶解的化学物质转化为无毒的化学物质或微毒的化学物质。在化学氧化法中，常用的化学氧化剂有 O_3、NaClO、ClO_2、H_2O_2 以及 $KMnO_4$ 等。近几年来普遍作为焦化废水化学氧化处理的氧化剂为 Fenton 试剂。运用化学混凝和絮凝法时，人们需要在焦化废水中加入混凝剂，这样可以将焦化废水中微小悬浮物沉淀去除。采用化学处理方法进行焦化废水处理，虽然使用方便，但是其处理成本较高，其应用范围并不广。

混凝法常用于焦化废水预处理阶段，向废水中投放电解质混凝剂，在废水中形成胶团，与废水中的胶体物质发生电中和，形成沉降。这一过程包括混合、反应、絮凝、凝聚等几种综合作用，总称为混凝。

常用的混凝剂有聚丙烯酰胺、硫酸铝（$Al_2(SO_4)_3 \cdot 18H_2O$）、硫酸亚铁（$FeSO_4 \cdot 7H_2O$）、聚合氯化铝（PAC，即碱式氯化铝）等，目前国内焦化厂家一般采用聚合硫酸铁。在废水混凝处理中，有时需要投加辅助药剂以提高混凝效果，这种辅助药剂称为助凝剂。

氧化法是通过氧化反应将水中溶解的一些无机物和有机物转化为无害化物质的一种污水处理方法。常用的氧化法包括空气氧化、氯氧化、臭氧氧化、湿式氧化等。其中臭氧法在国外被普遍应用，其反应迅速，氧化性强处理效率高，能除去各种有害物质，一般氰的去除率可达95%以上。但臭氧不能储存，当废水量和水质发生变化时，调节臭氧投放量比较困难，臭氧在水中不稳定，容易消失，基础建设投资大，耗电量大，处理成本高，因而在我国未得到推广。

催化湿式氧化法是污水在高温、高压的液相状态和催化剂的作用下，通入空气将污染物进行较彻底的氧化分解，使之转化为无害物质，使污水得到深度净化。同时，又可使污水达到脱色、除臭、杀菌的目的。实验表明，剩余氨水经一次催化湿式氧化后，出水各项指标均可达到排放标准，并符合回用水要求。

D 物理化学处理法

物理化学处理法主要包括蒸氨塔、除油、气浮、溶剂萃取脱酚等工艺，这些工艺一般用于焦化废水的预处理工序，以去除焦油等污染物，避免对生化系统中微生物的抑制和毒害作用。除此之外，还有一些破解高分子污染物，提高焦化废水可生化性的预处理技术，比如微电解、Fenton 氧化、臭氧氧化技术等，一般这些工艺也可用于焦化废水生物处理后的深度处理。现就几个较热门的技术进行介绍。

a 芬顿氧化技术

芬顿（Fenton）氧化技术在处理难降解有机污染物时具有独特的优势，是一种很有应用前景的废水处理技术，其原理是 H_2O_2 在 Fe^{2+} 的催化作用下生成具有高反应活性的羟基自由基（·OH），·OH 具有非常强的氧化能力，可与大多数有机物作用使其降解。从广义上来讲，Fenton 法是利用催化剂如 Fe^{2+}、光辐射、电化学、微波等作用，催化 H_2O_2 产生羟基自由基（·OH）处理有机物的技术，因此根据催化剂的不同又有电芬顿、光芬顿等不同的芬顿技术。

芬顿法通常和其他物理化学方法联合应用，以达到更好的效果，如芬顿-活性炭吸附、芬顿-混凝沉淀等。

b　微电解（内电解）技术

Fe-C 微电解法是目前在焦化废水领域研究较多的化学催化氧化法，其原理与金属腐蚀原理相似，利用 Fe-C 之间的电位差，以铁为阳极，含碳物质为阴极，以废水中的离子为电解质，这样就在废水中产生无数的微电解反应，从而引起对一些难降解物质的氧化还原，达到污染物去除的目的。微电解法应用于焦化废水的预处理能氧化大分子有机物，提高焦化废水的可生化性。田京雷[8]等人通过研究使用微电解工艺对焦化废水进行预处理，结果表明，使用微电解可将焦化废水的 COD、氨氮、挥发酚类物质去除 30%、20%、50%以上，并将废水 BOD_5/COD 值由 0.26 提高至 0.45 以上，大幅度提高了废水可生化性，同时有效去除有毒有机物，减少其对生化系统的毒害作用。由于微电解对难降解污染物有很好的降解作用，也可置于生物处理单元后，用于焦化废水的深度处理，对生物无法降解的有机污染物进行降解，达到污水的深度净化。

Fe-C 微电解在降解污染物的反应中生成了 Fe^{2+}，通常可以联合 Fenton 技术，经过微电解处理后的污水，加入 H_2O_2 即可发生 Fenton 反应，强化污染物降解效果。

c　烟道气处理焦化废水

利用烟道气处理焦化剩余氨水或全部焦化废水的方法，是将废水在喷雾干燥塔中用雾化器使其雾化，雾状废水与烟道气在塔内同流接触反应，烟气将雾状废水几乎全部汽化后随烟气排出，废水中的有机物和生成的硫酸盐浓缩于少量废水中，再焚烧分解。目前，此工艺在江苏淮钢集团焦化剩余氨水处理工程中获得了应用。

d　稀释和气提

对于焦化废水中的高浓度氨氮和微量高毒性的 CN^-，采用稀释和气提的方法，可减少其对微生物的抑制作用。但是通常情况下，该方法只做预处理辅助手段，并不能使氨氮达标排放，仍需进一步研究。

e　臭氧氧化技术

臭氧是一种强氧化剂，能与废水中的绝大多数有机物、微生物迅速反应，可去除废水中的酚、氰等高分子污染物，降低废水的 COD、BOD_5 值，同时起到脱色、除臭、杀菌的作用。臭氧的强氧化性可将废水污染物快速去除，自身分解为氧，不会造成二次污染，但是，臭氧的投资和运行成本也较高，而且臭氧容易逸散到周围大气，对环境、设备和人体造成伤害，对设备管理的要求高，主要用于焦化废水的深度处理。

f 新型的高级氧化技术

通过使用不同的氧化剂，对焦化废水进行氧化的研究也有很多，包括光催化氧化技术、超临界水氧化技术、湿式氧化技术、电化学氧化技术等，由于技术成熟程度、投资运行成本等问题，这些技术基本都处于研究开发阶段。

4.2.9 脱硫废液资源化处理技术

煤中约30%~35%的硫在炼焦过程中生成 H_2S 进入焦炉煤气，使其含有5~10g/m^{3}的 H_2S。该煤气如果直接使用，不仅会腐蚀煤气管道，用于炼钢还会影响钢坯的质量。因此，焦炉煤气在进入管网前必须进行脱硫处理。目前国内外焦炉煤气脱硫工艺分干法和湿法两类，由于干法脱硫存在局限性，脱硫效率较高的湿法脱硫已逐渐被钢铁企业广泛应用。然而湿法脱硫在生产过程中存在定期排放脱硫废液污染环境的现象，随着国家环保管控力度加强，脱硫废液无害化处理已成为困扰焦化企业的一大难题[9]。

4.2.9.1 脱硫废液来源及特点

洗苯和预冷后的焦炉煤气经脱硫塔底部进入，在塔内填料分散作用下，与塔顶喷淋下来的脱硫液实现气液两相充分接触，煤气中的 H_2S、HCN、CO_2 等酸性气体被脱硫液吸收，达到煤气净化的目的。脱硫后煤气含 H_2S 200~500mg/m^3，送入煤气管网使用。吸收了酸性气体的脱硫液从塔底流出，进入再生塔，通过负压真空解析或空气氧化解析等工艺再生，再生后的脱硫液循环使用。湿法脱硫除吸收和再生主反应外，还存在副反应发生。副反应形成的不可再生化合物在脱硫液中积累到一定程度后，引起主反应效率下降，为保证脱硫效果需定期排出部分脱硫液，并补充新的脱硫剂以保证脱硫效率。排出脱硫液就是焦炉煤气湿法脱硫工艺产生的脱硫废液。

为保证焦炉煤气湿法脱硫效果，生产中需保持脱硫液的碱性环境。同时脱硫液经循环-再生和碱液补充，脱硫液中盐分呈不断积累趋势。另外，脱硫反应属气液接触反应，焦炉煤气中的苯酚、蒽、萘等苯环类有机物和 CN^-、SCN^-等高生物毒性物质直接进入脱硫液，因此，排放的脱硫废液具有强碱性、高盐分、高有机物含量和高生物毒性的水质特点。

脱硫废液中的 CN^-对活性污泥有较高的生物毒性与抑制性。部分研究表明，当焦化废水进水中 CN^-长期大于10mg/L时，活性污泥的生物活性将受到严重影响；当浓度长期大于20mg/L时，活性污泥中微生物将受到无法恢复的生物毒害。此外，脱硫废液中 SCN^-在生物降解过程中可转化为 CN^-，也会对焦化废水的生化处理造成影响[10]。

4.2.9.2 脱硫废液处理方法

A 热分解法

热分解法就是在高温氧化或还原氛围下，脱硫废液中复杂的盐分及有机物被彻底氧化或还原的一种方法。常见的几种方式是燃烧炉燃烧、配煤燃烧、焚烧炉分解回收。康佩克斯工艺将浓缩后的脱硫废液与助燃煤气一起在燃烧炉内燃烧分解，通过控制燃烧炉的温度为1100~1200℃，在1.2~1.5的空气过剩系数下进行雾化燃烧，废液中S和固定盐类转化为SO_2、CO_2和H_2O等气体，经过装有V_2O_5作触媒的转化器用空气氧化成SO_3，然后用95%的硫酸吸收生成98%的浓硫酸，输送至硫酸铵生产工段。虽然热分解法是处理脱硫废液比较彻底的方法，然而该方法存在脱硫废液中的Na^+、K^+离子对炉体耐火材料腐蚀问题。配煤燃烧还会降低煤的发热量，部分脱硫废水会渗透造成地下水污染等。

B 结晶提盐法

结晶提盐法就是利用脱硫废液中多种共存化合物在水中溶解度的差异，将脱硫废液经脱色、氧化和蒸发浓缩等预处理后，通过精确控制溶液的结晶温度，生产出各副盐的粗晶体产品，然后采用进一步结晶提纯的方法，得到各种高纯度的副盐产品。提盐过程中产生的废水可以回用于脱硫工艺系统。结晶提盐法虽说工艺简单，但工业应用时副盐的纯度无法稳定保证，副盐也难有市场价值。另外，提盐装置的能耗较高，相应的运营成本较高。

C 膜法

膜法是利用选择透过性膜来分离两种介质，在外界浓度差、压力差、电位差等推动力作用下，原料中组分有选择地通过膜组件以达到分离的目的。由于膜的选择透过性的特点，国内部分学者开展了采用膜法处理脱硫废液的研究。虽然膜法对焦化脱硫废液的处理实现了废液中部分物质的资源化回收利用，但膜分离技术在实际操作上的精确控制使其难以工业化应用。膜法主要是利用膜对各种盐的选择性，并且通常需要在外加压力的作用下才能有效地实现对溶液中溶质的分离，不仅技术要求高，而且膜的选材也非常重要，否则会达不到分离效果。

D 萃取法

脱硫废液中的SCN^-与$S_2O_3^{2-}$形成的配位键电位不同造成两者在部分特殊溶剂中溶解度也不同，从而部分萃取剂可实现SCN^-与$S_2O_3^{2-}$有效分离。萃取法在使用过程中，存在萃取剂重复使用时，萃取效率下降较快的缺点。同时在萃取过程中，SCN^-与$S_2O_3^{2-}$等还会与萃取剂发生一些副反应，形成稳定的化合物。因此，萃取法在实验室研究较多。

E 沉淀法

沉淀法就是利用脱硫废液中具有生物毒害的SCN^-、S^{2-}等与金属离子形成稳定沉淀物或络合沉淀物，沉淀后的废水熄焦使用或进入生化进一步处理，沉淀物实现资源化。沉淀法无法对脱硫废液进行彻底处理，处理后的沉淀物及废水难以满足回用指标，该方法一般作为脱硫废液预处理的一种方法。

F 催化氧化法

催化氧化法就是在强催化剂、氧化剂的作用下，将脱硫废液中 CN^-、SCN^-、$S_2O_3^{2-}$ 等生物毒性物质氧化生成 $S+CO_2+NH_4^+$（不完全氧化）或 $SO_4^{2-}+CO_2+N_2$（完全氧化）等非毒物质的方法。该方法可以有效解决脱硫废液对焦化废水的水质冲击问题，但催化氧化法处理脱硫废液的效果不佳，有待进一步研究。

G 离子交换法

离子交换是指离子交换树脂功能基团上结合的离子被另一些与功能基团结合能力更强的离子代替的过程，其推动力靠离子间的浓度差和交换剂上的功能基对离子的亲合能力。离子交换法虽然对 SCN^- 的去除效果明显，但树脂交换容量很小，采用动态交换则需要大量树脂，处理成本较高。

4.2.9.3 脱硫废液处理工艺

A 希罗哈克斯湿式氧化法处理脱硫废液

工艺流程：由塔卡哈克斯装置来的吸收液被送入希罗哈克斯装置的废液原料槽，再往槽内加入过滤水、液氨和硝酸，经过调配使吸收液组成达到一定的要求。用原料泵将原料槽中的混合液升压到 9.0MPa，另混入 9.0MPa 的压缩空气，一起进入换热器并与来自反应塔顶的蒸汽换热，加热器采用高压蒸汽加热到 200℃以上，然后进入反应塔，如图 4-16 所示。反应塔内，温度控制在 273～275℃，压力是 7.0～7.5MPa 时，吸收液中的含硫组分按以下反应进行反应：

$$2S + 3O_2 + 2H_2O \xlongequal{} 2H_2SO_4$$

$$(NH_4)_2S_2O_3 + 2O_2 + H_2O \xlongequal{} (NH_4)_2SO_4 + H_2SO_4$$

$$NH_4CNS + 2O_2 + 2H_2O \xlongequal{} (NH_4)_2SO_4 + CO_2\uparrow$$

$$2NH_3 + H_2SO_4 \xlongequal{} (NH_4)_2SO_4$$

从反应塔顶部排出的废气，温度为 265～270℃，主要含有 N_2、O_2、NH_3、CO_2 和大量的水蒸气，利用废气作热源，给硫酸液加热，经换热器后成为气液混合物，被送入第一气液分离器。进行分离后，冷凝液经冷却器和第二气液分离器再送入塔卡哈克斯装置的脱硫塔，作补给水。废气进入洗净塔，经冷却水直接冷却洗净，除去废气中的酸雾等杂质，再送入塔卡哈克斯装置的第一、第二洗净塔，与再生塔废气混合处理。经氧化反应后的脱硫液即硫铵母液，从反应塔断塔板处抽出，氧化液经冷却器冷却后进入氧化液槽，然后再用泵送往硫铵母液循环槽。

采用湿式氧化法处理废液，主要是使废液中的硫氰化铵、硫代硫酸铵和硫黄氧化成硫铵和硫酸，无二次污染，转化分解率高达 99.5%～100%。

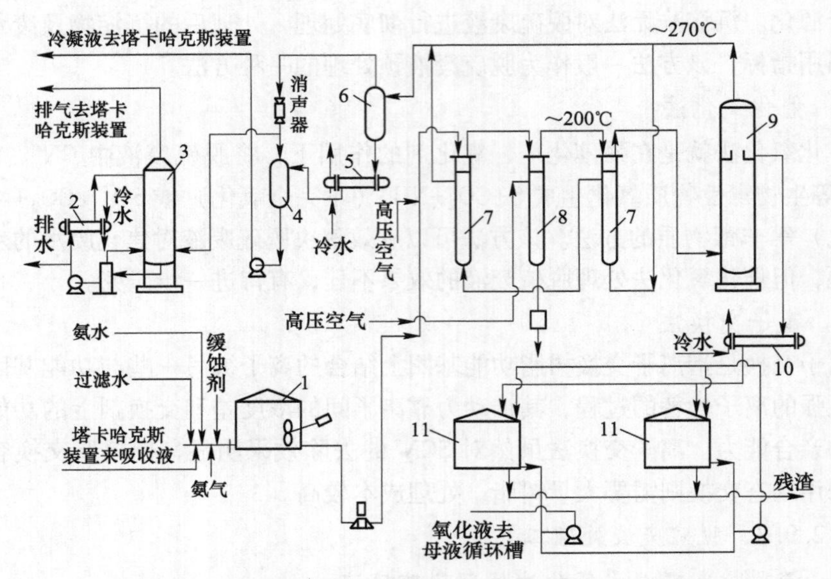

图 4-16　希罗哈克斯湿式氧化法处理脱硫废液工艺流程图

1—废液接受槽；2—洗涤液冷却器；3—洗涤器；4—第二气液分离器；5—凝缩液冷却器；
6—第一气液分离器；7—换热器；8—蒸汽加热器；9—反应塔；
10—氧化冷却器；11—氧化液槽

B　还原热解工艺

脱硫废液还原分解流程包括两个装置，即脱硫装置和还原分解装置。该法的主要设备是还原分解装置中的还原热解焚烧炉。焚烧炉按机理分为两个区段，炉上部装有燃烧器，它能在理论空气量以下实现无烟稳定燃烧，产生高温的还原气。在上部以下的区段，把废液蒸气雾化或机械雾化喷入炉膛火焰中，在还原气氛下分解惰性盐。燃烧产生的废气穿过碱液回收槽的液封回收碱，余下的不凝气体经冷却后进入废气吸收器，H_2S 被回收。

还原热解法处理废液的反应原理如下：

$$Na_2SO_4 + 2H_2 + 2CO_2 \longrightarrow Na_2CO_3 + H_2S + H_2O + CO_2$$

$$Na_2SO_4 + 4H_2O \longrightarrow Na_2S + 4H_2O$$

$$Na_2SO_4 + 3H_2 + CO_2 \longrightarrow Na_2CO_3 + H_2S + 2H_2O$$

$$Na_2S_2O_3 + H_2 + 3CO_2 \longrightarrow Na_2S + H_2S + 3CO_2$$

C　焚烧法

对于以碳酸钠为碱源、苦味酸作催化剂的脱硫脱氰方法，部分脱硫废液经浓缩后送入焚烧炉进行焚烧，使废液中的 NaCNS、$Na_2S_2O_3$ 重新生成碳酸钠，供脱硫脱氰循环使用，从而可减少新碱源的添加量。

4.3 烧结（球团）工序

烧结是铁矿粉造块的主要方法之一，是将铁矿石（精矿粉、富矿粉）通过高温焙烧成块的加工过程。亚洲大部分地区的钢铁企业，像中国、韩国、日本、印度等国家的高炉炉料结构均以高比例烧结矿为主，烧结矿比例在60%~90%。这些国家的铁矿石以进口巴西、澳大利亚及当地的粗粉为主，适于通过烧结设备焙烧成块。烧结工艺以处理粉状铁矿石原料为主，搭配处理一部分精矿粉，主要包括三部分，即原料混匀、高温烧结、筛分处理。每部分由若干工序组成，原料混匀部分包括原料的预混匀、熔剂和燃料的加工、配料、混合和制粒以及多辊布料等工序。高温烧结部分包括点火及抽风烧结等工序。烧结矿处理部分包括冷却和破碎筛分等工序，成品烧结矿输送到高炉进行冶炼，筛下粉矿返回烧结配料，中间粒度8~20mm范围烧结矿返回台车上进行铺底料。烧结工序可以高温回收处理钢铁企业内的含铁粉尘、含碳除尘灰、钢渣、污泥等废弃物，能够使用高炉煤气、转炉煤气、焦炉煤气等可燃气作为点火介质。为了稳定烧结矿质量，降低原燃料运输成本，确保各种物料的混匀效果，很多企业都配备自动化程度较高的一次料场及二次混匀料场。

4.3.1 原料场全封闭技术

原料场是一个集工艺、设备、环保等先进技术于一体的加工配送中心。承担着钢铁企业中烧结、焦化、球团、炼铁、炼钢、自备电厂等工序的原燃料储存、处理和输送的任务，是钢铁企业散装料储存处理和厂内物流集散中心，每年要承担企业产量近3倍原燃料的储存、处理和厂内物流运输作业，是钢铁企业厂内运输物流成本的重要组成部分，同时也是无组织排放粉尘治理和控制生产成本的重要环节。

钢铁企业原料场地受地理位置和设计等因素的影响，各个企业不尽相同，有的企业采用集中的综合原料场地进行装卸、堆存、加工、筛分、输送等任务。有的企业原料场分散，存在多个原料场地使用情况。

以炼铁为例，按照料场的职能一般分为一次料场和二次料场，其中一次料场负责接收和储存单品种原燃料，二次料场负责原料的混匀造堆等任务。原料场地一般有铁路直达，设置翻车间、卸料棚等，再通过地下料仓和地下皮带运输物料，这样的料场设置粉尘易集中处理。还有一些分散的露天料场采用汽车、铲车倒运等方式进行原燃料储运，造成扬尘点多，难以控制，尤其是大风天气，会产生局部扬尘现象，对周边环境影响较大，如图4-17所示。

露天料场通常设置防风抑尘网进行封挡，但每年露天料场的扬尘和雨水冲刷损失达到矿石总量的0.5%~2%。目前比较成熟的原料场绿色化技术包括全封

图 4-17　露天料场

闭、自动降尘、皮带运输、智能化堆取技术等，还包括对进出料场的车辆进行自动清洗等治理措施。对固定皮带倒运点，卸料间等固定位置均设置集中收集粉尘装置。

很多企业存在多个原料场，分散性强，品种单一，原料场地和燃料场地分开设置。并且直接设置在火车站、港口附近，还有很大一部分料场分散在厂内不同区域，这就造成料场分散，堆运过程使用铲车、汽车运输，物料损失较大，扬尘严重，环境治理难度大。通常采用苫盖方式减少扬尘、减少雨水冲刷的影响。

设计比较规范的企业依据地理位置，往往采用设置集中治理的原料场地，通过自动取料机、堆料机经过皮带倒运，可以进一步减少倒运过程的扬尘，降低倒运费用，减少车辆燃油尾气污染。随着环境治理的日趋严格，国内钢铁企业的料场要求采用全封闭治理方式。

全封闭治理方式一般包括全封闭棚化治理和筒仓集中治理等方式，如图 4-18 所示。

(a)

(b)

图 4-18　封闭料场
(a) 筒仓；(b) 棚化

4.3.1.1 应用范围

料场全封闭应用范围涵盖一次料场和二次料场，在一个封闭料场内完成接收和储存单品种物料，自动混匀和输出混匀物料。全封闭料场适用于企业内的所有固体原料和燃料场地，完全优于防尘网等露天堆放形式。在封闭料场内采用降尘措施和粉尘收集装置，可以最大限度减少扬尘，降低治理难度。对于不用再次混匀加工的块状和细粉状原燃料，像原煤、天然块矿、球团、烧结矿、焦炭等可以建造筒仓进行集中储存。

4.3.1.2 技术特点

原料场全封闭可以最大限度降低扬尘损失，减少粉尘对周围环境的再次污染，降低倒运费用，改善周边环境，是实现料场绿色化的有效措施。

尤其在北方地区烧结矿质量和高炉指标受气候变化影响较大，在雨季和冬季都会因为原燃料变化影响高炉顺行，原料场全封闭可以有效降低季节对高炉指标影响的波动规律，为高炉实现精料的供应奠定基础。据分析，随气候的影响，每吨焦煤水分降低1%，炼焦过程的煤气发热量损失相当于3.3m^3（标准状态）混合煤气的发热量，焦炭水分降低1%，高炉的综合焦比将降低1.0%~1.3%。

随着高品质矿石和主焦煤资源的枯竭，高炉配矿、配煤精细化管理更加严格，生铁生产成本管理更加精细化，国家和地方对环保治理政策更加严格，规范、环保的原燃料储存将成为钢铁原料场的长远发展趋势，是实现炼铁生产的高效、低耗、优质、环保、长寿的必然趋势，是高炉迈向大型化、高效化、机械化、自动化、信息化、绿色化的必然途径。

大型原料场地使用全封闭棚化密封形式较多，内部可以继续布置堆取料机等大型装备。因高炉大型化发展趋势，造成原料场地容积大，占地面积大，堆取料装备体积庞大，全封闭需要较大跨度的钢梁结构。封闭料场的材质有全钢结构大棚和非全钢结构大棚，全钢结构大棚屋面一般为热镀锌钢板或彩色镀锌钢板，经过冷弯成各种波形，具有结构轻、美观等优点，但本身重量大，造价比较高，河钢唐钢料场全封闭内外实景如图4-19所示。非全钢结构大棚的屋面使用聚酯纤维为基布，表面涂以PVC（PVDF）或PTFE涂层，具有质量轻、耐候性好、采光好、造价低等优点，如图4-20所示。与钢结构密闭大棚相比，阳光膜大棚大大减少了钢材和水泥的使用量，仅混凝土基础的造价就可降低40%~50%，整体工程造价降低近30%[11]。

4.3.2 原燃料的绿色运输

钢铁企业原燃料、产品、副产品等消耗及生产量巨大，矿山和生产场地距离较远，在同一个企业内部也需要大量的车辆倒运、皮带运输，不仅造成物料本身的飘洒损耗，还会消耗大量的石化燃料，排放大量的污染物。为进一步减少倒运

(a)　　(b)

图 4-19　唐钢原料场全封闭内外实物图
(a) 内部；(b) 外部

图 4-20　阳光膜大棚实景图

过程产生二次污染物，需要实现钢铁企业原燃料绿色运输技术集成。绿色运输包括公路转铁路运输、皮带输送、管道气力输送、罐式运输、通廊密封等内容。

4.3.2.1　应用范围

对于远距离大宗物料的运输，需要建立厂内运输铁路系统与厂外铁路部门通力合作，建立无缝连接的铁路运输网络，把原有公路运输的部分全部转成铁路运输，使用电力机车牵引，建立原料场和港口、矿山等地的铁路衔接。对于一些粒度较细的精矿粉，可以建立矿山或港口到原料厂的管道输送。原燃料在厂区内通过皮带运输可以最大限度减少运输过程造成的噪声、粉尘、气体污染物等二次污染。对于一些环境灰、除尘灰等零散的粉状物料，避免不了需要使用汽车运输的要使用罐式输送装置，减少在运输过程中粉状物料的飘洒损失；能够不使用汽运的尽量使用管道气力输送形式，建立卸灰仓和储灰仓之间的气力输送管道。在皮带倒运过程中，为进一步减少粉状料受遇水冲刷和大风影响，需要对皮带通廊进行密封处理，可以有效降低倒运过程对环境的影响，实现绿色倒运。

4.3.2.2 技术特点

（1）大宗物料远距离公路运输过程中，车辆以重型柴油车为主，重型柴油车会造成沿途粉尘、氮氧化物的严重污染。据统计，一辆重载卡车排放量相当于220辆小客车的排放总量，一辆万吨专列相当于3506辆重载客车的排放总量。因此，公路转铁路运输可以实现整个地区大范围的污染物减排。

（2）皮带输送机经过百年的发展历程，已成为散状物料输送的一个重要设备之一。随着现代农业、工业、交通输送业等规模的不断扩大，以及在输送过程中对物料输送有着较高的要求，如物料输送过程中的经济性、可靠性及高效性等要求逐步提高。皮带输送机在输送能力、经济效益、安装维护等方面具有显著的优点，成为人们优先选择的输送设备之一，在应用方面也越来越广泛，同时对皮带输送机设备的性能要求也越来越高。普通皮带输送机与其他的输送设备相比较，具有如下优点：

1）输送能力大。可以不间断地连续输送物料，并且还可以在输送过程中不停机的情况下进行装载和卸载，不会因为空载而导致输送间断。同时由于不经常起动和制动，故可采用高速运行。连续而高速的输送能力是其他的输送设备所不能比拟的。

2）结构简单。皮带输送机也是在一定线路范围内设置并且输送物料，动作单一、结构紧凑，自身质量较轻，造价较低，因受载均匀，速度稳定，工作过程中所消耗的功率变化也不大，在相同的输送条件下，皮带输送机所需的功率一般比较小。

3）输送距离长。不仅单机的输送长度日益增加，而且可由多台单机串联搭接成长距离的输送线路。

4）皮带运输设备固定。通廊容易密封，环境治理难度较小。

（3）气力输送。气力输送装置是在管道内利用动力气体将粉状物料从一处输送到另一处的输送设备，气力输送装置设备简单，占用空间小，密封性好，管道布置比较容易，可以实现长距离运输。能够有效降低二次扬尘，大幅降低运输和维护费用。以烧结除尘灰气力输送系统为例：需要稳定可靠的气源，可以使用厂内现有的压缩空气，单独建立高压储气罐即可。为了充分流化，防止物料结块，需要建设供料用的仓泵和接收物料的储灰仓。在储灰仓内利用固体物料的重力来达到固气分离。气力输送的控制系统通过利用可编程控制器以及相应的传感器等设备来进行控制，能够有效进行实时监测。可以即时、精确控制卸料和输送，同时也能够很好地判断出输送过程中存在的问题，保证输送过程能够顺利进行。为保障烧结除尘灰气力输送系统的顺利运行，需要控制烧结灰水分，同时在设计中要采用耐磨材质，减少机尾粒度较大灰粒的磨损。

皮带输送和气力输送都能够进一步减少内燃机车的装卸及运输作业，可以最大限度减少二次污染物的产生，降低无组织排放强度。

4.3.3　污染物源头减排技术

现有大气污染物治理均是以末端治理为主，将气体形态污染物转变为固体形态，并且未被很好地资源化利用，大多数处于积存状态。而一些工业粉尘富集了大量的碱金属和锌等元素，未被很好地处理和使用，也造成环境的再次污染。在生产制造过程中减少污染物的生成，把污染物控制在源头产生阶段，减少大量的环保投资和运行费用是治理的根本途径。污染物源头治理方式要从使用低硫、低氮燃料开始，优化工艺参数，调整工艺过程，应用新工艺新技术等方面入手。烧结工序可以通过低燃耗控制、低温点火、降低漏风率等方式从源头和过程上减少污染物生成总量，通过减少返矿比例提高生产效率和烧结机利用率。

4.3.3.1　低燃耗控制技术

（1）降低烧结矿 FeO 含量。FeO 含量是衡量烧结矿质量和冶金性能的重要指标。实践表明：烧结矿 FeO 每降低 1%，烧结固体燃耗降低 3kg/t[4]。烧结矿 FeO 含量与配矿结构、燃料配比、烧结气氛等影响因素有关。烧结矿 FeO 含量主要由配矿结构决定，占主导因素。实践表明，在配矿时搭配一种 FeO 原始含量较高的矿种（如氧化铁皮、俄罗斯精粉、智利粉矿等），在满足烧结矿 FeO 含量控制要求的前提下可以适当降低燃料配比，有效规避单纯地通过增加燃料配比来改善烧结矿质量。

（2）提高混匀制粒效果。很多企业原料场地受限，没有二次料场的“平铺直取”造堆工艺，铁料全部采取一次料场单品种供料模式，铁料的混匀过程集中在一次、二次圆筒混合机。又因环保限制，出于环境保护要求，生石灰不在配料室加水消化，全部或部分消化过程在混料线运输过程中完成。为了提高混合料混匀、制粒效果，同时兼顾生石灰消化要求，需要控制一、二混滚筒运行参数和加水参数，同时延长二混制粒时间，均可提高制粒效果、透气性以及烧结成品率，降低固体燃耗。

（3）厚料层烧结技术（见图 4-21）。厚料层烧结技术是 20 世纪 80 年代初开始发展起来的。1978 年，全国烧结料层的平均料层仅为 269mm，从 1980 年开始武钢烧结厂的料层逐年提高到 340mm、380mm、

图 4-21　厚料层烧结

420mm，1999 年武钢新建的 $435m^2$ 大型烧结机，料层厚度达到了 630mm，全国各烧结厂也相继实现了 600mm 厚料层烧结，进入 21 世纪以来，我国多数烧结厂如河钢、莱钢、宝钢、首钢、太钢等相继实现了 700～750mm 厚料层烧结。近几年来，马鞍山钢铁公司三铁总厂、首钢京唐公司等企业，先后在 $360m^2$ 和 $550m^2$ 烧结机上实现了 850mm 和 900mm 超厚料层烧结生产。厚料层烧结可以延长点火时间，增加高温保持时间，使表层供热充足，冷却强度降低，烧结表面强度差的烧结矿比例相应下降，成品烧结矿产量提高。增加烧结高温带宽度，使矿物结晶充分，形成铁酸钙为主的矿相结构。料层自动蓄热能力随料层的增加而增强，当燃烧层处于料面以下 80～220mm 时，蓄热量仅占燃烧层总收入的 35%～45%，而距料面 400mm 的位置，此值增大到 55%～60%，因此可减少烧结料中的燃料用量，提高料层内部的氧位，促进碳的完全燃烧，使烧结过程的氧化性气氛增强，有利于低熔点黏结相的生成。同时料层内最高温度的下降，可降低烧结固体燃耗用量，还可降低烧结矿中的 FeO 含量，提高烧结矿的还原性。料层厚度每增加 10cm，固体消耗降低 0.5～1kg/t。

（4）控制适宜的烧结终点温度。烧结终点位置控制的好坏直接影响固体燃耗和烧结矿成品率，按照烧结配矿种类变化，烧结机正常的烧结终点应在倒数第二三个风箱位置。在生产过程中，操作人员在配料、布料和点火这些源头上要确保稳定，随后要根据大烟道废气温度和负压趋势预判烧结终点，并采取控制风门、机速等相应措施将烧结终点稳定在合适位置。

4.3.3.2 低温点火技术

烧结点火的目的是供给烧结料表层混合料以足够多的热量，使其中的固体燃料加热到燃点，并开始着火燃烧。同时，借助于抽风的作用使烧结过程自上而下进行，随台车的缓慢运动，逐步完成整个烧结过程。普通的点火器为了保证点火质量，必须保证有足够高的点火温度。但点火温度过高，烧结料层表面易出现过熔现象，甚至表面结成一个硬壳，影响料层的透气性，烧结矿的产质量下降，而且点火能耗高，过高的温度造成热力型 NO_x 的生成量增加。可以采用二次连续低温点火技术，最突出的特点是可以在低温下瞬时点火，有利于降低点火能耗。低温点火温度比正常点火温度低 100～200℃，一般要求在 800～900℃[12] 完成点火作业。故此，表面不会产生过熔现象，有利于改善料层透气性，提高料层厚度，减少热力型 NO_x 生成量。

4.3.3.3 降低漏风率技术

烧结系统漏风包括烧结机系统漏风和环冷机漏风两大部分。漏风造成氧含量升高，烧结机产能降低，无组织粉尘排放增加，环境治理难度增加。

A 烧结机系统漏风

烧结机系统漏风是影响烧结机利用系数和电耗的主要因素之一，也是实现绿色钢铁工艺需要集中解决的环节。采用综合密封治理技术的新建烧结机漏风率已下降到20%以下，相比之下，国内大部分企业新建烧结机的漏风率仍在30%~35%之间，部分先进的达到25%，而老烧结机漏风率达到50%~60%[13]。根据烧结机结构特点、运动特性、力学特性等方面，烧结机存在间隙的部位即烧结机漏风的部位，主要有台车与台车之间的漏风、台车与风箱结合面侧部的漏风、台车与风箱结合面端部（头、尾部）的漏风、连接风箱与大烟道的风箱支管漏风以及大烟道灰箱排灰时的漏风等。在治理烧结机漏风时需要密封所有漏风点，尤其是台车之间和三角梁等部位的密封，如图4-22所示。

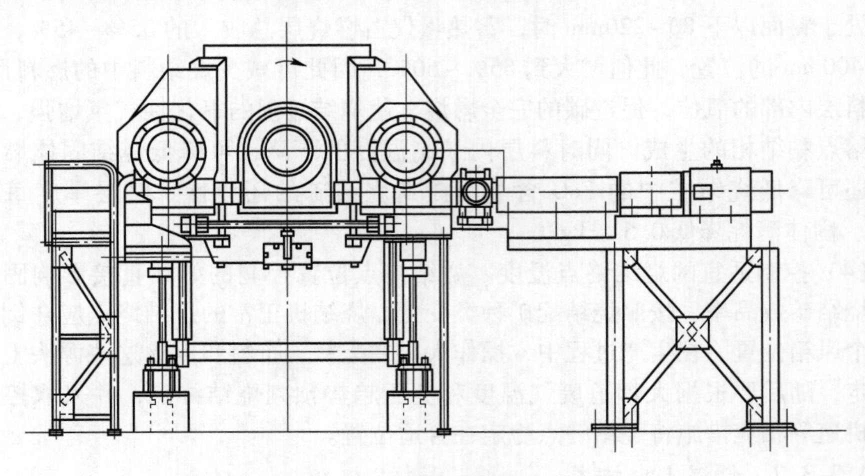

图4-22　烧结机漏风治理

B　环冷机漏风

环冷机大多采用鼓风冷却形式。烧结矿冷却是鼓风机通过风箱鼓吹冷却风或是循环风冷却烧结矿，烧结矿在环冷机上由进料700~800℃降低到100~200℃，同时烧结机冷却风温度上升到150~450℃。烧结环冷机密封效果差，漏风严重，不仅降低了烧结矿的冷却效果，影响环冷机产量和质量，还增加了冷却风机电耗，增加运行成本，漏出的含粉尘气体污染周边环境。大多数环冷机都配备余热利用系统，可以回收大部分烧结矿的热量，是烧结节能的重要发展方向，我国大多数钢铁公司都具有烧结余热发电系统，烧结机漏风严重影响到锅炉进口烟气温度，降低锅炉产汽量。环冷机密封形式如图4-23所示。

4.3.3.4　降低返矿率技术

烧结矿在破碎、筛分及倒运过程中会产生大量小于5mm的矿粉，这些矿粉会重新返回到烧结混合料中进行配矿，经过烧结机重新参与液相固结过程，造成能耗的进一步升高，同时降低生产效率。正常生产时烧结内返和外返矿之和接近30%，因此降低返矿率能够极大提高生产效率，降低生产成本，减少粉尘溢出。

图 4-23 环冷机密封

通过烧结工艺改进、优化配矿结构、提高成矿质量、减少倒运次数等措施，可以进一步降低返矿率。一些企业通过缩小矿筛尺寸等方法也可以降低返矿率，但需要高炉接收更小粒级的粉料。控制较好的企业，烧结内返率可以控制在 12%左右，外返率控制在 6%左右。

4.3.3.5 烟气循环利用技术

烧结烟气循环利用技术是将烧结过程排出的一部分载热气体返回烧结点火器以后在台车上再循环使用的一种烧结方法，可回收烧结烟气的余热，提高烧结的热利用效率，降低固体燃料消耗。烧结烟气循环利用技术将来自全部或选择部分风箱的烟气收集，循环返回到烧结料层，这部分废气中的有害成分将再进入烧结层中被热分解或转化，二噁英和 NO_x 会部分消除，抑制 NO_x 的生成。粉尘和 SO_2 会被烧结层捕获，减少粉尘、SO_2 的排放量。烟气中的 CO 作为燃料使用，可降低固体燃耗。另外，烟气循环利用减少了烟囱处排放的烟气量，降低了终端处理的负荷，可提高烧结烟气中的 SO_2 浓度和脱硫装置的脱硫效率，减小脱硫装置的规格，降低脱硫装置的投资。烧结烟气循环利用技术已有不同的流程在欧洲和日本等国家应用，我国河钢、鞍钢、宝钢等企业也已经应用。该技术经过不断创新和发展，目前主要有 EOS、LEEP、Eposint、区域性废气循环、烧结废气余热循环、选择性烟气循环技术 6 种方案[14]。

A 能量优化烧结技术

能量优化烧结技术（Emission Optimized Sintering，EOS）技术是由 Outotec 成功开发的外循环工艺，于 1995 年在荷兰克鲁斯艾莫伊登（CORUSNL）的 3 台烧结机上实现工业化应用，2002 年在安赛乐法国敦刻尔克厂应用。EOS 工艺将主抽风机排出的大约 50%的烟气引回到烧结机上的热风罩内，剩余 50%烟气外排。热风罩将烧结机全长都罩起来，在烧结过程中，为调整循环烟气的氧含量，鼓入少量新鲜空气与循环废气混合。这样，仅需对外排的约 50%的烧结烟气进行处理，灰尘、NO_x减少约45%，二噁英减少约70%，使之达到环保要求。EOS工艺流程如图4-24所示。

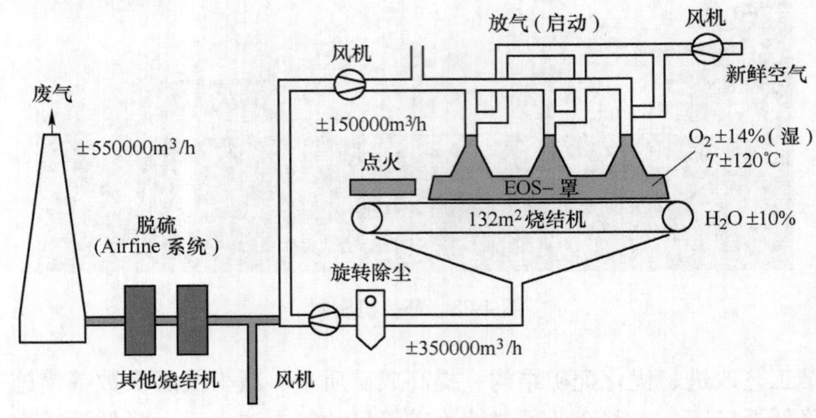

图4-24　EOS工艺流程

B　环境型优化烧结

由西门子奥钢联和位于奥地利林茨的奥钢联钢铁公司联合开发的内循环工艺（Environmentally Optimized Sintering，Eposint）减少了SO_2和NO_x的绝对排放量，而且大幅度降低废气中的二噁英和汞的浓度，还减少焦粉的单耗量，提高烧结机产量。Eposint工艺流程如图4-25所示。2005年5月在西门子奥钢联林茨Voestal-pine Stahl钢铁公司5号烧结机上使用，其使用效果如下：

（1）循环废气来自温度最高、污物（有害气体、粉尘、重金属、碱金属、氯化物等）浓度最高点的风箱位置，同时还包括部分冷却机热废气。

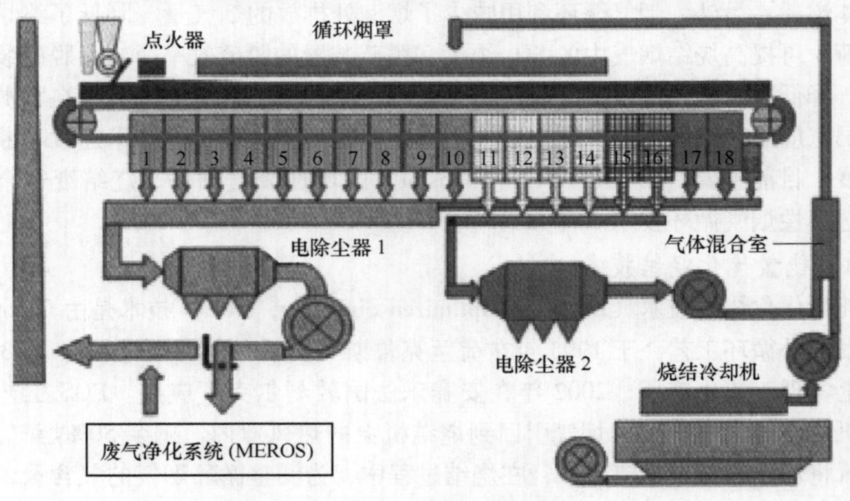

图4-25　Eposint工艺流程

（2）循环废气占废气总量的35%，O_2浓度为13.5%，机罩占烧结机的75%。

（3）具有最高SO_2浓度的烟气循环进入烧结料层，过剩硫被固定到烧结矿。

C 低排放能量优化烧结工艺

低排放能量优化烧结工艺（LEEP）由德国HKM公司开发，并在其烧结机上实现工业化。该烧结机设有两个废气管道，一个管道只从机尾处回收热废气，另一个管道回收烧结机前段的冷废气。通过喷入活性褐煤来进一步减少剩余的二噁英。烧结机罩的设计不同于EOS装置，这个机罩没有完全覆盖烧结机，有意允许一部分空气漏进来补充气体中氧含量的不足，这样就无需额外补给新鲜空气。LEEP工艺流程如图4-26所示。其运行效果如下：

（1）选择性利用机尾污染物含量偏高的烟气，循环比例47%，O_2浓度16%~18%。

（2）将冷烟气（65℃）和热烟气（200℃）进行热交换。

（3）机罩没有完全覆盖烧结机，漏入部分空气补充含氧量。

（4）可减排废气45%，烧结燃料消耗降低5kg/t，占燃料配比的12.5%。

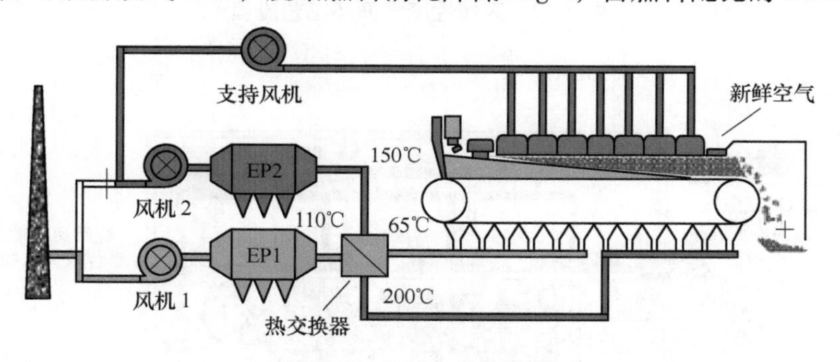

图4-26 LEEP工艺流程

D 区域性废气循环技术

区域性废气循环工艺在新日铁公司户畑厂3号480m²烧结机上使用，废气循环率约25%，循环废气的氧浓度19%，水分含量3.6%，对烧结矿质量无不利影响。区域性废气循环工艺流程如图4-27所示。

E 烧结废气余热循环利用技术

宝钢宁波钢铁公司430m²烧结机上成功应用烧结烟气循环系统，这是国内首套烧结废气余热循环利用的节能减排项目，填补了国内大型烧结机废气循环利用和多种污染物深度净化的空白，被列为国家发改委低碳技术创新及产业化示范项目，其使用效果如下：

（1）非选择性与选择性循环并存，综合利用主烟道和冷却热废气。

（2）固体燃料降低6%，粉尘和SO_x排放量大幅度降低，NO_x排放量少量降低。烧结废气余热循环利用技术工艺流程如图4-28所示。

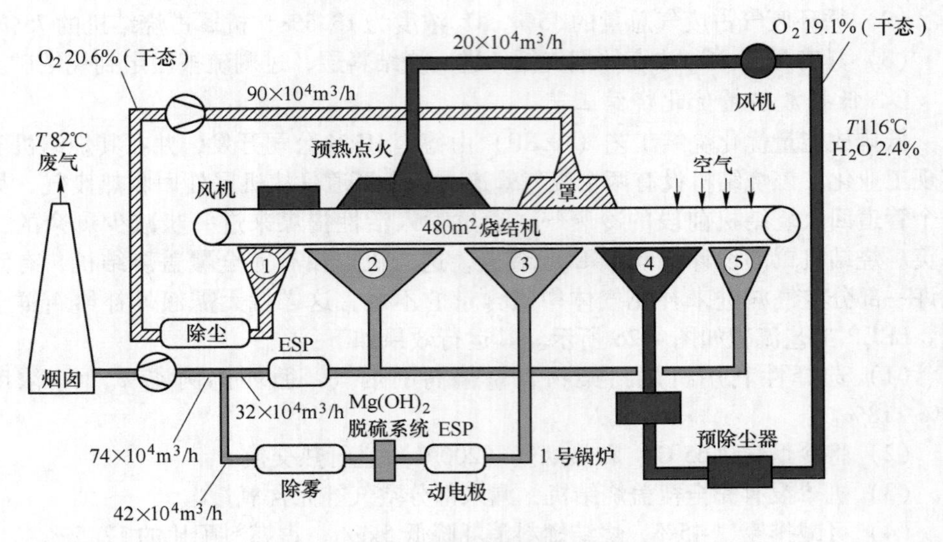

图 4-27　区域性废气循环工艺流程

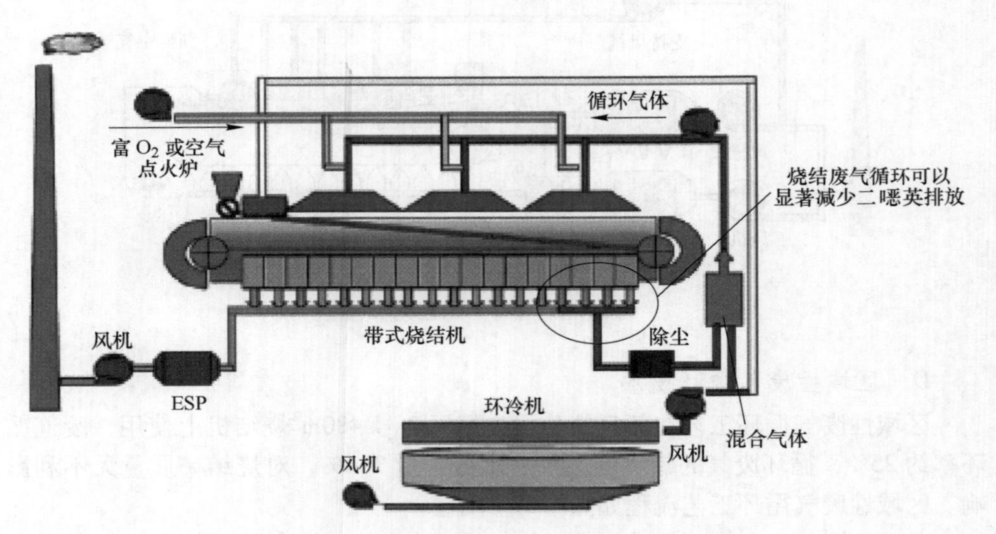

图 4-28　烧结废气余热循环利用技术工艺流程

F　选择性烟气循环技术

由中国科学院过程工程研究所和河钢集团有限公司等单位在国家重点研发计划项目“钢铁行业烟气多污染物全过程控制耦合关键技术”的支持下，联合开发了烧结机选择性烟气循环技术（SFGC），如图 4-29 所示，在烧结机风箱选择、关键设备设计等方面取得原创性突破，在河钢邯钢 $2\times360m^2+2\times400m^2$ 烧结机上运用，实现废气循环率 20%以上，吨矿外排烟气量降低 15%以上，烧结矿产量提高4%，固体燃耗降低3%，CO外排总量降低20%以上。热风烧结，解决了环境空气质量指标CO控制难题，达到“节能”和“减排”功能耦合；烟气减量，突破了超低排放技术经济性的瓶颈，有效耦合匹配后续末端治理设施达到过程控制及末端治理的目标。

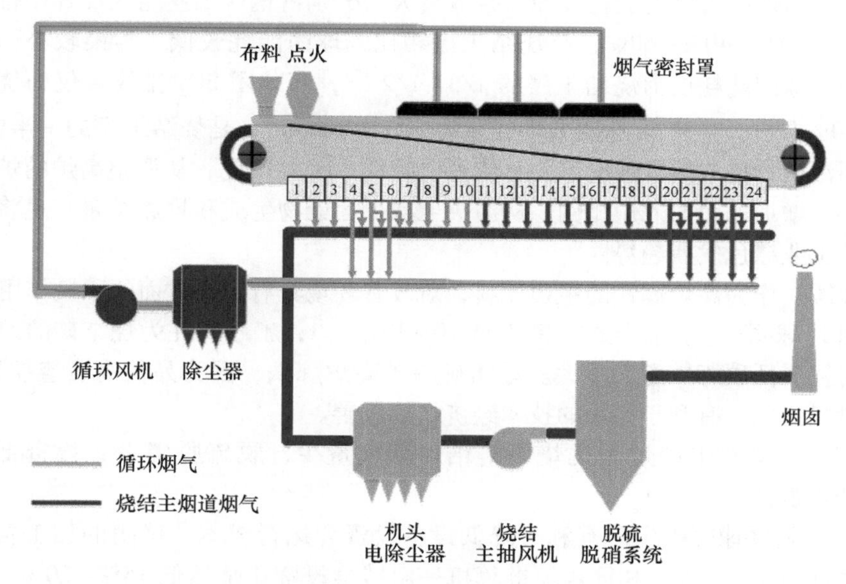

图4-29 选择性烟气循环技术

4.3.4 新型球团制备技术

球团矿是细磨铁精矿或其他含铁粉料造块的又一方法。它是将精矿粉、黏结剂（有时还有熔剂和燃料）的混合物，在造球机中滚成直径8~16mm（用于炼钢则要大些）的生球，然后干燥、预热、焙烧，固结成型，成为具有良好冶金性质的优良含铁原料，供给钢铁冶炼需要。球团法生产的主要工序包括原料准备、配料、混合、造球、干燥和焙烧、冷却、成品和返矿处理等工序。球团矿生产的原料主要是精矿粉和黏结剂，可以使用煤气作为热源，也可以使用煤粉或焦粉作为燃料。造球精粉需要较细的粒度、较好的成球性能，-75μm（-200目）要求大于70%，上限不超过0.2mm。混合料需要到圆盘造球机上加水造球，制备成8~16mm的生球，经过筛分，开始干燥、预热、焙烧过程。

目前主要球团焙烧方法有竖炉、带式焙烧机、链箅机-回转窑三种。竖炉焙烧法采用最早，但由于这种方法规模小、污染严重、焙烧不均匀等缺点逐步被淘汰。链箅机-回转窑法出现较晚，但由于它具有能耗低、制备球团均匀、投资相对低等优点，在我国是主要的球团矿焙烧工艺。带式焙烧机是世界上应用最多的球团制备工艺，60%以上的球团矿是用带式焙烧机法焙烧的，可以使用磁铁矿、赤铁矿、褐铁矿精粉，不存在回转窑结圈等难题，随着高温箅条国产化，设备投资成本大幅降低，逐渐被我国钢铁企业所接受。

为了降低钢铁企业污染物排放对环境的影响，应在源头上削减污染严重的铁前工序，而烧结工序的能耗及 SO_2 排放量大，分别占钢铁工业能耗及 SO_2 排放量的 10%~15%、40%~60%，与烧结工序相比，球团能耗较低，污染较小，据统计，我国球团能耗仅为烧结工序的 1/3~1/2[15]，而球团 SO_2 排放量仅为烧结工序的 10%左右。生产 1t 球团的烟气量为 2000~3000m^3，是烧结工序的一半左右，在相同污染物排放浓度情况下，总量可以降低 50%。因此，从调整高炉的炉料结构入手，增加球团的入炉比例，从源头上减少污染物生成和排放总量，也将是我国钢铁工业绿色发展趋势。

球团矿作为高炉炼铁的主要原料，对改善环境具有 3 个方面的积极作用：

（1）球团矿生产比烧结矿能耗低 20~30kgce/t，工序能耗为烧结矿的 50%左右，对发展低碳炼铁意义重大。球团矿用于高炉炼铁，因为品位高、渣铁比低，形成燃料比低，有利于高炉的技术经济指标改善。

（2）球团矿生产过程比烧结清洁，烟气量少，脱硫脱硝设备投资低，二噁英产生量低。

（3）发展球团矿生产有利于降低设备投资和运行成本。球团的加工费用比烧结降低 30%~50%，相同规模链箅机—回转窑投资比烧结低 15%~20%，因此发展球团矿也有利于降低炼铁运行成本。

带式焙烧机对原料精粉的需求比较宽泛，不但可以配加磁铁矿精粉，还可以配加赤铁矿和褐铁矿精粉。带式焙烧机工艺与带式烧结机相似，增加圆盘造球机，制备成合格质量生球后，通过布料设备，平铺在台车上，依次经历干燥、预热、焙烧、冷却等过程，制备成成品球。带式焙烧机工艺流程如图 4-30 所示。

链箅机—回转窑球团法是一种联合机组生产球团法，其主要设备的组成有配料机、烘干机、润磨机、造球盘、生球筛分及布料机、链箅机、回转窑、环冷机等辅助设备。在圆盘造球机造成合格质量的生球，通过皮带输送到链箅机上，依次通过干燥、预热等过程，再进入回转窑内进行焙烧。焙烧球团在回转窑内滚动，成球质量均匀，强度较高，但存在结圈等难题。链箅机回转窑工艺流程，如图 4-31 所示。

我国球团矿产量在逐步增加，带式焙烧机工艺发展迅速，单体造球设备也向大型化发展。随着清洁生产和环保的管理体系的完善，高炉球团比例也会出现大比例增加趋势。1999 年中国球团年产能只有 1197 万吨，步入 21 世纪后中国的球团业发展突飞猛进，2011 年中国球团矿产能达到 2 亿吨的水平，2013 年中国球团矿产量降低到 1.58 亿吨。2015 年球团产量降低到 1.28 亿吨，2017 年我国球

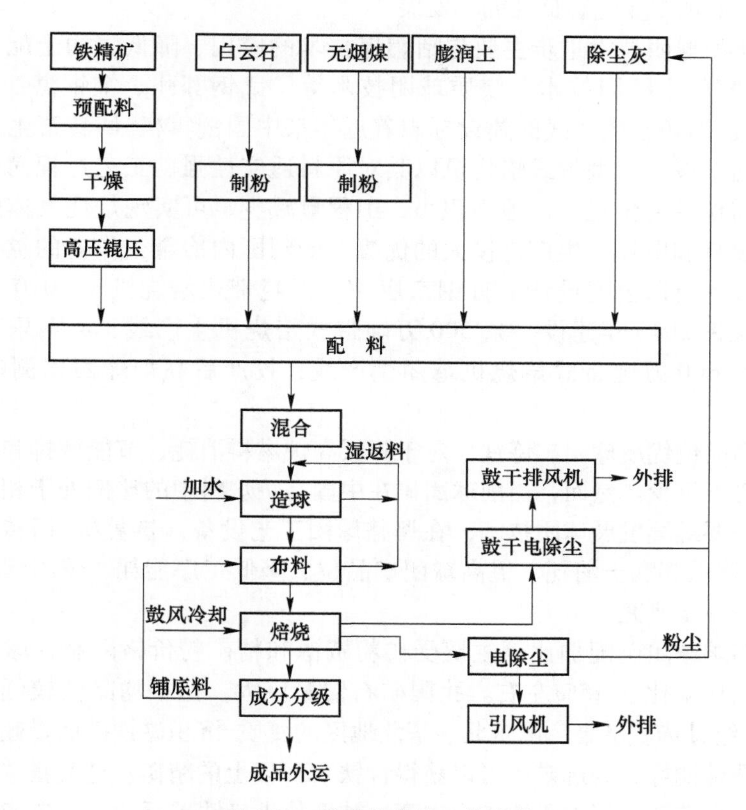

图 4-30 带式焙烧机工艺流程

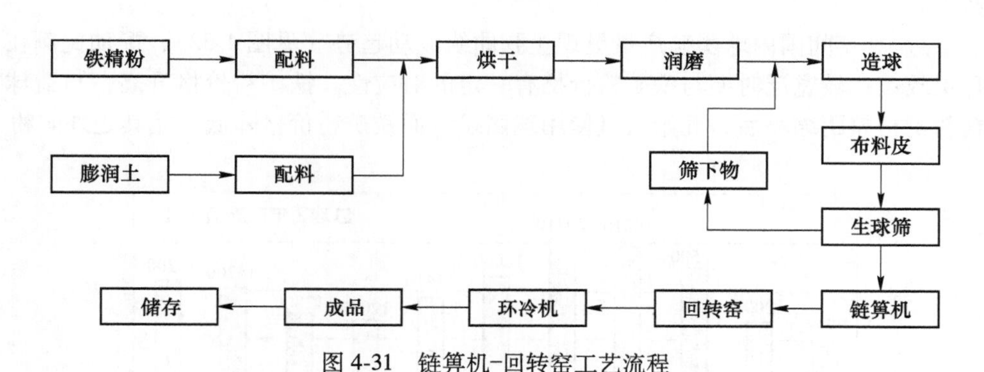

图 4-31 链箅机-回转窑工艺流程

团产量恢复到 1.62 亿吨[16]。

球团技术的发展过程中重视节能环保、绿色发展的投入和相应建设改造，虽然整体上与世界先进水平还存在一定差距，但全行业绿色发展工作取得了显著的进步。各企业都在努力推行绿色生产，缩小能耗和环保技术经济指标与国外同行业的差距，实现工业生态良性循环发展。

近几年的球团技术进步主要包括燃煤技术的应用、降低膨润土配加量、链箅机-回转窑防止结圈技术、镁质球团技术等。武钢鄂州、宝钢湛江年产 500 万吨链箅机-回转窑生产线的建设标志着近年来中国链箅机-回转窑生产工艺向大型化方向发展。大型带式焙烧机以其对原料适应性强、工艺过程简单、布置紧凑、所需设备吨位轻、占地面积小、工程量减少、可实现焙烧气体的循环利用以降低热耗和电耗、生产规模大的优势，受到国内冶金工作者的重视。首钢国际工程技术有限公司设计的首钢京唐 400 万吨带式焙烧机于 2010 年 9 月建成投产，包钢 2015 年建设一条 500 万吨带式焙烧机生产线，河钢乐亭正在建设两条年产 600 万吨带式焙烧机球团生产线，投产后高炉球团比例达到 50% 以上。

采用高品位优质球团矿炼铁，对于降低高炉燃料消耗、节能减排和绿色钢铁工业发展必不可少。然而，当前球团矿在中国高炉炉料中的比例处于相对较低水平。未来需要继续发展球团技术，在调整球团工艺设备（链箅机-回转窑和带式焙烧机）、降低膨润土消耗、提高球团矿品位、降低工序能耗、球团烟气处理等方面需要进一步研究。

我国高炉球团矿配加比例主要受矿粉资源和精矿粉价格限制，球团成本偏高，行业平均配比在 15%左右。我国矿石储量巨大，但平均品位较低（35%左右），需要经过选矿富集。像东北、华北地区的变质-沉积磁铁矿储量超过 200 亿吨，且可选性能好，经选矿后可以获得含铁 65%以上的精矿。这类富选铁精粉粒度细，很适于造球。但由于选矿成本高，被低价进口铁矿石冲击，造成开采规模减小。

近 10 年间国内球团矿产量呈现正弦曲线波动趋势（见图 4-32），配加比例在环保政策比较宽泛时期与铁矿粉价格有一定的对应性。铁矿粉价格升高，与造球精粉价格差距缩小后，开始大量使用球团矿。而铁矿粉价格降低，尤其是外矿粉

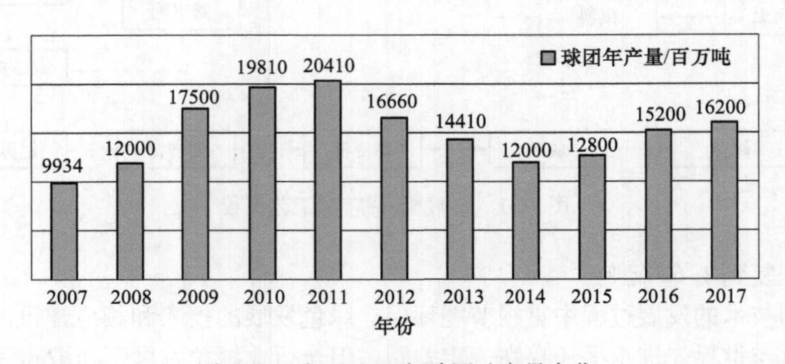

图 4-32 我国近 10 年球团矿产量变化

价格更低时与国内铁精粉成本差距较大，使得造球成本比烧结矿升高较多，各企业为降低成本，开始减量使用球团矿。2010 年前后最高接近 20%，也是铁矿粉价格较高的时期，2012 年以后受进口矿石价格降低的影响球团比例有所降低。

在钢铁工业开始进行限制、淘汰落后产能的供给侧结构性改革时期，球团矿使用比例和矿粉价格对应关系即将出现改变。尤其是 2015 年以后受环保限产影响，烧结矿的弊端逐渐显现出来，球团矿比例又呈现增加趋势。2016 年开始造球精粉和商品球团销售量增加，部分钢铁企业意识到需要制备优质球团，提高球团比例，降低落地烧结对高炉指标的影响程度。

国内矿山以生产高硅矿粉为主，在使用以膨润土为主的传统黏结剂后，球团 SiO_2 含量达到 7%以上。随球团 SiO_2 含量增加，冶金性能变差，高炉冶炼渣量大、品位低、不经济。酸性球团矿存在软化温度相对较低、软熔区间相对较宽、还原性等冶金性能缺陷与烧结矿的熔滴特性差异较大。因此，镁质熔剂性球团的大力发展改善了球团矿的一些缺陷。通过添加 MgO 来改善球团矿质量，同时，添加 MgO 也可满足对高炉炉渣的造渣要求。造球前将细粒的 CaO 或 MgO 物料加入铁精矿粉中，对球团矿的物理性能及冶金性能有很大的改善作用。较酸性球团矿性能而言，镁质球团矿的一些理化性能与其相似，镁质球团矿在球团矿的低温还原，荷重软化等冶金性能方面得到明显优化，与此同时，球团矿的膨胀指数也得到了明显的改善。此外，用 MgO 调节性能的球团矿具有很多优点，还原度相对较高，熔融及软化温度相对较高，在提高高炉产量的同时能降低高炉焦比。因此，为了得到具有良好冶金性能的镁质熔剂性球团矿，常常配加白云石，含 MgO 物质熔剂等来调节球团矿的镁含量。

河钢集团钢研总院研究结果表明，球团矿 SiO_2 由 2%升高到 9%，熔滴区间 ΔT 扩大近 3 倍，最大压差 ΔP_m 升高 5.3 倍，熔滴性能总特性值将增大 40 倍。目前我国生产球团矿的 SiO_2 多数均在 6%~9%，高炉采用高碱度烧结矿搭配酸性球团矿的炉料结构，球团矿的比例越提高，高炉下部的透气性越差，高炉炼铁得不到由于提高球团矿的比例而改善技术经济指标的效果。而今高炉炼铁为适应环保的要求，需要增大球团矿的使用比例，必须改善球团矿的质量，发展优质铁矿球团。相比高硅酸性球团而言，优质新型铁矿球团的研究集中在镁质球团、镁质熔剂性球团、含碳球团等方面。

4.3.4.1 镁质球团制备技术

1982 年，瑞典和荷兰霍戈文厂率先取得生产和使用含镁的橄榄石球团矿的经验，在西欧其他国家得到应用。瑞典吕勒奥厂高炉使用 100%橄榄石球团矿后，煤气利用率从 50.5%升高至 51.8%，生铁硅含量从 0.62%降至 0.54%以下，焦比降低 14kg/t 以上。荷兰霍戈文厂高炉使用 50%球团比例、MgO/SiO_2 比为 0.4 的球团后，焦比降低 13kg/t。英国雷德卡厂高炉使用 30%橄榄石球团代替等量的酸性球团，煤气中 CO 利用率从 46.95%提高至 49.5%，风压下降，透气性改善，焦比下降 6kg/t。白云石作为含镁熔剂很受欢迎，白云石型含镁熔剂性球团矿冶金性能好且在高炉中使用不受限制，因此，白云石型含镁熔剂性球团矿在北美、日本迅速发展。美国、加拿大白云石型含镁球团与不含镁球团冶金性能的对比[17] 见表 4-2。

表 4-2　美国、加拿大白云石型含镁球团与不含镁球团冶金性能的对比

生产厂	加白云石否	抗压强度 /kW · 球$^{-1}$	$RDI_{+6.3mm}$ /%	RI (R_{40}) /% · min^{-1}	收缩/%	软熔温度/℃	
						开始	终了
美国内陆	加	2.23	95.6	1.30	7.8	1276	1468
	否	2.42	94.9	0.70	31.00	1167	1460
美国蒂尔顿	加	2.72	89.3	1.23	16.80	1290	1387
	否	3.57	84.8	0.85	24.40	1206	1332
美国恩派尔	加	2.47	86.4	1.32	7.86	1305	—
	否	2.23	86.1	0.70	20.70	1166	—
美国米诺卡	加	2.31	96.4	1.28	12.00	1126	1505
	否	2.45	92.6	0.97	28.00	1030	1300
加拿大多法科斯	加	2.07	96.0	1.16	—	1290	—
	否	2.22	92.5	1.00	—	1219	—

4.3.4.2　镁质熔剂性球团制备技术

球团矿的还原性能，荷重软化等冶金性能是酸性球团矿所具有的优点，且具有一定的优势，然而其具有较高的膨胀指数，而配加熔剂的球团矿可以改变其存在的这些问题。按照美国钢铁协会的试验标准，所谓熔剂性球团矿是碱度达到或者超过 0.6 的球团矿。其中熔剂性球团矿在国内钢铁厂已经成功研发并投入生产，当球团矿的碱度较高且在 0.8~1.2 时，球团矿的膨胀指数及冶金性能等均明显优化。随着 MgO 含量的增加，球团矿焙烧过程生成液相量呈降低趋势。由于 MgO 含量的增加，生成的铁酸镁含量增加，从而导致铁酸钙生成量减少，因此生成的液相量随之减少。而大量的铁酸镁和未矿化的 MgO 会阻碍赤铁矿之间的结晶反应，导致结晶较小，从而导致强度变差[18]。

当球团矿的碱度达到 0.8 时，即满足了炼铁原料入高炉冶炼的要求，而当球团碱度更大时，球团矿的抗压强度、膨胀指数、冶金性能等均得到明显改善，且满足冶炼要求。种种实验结果表明，生产熔剂性球团矿可以入高炉进行炼铁生产，从而代替了酸性球团矿。

固定 MgO 含量为 1.0 时，随着碱度提高，球团中铁酸钙生成量增多，同时铁酸钙占总液相量的比例增加。荷重软化初始温度升高，软化区间先变窄后变宽。低温还原粉化及还原性呈先上升后降低的趋势，并在碱度为 1.0 时达到最

佳。固定碱度为 1.0 时，随着 MgO 含量增加，铁酸钙生成量减少，其所占总液相量的比例也降低。软化初始温度升高，软化区间先变窄后变宽。低温还原粉化及还原性能得到改善。总体而言，碱度控制在 1.0 且 MgO 含量为 1.0%时，高镁碱性球团矿的冶金性能最优。

在固定碱度为 1.0 的前提下，随着 MgO 含量的提高，球团的还原性指数由 75.6%升至 85.1%，球团矿的还原性逐渐改善。主要是因为 Fe_2O_3 再结晶能力改善，同时 Mg^{2+} 和 Fe^{2+} 可以相互取代，进而抑制了较难还原的铁橄榄石相的生成。同时镁含量的提高，抑制了 CaO 与赤铁矿反应，从而阻碍了液相量的增加，促进了 Fe_2O_3 的再结晶能力，使晶格缺陷得到进一步完善，减小了晶格之间的应力，成片地再结晶，从而使还原性能得到改善。不同 MgO 含量的球团还原性能变化曲线[19]如图 4-33 所示。

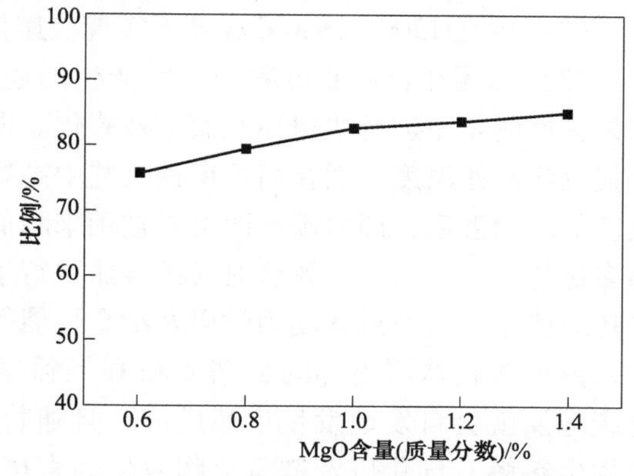

图 4-33 不同 MgO 含量的球团还原性能变化曲线

熔剂性球团会随温度升高，产生液相，造成黏结。河钢唐钢青龙炉料在熔剂性球团生产过程中，出现结圈和葡萄状黏结现象［如图 4-34（a）］，通过调整温度区间，控制液相量生成比例不高于 5%，彻底解决黏结和结圈等关键问题［见图 4-34（b）］。在污染物减排方面，生产熔剂性球团比酸性球团可以降低 SO_2 生成总量的 20%，比烧结矿产生的 SO_2、NO_x 分别降低 74%和 53%，能够从源头上大幅降低污染物排放总量。

(a)

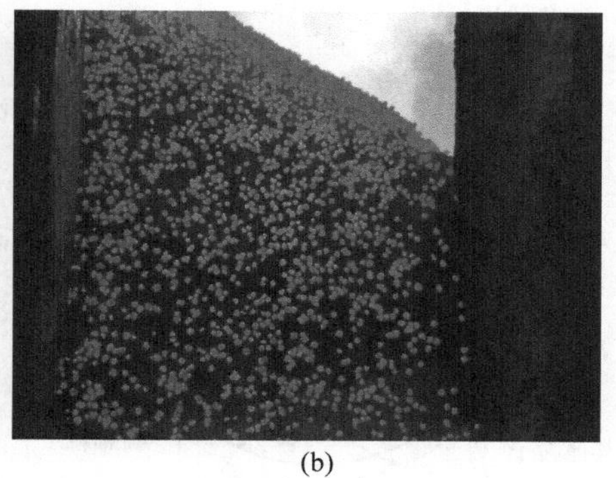
(b)

图 4-34 河钢唐钢青龙炉料熔剂性球团生产照片

（a）球团黏结图；（b）熔剂性球团生产图

4.3.4.3 含碳球团制备技术

含碳球团是指由含铁原料配加煤粉或焦粉等含碳原料作为还原剂，再加上适量的黏结剂充分混匀后经造球或压球工艺制成球团或块状，被称为含碳球团。其特点主要包括以下几点[20]：

（1）含碳球团制备成本较低，并可回收处理钢铁企业的各种含铁废料，无论从经济上还是从环保观点来看，都具有十分重要的意义。

（2）可在1200~1300℃温度下实现快速自还原。

（3）球团在自还原过程中不断产生的还原性气体包裹在球团周围，使其能在氧化性气氛中进行快速还原而不被氧化。据研究表明，含碳球团可降低焦炭的熔损反应起始温度，而在高炉炼铁工艺中高炉储热区温度基本上相当于焦炭熔损反应的起始温度，即含碳球团可以被用来降低高炉储热区温度。基于含碳球团的诸多优势，广大冶金工作者对含碳球团进行了多方面的研究，其中包括含碳球团的还原机理、还原过程动力学以及冶金性能等。

由于含碳球团内部的铁精矿粉和煤粉紧密接触，当温度到达一定条件时，含碳球团就会自发地发生还原反应，且随着温度的不断升高，球团内部的煤粉会发生热解、气化以及铁氧化物发生的直接与间接还原反应，还原剂包括固定碳、煤粉热解中的氢气和煤气化生成的 CO。含碳球团的还原主要包括两种方式，即直接还原和间接还原。球团在还原前期阶段主要以直接还原反应为主，而后期则是两种方式同时进行，在不同的温度段直接还原反应与间接还原反应所占的比重不同。为此，众多学者对含碳球团的还原机理、还原动力学等进行了研究。

魏汝飞等[21]对含碳球团在弱氧化性气氛下的还原动力学进行了研究，还原机理如图 4-35 所示。在 1348~1573K 温度范围内，分析了尘泥含碳球团中由于内部的碳粉和铁矿粉颗粒的粒径不同，使铁氧化物与碳粉能够相互嵌合在一起而接

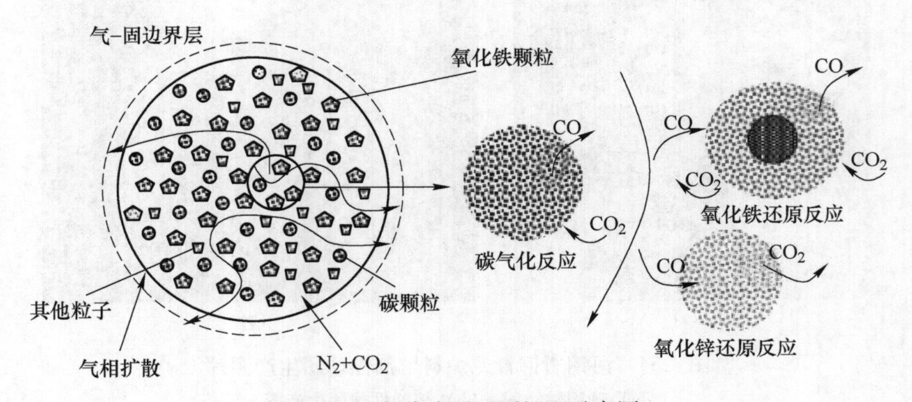

图 4-35 含碳球团还原机理示意图

触更加紧密，得出还原速率不是球团的传质的控制环节，其限制性环节应该是界面化学反应速率或局部反应。丁银贵等[22]通过热重实验研究了1200~1300℃氮气条件下尘泥含碳球团的还原性，研究表明球团的还原按时间可分为3个阶段，反应分数在这3个阶段中随着温度的升高而不断增大，并利用Mckwan方程表示了还原反应的速度，通过活化能的计算得到还原速度由界面化学反应和局部反应控制。

日本东北大学学者发明了一种新型结构的含碳球团，其结构如图4-36所示。它的基本原理是利用铁氧化物对碳的气化反应具有催化作用，通过使用极细氧化铁粉和生物质炭制备成含碳球团，从而促使含碳球团的反应活性得以快速提高。其制备过程是先将氧化铁粉与生物质炭混合均匀，使氧化铁粉颗粒附着在生物质炭表面，然后再加入铁矿粉制备成球。

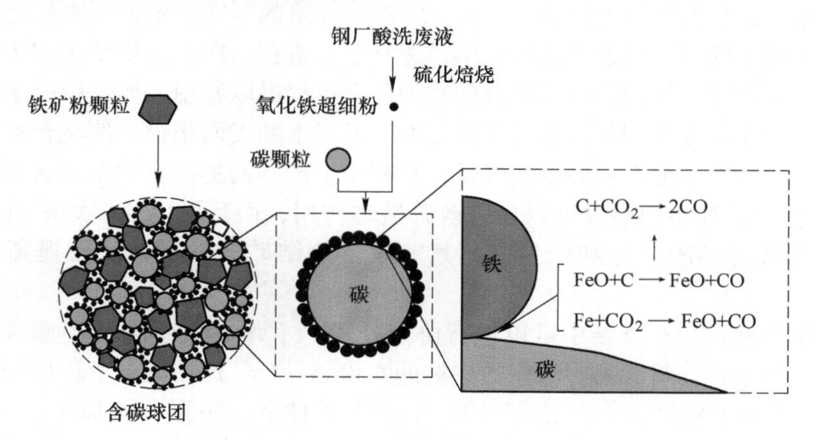

图4-36 含碳球团结构示意图

4.3.5 烧结协同处理固废技术

烧结机的功能就是把粉状物料加工成块状物料的过程，完全可以消纳钢铁厂内部含铁、含碳粉尘。钢铁企业的环境除尘灰、高炉灰、转炉灰、焦化灰、炼钢污泥、轧钢铁皮等均可在烧结机中集中处理。每吨钢产生的各种含碳、含铁废弃物在250~350kg，因此协同处置钢铁企业废弃物是烧结工序的一大任务。

4.3.5.1 污泥烧结技术

炼钢污泥是烟气经湿法除尘产生的，随着转炉工况的变化其化学成分波动较大。转炉在吹氧冶炼期间，其氧枪向溶池中吹入高压氧气，由此产生大量的烟尘。在采用“二文一塔”的湿法除尘系统时，这些烟尘以微小固体颗粒形式分散在水溶液中，形成了悬浮物污水，污水经固液分离形成浓度较高的炼钢污泥。转炉污泥含铁品位高，有害元素含量低，粒度较细，小于75μm（200目）在

90%以上，比表面积大；碱性氧化物含量高，黏性大。河钢邯钢转炉污泥主要成分[23]，见表4-3。

表4-3　河钢邯钢转炉污泥主要成分（质量分数）　　（%）

成分	TFe	FeO	SiO_2	CaO	MgO	Al_2O_3	ZnO	烧损
含量	41.9~49.8	21.4~58.6	2.3~3.2	14.8~20.1	3.2~4.7	0.4~1.3	0.09~0.27	6.3~10.4

污泥产生量比较大，通常将炼钢污泥经浓缩、过滤成滤饼后与其他含铁粉尘等配料混合，再送入烧结厂混合机内，作为烧结原料予以利用。浓缩后的转炉污泥经压滤机脱水后，其水分仍高达30%，且黏性大，不易与其他原料混合，需用汽车送入污泥堆置场，自然风干或烘干。干燥后送至烧结厂经破碎与铁精粉混合生产烧结矿，作为炼铁的原料。一部分污泥以泥浆的形式，用管道直接通入一混混合制粒机上随水一同加入混匀矿中，进行混合造粒。在矿粉烧结过程中，污泥浆中所含的铁参与了混合料间复杂的物理化学过程得以利用，泥浆中的水分替代了烧结过程中的新水用量，水分受热蒸发，通过水的表面张力，使混合料小颗粒形成球状，改善了混合料间的透气性，有利于生产率的提高，泥浆中含有的CaO和SiO_2作为添加熔剂不仅可以显著改善造球作用，而且可以使烧结矿具备高炉冶炼所要求的矿渣成分和渣量，尤其能改善烧结矿的性质，从而提高烧结生产率。

轧钢含铬污泥在烧结中可以进行协同处置[24]，利用烧结局部还原氛围和炼铁还原气氛条件，将含铬污泥中的少量的六价铬（Cr^{6+}）在高温下还原为三价铬（Cr^{3+}），降低其毒性，并在烧结1100~1300℃条件下，铬泥中的Cr_2O_3与烧结矿中的CaO、MgO、FeO等发生反应，生成铬尖晶石、铬铁矿和铬酸钙等无害化产品。在高炉冶炼过程中，Cr^{3+}可被进一步还原成金属铬驻留于铁水或炉渣中，从而便于收集，实现资源化利用，消除铬泥对社会环境的危害。

4.3.5.2　除尘灰烧结技术

烧结消化的除尘灰种类多，物化性质多样，除尘灰粒度过于细小，容易造成分布不均匀，会对原料的粒度组成造成不利影响。除尘灰亲水性能差，不利于造球的除尘灰经过长时间的反复润湿，其内含水分增大，导致烧结混匀料成“泥状”，在烧结料层中分布极不均匀，在烧结过程中由于水汽冷凝，形成较宽的过湿带存在于烧结料层的下部。还容易造成烧结箅条的堵塞，对烧结过程的透气性造成影响。每个企业都会对合理有效地配加除尘灰做大量系统的研究，除了一些含碱金属高的布袋灰、电场灰等不能直接配加到烧结混匀矿以外，其他企业的内部除尘灰均可以全部消化[25]。

4.3.5.3　氧化铁皮烧结技术

氧化铁皮产生于连铸和轧钢过程，主要成分为FeO、Fe_2O_3、Fe_3O_4。一般氧化铁皮的层次有三层：最外一层为 Fe_2O_3，约占整个氧化铁皮厚度的 10%，其性质是细腻有光泽、松脆、易脱落，并且有阻止内部继续剧烈氧化的作用；第二层是 Fe_2O_3 和 FeO 的混合体，通常写成 Fe_3O_4，约占全部厚度的 50%；与金属本体相连的第三层是 FeO，约占氧化铁皮厚度 40%，FeO 的性质发黏，粘到钢料上不易除掉。

因其较高的 TFe 品位，目前国内主要将其压球处理后作为转炉入炉冷料，也有部分钢铁厂将其作为烧结、球团配料原料的案例。氧化铁皮是烧结较好的辅料，一方面，氧化铁皮相对粒度较为粗大，可改善烧结料层的透气性；另一方面，氧化铁皮中 FeO 在燃烧氧化成 Fe_2O_3 的过程中会大量放热，可以降低固体燃料消耗，同时提高烧结生产率。经验表明，8%的氧化铁皮可增产约 2%[26]。氧化铁皮烧结有以下特点：

（1）氧化铁皮是表面存在凹凸的小扁平状颗粒。扁平状颗粒由于接触面积和滚动距离的影响，制粒性较差，随着氧化铁皮混合比的增加，干燥后-0.25mm 比率增加。但是，即使像氧化铁皮这种扁平形状，通过预制粒也可以改善制粒效果。

（2）氧化铁皮的渗透性非常高，大量配加氧化铁皮时，熔液的渗透性过剩，使透气性降低，导致烧成不均匀和生产率下降。

（3）氧化铁皮与粉矿混合进行预制粒时，包覆准颗粒的氧化铁皮阻碍了与空气的接触，氧化反应被抑制，大量配加氧化铁皮时，将氧化铁皮与低渗透性矿石邻近配置，通过抑制熔液过剩的渗透，可以改善透气性和提高生产效率。

4.3.6 竖式冷却技术

竖式冷却回收烧结矿显热是烧结过程余热资源高效回收利用的一项新技术，该工艺的核心目标是在对烧结矿冷却时实现烧结矿显热的高效回收。对比传统余热回收技术，竖冷回收烧结矿显热技术能够从根本上改变平铺过程热量损失，环冷漏风导致回收热风温度更低、热品质进一步下降等问题；同时，还能减少单位烧结矿送风量，以提高回收热风温度和鼓风能耗。该技术从理论上还能减少粉尘排放，达到保护环境的目的。与传统烧结余热回收工艺相比，竖式逆流换热系统具有以下优点[27]：

（1）漏风率极低。环冷机的漏风率高达 40%~50%，鼓风机电耗增加，风温低，回收率低。竖式逆流换热装置采用密闭的腔体对烧结矿进行逆流冷却，罐体底部采用旋转密封阀等装置，在封住罐体内循环气体不向下泄漏的情况下，把冷却终了物料连续排出，因此罐式冷却漏风量较低。同时由于冷却气体在密闭罐体内对物料进行冷却，粉尘易得到控制。良好的气密性使其漏风率接近于零，可以提高热风温度，余热性质为高温余热，使热效率提高。当烧结矿进入竖式逆流换热装置的温度为750℃时，可使热风出风温度达到650℃以上。

（2）冷却设备气固换热效率提高。在环冷机、带冷机中，烧结矿与冷却空气的热量交换方式为叉流换热，换热时间短。而竖式逆流换热装置余热回收采用冷却空气从罐体的下部布风器送入，上部抽出，这样就实现了逆流换热，其换热效果高于叉流换热和顺流换热。冷却空气从低到高逐步逆向换热，换热路径长，换热时间大大增加，使得竖式逆流换热装置效率大大提高。

（3）热空气品位提高。环冷机热废气温度分布较宽（150~450℃），前二段冷却段废气温度在250~450℃，二段后热废气温度小于250℃，仅能将温度较高的热废气进行回收，余热资源回收率较低。竖式逆流换热装置由于料层高度明显提高，同时很好地解决了料层偏析现象，使得气固换热效率得到明显提高。同时逆向换热方式使得热废气温度趋于稳定，全面提高了回收物料显热的质量。冷却废气除尘后经循环风机再次进入罐体，提高了进入罐体气体温度，使得冷却机出口热废气温度保持在一个较高的水平上。竖式逆流换热装置回收废气温度大于650℃，属高品质余热，回收效率高、数量大。

（4）竖式逆流换热装置占地面积小，能使与之配套的余热锅炉紧靠布置，阻力损失小、运行稳定，提高余热回收效率。竖式逆流换热装置由于采用冷却后空气大部分回引，鼓风量相对稳定，可以保证进余热锅炉烟气量处于一个稳定范围，进而保证余热锅炉的持续运行。可配套先进的检测装置用于检测预存室物料的高度、热废气温度、冷却物料排出温度等。同时可对热废气流量进行反馈调节，从而有效减少热废气温度的波动。热废气参数的稳定使得与之配套的余热锅炉运行稳定，余热利用率大大提高，提高发电效率。

普瑞特公司竖式冷却结构如图4-37所示。

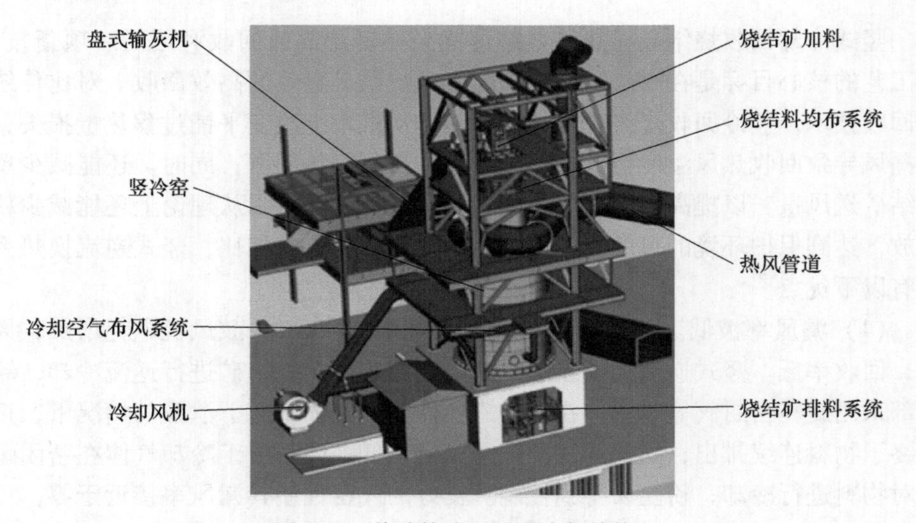

图4-37　普瑞特公司竖式冷却结构

4.4 炼铁工序

当前，中国经济发展已步入中高速增长的新常态时期，钢铁工业虽然是国民经济的支柱性产业，但产能过剩及高能耗、高排放的显著特征，使得钢铁厂普遍面临成本、环保压力的严峻形势。据测算，炼铁工序能源消耗约占钢铁工业的70%，粉尘排放约占60%~70%，有害气体排放约占60%~65%。因此，炼铁工序是钢铁业节能、减排首要和最重要的一环。

随着国家环保政策逐步加严，对一些重点区域制定了更加严格的大气污染物特别排放限值要求。尤其是一些大型中心城市，根据国家污染物及碳排放总量控制要求，开始限制钢铁厂煤炭使用总量，这不仅对铁水成本、更对企业在城市的生存提出了严峻的挑战[28]。

炼铁工序本身产生的含铁、含碳物料，含有余压、余热的烟气、液体、固体等，必须要按照绿色循环经济运行的要求高效回收利用。面对当前日益严峻的形势和挑战，高炉炼铁工艺要实现可持续发展，必须在高效低耗、节能减排、清洁环保、循环经济、低碳冶金、绿色发展等方面取得突破[29]，才能实现与城市共融，进一步生存发展下去。

当前，炼铁主要有高炉炼铁和非高炉炼铁两大类。高炉炼铁是应用焦炭、含铁矿石（天然富块矿及烧结矿和球团矿）和熔剂（石灰石、白云石）在竖式反应器内连续生产液态生铁的方法。现代高炉容积已达5000m^{3}以上，具有生产量大、生产率高、工艺简单、能耗低等优点。尽管世界各国研究开发了很多新的炼铁方法，但由于高炉炼铁工艺相对简单、产量大、劳动生产率高、能耗低，故仍是现代炼铁的主要方法，其产量占世界生铁总产量的95%以上。

高炉冶炼工艺是按规定的配比从炉顶装入铁矿石、焦炭、造渣熔剂，并使炉喉料面保持一定的高度，焦炭和矿石在炉内形成交替分层结构，从位于炉子下部圆周方向的风口吹入经预热到900~1350℃的空气。焦炭与鼓入热空气的氧燃烧生成一氧化碳和氢气，在炉内上升过程中夺取铁矿石中的氧，从而还原得到铁，并在2000℃以上的炽热高温中成为液态。炼出的液态铁水从出铁口流出，运送到炼钢工序或浇铸成铁块。铁矿石中难还原的杂质和熔剂结合生成炉渣，从出渣口排出。产生的煤气从炉顶导出，经除尘后作为热风炉、加热炉、焦炉、锅炉等的气体燃料。

高炉炼铁工序在绿色制造、节能减排中应用最广泛的技术有精料技术、高风温、富氧鼓风、喷吹燃料、低硅冶炼、低燃料比等。另外，一些节能技术如炉顶余压发电、均压煤气回收、烟气余热利用等，也为绿色制造做出了贡献。

4.4.1 精料技术

精料技术是现阶段我国高炉炼铁可持续发展的一项重要技术手段，具有长寿、高效、优质及低耗的技术特征，在高炉实际生产过程中，应用精料，可以有效地使高炉的能量耗散最小化。高炉精料技术具有科学化与合理化的特点，必须要遵循资源、经验及技术最优化的原则，提高炉料综合冶金水平，实现资源减量化、环境友好化及能源利用最优化的目标。因此，高炉精料技术是一项高效的工业技术，在铁氧化物还原冶金炼铁的过程中无可代替。

高炉炼铁炉料主要是由烧结矿、球团矿和块矿组成，目前没有一个标准的炼铁炉料结构，各企业根据自身具体条件制定适宜的炉料结构，还要根据外界情况的变化及时调整。高炉炉料结构是炼铁工艺的重要组成部分，不局限于原燃料质量管理标准，更多的是各种炉料的合理搭配，以及对综合炉料高温冶金性能的研究。不同炉料结构对高炉炉况稳定顺行、煤气流分布和透气性等冶炼操作有至关重要的影响。在保证生铁产量、质量的前提下，最大限度降低炼铁成本，要以高炉原燃料的优化配料为基础，才能实现低成本、节能环保炼铁之目标。

4.4.1.1　提高品位

精料首先要做到品位高。要求入炉原料整粒且控制粒度上限，筛除粉末，冶炼产生的渣量少于300kg/t。在不同的历史时期，高炉工作者提出过不同的重点内容，可归纳为4个方面——高、熟、净、匀。即含铁原料品位高，采用熟料（人造富矿），炉料净以及入炉原燃料粒度和成分匀。含铁原料的品位每提高1%，焦比可以降低约2%，高炉的生产量增加约3%。虽然对于不同的冶炼条件，并不是严格的“123”关系，但是它反映了总趋势。含铁原料的品位与它的冶金价值之间的关系绝非简单的直线关系，含铁品位越高，它的冶金价值会越高。此外，在高昂的焦炭价格面前，提高铁矿石含铁品位的经济效益也越大。在高炉生产实际中，入炉含铁原料的种类不同，其碱度各异，故为了比较其含铁品位，必须扣除碱性氧化物CaO、MgO的影响。高炉工作者更习惯以吨铁的渣量来衡量入炉品位，当前先进高炉的渣量在200~300kg之间，而大多数高炉的渣量在330~400kg，甚至更高。

近些年对于提高入炉品位，高炉操作者也有了新的认识。过去认为渣量不宜太低，否则带进炉缸的热量不足，炉温波动时，炉渣成分和性质变化幅度太大，高炉不易操作，渣量过小生铁含硫要求无法保证等。在近些年的高炉实践中，渣量不断下降，高炉的技术经济指标不断上升。北欧瑞典和芬兰的高炉渣量长期保持在200kg/t以下，高炉操作很顺畅，生铁质量很好。关键在于使入炉铁矿的化学成分和物理性质保持稳定，提高对于高炉过程的监测和控制水平等方面。

4.4.1.2　采用合理炉料结构

高炉合理的炉料结构要适应资源、能源的可供给、可获取条件，遵循循环经济的理念，以“减量化”为技术特征，实现资源、能源的最佳化利用，注重改善炉料综合冶金性能，开发研究低品质矿高效利用技术，实现资源减量化、利用最佳化和环境友好化[30]。

由于资源禀赋和技术传承，世界不同地区的高炉炉料结构不尽相同。亚洲高炉炉料结构大多为高碱度烧结矿为主，配加酸性球团矿和少量块矿；欧美高炉炉料结构则是球团矿比率较高，部分高炉甚至全部采用球团矿。出于生态环境保护等原因，欧洲部分钢铁厂已关闭烧结厂，高炉全部采用球团矿。中国高炉炉料结构的优化，应采用运筹学理论，通过数学规划优化确定合理炉料结构，以达到技术可行、经济合理、资源节约[31]。

4.4.1.3 改善炉料冶金性能

炉料的冶金性能是高炉炼铁系统高产、低耗、高效的关键，要不断探索提高炉料冶金性能的措施，为高炉提供具有良好冶金性能的优质原燃料。炉料的冶金性能包括冷态和热态两个方面。冷态冶金性能主要是指炉料在从料堆或矿仓运到高炉炉顶过程中抵抗破碎的强度，包括转鼓、抗磨、抗压、粒度组成等指标。热态冶金性能是指炉料在从炉顶下落过程中发生还原反应时具有的一些性能，包括含铁炉料的还原性、高温软化和熔滴性能、烧结矿的低温还原粉化率、球团矿的还原膨胀率、块矿的热爆裂性、焦炭的反应性及反应后强度等。

根据生产实践经验，高炉间接还原性改善10%，焦比降低5%~8%，产量增加5%~8%。所以要发展间接还原度，降低直接还原度，提高煤气利用率，从而使高炉燃料消耗降低。改善烧结矿和球团矿的高温冶金性能，能进一步提高含铁炉料的软化和熔融温度，降低烧结矿的低温还原粉化指数（$RDI_{-3.5}<10\%$）和球团矿的还原膨胀率，从而降低软熔带的位置，使得间接还原时间延长，煤气利用率得以提高。对于焦炭的热态冶金性能，目前一般要求反应性 $CRI<30\%$，反应后强度 $CSR>55\%$，大型的高炉希望达到 $CRI<26\%$，$CSR>60\%$。

4.4.1.4 采用分级入炉技术

采用炉料分级入炉技术，可以实现对炉料分布的精准控制，改善高炉透气性和煤气利用率，促进高炉顺行，降低燃料消耗。烧结矿按照粒度级别分为2级，大粒度烧结矿粒度为20~50mm，中粒度烧结矿粒度为8~20mm。焦炭按照粒度级别分为25~60mm和60mm以上两级。回收3~5mm的小粒度烧结矿不仅可以提高资源利用率，还可以用来抑制高炉边缘煤气流过分发展，降低炉墙热负荷，有利于延长高炉寿命。回收10~25mm的焦丁与矿石混装入炉可以改善高炉透气性，降低燃料消耗，稳定高炉操作。

4.4.1.5 炉料分布与控制技术

现代大型高炉生产效率高，炉料装入量大，装料设备不仅要满足高炉装料能力，还要满足对炉料分布精准控制的要求。炉料的合理分布和精准控制，是实现高炉煤气流合理分布及煤气化学能和物理热高效利用的基础，是提高煤气利用率，降低燃料消耗的重要途径，是保障高炉生产稳定顺行的基础。炉料分布控制技术已成为现代高炉操作中不容忽视的重要调控手段。

4.4.1.6 减少有害物质的数量

高炉中使用原料中有多种对环境有污染或对生产过程、产品质量有影响的有害物质。通过从源头上减量，稳定原燃料品种、成分，严格控制总入炉量，同时降低矿石、煤炭消耗量，烧结停止喷洒 $CaCl_2$ 溶液等措施，可以减少有害物质产生和排放。表 4-4 是国家颁布的行业有害元素控制规范。

表 4-4 炼铁行业有害元素国家控制规范 (kg/t)

有害元素	K_2O+Na_2O	Zn	S	Pb	As	Cl^{-1}
入炉量	≤2.0	≤0.15	≤3.0	≤0.15	≤0.1	≤0.6

近年来，我国铁矿粉烧结的发展重点已由早期追求产量和质量，转变到降低能耗和清洁生产上来，特别是一些新技术的实施，例如超厚料层烧结技术、焦炉煤气强化烧结技术、烧结料面喷水蒸气、新型烟气循环烧结、烧结矿余热利用等技术的使用，对烧结矿提质、减排和降耗有着重要意义。烧结矿含铁品位、转鼓指数、固体燃耗等指标都得到不同程度的改善。高压辊磨、润磨预处理技术，赤铁矿、镜铁矿生产球团技术，镁质球团技术，碱性复合球团技术，自熔性球团技术，混合原料球团制备与焙烧技术等获得工业应用，为我国球团工艺技术跨进世界先进行列提供了技术支撑。焦炭质量得到不同程度的改善，一些指标已达到国际先进水平，但尚有较大的改善潜力。

另外，多品种燃料得到应用。兰炭、提质煤等燃料在高炉炼铁中得到应用。兰炭和提质煤作为低阶煤（中、低）温干馏产物，挥发分大量析出，固定碳含量和发热值接近于无烟煤，但由于其在裂解过程中保留了较为充分的空隙结构，使其燃烧性能接近于烟煤，可以作为一种优质的高炉喷吹燃料。兰炭、提质煤运用于炼铁领域的新型工艺路线，推动了低阶煤资源在炼铁系统的高效利用，有助于钢铁企业节能减排及降低生产成本。

4.4.2 高块矿比技术

熟料是高炉精料重要要求之一，通常高炉的熟料率不低于 70%~75%。虽然块矿的冶金性能比球团矿略差，从设备投资、能源消耗、资源安全性特别是环境保护等角度出发，高炉合理利用高品位天然块矿是有益的。

在高炉上部，块矿中的结晶水和碳酸盐加热分解，气体逸出造成矿石产生爆裂，造成煤气通路堵塞，引起高炉上部块状带透气性下降。同时，块矿的高温冶金性能比烧结矿的冶金性能差，尤其是软化、熔化温度以及软熔区间都比烧结矿低，这对软熔带的位置、厚薄及形状产生了很大的影响。块矿用量的增加势必会提高软熔带的位置以及增加软熔带的厚度，这使得高炉下部的透气性变差，给高炉操作造成困难[32]。

目前国内高炉块矿比例一般为10%~15%，个别单位可以达到20%以上，而日本在2003年就达到21.3%，远远高于同期我国技术水平。通过对含铁炉料的理化性能、冶金性能以及各种含铁炉料在高炉块状带、软熔带、滴落带的行为等技术研究发现，高品位天然块矿理化性能、还原性、热爆裂性、软化特性等冶金性能均不比球团矿差[33]。同时，在高炉内块矿、球团矿与高碱度烧结矿之间存在高温交互反应，块矿的高温反应性大于球团矿，增加大块矿的用量，综合炉料软熔性能改善。因此，高炉通过上下部合理调剂，采取改善高炉透气性操作，抓好炉型监控工作，灵活调整、维护好操作炉型，可以使入炉生矿比达25%~30%，高炉主要指标不下降，高炉亦可实现高产和长期顺行[34]。

4.4.2.1 块矿入炉前措施

（1）跟踪块矿含水、含粉情况，以此确定堆放和取用方式。对含水、含粉较低的块矿，经过一次筛分后堆放在防雨的料场内，随时可以送入高炉矿槽。对含水高、含粉多的块矿，先经一次筛分，再通过加热、烘干后再筛分，最后送入矿槽料仓。如此可以解决原供块矿含水、含粉高的问题。同时，筛下粉可用于烧结矿的混匀造堆[35]。

（2）对每种块矿做成分分析和热爆试验，综合评价其性能，初步确定其配比，根据不同块矿的具体特性，确定合适的使用配比。

（3）加强矿槽筛分管理。制定严格的筛分管理制度，控制好排料量。加强槽下清筛，尽量减少粉末入炉。

（4）合理安排块矿料仓。性能较好的块矿，放在优先排料的料仓，入炉时布在靠近边缘的环带；性能相对差一些的块矿，安排在后面排料，入炉时布在靠近中心的环带，削减对炉况的不利影响。

块矿烘干筛分系统如图4-38所示。

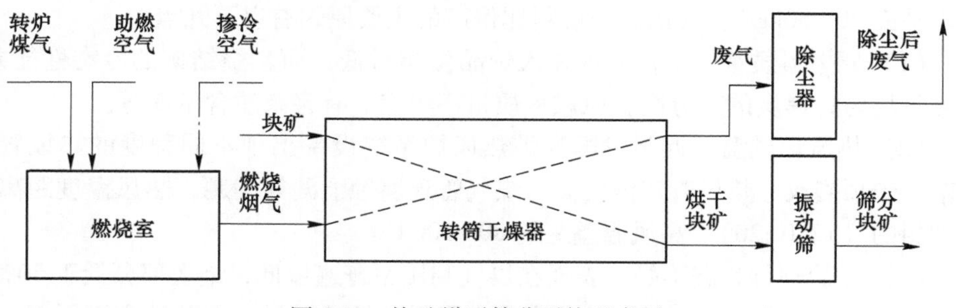

图4-38 块矿烘干筛分系统示意图

4.4.2.2 块矿入炉后采取的操作

（1）跟踪入炉后的反应效果，进一步指导调整配比。结合入炉前的性能评价，对新来的块矿，入炉比例先控制在5%以内，反应后如炉况顺行无异常，再逐步增加比例。这样可以减少突然增大比例可能造成的危害。

（2）变更块矿品种或配比时，减少其他原燃料的调整。尽量不调整或少调整焦炭结构，尤其在焦炭质量趋于下降的情况下，避免不利条件的“加重作用”，也便于检查块矿的使用效果。另外，在烧结矿配料切换时，炉况波动较为常见，此时，对块矿配比也不宜做大的调整。

（3）稳定高炉操作制度，应对块矿调整带来的影响。在下部调节方面，主要是追求炉缸要活跃，必须维持合理的鼓风动能及风速，保证炉缸初始煤气稳定，保证合理的透气性及透液性。在上部调节方面，提高入炉块矿比例后，刚开始高炉透气性有变差的趋势，及时调整装料制度，采用以强调开放中心、稳定边沿的装料制度，引导和稳定气流，以实现较高的煤气利用率。

块矿比例提高后，要做到“低硅不低热”，综合运用风温、富氧等手段，保证理论燃烧温度在合适范围。跟踪实际渣系与计算渣系结果的差异，及时查找原因并进行调整，避免渣系有较大的波动[36]。同时，提高入炉块矿比后，将出铁间隔时间适当缩短，避免高炉出现憋渣铁现象。当入炉块矿比增加到一定程度时，炉况出现波动，日常调节出现难度时，应积极退守操作，适当降低冶炼强度，尽量避免牺牲高炉的长期稳定顺行来换取短期的效益。

4.4.3 低燃料比技术

高炉炼铁热量的78%来自碳素，即焦炭和煤粉的燃烧，19%的热量由热风提供，3%是炉料化学反应热。钢铁联合企业一般用能有85%左右是煤炭，扣除个别企业自发电用煤炭外，高炉的燃料比占企业用煤炭的90%以上[37]。因此，燃料比是高炉对标的最重要指标之一。

目前，国际先进水平的高炉燃料比是小于500kg/t，我国高炉燃料比要比先进水平高20~50kg/t。我国高炉燃料比偏高的主要原因有以下几点：

（1）原燃料质量。不仅表现在入炉品位相对低，而且烧结矿的冷态性能差，粒度不均匀；焦炭的灰分高；原燃料质量不稳定、有害杂质含量高等。

（2）热风炉风温。近年我国高炉热风炉系统设备出现不同程度的热风管道塌落、炉顶裂纹、热风管道温度高、煤气管道腐蚀泄漏等问题，热风温度距离比较理想的（1280±20）℃高风温差距约80~100℃。

（3）高炉顺行状态不好。表现在煤气利用率普遍偏低，绝大部分低于50%。

从资源、能源和循环经济的角度研究降低高炉的燃料比涉及的方面很多，对炼铁厂的管理者、高炉操作者都有很高的要求。只有持久地致力于降低燃料比，才能见到成效。始终以节能减排、降低燃料比、降低成本为目标，以炉顶煤气的利用率为尺度，不断改进操作习惯、不拘泥于传统，才能使各项技术经济指标合理化、最佳化。

4.4.3.1 影响燃料比的因素

影响燃料比的因素有炉料质量、设备运行状态、高炉操作水平、外界因素和企业管理水平等。炼铁工作者公认，精料技术水平对高炉指标的影响率在70%，操作水平的影响占10%，管理水平占10%，外界因素（供应、运输、动力、上下工序等）占5%，设备运行状态占5%，如图4-39所示。

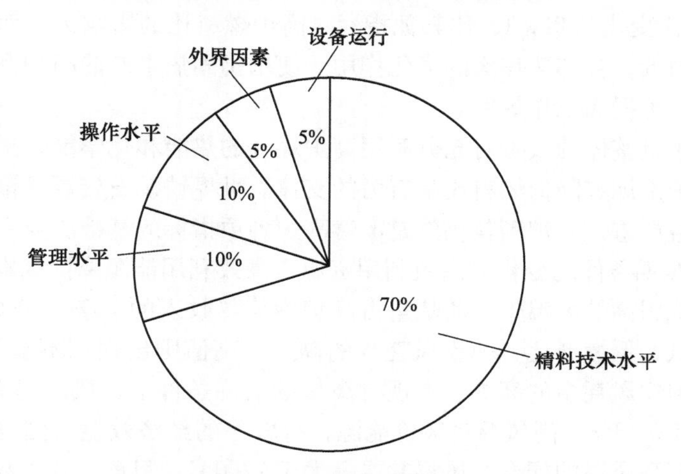

图4-39 影响燃料比的因素示意图

直到20世纪90年代初，我国大多数高炉的利用系数不到2.0t/(m^3·d)，燃料比在600kg/t左右。那时使用的原燃料波动很大、含铁原料品位低，高炉内加入大量石灰石。原燃料的粒度大、粉末含量没有严格的要求。随着我国精料技术的提高，高炉利用系数也随之大幅度提高。入炉原料品位对燃料比的影响最大。入炉品位越低，对燃料比等因素的影响越大。使用低于54%品位的矿石进行冶炼是不经济的，进口铁矿石的品位应大于60%。

含铁炉料质量：入炉矿含铁品位在58%以上品位时，品位波动1%，焦比变化0.8%~1.2%，产量变化1.2%~1.6%，渣量变化30kg/t，喷煤量波动15kg/t。铁品位越低，对燃料比的影响越大。目前，我国大多数高炉炉料结构是：75%~80%的烧结矿，10%~15%的球团矿，5%~10%的块矿。烧结矿在炉料中占的比例大，其质量对高炉燃料比的影响比较大。矿石间接还原度改善10%，高炉焦比下降3%~5%，产量增加3%~5%。高碱度烧结矿的间接还原度RI>80%~85%，最好大于90%；球团矿的间接还原度RI>70%，最好大于75%。自产球团矿的企业可生产抗压强度在1800~2000N/球的球团矿，提高球团还原度。烧结矿FeO含量（质量分数）增加1%，高炉焦比增加1%~1.5%，产量下降1%~1.5%。粒度为5~15mm的烧结矿含量要小于30%，最多不能超过35%。烧结矿碱度波动0.1，燃料比波动3%~3.5%。烧结矿含硫（质量分数）增加1%，高炉燃料比增加5%。烧结矿转鼓指数提高1%，高炉燃料比下降0.5%。

焦炭质量：焦炭质量的优劣对炉料的透气性有决定性作用。炉料透气性好，高炉好操作，各项指标容易得到优化。因此，要求焦炭的强度要高，炉料的骨架作用好，确保高炉炉料有良好的透气性。焦炭的M_{10}、CSR指标是非常重要的指标。一般高炉用焦炭$M_{10}<7\%$、$CSR>60\%$，巨型高炉指标要更好。M_{10}变化0.2%，燃料比变化7.0kg/t，比其他指标对高炉燃料比的影响大。而捣固焦抗碱金属侵蚀能力低，会加速焦炭的劣化作用。使用捣固焦生产的高炉开停炉时不要使用捣固焦，可提高工作效率。

原燃料质量整体的改善对充分利用高炉煤气的热能和化学能，提高煤气利用率，强化高炉冶炼和降低燃料比是有力的支撑。世界铁矿石资源逐渐贫化、焦煤资源匮缺日益严重，高炉精料仍然是改善高炉各项指标的基础。今后应“粗粮细作”来适应客观条件的变化，高效利用资源、高效利用能源降低成本。

风温：我国高炉风温带入的热量占高炉冶炼热收入的16%~20%，较低数值出现在高富氧、低燃料比、吨铁风耗少的高炉，高值则出现在不富氧或低富氧、高燃料比、吨铁风耗多的高炉。在现有高炉的冶炼条件下，风温提高100℃可降低燃料比1.5%~3%。高风温是廉价能源，有较好的经济效益。国内外燃料比较低的高炉均有高风温的配合，风温基本上大于1200℃。目前，我国高炉风温指标中与国外先进水平相差80~100℃。

操作水平：降低燃料比必须从基础做起，对高炉炼铁的一些基本理念开始进行整理，对高炉的各项指标等各个方面作全面的研讨。

（1）转变观念，避免过度强化。使用炉缸面积利用系数来评价高炉生产效率，这样有利于适当控制产能，避免盲目强化，冶炼强度要小于1.2t/(m^3·d)，冶炼强度提高0.1t/(m^3·d)，燃料比升高1%；科学配备鼓风机，风量是高炉炉容的1.8~2.0倍，吨铁风耗在1000~1200m^3；优化布料技术，实现炉顶料面大平台和中心小漏斗，使中心和边缘气流都得到合理发展；保持大高炉煤气CO_2含量在22%以上，中型高炉在20%左右；提高炉顶煤气压力，顶压提高10kPa，燃料比下降0.3%~0.5%，随着顶压提高，产量提高和燃料比下降的效果会递减；进行低硅低锰冶炼，生铁含硅量降低0.1%，燃料比下降4~5kg/t；生铁含锰降低0.1%，燃料比下降1.5%左右；另外，高炉进行脱湿鼓风，脱湿增加1kg/m^3，燃料比下降1kg/t。

（2）提高煤气利用率，可以有效降低吨铁燃料消耗。其中控制好煤气流的三次分配是影响煤气利用率的关键。煤气流初始分布的关键是控制好燃烧带的大小，通过风速、鼓风动能、风口小套伸入炉内长度和倾角等，达到合适的燃烧带面积与炉缸面积之比。一般情况下，大高炉为0.5，中型高炉为0.55，小高炉为0.6~0.65。煤气流二次分布是要保证形成类似倒V形的软熔带，而且软熔带内有足够而稳定的焦炭，适当选用大料批。与此同时，在调整焦炭负荷时，一般选择调整矿石批重，而保持焦炭批重不变，以维持相对稳定的焦窗。煤气流三次分布在块状带内实现，主要是炉顶装料制度。应用无料钟炉顶布料的特点，在装料过程中按煤气流分布的要求，搭建有一定宽度的平台，在炉喉形成平台加中心浅漏斗的稳定料面，还可以应用矿焦堆角的大小和角差来微调，可以达到最佳的煤气流分布。更多的操作者希望高炉使用大矿批、大焦批操作，炉喉有一定的焦层厚度，一般高炉要大于500mm，大高炉要大于800mm，起到透气窗作用。

综合国内外众多高炉调整手段，在炉况变差甚至失常时，中心加焦作为调节中心和边沿两股气流、打开中心的手段效果很好。总而言之，通过上下部调剂搞好煤气流分布，将煤气利用率提高到50%以上是高炉操作者努力的方向。

（3）合理控制喷煤比。高炉合理的喷煤比是增加煤比，燃料比不升高。高炉喷煤比与炉料质量、煤粉质量和高炉操作水平密切相关。炉料结构、质量和高炉各技术经济指标，以及所喷煤的煤种、煤质和供应量等决定高炉炉料的透气性和煤粉的燃烧性。炉料透气性好，允许多喷煤；煤气流分布均匀，促进煤粉燃烧，降低未燃煤粉量，有利于提高喷煤比。

经济喷煤比的内容是煤粉对焦炭的置换比要高，增加喷煤比后，燃料比没有升高。对喷吹煤质量要求是：含有害杂质（S、P、K、Na、Pb、Zn 等）要少，灰分低，发热值高，燃烧性、可磨性、反应性和流动性好，黏结性和爆炸性低。上述各项指标均会对喷煤比和高炉指标有不同程度的影响。

提高喷煤比的技术措施主要有：保证风口前理论燃烧温度在（2200±50）℃，使用高风温，进行脱湿鼓风，富氧鼓风；提高炉料透气性，使用高质量炉料；优化高炉上下部调剂，进行科学布料；优选喷吹发热值高、含有害杂质低、经济性好、置换比高的燃料；各风口进煤量均匀，将分配器放在炉顶平台下。最终，各高炉的生产条件不同，合理的喷煤量是不同的。我国现有炉料质量条件下，大多数高炉的喷煤比是在140~150kg/t，使用高质量炉料的大高炉，喷煤比应大于170kg/t。

影响高炉燃料比变化的因素见表4-5。

表4-5 影响高炉燃料比变化的因素

<table>
<tr><th>项 目</th><th>变动量</th><th>燃料比变化</th><th colspan="2">项 目</th><th>变动量</th><th>燃料比变化</th></tr>
<tr><td>入炉品位</td><td>+1.0%</td><td>-1.5%</td><td rowspan="4">风温</td><td>>1150℃</td><td>+100℃</td><td>-8kg/t</td></tr>
<tr><td>烧结矿 FeO</td><td>±1.0%</td><td>±1.5%</td><td>1050~1150℃</td><td>+100℃</td><td>-10kg/t</td></tr>
<tr><td>烧结矿碱度</td><td>±0.1</td><td>±3.0%~3.5%</td><td>950~1050℃</td><td>+100℃</td><td>-15kg/t</td></tr>
<tr><td>熟料率</td><td>+10%</td><td>-4%~5%</td><td>950℃</td><td>+100℃</td><td>-20kg/t</td></tr>
</table>

续表 4-5

项 目		变动量	燃料比变化	项 目	变动量	燃料比变化
烧结矿<5mm 粉末		±10%	±0.5%	顶压提高	10kPa	−0.3%~−0.5%
矿石金属化率		+10%	−5%~−6%	鼓风湿度	+1g/m^3	+1kg/t
焦炭	M_{40}	±1%	−5.0kg/t	富氧	1%	−0.5%
焦炭	M_{10}	−0.2%	−7.0kg/t	生铁含 Si	+0.1%	+4~5kg/t
焦炭	灰分	+1.0%	+1.0%~2%	煤气 CO_2 含量	+0.5%	−10kg/t
焦炭	硫分	+0.1%	+1.5%~2%	渣量	+100kg/t	+40kg/t
焦炭	水分	+1%	+1.1%~1.3%	矿石直接还原度	+0.1	+8%
焦炭	转鼓	+1%	−3.5%	炉渣碱度	±0.1	3%
入炉石灰石		+100kg	+6%~7%	炉顶温度	+100℃	+30kg/t
碎铁		+100kg	−20~−40kg/t	焦炭 CRS	+1%	−0.5%~−1.1%
				焦炭 CSI	+1%	−2%~−3%
矿石含硫		+1%	+5%	烧结球团转鼓	+1%	−0.5%

4.4.3.2 落实低燃料比仍需关注的问题

A 以降低燃料比为中心来鉴别制度的合理性

过去我国高炉大都遇到高强度冶炼下顺行难以保证的问题。在新形势下应该围绕如何提高煤气利用率、降低燃料比开展工作。降低燃料比、减少吨铁炉腹煤气量必须采取提高煤气利用率的措施。应采取降低透气阻力系数、增加煤气通过量为目的的布料方式，也就是改变发展边缘或过度疏松中心的装料制度。而在某些特定情况下，片面强调强化冶炼，不惜牺牲燃料比，采取中心加焦来疏通料柱，炉腹煤气量指数超过 70 以上，而煤气利用率低至43%左右。如果按炉缸面积利用系数计算，其生产率并不高。其后果是煤气的大量热能和化学能均未被利用，大量有碳素燃烧热量和化学能的煤气从炉顶排出，导致能源和资源的浪费。

B 高炉应根据各自的需要决定是否应用中心加焦

目前有两种中心加焦，即正常的中心加焦和“中心过吹”型的所谓中心加焦，应加以区分。中心加焦，首先是由日本神户加古川使用，神户加古川采用钟式炉顶装料设备，为了克服在高球团矿比、高煤比时造成中心煤气流不稳定，另设置一套中心加焦的炉顶漏斗和向中心加入焦炭的溜槽，其目的是为了稳定中心气流，中心加入少量的焦炭（焦批重量的 0.5%~1%）取得了良好的效果。日本神户制钢和德国蒂森对炉内矿石还原、软熔带、温度分布、死料堆焦炭更新等方面进行了大量试验研究。为了提高冶炼强度，部分高炉滥用了中心加焦，是“中心过吹型”的。中心加入大量的焦炭，在高炉中心形成大面积的低矿焦比区，大量 CO 煤气没有通过矿石层就从炉顶逸出，导致煤气利用率的恶化。正常的中心加焦与“中心过吹型”中心加焦两者对炉内的效果有明显的差异，区分两种中心加焦以后，应进行必要的试验、研究，才能正确使用中心加焦，并达到预期的目的。

C 增加炉缸风口的氢吹入量

H_2 代替碳的直接还原可降低碳耗，但鼓风加湿不是好的途径。加湿作为调节风口前燃烧温度使用，其分解热将导致燃料比升高。大力提高喷吹煤的含氢量是可行的途径。含氢量高的煤属于高挥发分煤，其发热量与挥发分并没有直接关系，只与元素分析有关。由于氢原子小，含氢量高的同等质量煤产生的还原气量要多，仅从分子原子量上看，氢分子与碳原子的摩尔量比达 1/6。实际统计表明，喷吹煤增加 1%可燃基的氢含量，约可增加炉缸还原气的总量达 2%，这意味着还原气的供应量上，就相当于能节省 2%的碳耗。

当前钢铁工业的环境有很大变化，随着资源、能源和经济形势的变化以及 CO_2 排放等，对钢铁生产各个环节提出了更加严格的要求。展望高炉炼铁技术的发展，以降低燃料比为中心，提高高炉的操控能力，确保稳产、高产，符合当前节能减排、降低排放、降低成本的要求，应该大力推行。同时是对高炉炼铁生产管理、技术严峻的挑战，有待长期艰苦的工作。

4.4.4 低硅冶炼技术

高炉铁水含硅量的高低是评价高炉冶炼技术水平的重要指标之一。高炉实现低硅冶炼，是提高技术经济指标，实现“节能降耗、经济环保”化生产的重要基础，也是衡量高炉操作和管理水平的重要指标。按照炼铁理论计算，铁水中硅含量每降低 0.1%，生产 1t 铁水减少焦炭消耗约 4kg，铁产量增加近 3%[38]。此外，硅含量的降低还可以减少下一道炼钢工序中氧气、石灰等原料的消耗，实现少渣冶炼，提高转炉寿命和生产效率，为降低炼钢工序能耗提供条件。

20 世纪 80 年代，日本高炉铁水［Si］含量就可以降到 0.25%左右。最低铁水［Si］含量纪录是由新日铁公司名古屋 1 号高炉创造的，达到 0.12%的世界最佳水平。日本水岛厂、千叶厂及名古屋厂高炉已经成功冶炼含硅量为 0.15%～0.19%的铁水。德国、法国、瑞典、芬兰、荷兰、英国、意大利、美国等高炉生铁中硅含量在 0.28%～0.40%。近些年来，我国炼铁工作者在这方面的研究也不断深入。宝武、河钢、鞍钢、首钢、马钢等企业大高炉铁水含硅量在 0.4%水平，个别高炉已经达到 0.30%的水平，特别是河钢承钢在钒钛磁铁矿大高炉上实现了［Si］+［Ti］小于 0.25%的超低硅钛冶炼[39]。

目前，在实际生产中采用的降低高炉铁水［Si］含量的方法有三种，即铁水炉外脱硅处理、风口喷吹脱硅剂炉内预脱硅、高炉内低硅冶炼技术。铁水炉外脱硅预处理的方法是在高炉出铁场将脱硅剂加入正在出铁的铁沟内，或将脱硅剂喷入盛满铁水的铁水罐（或鱼雷罐）中，在高炉外将［Si］氧化获得低硅铁水的方法，如图4-40所示。这种方法使用的脱硅剂主要有天然矿、烧结矿、球团矿、氧化铁皮和气态氧等。风口喷入脱硅剂炉内预脱硅的理论基础是硅的再氧化理论。这种方法主要是从风口喷入氧化剂以增加渣中FeO含量，使铁水中［Si］的再氧化。该方法使用的喷吹剂有石灰石粉、烧结矿粉、铁鳞炉尘，采用此法较多的是日本高炉[40]。

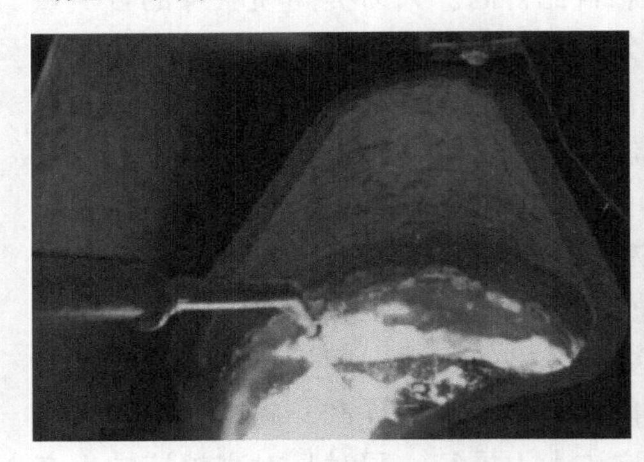

图4-40　炉外脱硅与脱硅剂示意图

高炉低硅冶炼技术是指在高炉内硅还原理论基础之上，通过改善高炉的操作条件，采用合适的操作手段，在高炉炉况稳定顺行的基础上，整个高炉内造成一个抑制硅还原的环境，从而获得硅含量较低的铁水。该技术是从源头上减少高炉内硅的还原数量，对于工序降耗有着重要意义。实现低硅冶炼应从以下几方面入手。

4.4.4.1　贯彻精料原则，改善原料条件

优质的高炉原燃料质量，不仅是高炉稳定顺行的基础，同时也是高炉不断强化冶炼和改善经济技术指标的先决条件。实现低硅生铁冶炼需要原燃料条件稳定，减少波动，这对于低硅冶炼尤为重要。保持烧结矿、球团矿化学成分稳定，加强筛分工作，减少入炉粉末；降低焦炭和煤粉的灰分含量，提高焦炭的高温反应性强度，改善煤粉的燃烧性能；优化炉料结构，提高矿石的软化开始温度，降低软化温度区间，降低软熔带高度，缩小软熔带的厚度，这些都有利于实现低硅冶炼。

4.4.4.2　合理的操作制度，不断探索实践

控制合理的炉缸热制度，包括两个方面：一方面是炉缸要有足够高的温度，常用风口前理论燃烧温度来衡量；另一方面是炉缸要有充沛的热量储备，这一点对于低硅冶炼尤为重要。在高炉中SiO_2发生还原反应的温度很高，但过高的炉缸的温度，势必造成SiO的大量挥发，不仅使得铁水含硅量升高，而且容易引起炉况难行甚至悬料。因此冶炼低硅铁水时，利用高风温，富氧大喷吹，要控制合

理的理论燃烧温度。同时，炉缸温度也不能控制过低，否则炉缸就没有足够的热量储备，一旦原燃料发生较大的波动而应对不及时，或发生紧急事故，很容易造成炉温大凉，甚至是炉缸冻结等恶性事故。所以一般在降低生铁含硅量的同时，还要求铁水有合适的物理温度，一般控制在1480～1510℃。

控制合理的造渣制度。实现低硅冶炼，必须有合理的造渣制度相适应。不仅使炉渣有足够的脱硫能力保证合格的生铁质量，而且提高了炉渣的熔化性温度，保持炉缸具有充足的物理热。较高碱度的炉渣可使表面张力增加，对焦炭的润湿性下降，使硅发生还原反应的面积减小，与此同时，可提高炉渣的软化温度，对降低软熔带高度和保证炉缸有良好的热储备都是有利的。如果单纯提高炉渣的二元碱度，也容易导致炉渣流动性变差，使炉况不顺。增加渣中氧化镁，可改善炉渣的流动性，提高炉渣的脱硫能力，因此提高炉渣的三元碱度是实现低硅冶炼的最好途径。

提高炉顶压力。炉顶压力提高以后，炉顶煤气中 CO_2 分压相应得到提高，从而抑制了 CO 的生成，降低了硅的生成量。此外炉顶压力提高以后，有利于高炉热量的下部集中，降低软熔带滴落带的相对位置，减弱了硅生成的热力学和动力学条件，也有利于低硅冶炼的进行。因此，提高炉顶压力实现高压操作对低硅生铁的冶炼是非常有利的。

此外，做好上部调剂，采用合理的装料制度，优化炉料在高炉内的分布，控制适合的软熔带位置，提高煤气利用率对低硅冶炼同样具有重要意义。做好下部调剂，控制适宜的鼓风动能，可以形成炉缸初始煤气流的合理分布，保证炉缸工作均匀活跃。因此，上下部调剂相结合，维持中心和边缘煤气流的合理分布，保证高炉稳定顺行，都是实现高炉低硅冶炼的重要保证。

实践证明，低硅生铁的冶炼技术对钢铁企业的经济效益是显著的，但应该指出的是，低硅生铁冶炼技术是一项系统工程，涉及精料、合理的热制度和造渣制度、高压操作、上下部调剂等许多方面，需要企业经过不断的探索实践才能实现，绝不能一蹴而就[41]。

4.4.5 富氧喷吹技术

高炉富氧+喷煤+高风温集成技术，可以有效改善炉缸风口回旋区工作，提高煤粉燃烧率和喷煤量，有效降低炉腹煤气量、燃料消耗和 CO_2 排放，给企业带来巨大的经济效益和环保效益。同时，有利于改善高炉透气性，促进高炉稳定顺行，是现代高炉炉况调节的重要手段之一。当前，大规模低成本制氧技术日趋成熟，而随着焦煤资源匮乏和煤焦差价的增加，以及国家对钢铁企业的环保要求越来越严格，高风温、富氧大喷煤技术将在降低冶炼成本和工程投资、减少污染排放、实现钢铁清洁生产和可持续发展等方面发挥更大优势，我国发展高炉高风温、富氧喷煤技术具有积极的现实意义[42]。

高炉采用富氧鼓风始于20世纪初，并随着风口喷吹燃料技术和规模性制氧技术的成熟才逐步发展起来[43]。直到20世纪50年代，工业生产上才开始将富氧鼓风作为一项技术措施在高炉中应用。由于当时国际上油价较低，喷油设施投资低，国外高炉使用富氧鼓风主要是为了喷吹原油或天然气，而富氧喷煤技术没有得到广泛的推广。直到1973年发生第一次石油危机，从此以后，国外高炉纷纷停止喷油，被迫改为全焦操作，铁水成本增加，产量受到限制。1979年又爆发了第二次石油危机，1980年国际原油价格再次猛涨。此后，高炉喷吹原油已不再经济，为了降低铁水成本，出现了世界范围的高炉喷煤建设高峰期。日本于1981年开始发展高炉喷煤技术，法国、英国、德国等也相继开始喷煤，世界各国高炉全面进入了一个喷煤的时代[44]。

进入20世纪90年代，为了进一步提高喷煤量，世界上许多国家，如德国、瑞典、日本先后对高富氧大喷煤技术进行了研究开发和推广应用。如瑞典钢铁公司1989~1991年对同轴氧煤枪进行了应用试验，并选择燃烧焦点可调的同轴旋流式氧煤枪在Oxelosund厂高炉各风口进行了富氧喷吹煤粉工业试验，当富氧率为3%时，煤比为140kg/t，焦比为320kg/t。德国蒂森高炉1992年开始采用氧煤枪喷吹，当富氧率为3%时，煤比为224kg/t，焦比为268kg/t。此外，日本钢管公司、韩国浦项制铁公司、卢森堡PW公司等也相继开发或使用了高炉氧煤枪。总体来看，国外高炉富氧喷煤的整体水平较高。近几年，2000m^3以上高炉利用系数甚至超过3t/(m^3·d)，典型的低焦比为260~270kg/t。其中，苏联是世界各国中高炉用氧最普遍、持续时间最长，也是目前高炉富氧率最高的国家，基本在10%~20%之间。荷兰高炉富氧炼铁已达到35%~40%，韩国光阳高炉富氧率10.47%，其中5%依靠氧煤枪加入，达到煤比为200kg/t，焦比为291kg/t。德国迪林根公司萨尔厂2356m^3高炉采用30根同轴氧枪喷吹煤粉，喷煤比达到200kg/t。此外，印度高炉富氧长期保持在7%~8%，煤比50~120kg/t。

我国是开发高炉喷煤技术较早的国家之一。我国起步虽早，发展却缓慢。1964年，我国首钢、鞍钢高炉率先采用煤粉喷吹技术。由于当时制氧技术限制，高炉富氧水平不高，鼓风含氧量一般在22%~24%。20世纪80年代末期，鞍钢高炉进行富氧大喷吹冶炼试验，最高含氧量达到28.6%，最大喷煤量为170kg/t，高炉利用系数从2.28t/(m^3·d)提高到2.40t/(m^3·d)，综合焦比由原来的562kg/t下降到537kg/t，从而引起炼铁界的普遍重视。宝钢高炉从1992年开始大量喷吹煤粉，高炉在加大喷煤量的过程中，进行了提高富氧率的试验，使富氧率逐渐达到3%，煤比达到130kg/t。高炉富氧工艺如图4-41所示。

2000年前后，我国高炉喷煤进入新的发展阶段。宝钢在原燃料条件相对稳定、质量较好的条件下，采用1250℃高风温、2%~3%富氧率，保持了200kg/t

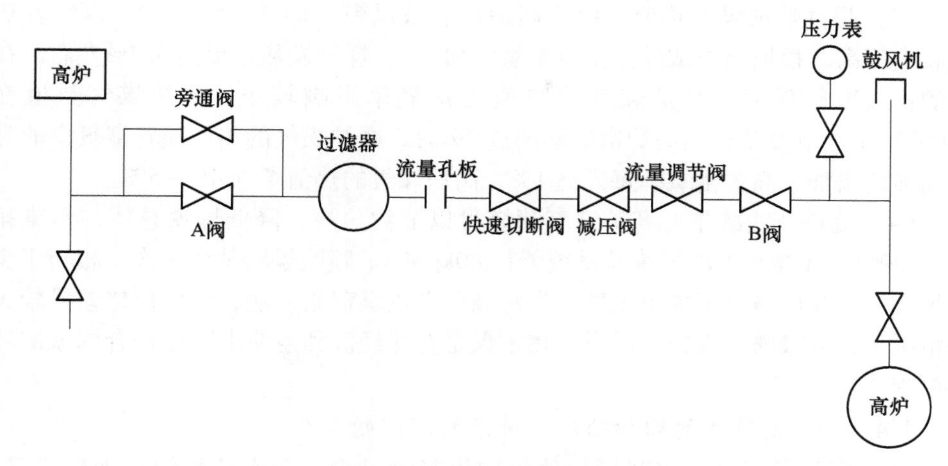

图 4-41 一种高炉富氧工艺示意图

以上煤比操作。1999~2002 年稳定煤比 230~240kg/t，焦比 265kg/t 左右，燃料比 493~500kg/t，实现了经济喷煤、低燃料比生产。2009 年沙钢 5800m^{3}高炉在风温 1200~1250℃、富氧率 7%~10%条件下，取得煤比 160kg/t、焦比 300kg/t 以下、燃料比 500kg/t 以下的成绩。首钢京唐公司 5500m^{3}高炉在 2013 年采用氧煤枪喷吹氧气，氧煤枪配氧浓度逐步提高，已经稳定在 60%，成功实现了向高炉兑入 5%氧气。目前，我国重点钢铁企业中高炉富氧率基本在 2%~5%，多数企业的高炉富氧喷煤技术还存在着不足或缺陷。例如，部分企业高炉喷煤比提高了，但焦比、燃料比增加，并没有达到喷煤的目的。另外，我国高炉氧气价格偏高，炼铁厂没有独立的制氧装备，只能用炼钢的富余氧气进行喷吹等。因此，我国发展高富氧大喷煤技术，需要对钢铁厂从整体上做出进一步优化。

4.4.5.1 发展高炉富氧喷煤的意义

（1）强化高炉冶炼，提高铁水产量。高炉富氧喷吹在生产中发挥的主要作用是降低吨铁的炉腹煤气量，使高炉进一步强化，从而提高利用系数。富氧增产的效果有一递减规律，随着富氧率的提高，每 1%富氧的增产效果逐渐降低。根据实践经验，随着氧气的增加，铁水增量逐渐减少，燃料消耗也会有一定的上升。由此可见，高炉富氧喷煤存在一个最经济的富氧率。

（2）提高风口前煤粉燃烧效率。高炉采用富氧鼓风提高了风口回旋区的氧气含量，不仅有利于加速风口煤粉的燃烧，提高煤粉的燃烧率和置换比，降低生产成本，而且富氧还能弥补喷吹煤粉对理论燃烧温度降低的影响，保持理论燃烧温度在合适的水平。氧气浓度从 21%提高到 25%时，对煤粉燃烧的改善效果约等于 4 倍热风温度从 1000℃提高到 1100℃的效果。所以，富氧与喷煤的有利配合，对高炉整体运行水平的提高起着极其重要的作用。

(3) 提高炉顶煤气热值。由于高炉富氧鼓风带入的氮气量减少，煤气发热值相应提高。根据高炉试验数据，富氧增加1%，煤气发热量提高3.4%左右。在高炉富氧率较低时，高炉煤气的热值受富氧率影响较小，高炉煤气热值在3000kJ/m^3上下波动；当高炉富氧率超过2%时，高炉煤气的热值随着富氧率的升高而显著增加，高炉富氧率每升高1%，高炉煤气的热值增加4%~5%。

(4) 促进节能减排。高炉富氧喷煤可以节约焦炭，降低炼铁总体的污染排放。每喷吹1t煤粉可降低炼铁系统能耗80kgce/t。喷吹煤粉替代焦炭，相当于少建炼焦厂，相应减少了炼焦工序产生污染。在焦煤资源紧缺、煤焦价格差异较大的情况下，大量喷吹煤粉、以煤代焦不仅是企业经济利益要求，也符合国家的环保要求[45]。

4.4.5.2 富氧率的增加给冶炼带来的新问题

(1) 富氧率超过一定范围会使炉内煤气量过少，造成炉身炉料加热不足，一般称之为“上冷”。而炉料加热不足，会严重阻碍炉身还原，使间接还原度大幅度下降。

(2) 富氧率过高会带来理论燃烧温度提高、炉缸煤气量减少、直接还原度降低等问题，这将导致炉缸温度过高，一般称之为“下热”。理论燃烧温度过高，硅及其他元素大量还原蒸发，最终导致高炉燃料比迅速上升、炉况不顺。

(3) 未燃煤粉问题。高炉大量喷吹煤粉的理论和实践表明，随着喷煤量增大，循环区煤粉燃烧率降低，炉顶吹出未燃煤粉量上升。而未燃煤粉对软熔带的焦炭透气性有不利影响，会导致高炉透气性下降，降低煤气利用率[46]。

(4) 富氧高炉冶炼的经济性。随着焦炭价格增长和煤焦价格差距增大，富氧鼓风的经济效益就会越来越显著。但是还应注意到，对于生产型企业来说，合理的富氧率也是有限度的。我国钢铁企业没有给炼铁厂配置独立的制氧装备，只能用炼钢的富余氧气进行喷吹，也限制了高炉富氧技术的发展[47]。目前大规模变压吸附制氧技术已日益成熟，氧气价格逐步降低，为高炉高富氧大喷煤的发展提供了必要前提。

(5) 高炉富氧喷煤系统的安全性。高炉风口采用氧煤喷吹时，在氧气和煤粉输送系统中应采用必要的安全措施。尤其是当高炉采用氧煤分枪或氧煤枪进行局部富氧喷吹煤粉时，需要把氧气输送至高炉炉前氧枪入口处。由于高炉炉前对生产环境要求较高，氧煤枪供应的氧气量和煤粉量都很大，所以研究相应的氧煤共用及安全控制技术是非常必要的。另外，氧煤枪使用的氧气压力达0.6MPa以上，而且氧煤枪前端处于1100~1250℃高温环境中，除了在氧气和煤粉输送系统中采用必要的安全措施之外，氧煤枪本身的设计也应采取安全措施，如图4-42所示。因此，在超高富氧大喷煤技术的应用中，严格按照操作规程执行，并做好紧急停吹处理方案。

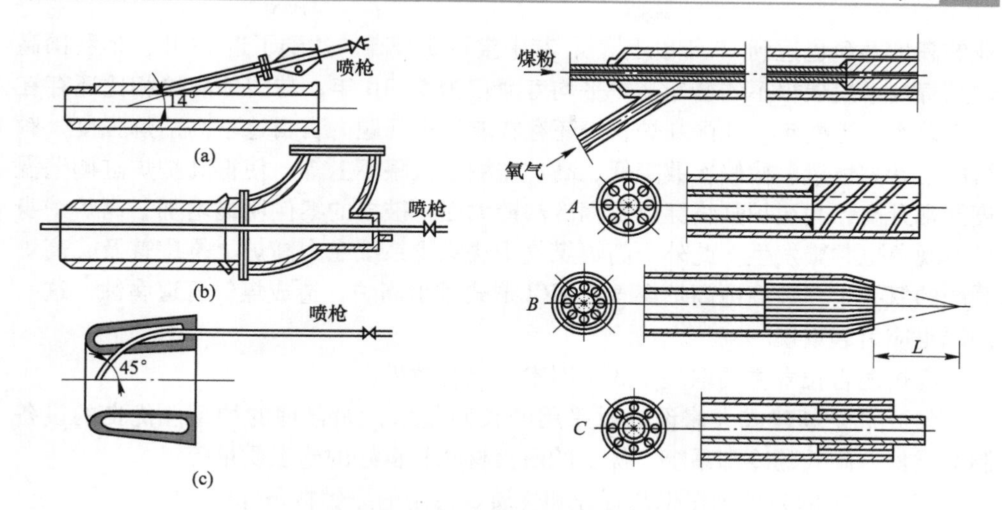

图 4-42 一般喷煤枪与氧煤枪示意图
（a）斜插式；（b）直插式；（c）风口固定式

我国很多企业采用高风温、高冶炼强度与富氧相结合，高炉喷煤量已逐步增加到 150~170kg/t，甚至达 200kg/t 以上，置换比保持在 0.70~0.80。大多数企业煤比增加后出现了大量未燃煤粉现象。由此可见，我国高炉进一步增加煤比的关键是要解决煤粉燃烧问题。因此，鉴于我国的现实情况，迫切需要加强燃烧理论的研究，特别是提高煤粉燃烧率，加速煤粉燃烧技术，提高燃烧组织的技术水平是十分重要的课题。

高炉富氧喷煤技术不仅能够提高高炉冶炼和装备技术水平，更重要的是可以大量节约焦炭，减少污染排放，符合国家在“十三五”期间对钢铁工业的整体要求。随着煤焦价格差异越来越大、大规模低成本制氧技术的不断发展，高炉富氧大喷煤技术将在节约冶炼成本、降低碳排放和实现钢铁清洁生产、可持续发展等方面具有更大的优势。因此，从长远来看，我国发展高炉高富氧大喷煤技术具有很好的现实意义。

4.4.6 高炉长寿技术

高效、安全、长寿的运行是对现代大型高炉的必然要求。高炉长寿的实质是“在一代炉役期间，保持合理的操作内型”。现代大型高炉设计寿命均为 15 年以上，特大型高炉 20~25 年，高炉一代炉役单位容积产铁量将达到 1.5 万~2.0 万吨/m^3[48]。实现高炉长寿需要在高炉整个生命周期内采取有效措施积极采用高炉长寿技术，维护合理的操作内型。

近年来，我国在大型高炉设计体系、核心装备、工艺理论、智能控制等关键技术方面取得了重大进步，高炉长寿也取得了显著进展。宝钢、武钢、首钢等企业的高炉寿命也达到15年以上[49]，其中宝钢3号高炉达到了近19年。但我国高炉长寿技术发展很不均衡，高炉平均寿命仅为5~10年，与国外高炉相比还存在较大差距。近些年，我国高炉长寿还存在着较多问题。盲目追求高冶炼强度、频繁的无计划休风、检修次数降低、高炉监测手段跟不上等，使得高炉炉缸侧壁温度异常升高，甚至炉缸烧穿以及铜冷却壁大面积破损的案例明显增加，高炉炉身结厚现象也频繁发生。此外，高炉煤气干法除尘系统在大高炉上推广普及，高炉系统的氯元素多数经由高炉煤气以HCl形式排出高炉，造成煤气管道腐蚀，这一问题也应引起重视[50]。

高炉能否长寿主要取决于3个因素的综合效果：

（1）高炉新建或大修设计时采用的长寿技术，如合理的炉型、优良的设备制造质量、高效的冷却系统、优质的耐火材料和良好的施工质量等；

（2）稳定的高炉操作工艺管理和优质、稳定的原燃料条件；

（3）有效的炉体维护技术。

解决好这3个方面的问题，可基本实现高炉长寿的目标。

4.4.6.1　设计与施工

高炉炉型设计方案、炉体冷却方案、耐火砖的选取和组合、喷涂料的选用是高炉长寿的重要环节。

首先，合理的高炉内型是实现高炉炼铁多目标优化的基础和关键。高炉内型在高炉一代炉役的生命周期中是不断变化的，初始的“设计内型”是不断变化的“操作内型”的基础，因此，高炉设计内型根据产量、场地等要求，结合历史资料及国内外同等立级的优秀高炉的设计经验选择合理的炉型，要求设计炉型尽可能地接近工作炉型。现代高炉内型也不断优化演变，高径比渐趋降低，呈“矮胖化”发展，巨型高炉高径比均降低到2.0以下。为了有效抑制铁水环流及其破坏作用，适当增加死铁层深度。为了适应富氧大喷煤强化冶炼的要求，适当加大炉缸直径和炉缸高度。为了优化高炉顺行条件，适度增加炉腰直径，适当降低炉身角和炉腹角。

其次，采用合理的炉体长寿结构和先进的冷却技术，如纯水（软水）密闭循环冷却系统在高炉上已得到普遍应用。高炉炉底炉缸、炉体冷却器、风口、热风阀等均采用纯水（软水）冷却。现代高炉显著的技术特征是在炉腹至炉身中下部区域大量采用铜冷却壁，依靠高效铜冷却壁及合理配置的冷却系统，在风口以上区域形成基于渣皮保护的“永久内衬”以延长高炉寿命。

采用合理的炉缸炉底内衬结构。通过设计合理的死铁层深度，采用合理的炉缸炉底内衬结构，选用抗铁水渗透、熔蚀性能优异的高导热炭砖，配置合理的冷却系统，抑制炉缸炉底“象脚状”异常侵蚀，使高炉寿命达到15~20年。

高炉施工在冶金工业建设中与炼钢、轧钢等工程不同，它有其固有的特点：

施工场地狭窄，高炉周边建设项目集中；高炉结构高度高，且涉及多专业施工，各工序重叠交叉，高空作业多；现浇混凝土量很大；高炉工程钢结构量大，而且集中，需要投入大量的施工机械。高炉主要施工技术除采用冶建行业常规的施工技术外，主要采取以下施工技术：

（1）高炉基础大体积混凝土电子测温技术。高炉基础混凝土量大都在6000m^3以上，属于多层配置、多规格钢筋布置的大体积混凝土。为了防止因混凝土内外温差过大而使混凝土结构产生有害的裂缝，必须对混凝土内部温度严格监控。所以对高炉基础大体积混凝土温度应力控制是施工的关键。大体积混凝土温控有多种方式，最新技术是高炉基础大体积混凝土电子测温技术，即在高炉基础施工过程中采用混凝土电子测温技术及计算机数控收集技术。

（2）钢筋直螺纹连接技术。高炉基础中钢筋重量一般在50~100kg/m^3之间，高炉基础中有大量的钢筋接头，工作量大，质量难保证。对直径在20mm及其以上规格钢筋连接采取钢筋机械连接，可缩短工期、保证质量、节约成本。

（3）高炉基础混凝土施工技术。现在混凝土施工已实现自动化。从混凝土搅拌到运输、浇灌全部采用机械化施工工艺。特别是高炉基础的浇灌采用了多层浇灌工艺，现场采用汽车泵、拖式泵加布料器以及活动溜槽等下料方式，确保浇注质量。

（4）高炉制作技术。高炉本体制作的特点是“体大、板厚、件重、造型复杂”，制作要求精度高，焊接质量要求严。采用CAD/CAM数控下料切割和开孔一次成型技术，实现工厂化开孔、厚板滚圆技术、大块板焊接及变形控制技术、大构件吊装预测距等。

（5）高炉安装技术。高炉是一个高达100m左右的大型钢结构体。特点是单体体积大、重量在100t以上，安装有一定难度。为保证质量、加快进度，施工选择较大型吊装设备，多采用组合安装方式，减少高空组装、对接。

（6）筑炉施工技术。高炉工程耐火材料用量大、工序复杂。新材料、新工艺不断出现，对施工企业技术要求越来越高，主要表现在炉壳的薄喷涂刮平技术、风口铁口采用刚玉组合砖砌筑技术、炉底陶瓷杯施工技术、上升管下降管喷涂技术、热风炉不开口施工技术、热风围管热风管道二次灌浆技术、水冷壁镶嵌技术等。

4.4.6.2 操作与维护

高炉的长寿是结合设计、施工、后期操作、维护和监测为一体的系统工程，其中，保证炉缸长寿是重点，生产过程中希望在高炉炉缸耐火材料与铁水之间形成一层保护层，使铁水与耐火材料有效隔离，避免铁水的溶蚀，从而为高炉炉缸耐火材料的安全创造条件。炉衬的侵蚀不可避免，但是只要高炉维护得当，烧穿可以避免。在生产中应对高炉定期体检，对冷却强度、冶炼强度、铁水成分、炉缸状态、出铁操作等因素进行综合调控，保证保护层的稳定。另外，炉缸内部积水及有害元素的影响同样需要关注，水蒸气及有害元素对耐火材料有氧化及脆化作用，并形成气隙破坏炉缸传热体系，甚至会导致炉缸异常侵蚀。

A　实现炉缸长寿

实现炉缸长寿需要重点做好以下工作：

（1）设计方面，采用合理的炉缸炉底结构以及选用优质耐火材料。

（2）砌筑方面，注重耐材砌筑质量，保证冷却壁安装到位，耐材砌筑误差控制在要求范围内，并严格验收制度。

（3）监测方面，一旦发现热电偶损坏要及时更换，采用在线模型对炉缸炉底侵蚀以及热流强度进行监测，及时发现并处理问题。

（4）操作维护方面，要从以下几项工作着手：

1）保持原燃料质量稳定，尤其注重焦炭质量，降低有害元素的入炉负荷；

2）促进煤气流合理分布，发展中心气流，适当抑制边沿气流；

3）保证炉缸工作活跃，避免死料柱透气透液性恶化；

4）维持合理的冷却制度；

5）重视出铁管理，保证一定的铁口深度和合适的出铁速度；

6）注重炉役期间的维护，采用炉缸压浆、钛矿护炉、及时维护或及时更换损坏的风口和冷却壁等措施，延长炉缸寿命；

7）控制有害元素入炉量，减少其破坏作用，从而减缓炉缸炭砖侵蚀的速度，如图4-43所示。

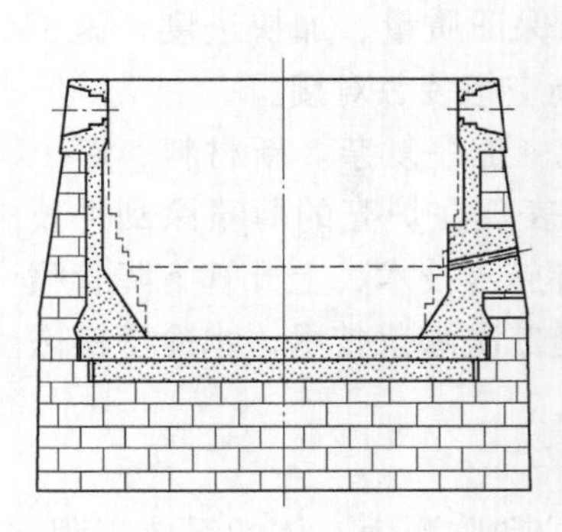

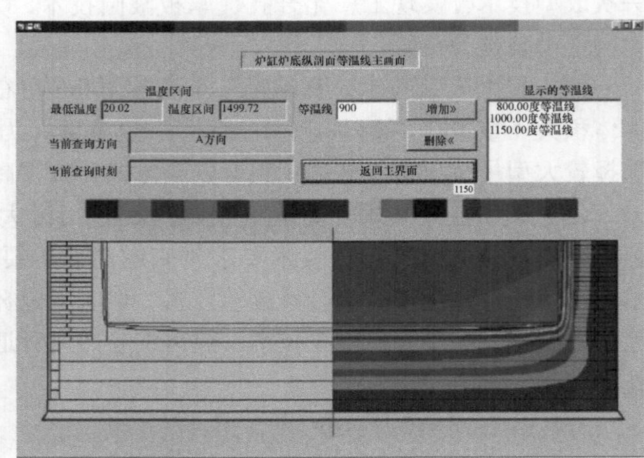

图4-43　高炉炉缸砌筑及侵蚀模型

B　实现铜冷却壁长寿

铜冷却壁依靠其极高的导热性及良好的冷却，形成渣皮作为永久工作内衬，在我国大型高炉广泛应用。目前，我国共有超过200座高炉采用了铜冷却壁，绝大部分处于稳定的运行之中。然而，近年来，我国多家钢铁企业也出现了铜冷却壁大面积损坏的现象，给高炉生产带来了巨大的损失。据目前国内已经出现的铜冷却壁热面大面积损坏情况分析，铜冷却壁热面大面积损坏具有共性特征。采用不同材质及加工方式的铜冷却壁均出现了热面大面积损坏的情况，严重损坏的部位均集中在炉腰与炉腹交界位置，有明显的区域性。铜冷却壁热面渣皮脱落时，高炉炉料的下降和含有细小颗粒物的上升煤气直接与壁体接触产生磨损，以及铜冷却壁氧含量较高时的“氢病”效应，加速了铜冷却壁的破损。

实现铜冷却壁长寿需要针对铜冷却壁的破损情况及破损原因，采取以下延长寿命的措施：

（1）改进高炉内型设计，保证炉内煤气流的合理流动。特别要关注的是薄壁高炉应该有较大的炉腰直径和较小的炉腹角。对比欧洲和我国高炉炉腹角，欧洲高炉炉腹角一般在72°~74°，我国一般在76°~78°，值得认真研究。此外，高炉原燃料条件及操作制度应与合理的操作炉型相匹配。

（2）保证高炉冷却系统设计的可靠，杜绝高炉停水事故的发生。提高冷却壁的冷却比表面积，冷却壁用水应用软水或除盐水，水速应控制在2.0m/s或以上。

（3）控制合适的冶炼强度。避免采用过度发展边沿气流的操作方针，以及保证高炉热负荷稳定，有利于渣皮的形成和稳定。或在铜冷却壁热面设置凸台，提高炉内渣皮的稳定性。

（4）应严格控制铜冷却壁本体铜料的氧含量，控制铜冷却壁体中的氧量小于0.003%，以减缓“氢病”的破坏。

C 实现高炉长寿操作

实现高炉长寿需要选择合理的操作制度，包括送风制度、装料制度、造渣制度、冷却制度、热制度等，根据高炉不同时段选择、探索最优的操作制度，比如开炉阶段、炉役初期、炉役中期、炉役末期，根据高炉本体状况、设备状况、原燃料条件等制定合理制度。

首先，是稳定原燃料条件。稳定的原燃料是高炉稳定顺行的前提，是高炉做改善指标调整的先决条件。严把进料关，选择质量好的、性价比高的原燃料，对所有原料成分、粒度、物理特性、冶金性能等做综合全面分析，进行评估，选择出最优原料；严格控制入炉原料中的有害元素负荷；严格控制烧结矿质量，避免大的波动，尤其是碱度的变化；加强原燃料的筛分管理，减少粉末入炉。

其次，稳定炉内操作。高炉操作稳定压倒一切，稳定顺行的炉况是提高产量、降低消耗、改善指标的前提。稳定的原燃料条件与送风制度、装料制度匹配，高炉能获得理想的料柱骨架，软熔带形状及高度、厚度，进而形成合理的煤气流分布。避免无计划休风和慢风操作，无计划休风、慢风操作等均会对炉况造成一定的影响，致使炉内气流发生变化，甚至出现异常，有可能造成风口烧坏等其他不良后果，打断高炉正常生产。

在炉役末期，在炉缸侧壁温度出现危险值报警时，及时选择合适的入炉钛负荷，进行护炉。利用钛化物、钛氮化物的特点对已侵蚀部位进行补位保护。添加的方式主要有钛矿块直接入炉、烧结添加含钛物料、风口喷吹含钛粉料、风口喂线、炮泥中添加含钛物料等。由于钒钛渣的一些特性，以及含钛烧结矿的性能变化等均对高炉生产带来很多不利，因此在使用钒钛矿护炉期间一定要针对其特点制定适宜的操作制度。国内外专家针对 WO_3 护炉做了很多可行性研究，研究表明：随恒温时间的延长出现黏度升高现象，渣中的钨以 WC 和 W_2C 形态存在，并以颗粒状沉积在坩埚壁上，形成保护层。因此，含钨渣具有比含钛渣更优越的护炉性能，而且不会给高炉冶炼带来困难。

在炉役后期或者在冷却器出现漏水、破损情况下，可以对其进行改造，针对破损比较严重的冷却器，通过在其部位加冷却棒或冷却水箱来替代其达到冷却效果。同时，通过炉壳外部打水也能起到一定作用。针对不同时段制定严格的监测制度，尤其是在炉役末期要增加监测的频率，增加监测的手段。

4.4.7 高炉炉顶余压发电技术

1960 年法国、苏联、德国等国家分别在相同的时间进行着高炉炉顶余压发电技术（TRT）装置的工艺技术和设备制造的研制。法国 TRT 装置采用湿式辐流式透平机，控制少量气体进入 TRT 装置，实现部分能量的回收。苏联采用轴流式透平机，在透平机前增加了一套混合式煤气预热器，将煤气温度提高到 120℃，同时需要煤气流量为恒定，不控制顶压。随后，日本的三井造船、川崎重工、日立造船公司按照市场需求各自研发了具有独立技术特征的 TRT 设备，并提高了工艺控制水平，成为国际上 TRT 技术的主要设备供货商[51]。

在国内，1983 年首钢集团率先引进了 $1200m^3$ 高炉的 TRT 工艺技术和设备，当年建设、次年投产发电。“陕鼓集团”与川崎重工技术合作后进行国内 TRT 装置的生产制造。中航“成发集团”在消化吸收现有的 TRT 技术基础上，开发了具有专有技术的 TRT 装置及控制系统。在随后的 30 年里，首钢国际工程公司与陕鼓集团、成发集团合作，先后完成了首钢、迁钢、首秦、宣钢、涟钢等共 16 座大型高炉的 TRT 工艺设计，并与日本三井造船合作，于 2007 年为首钢京唐公司两座 $5500m^3$ 高炉配套设计了装机容量为 36.5MW 的 TRT 机组。高炉炉顶余压发电工艺流程如图 4-44 所示。

高炉炉顶煤气中富含 CO 和少量的 H_2，是钢铁企业的二次能源，它经过净化

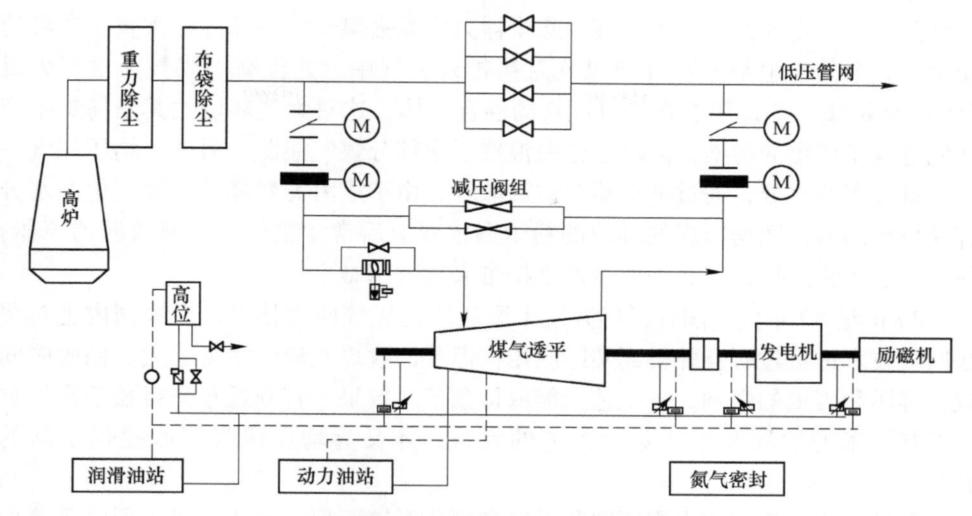

图 4-44 高炉炉顶余压发电工艺流程示意图

达到工业炉窑使用标准后，进入 TRT 装置，气体在机械内膨胀做功，推动与透平机同轴的发电机旋转发电。膨胀后的高炉煤气进入厂区低压煤气管网。整个工艺过程中，高炉煤气始终在密闭的管道和密封程度高的煤气透平机内运行，无任何泄漏和污染。随着科学技术水平的不断提高，TRT 年运行时间已经达到 8000h 以上，有些已与高炉作业时间基本同步。当 TRT 机组检修时，高炉煤气经过减压阀组进入低压管网。按照减压阀组与 TRT 装置相对位置的不同，分为并联流程、串联流程两种。在不影响高炉操作的前提下，尽可能多发电。

高炉配置 TRT 装置，投资小，见效快，效益高，符合国家的产业政策，能够改善周边环境，降低噪声污染，同时具有较高的经济效益和社会效益。而高炉炉顶压力采用减压阀组进行控制时，由于阀组的节流减压作用，会使减压阀组后部产生强烈的噪声，并可能伴有振动产生，对周边环境产生极大危害。采用 TRT 装置控制高炉炉顶压力可以大大降低噪声程度，避免振动的产生。根据实际测量数据，采用 TRT 装置前周边的环境噪声约为 110~120dB，采用 TRT 装置后可降至 85dB 以下。目前国内大型高炉煤气净化系统主要分为湿法除尘系统、干式除尘系统，还有一些是采用了干法除尘系统，但仍保留有湿法备用系统。配置适合煤气净化方式的 TRT 机组，扩大了 TRT 装置的适用范围，能够大大降低高炉冶炼的生产成本。TRT 装置在确保高炉稳定运行、减少对周边噪声污染、降低生产成本的同时，还可以大大降低企业对社会能源的依赖程度，改善电力资源紧张状况，缓解企业周边的用电压力，具有良好的社会效益。

4.4.8 高炉炉顶均压煤气回收技术

高炉冶炼生产过程中，炉顶料罐内的均压煤气通过旋风除尘器和消声器后，通常都是直接排入大气。由于旋风除尘器只能除去煤气中一部分较大直径颗粒的粉尘，其余的粉尘都随着放散煤气直接排入大气中，并且高炉煤气为含有大量CO和少量H_2、CH_4等有毒、可燃物的混合气体，这对大气环境尤其是高炉生产区域造成了严重的污染，同时也白白浪费了这部分煤气能源。另外，均压煤气一般含有较高的水分，通过消声器对空放散时，由于压力突然降低，煤气中的水分容易析出结露，随均压煤气排放的粉尘遇水变湿后常常黏糊、堵塞放散消声器，使其不能正常工作，给高炉的生产维护带来很大困难[52]。

20世纪80年代，国外已经开发了湿法均压煤气回收技术，后来国内也对湿法回收技术进行过研究并得到实际应用，但受回收煤气粉尘浓度偏大、回收时间较长等不利因素的影响，该工艺未能取得预期的效果。直到近年来得益于高炉自动控制技术的发展和干法除尘工艺的完善，才又为均压煤气回收提供了新的途径[53]。

高炉均压煤气回收由煤气回收系统和净化系统两部分组成。煤气回收系统位于高炉炉顶，包括回收/放散设施，及相应的控制系统。煤气净化系统一般设在高炉旁边的地面上，得到实际应用的有湿法文丘里管清洗和干法布袋除尘工艺。干法电除尘回收高炉煤气虽然也具有一些优势，还未能应用于均压煤气回收，两种工艺流程如图4-45所示。

湿法清洗技术具有操作简便、煤气工况适应能力强的特点。最初的均压煤气回收工艺，均是在湿法文丘里管清洗技术上发展而来的。料罐内的均压煤气先经过旋风除尘器一级除尘，再通过回收/放散控制阀组将煤气切换至回收通道或选择放散。通过固定回收/放散控制阀组的开、关时间，料罐内的大部分均压煤气得到回收，接近常压的残余煤气则通过煤气放散管路，经消声器后排空放散。煤气回收净化管路上设置煤气清洗塔，清洗塔具有煤气除尘和减压的功能。煤气清洗塔内设置文丘里管洗涤器，利用煤气清洗水来洗涤回收煤气，洗涤下来的粉尘随着污水排入污水坑，然后送至污水处理设施。清洗塔后的煤气管路上可以设置一个调节蝶阀来控制回收初期煤气压力对净煤气管网的冲击。

湿法煤气清洗回收工艺的特点有：

（1）适于炉顶煤气采用湿法清洗的企业。来自湿法洗涤器的均压煤气，含有大量的机械水，这会限制采用干法布袋除尘回收均压煤气，而对于文丘里管清洗则无不利影响。

（2）洗涤用水由炉顶煤气清洗系统提供，排污水进入炉顶煤气清洗区的污水处理系统，循环使用，不需单独设置清灰装置和水处理设施，一次性设备投资较少。

（3）除尘效率低。净化处理后的均压煤气平均含尘量仍在200mg/m^{3}左右，远远超过现在对净煤气含尘量不超过5mg/m^{3}的标准，即使并入主管网后，含尘

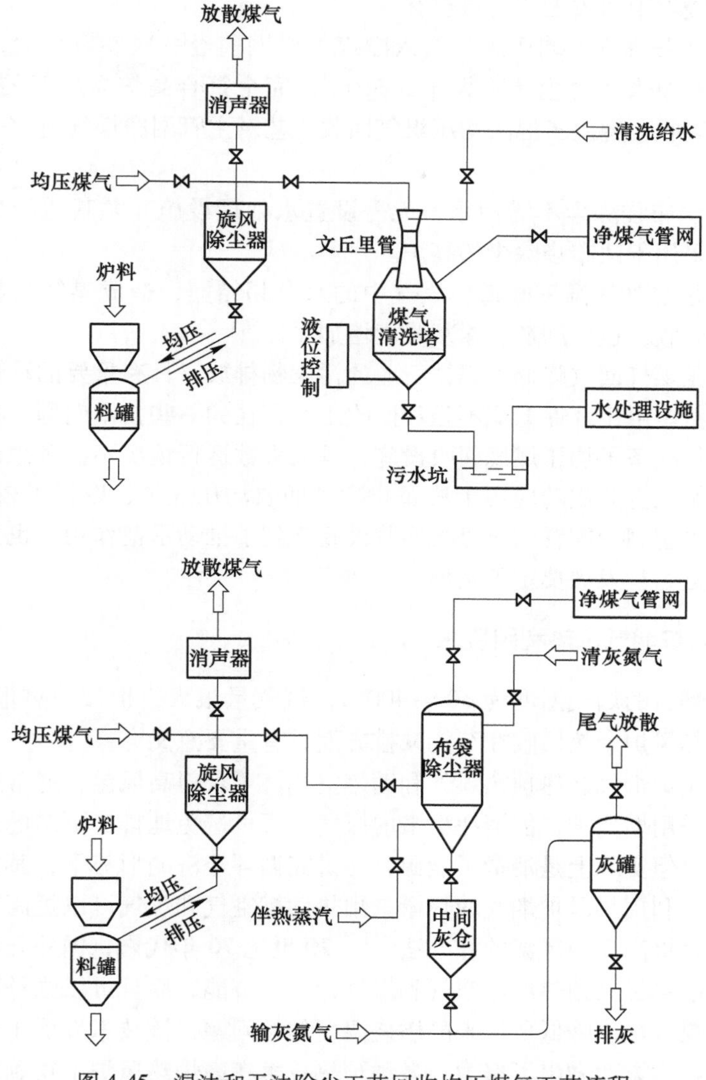

图 4-45 湿法和干法除尘工艺回收均压煤气工艺流程

浓度会稀释降低，但也对净煤气造成了一定程度的污染。

干法布袋除尘采用干法布袋除尘回收均压煤气，可以解决湿法净化除尘效率低的问题，并且煤气回收率较高。煤气回收系统与湿法清洗工艺一样，均压煤气通过回收/放散控制阀组选择进入回收通道或排空放散。回收时，均压煤气通过回收管道进入专门设置的一组布袋除尘器，经过除尘器的二次除尘，煤气中的粉尘基本都被过滤并沉降下来，煤气压力也降低至接近常压，然后送入净煤气主管网。过滤下的煤气灰通过中间灰仓排出，可采用气力输送方式输送至集中灰罐储存。

干法布袋除尘回收工艺的特点有：

(1) 除尘效率高。均压煤气进入净煤气管网前经一次旋风除尘，二次布袋除尘，最终的净煤气含尘量不大于 5mg/m^3，完全符合高炉净煤气的指标要求，实现了清洁回收，解决了湿法均压煤气回收工艺对主管网净煤气造成一定粉尘污染的问题。

(2) 干法布袋除尘不需用水，无需设置水处理设施，尤其适于当前国内众多炉顶煤气采用干法布袋除尘的高炉。

(3) 均压煤气的温度较低，煤气中的水分易结露，造成煤气灰黏糊在布袋上影响正常回收，也使卸灰、输灰难度增加。

高炉均压煤气回收降低了钢铁行业的污染物排放，具有重要的环保意义和可观的经济效益。由于环保意识不强和回收工艺存在的一些技术问题，世界上只有少数一些高炉配备了均压煤气回收设施，且大多数运行情况不甚理想。近期，国内已有很多钢铁企业成功应用干法布袋除尘回收均压煤气，取得了较好的效果，这对其他大中型高炉配置均压煤气回收设施起到了推动示范作用，也为均压煤气回收技术的进一步发展奠定了基础。

4.4.9 热风炉烟气余热利用技术

热风炉烟道的烟气温度为 300~400℃，烟气量很大，携带的热量相当可观，因此，高炉热风炉余热回收在节能减排方面具有重要意义[54]。

利用热风炉烟气余热预热煤气和助燃空气。要获得高风温，通常采用附加高热质煤气或采用燃烧炉，需消耗更多的煤气，不可避免地排出更多的废气。虽然节约了焦炭，但实际上是浪费了能源，在讲究循环经济的形势下，其实整体效果是不经济的，利用热风炉烟气的热量来预热助燃空气和煤气可以提高热风炉理论燃烧温度，是提高高炉风温的好办法[55]。20 世纪 70 年代末，国外开始研究利用热风炉烟气的热量来预热助燃空气和煤气，不但节能，而且可以弥补因高炉燃料比降低以后煤气热值降低所带来的燃烧温度偏低问题，该技术发展十分迅速。国内各钢厂也在这方面做出了努力，各种预热技术在高炉热风炉上得到应用，积累了宝贵的实践经验[56]，其大体工艺流程如图 4-46 所示。

利用热风炉烟气余热实现高炉煤气除湿。高炉煤气中的水分会降低煤气热值，煤气燃烧过程中，水分会消耗大量的气化潜热与显热，过多的水分会造成燃烧器熄火。同时，高炉煤气含有大量的 Cl^- 离子，温度低于露点温度时，溶于煤气冷凝水造成酸腐蚀，所以控制好煤气的露点温度，使煤气管道没有冷凝水析出，可有效避免煤气管道腐蚀问题。除湿系统由干燥器、再生器、两组输送提升装置和干燥剂等组成。从高炉来的已经净化过的高炉煤气进入干燥器，与从上而下滚落的干燥剂充分接触，煤气中的水分将被吸收；经干燥的煤气进入热风炉燃

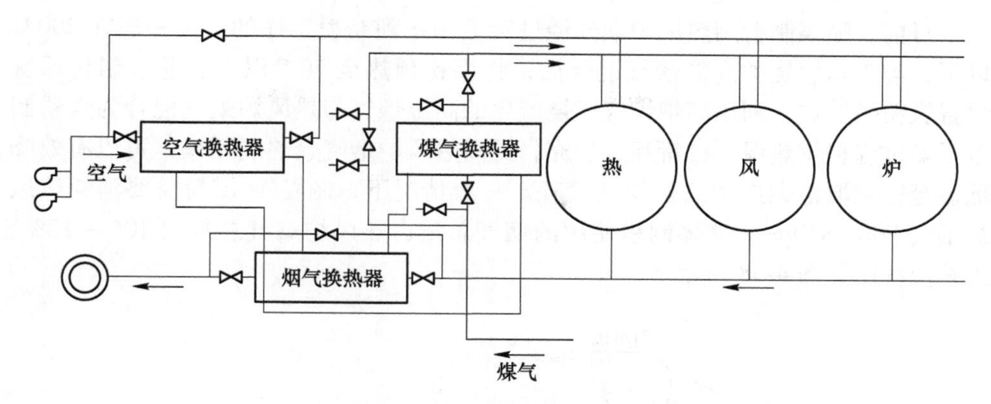

图 4-46 热风炉烟气预热空气煤气

烧，其燃烧产生的烟气进入干燥剂再生器，利用烟气（约 150℃）的余热使干燥剂再生，重复使用，工艺流程如图 4-47 所示。

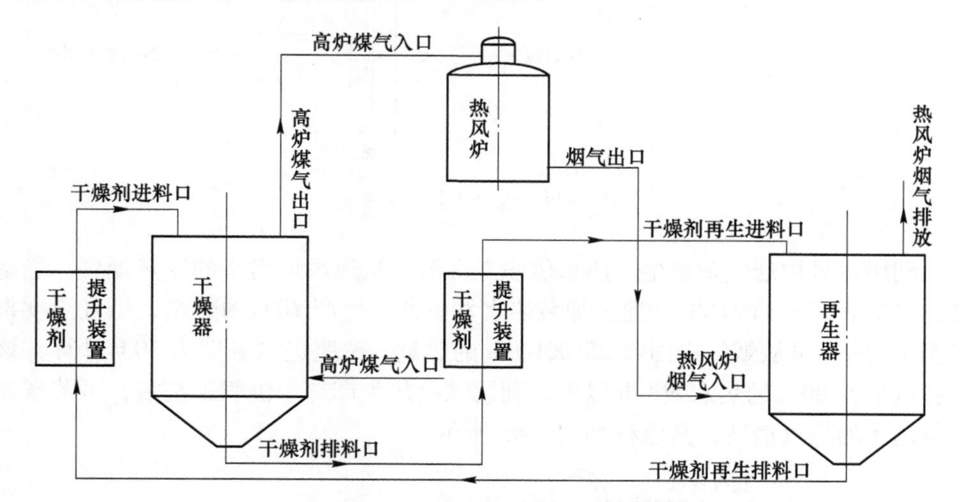

图 4-47 热风炉烟气高炉煤气脱湿工艺流程图

利用热风炉烟气使高炉煤气脱湿技术，降低了高炉煤气含水量，使其露点温度低于大气常温，可有效解决管道腐蚀问题，同时提高煤气热值和热风炉风温等，产生一系列的节能降耗作用。

利用热风炉烟气充当喷煤制粉干燥气。热风炉烟气成分中仅有残余氧气 2%~3%，温度 250~300℃，是喷煤制粉过程中的最佳干燥气体。尤其适用高炉工序与制粉工序布局较近的生产系统。对于热风炉废气管线过长、温降大或者烟气引风机能力较低的工艺系统，热风炉烟气余热利用率偏低，煤粉烘干系统还通常需要辅以煤粉燃烧炉等其他热源。

目前，喷煤制粉用热风炉烟气经过管道输送到制粉工序的温度一般在200℃以下，与煤粉燃烧炉高温烟气混合后，将煤粉预热至70℃以上。通过制粉系统设置煤粉燃烧炉，利用高炉煤气燃烧产生的高温烟气与热风炉烟气混合为煤粉制备干燥过程提供热源，二者互为补充，提高热风炉烟气余热利用率，可以有效降低甚至完全取消燃烧炉高炉煤气消耗。一般情况下，制备1t煤粉需要消耗热风炉烟气800~850m³，喷煤制粉使用的烟气总量占热风炉烟气总量的10%~12%，工艺流程图如图4-48所示。

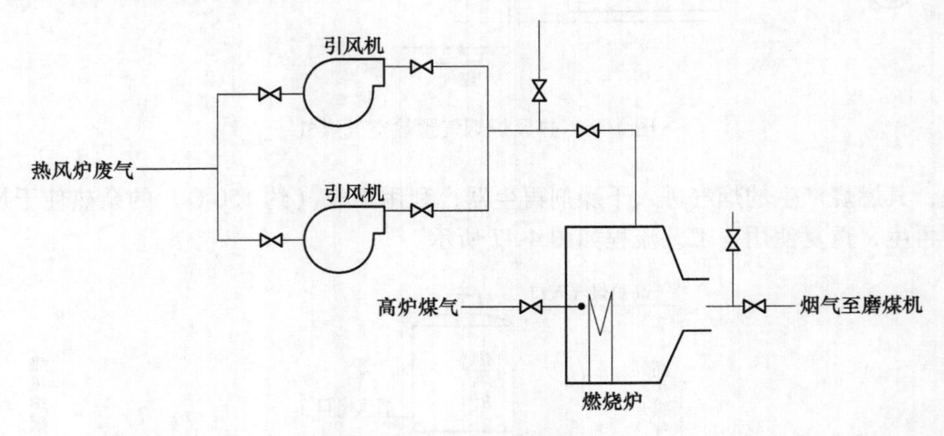

图4-48　混合干燥气系统

利用热风炉烟气余热生产热水供职工洗浴。从热风炉出来的废热烟气，经空气预热器后降至约210℃，通过加装热水发生器，生产80℃的热水，烟气温度再降至150℃，可从烟气中回收25100GJ/h的热量，按照进水温度为10℃计算，该设备可生产80℃的热水50t/h以上。利用该余热生产热水供职工洗浴，可节省原洗浴用水的蒸汽消耗，其流程如图4-49所示。

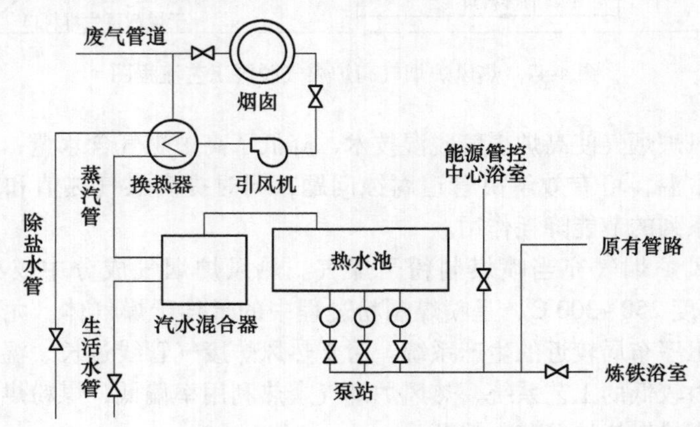

图4-49　热风炉烟气余热生产热水工艺流程

热风炉烟气生产洗浴热水是烟气余热利用的一种补充形式，可根据企业实际情况参考选用。

4.5 炼钢工序

传统的转炉炼钢过程是将高炉来的铁水兑入转炉，并按一定比例装入废钢，然后降下水冷氧枪以一定的供氧、枪位和造渣制度吹氧冶炼。当达到吹炼终点时，提枪倒炉，测温和取样化验钢液成分，如钢液温度和成分达到目标值范围就出钢。否则，降下氧枪进行再吹。在出钢过程中，向钢包中加入脱氧剂和合金进行脱氧、合金化。然后，钢水送模铸场或连铸车间铸锭。近年来，用户对钢材性能和质量的要求越来越高，钢材的应用范围越来越广，同时钢铁生产企业也对提高产品产量和质量、扩大品种、节约能源和降低成本越来越重视。目前由单纯用转炉冶炼发展为：铁水预处理→复吹转炉吹炼→炉外精炼→连铸这一新的工艺流程。这一流程以设备大型化、现代化和连续化为特点。氧气转炉已由原来的主导地位变为新流程的一个环节，主要承担钢水脱碳、脱磷和升温的任务。

当前，我国钢铁行业绿色发展水平与生态文明建设发展要求不相适应的矛盾仍然突出。污染物排放控制与废弃物资源化利用等绿色、可持续发展等方面尚待加强，特别是持续实施大气污染物防治行动和打赢蓝天保卫战以来，我国钢铁行业在 CO_2、SO_2、NO_x、粉尘等主要污染物治理及其超低排放、“控煤”和碳排放交易等方面任务艰巨。

随着我国经济的快速发展和钢铁市场的强劲拉动，我国钢材的需求量、产量和消费量都在迅猛增长，2018 年我国粗钢产量达 9.2 亿吨，生产和消费的同步增长有力地说明，我国已经成为名副其实的钢铁大国。近年来，为了适应国家新型工业化、绿色城镇与节能减排的重大需要，作为国民经济中涉及面广、产业关联度高、消费拉动大的重要基础产业，钢铁产业正处于由大到强、由高物耗、高能耗、高污染向资源节约、环境友好型的转变阶段。《国家中长期科学和技术发展规划纲要（2006—2020 年）》及绿色制造科技发展“十二五”专项规划将“流程工业的绿色化、自动化及装备”以及“可循环钢铁流程工艺与装备”作为关系国民经济社会发展重点领域中亟须发展的优先主题。

4.5.1 少渣冶炼技术

少渣冶炼工艺是相对于传统转炉炼钢而言的，日本冶金界于 20 世纪 90 年代提出了“少渣冶炼”技术，开发出了不同工艺路线的少渣冶炼模式，但就其本质而言，“少渣冶炼”的核心在于“少渣”，主要从两个方向来达到“少渣”的目的：

（1）在炼钢过程中，充分研究炉渣的化学成分、理化性能和转炉炼钢工艺，通过循环使用转炉终渣，减少原辅料的消耗；

（2）在转炉炼钢过程中，通过调整操作手段和工艺路线以大幅降低原辅料的加入量，从而降低渣量。

少渣冶炼技术已经经历了20多年发展历程，从世界范围来看，日本对此研究比较多，开发了多种不同种类的炼钢工艺（如JFE的LD-NRP双联法、住友的SRP双联法、神户的H专用炉法、新日铁的MURC双渣法和LD-ORP双联法）[57]，我国参考了日本的少渣冶炼模式，根据自身情况对少渣冶炼模式进行了深入的探索，开发了适合自身的少渣冶炼技术（如宝钢的BRP法），并不断进行优化，在节能、减排、降耗等方面做出了巨大贡献，为提高生产效益和效率提供了有效的途径。

4.5.1.1 LD-ORP 法

LD-ORP是由日本新日铁公司研发出的一种少渣冶炼双联炼钢工艺。当铁水脱完硅、磷后倒炉在另一个转炉中完成脱碳任务。这种工艺的优势在于脱磷效率非常高，因为在完成脱磷任务后，炉渣被全部倒掉后才进行脱碳操作，避免了后期的回磷问题。

目前，八幡制铁所、名古屋制铁所和新日铁君津制铁所均采用了这种冶炼工艺。名古屋制铁所自1988年就开始在其第一炼钢厂推广LD-ORP工艺，如图4-50所示。从生产实际效果来看，虽然冶炼过程中要将脱磷和脱碳在不同的转炉中进行，消耗了时间和浪费了热量，但是这种炼钢工艺可减少CaO的消耗，增加金属收得率，保证转炉炼钢过程的稳定性。

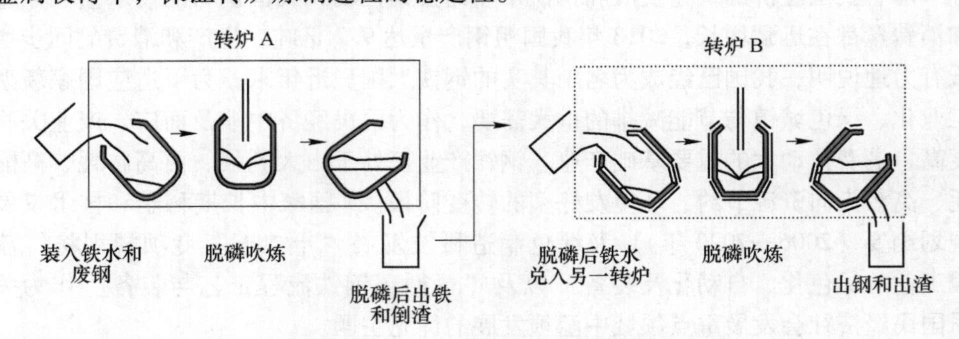

图 4-50 新日铁名古屋厂转炉脱磷处理流程图

4.5.1.2 MURC 工艺

MURC法是日本新日铁公司开发的另一种少渣冶炼技术，如图4-51所示。与LD-ORP的炼钢方法的区别在于：该工艺的脱硅、脱磷、脱碳任务始终在一个转炉中进行冶炼。

少渣冶炼工艺的一个重要特点就是降低原辅料的消耗，前面所述的LD-ORP技

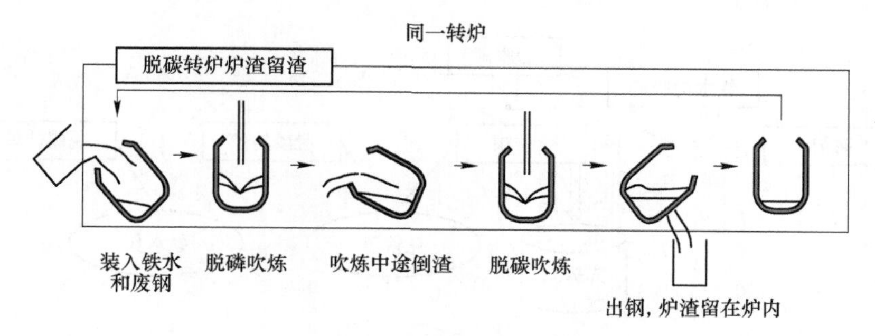

图 4-51 MURC 法示意图

术通过重复利用了脱碳渣来降低渣料消耗，但是由于该方法至少需要两个转炉来维持生产，对于一些钢厂来讲，如果要采用该工艺，必须重新准备一个转炉，这无疑增加了建造成本，另外热量和时间消耗也是其缺点。为了克服该工艺的缺点，新日铁发明了转炉双联法（Multi Refining Converter Process，MURC），这种工艺使得脱磷和脱碳在同一个转炉内即可完成，无须再另外准备一个转炉来专门脱碳。

现场数据表明，从铁水加入炼钢结束可以在 35min 内完成，另外，对脱磷率而言，与不回收脱碳渣的炉次比较没有区别。综合来看，MURC 法的优点有：

（1）该方法只用到一个转炉，额外的投资成本较少。

（2）一部分脱碳渣得到了回收，与不进行铁水预处理的工艺比较，渣量可以减少近 50%，与进行铁水预处理的工艺比较，渣量可以减少 30%。

（3）脱磷前可以加入废钢，铁水比与传统转炉炼钢相比基本接近，与喷吹溶剂法预处理工艺相比高 10%。

（4）与传统炼钢将高碱度的脱碳渣全部排出相比，MURC 法充分利用了高碱度渣，降低了石灰消耗。

4.5.1.3 宝钢 BRP 工艺

宝钢在 1999 年进行了转炉少渣冶炼的工业化试验，试验分别对少渣冶炼过程中的脱磷、脱碳、铁损等指标进行了研究分析，并对少渣吹炼的操作制度（造渣制度、供气制度、温度制度）进行了探讨。通过工业试验，熟悉了少渣冶炼操作的规律与特点。另外，宝钢在转炉脱磷工艺方面也积累了较多的经验，因此，宝钢从 2002 年开始开发具有完全自主知识产权的宝钢转炉脱磷-脱碳双联法（Baosteel BOF Refining Process，BRP），即宝钢转炉脱磷-脱碳双联法。图 4-52 为宝钢 BRP 工艺流程图。

宝钢 BRP 技术与新日铁的 LD-ORP 工艺类似，均是采用两座转炉的双联作业。宝钢是国内第一个开发“双联”工艺的钢铁企业，填补了该技术在国内的空白。该工艺在最初推广使用的一年里，进行了 700 多炉的生产实践，主要用于低磷和超低磷钢的生产。

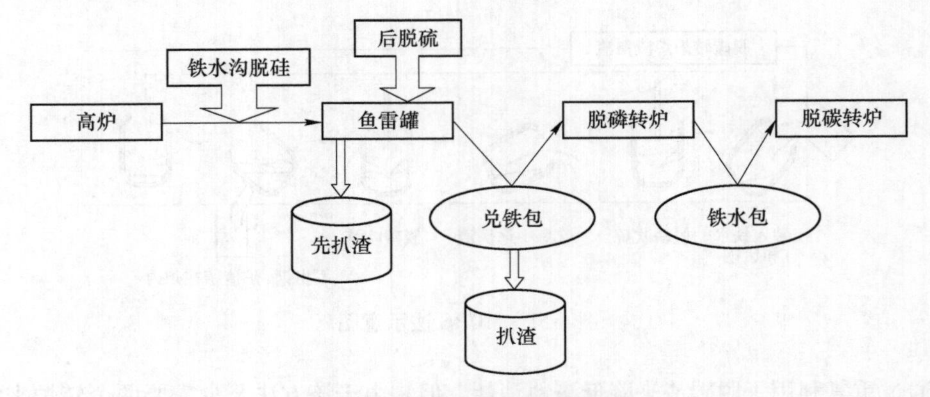

图 4-52 宝钢 BRP 工艺流程示意图

4.5.1.4 首钢 SGRS 工艺

首钢集团在 2010 年开始与北京科技大学合作开发“留渣-双渣”工艺，并在首钢迁安和首秦公司进行工业试验与推广应用。该工艺与新日铁 MURC 法相似，均属双渣法，其工艺过程为：上一炉钢吹炼结束后出钢，留下脱碳渣，随后进行液渣固化并人工进行确认固化效果，然后加入废钢和铁水，进行脱磷吹炼，脱磷结束后进行倒渣操作，将脱磷渣排掉，之后进行脱碳操作，吹炼结束后出钢、留渣，重复操作，工艺流程如图 4-53 所示。因该工艺具有降低渣量和钢铁料消耗等特点，首钢将其命名为“留渣-双渣”工艺（Slag Generation Reduced Steelmaking，SGRS）。

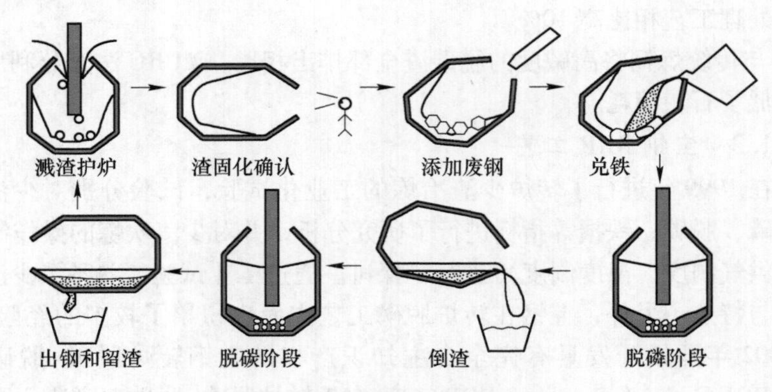

图 4-53 首钢 SGRS 工艺流程示意图

4.5.2 高废钢比技术

相对于铁矿石而言，废钢是一种直接利用的铁资源，提高转炉废钢比不仅可以节省原料，还可以降低 CO_2 的排放。据估算，转炉增加 10%的废钢比，全

流程 CO_2 的排放量可降低 6%左右[58]，与使用铁矿石的全流程炼钢方式相比，以全废钢为原料的电炉炼钢工艺可以减少 50%~60%的 CO_2 排放。研究预测，2020 年后国内废钢产量将呈现持续上升的趋势，在废钢量增加和废钢价格下降双重因素的刺激下，开发出能够提高转炉废钢比的冶炼工艺成为目前亟待解决的技术问题。

国外研究机构及钢铁企业已成功开发了多种增加废钢使用量的冶炼工艺，国内冶金专家和钢铁企业也开展了转炉高废钢比冶炼的研究和工业试验，为开发高废钢比冶炼技术奠定了坚实的基础。

4.5.2.1 KMS/KS 工艺

在 1978 年德国 Klockner 公司发明了 KMS/KS 技术，转炉构造如图 4-54 所示。通过转炉底喷吹煤粉的操作，废钢比可达 50%，冶炼周期约 55min，并且 KS 也可进行全废钢操作，冶炼周期约为 95min[59]。利用底吹喷嘴 KMS/KS 工艺既可以用氧气作载气向炉内喷吹造渣剂，又可以喷吹煤粉，显著提高转炉的脱磷和脱硫效率。Danieli 提出的他热式转炉与 KMS/KS 类似，其冶金特性如图 4-55 所示。

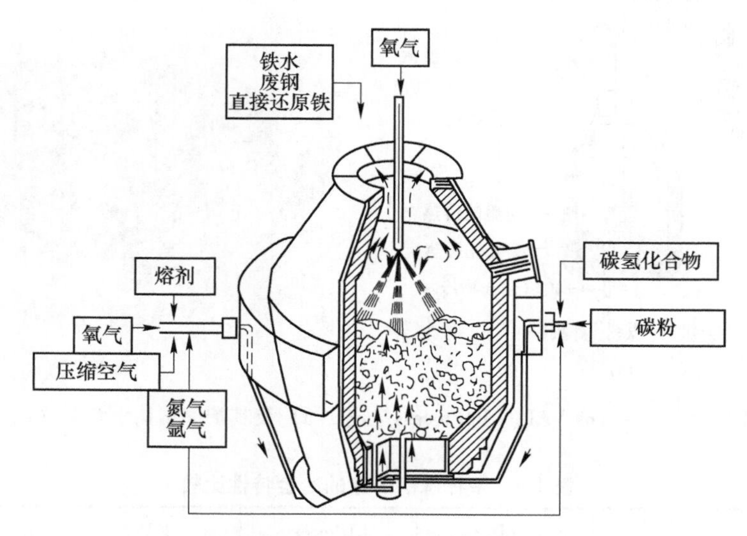

图 4-54 KMS/KS 工艺装备示意图

4.5.2.2 JetProcess 工艺

Siemens VAI 提出的 JetProcess 工艺如图 4-56 所示，该工艺将 1300℃的富氧热风通过转炉顶部喷入炉内，炉底喷嘴既能喷吹 O_2 和石灰粉也能喷吹煤粉，底吹喷嘴用 C_xH_y 作为保护气[60]。目前，该工艺的转炉废钢比最高可达 50%，平均冶炼周期比常规转炉多 6min 左右，其他冶金特性对比见表 4-6。

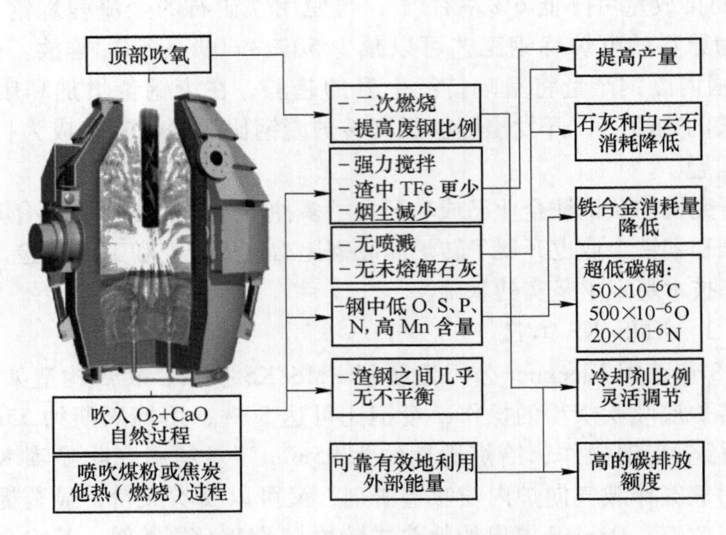

图 4-55　他热式转炉技术方案及其冶金特性

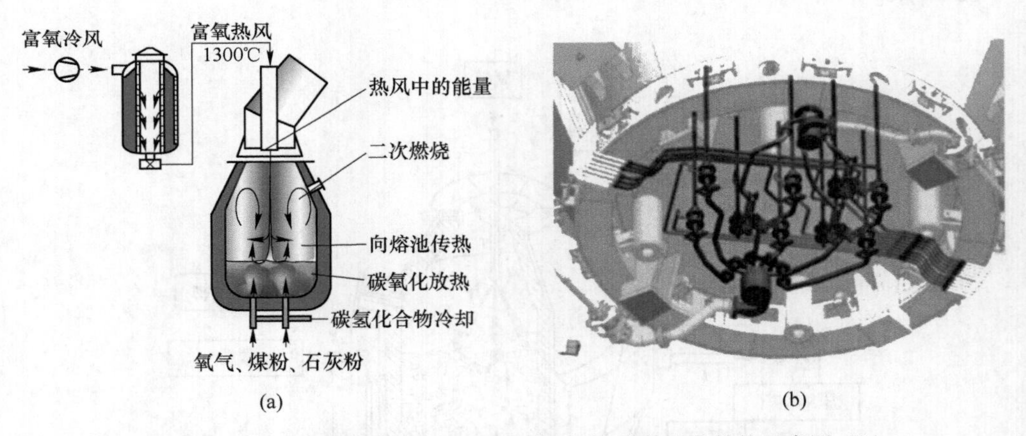

图 4-56　Siemens VAI 的 JetProcess 工艺（a）及其炉底结构示意图（b）

表 4-6　多种炼钢工艺的冶金特性比较

特　性	LD	JetProcess	EAF	EAF
是否喷吹煤粉	否	是	是	是
废钢比/%	20	50	50	100
二次燃烧率/%	12	60	—	—
收得率/%	92	94	91	91
CO_2 排放量/$kg\cdot t^{-1}$	1600	1000	900	500

4.5.2.3 SMP 工艺

日本新日铁发明了 SMP 技术，该工艺通过两个转炉进行废钢熔化和脱碳，如图 4-57 所示。在熔化炉内将废钢快速熔化，得到高碳、低温的铁水后倒入铁水包内，在铁水包中进行脱硫预处理操作，然后将铁水兑入脱碳炉进行炼钢任务。在熔化炉中，通过顶吹氧枪改善炉内二次燃烧状况，煤粉经由底吹喷嘴喷入炉内，可以高效补充热量；每次出钢仅倒出 50%的铁水，有助于缩短炉内废钢熔化的时间。在两个转炉之间设置铁水预脱硫工位可以解决铁水硫含量超标的问题，减轻脱碳转炉及后续工艺的生产负担。此外，SMP 流程中通过底吹 CO_2 可以改善转炉脱氮效果。

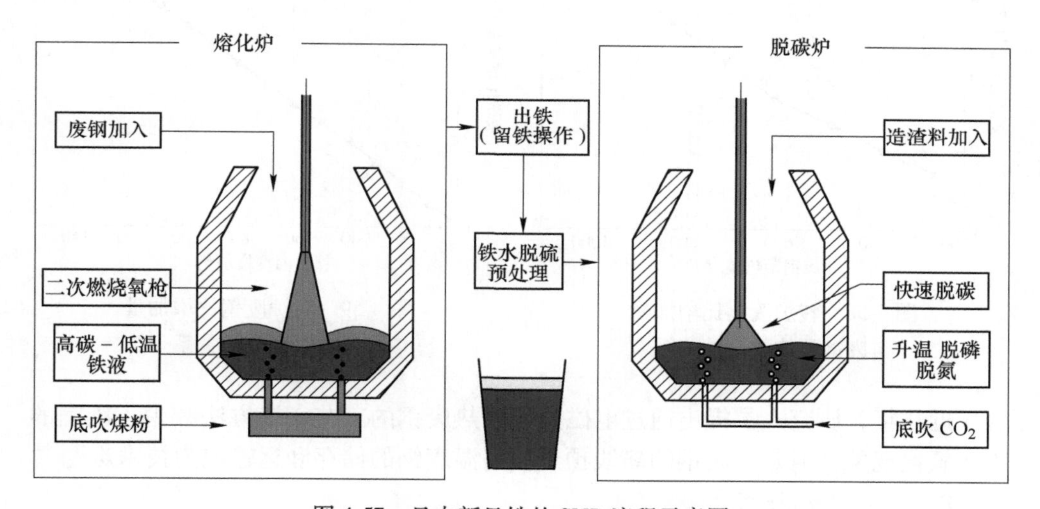

图 4-57 日本新日铁的 SMP 流程示意图

4.5.2.4 高废钢比的关键技术的研究进展

转炉高废钢比冶炼工艺需提供额外的热量，与之相应的关键技术包括废钢预热技术、燃料添加技术和转炉底喷粉技术等。

A 废钢预热技术

废钢预热是提高转炉废钢比最直接的方法，根据冶炼过程的物料平衡与能量平衡理论计算可得：在一定的假设条件下，不进行废钢预热转炉废钢比为 10.39%，如果将废钢预热到 1000℃，废钢比可增加至 18.16%[47]，废钢比随废钢预热温度的增加量如图 4-58 所示。

转炉大多采用炉内预热法，即将废钢加入转炉内，向炉内喷吹燃料预热废钢。从下部喷吹燃料可达 70%以上的热效率，从上部喷吹燃料的热效率仅为 50%。炉内预热法的缺陷在于预热过程占用了一部分炼钢的时间，为了降低废钢预热时间，需要提高热量补给速度和热效率，德国 Klockner 公司通过研究发现同时侧吹和底吹天然气可以缩短冶炼时间和减少燃料消耗。

国内冶金学家提出了一种在铁水包内进行废钢预热的工艺，将小块废钢提前放到铁水包内，在铁水包烘包过程中对废钢进行预热处理，同时在高炉炉况允许的前提下，适当提高出铁温度，在出铁过程中充分利用铁水的物理热和冲击力将铁水包内的废钢熔化。根据物料平衡和能量平衡的理论计算，转炉废钢比随铁水温度的增加量如图 4-59 所示。

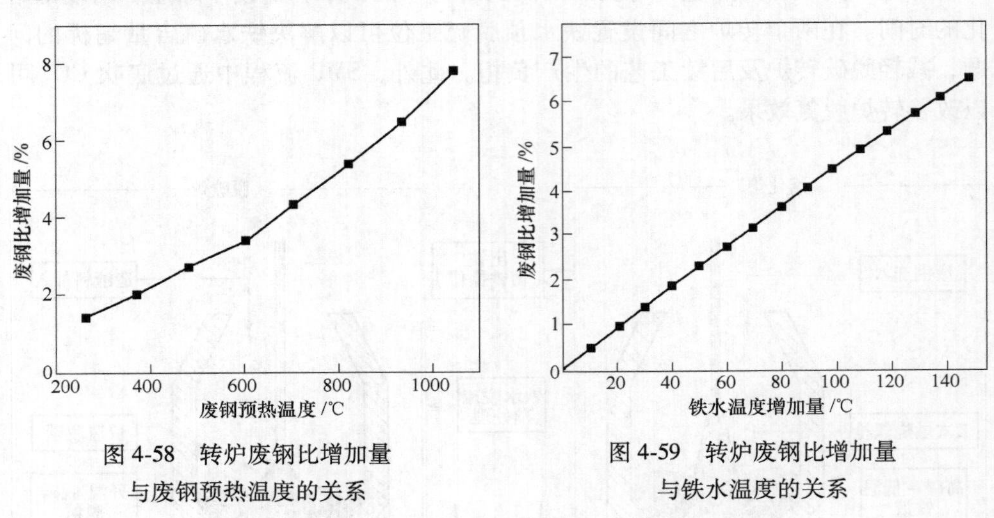

图 4-58　转炉废钢比增加量与废钢预热温度的关系

图 4-59　转炉废钢比增加量与铁水温度的关系

近几年，研究人员提出通过电磁感应预热废钢的工艺，该方法减少了废钢的二次氧化现象；但是，废钢的离线预热使高温废钢的储存和运输成为技术难题。

B　燃料添加技术

二次燃烧和废钢预热技术在热量补给方面均受到制约，只能作为增加废钢比的辅助手段。为了增大废钢比，额外添加燃料是必要的，从成本方面考虑，目前大多采用煤系燃料。

碳材的选择对于熔碳速度非常重要。研究表明，硫是一种表面活性元素，不利于渗碳作用的进行。研究认为，渗碳速率常数随着碳材中硫含量的增加而呈现出逐渐降低的趋势，因此最好选择低硫含量、挥发性物质含量少以及低碳灰的碳材。

对于顶喷碳粉和侧喷碳粉模式而言，为了避免粉料飞散的现象，必须将碳粉喷入钢液内部，或者喷粉的同时配合吹氧将碳粉燃烧产生高温火焰，利用高温火焰加热废钢和熔池。在 50%以上废钢比的转炉炼钢法中，普遍采用的是底喷碳粉的方式，该方法已在很多钢厂实现工业化应用。底喷碳粉的转炉具备强搅拌功能、优良的熔碳速度以及热效率，更适合于高废钢比冶炼。

除了加入块状燃料和喷吹碳粉外，研究人员还提出可以将煤粉与转炉烟尘、氧化铁皮等混合后压制成球，在冶炼过程中从转炉顶部加入，既能改善化渣又能添加燃料。但是化渣剂有降温效果，不宜大量使用，导致燃料添加量有限。

C 转炉底喷粉技术

根据废钢熔化的原理，通过3种方式可以促进废钢的熔化，即增加钢液碳浓度、增加钢液温度以及增加钢液的搅拌力。除了纯粹提高钢液温度外，提升钢液的碳浓度以及搅拌力成为最好的方式，因此，具有底喷碳粉以及强搅拌功能的底吹转炉成为最佳的选择。

底吹转炉在提高转炉废钢比和改善转炉冶金效果方面具有显著优势，但是底吹转炉炉底结构复杂、寿命短的问题成为限制该技术广泛应用的关键。对于底吹氧气转炉而言，底吹喷嘴的上方为火点区，耐火材料经受剧烈的热冲击，此外强搅拌的机械磨损和高温下渣中（FeO）的侵蚀也是炉底损伤的主要原因。经过几十年的技术攻关，底吹氧气转炉的炉底寿命已超过2000炉，炉衬寿命超过5000炉，而且对于底吹煤粉的喷嘴而言，其上方并不存在高温火点区，其喷嘴寿命相较于底吹氧气的喷嘴有大幅延长[47]。

对于转炉炼钢而言，如果想实现高废钢比冶炼，尤其是废钢比50%以上的工况，必然要开发转炉底喷粉技术，国外钢铁企业和研究机构在转炉底喷粉领域开展了大量研究和实践，具备丰富的经验，而国内在该领域的技术储备不足，尤其是在底喷粉系统的工程设计和炉底维护方面。近几年，冶金学家对转炉底喷粉技术开展了大量基础研究和工程探索，并成功开发了电弧炉埋入式供氧喷粉技术，在电弧炉钢液面下方的炉壁上安装喷枪用于喷吹氧气和石灰粉，为转炉底喷粉技术的工程实施积累了大量的经验。

4.5.3 转炉喷粉技术

转炉炼钢中，许多杂质元素如Si、Mn、P均是通过渣-金界面反应去除的，目前转炉通常采用顶吹超音速氧气射流和底吹惰性气体强化搅拌的冶炼方法，由于熔池搅拌强度仍然较弱，导致终点钢水仍然存在过氧化现象。终点钢水氧含量较高，导致脱氧剂的消耗量增加，钢水中夹杂物数量增多，且夹杂物脱除困难，既增加冶炼成本，也危害钢材质量。

喷粉冶金是在冶炼过程中，采用氮气、氩气等气体作为载气，通过喷粉装置，向铁水和钢液中喷入冶炼所需的粉剂以达到既定目标的一种冶炼方法。喷粉冶金是国外20世纪70年代发展起来的一项炼钢技术，它可以在钢包内进行，也可以在炉内进行，它不仅适用于电炉，也适用于转炉，还适用于高炉和铁水预处理。

喷粉冶金改变传统的以“块状”和“批料”加入冶金物料的方法，其以气体为载体将粉剂连续喷入钢液内。喷入粉剂在气体动能的作用下，与钢液产生激烈的相互作用，粉气流对熔池的强烈的搅拌作用，为冶炼创造良好的热力学、动力学条件[61]。冶炼反应主要发生在相界面，其速度取决于反应物的相接触总表面积。喷粉增加了反应物的相接触面，加速金属在炉内的运动，使冶金反应过程速度提高、反应完善。其系统设备由储料仓、喷粉罐、输送管道、流量检测和控制系统、喷枪及其操作系统组成。

4.5.3.1　喷粉冶金工艺特点

喷粉冶金就是通过载体使粉剂在罐内流态化，呈悬浮状，通过管道喷入钢液内部，其生产工艺具有如下的特点：

（1）喷入的粉剂越过渣层，不与大气接触，直接喷入钢液内，防止了它们的氧化，粉剂的利用率高。

（2）喷入粉剂在气体动能的作用下，使粉剂与钢液之间产生强烈搅拌，极大地扩大反应物的接触面积，因而大大改变了钢液内反应的动力学条件，加速了物理化学反应的速度，有利于脱硫、脱氧和夹杂物的排除，提高钢液质量。

（3）气体搅拌作用有利于反应物的聚集和上浮。

（4）容易连续可控地配料和供料，能更合理地控制钢液内的反应，从而可以改变钢中非金属夹杂物的组成和形态。

（5）喷吹设备简单，灵活性大，能够提高熔炼炉的生产能力。

4.5.3.2　转炉侧喷粉技术案例

河钢承钢进行了转炉侧喷粉提钒的工业化试验，喷粉过程采用双套管式喷枪，转炉现场管道布置如图 4-60 所示。输送管道由喷粉罐下端喷射器经两个大弧度弯管与转炉耳轴连接，利用旋转接头连接耳轴内进粉口，输粉管道需经过旋转接头和耳轴的正中心，通过转炉炉壳外壁与托圈间的缝隙，与安装在钢液面下的喷粉枪连接。环缝气和辅吹气体管道从耳轴穿过。

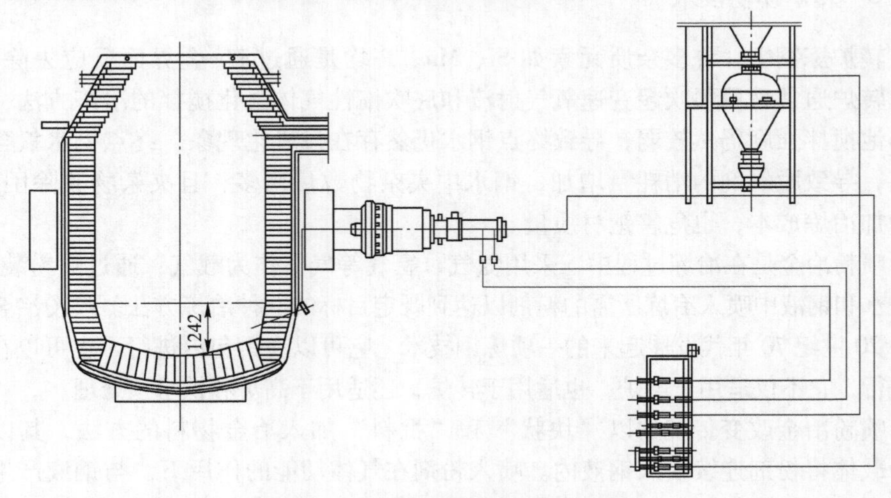

图 4-60　150t 提钒转炉喷粉管道示意图

转炉提钒的目的就是最大限度地将铁水中的钒氧化分离进入钒渣中，同时保证熔池中碳元素尽可能不被氧化，保证半钢炼钢的热量需要。因此，提钒保碳是转炉提钒冶炼操作的核心问题。半钢中的碳、钒含量是衡量提钒冶炼效果的重要指标之一，以下主要对半钢中的碳、钒含量进行分析。

A 半钢碳含量分析

图 4-61 是采用两种工艺提钒时半钢碳含量的频率分布图与平均值对比。从图 4-61（a）半钢碳含量频率分布图可以看出，采用常规工艺吹炼时，半钢碳含

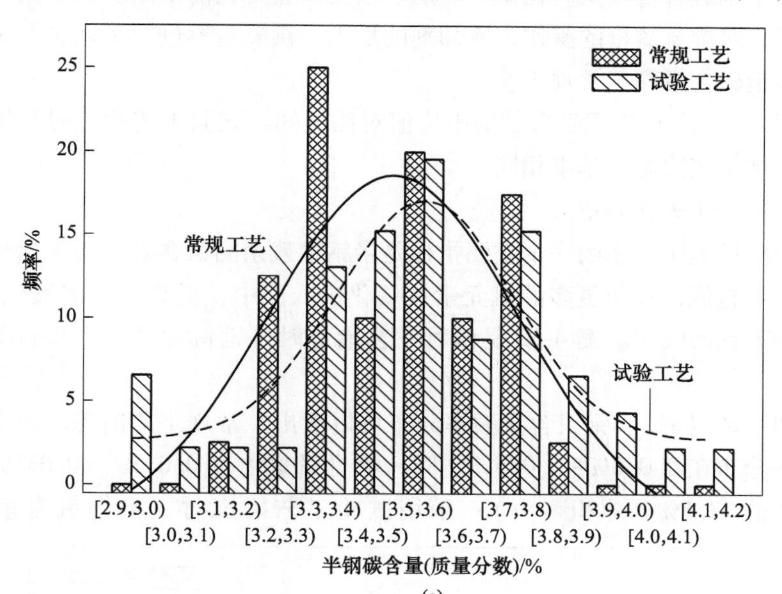

(a)

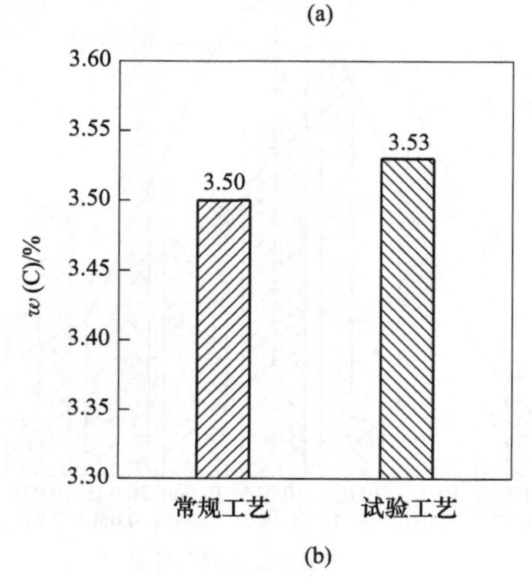

(b)

图 4-61 半钢碳含量对比

（a）碳含量频率分布；（b）平均值

量分布集中在3.1%~3.8%之间；采用试验工艺冶炼时，半钢碳含量波动范围较大，分布在2.9%~4.2%之间。碳氧反应的进行程度和熔池的搅拌强度、冷却强度及吹炼时间均有较大的关系。在试验初期（1~22炉），采用试验工艺冶炼的半钢碳含量较常规工艺低；在试验中后期，试验工艺吹炼时半钢碳含量较高。随着试验的进行，采用试验工艺的半钢碳含量呈升高趋势。主要是因为在试验初期，采用的旋流氧枪枪位较低，导致碳氧反应剧烈进行，熔池中碳元素被大量氧化，因而半钢碳含量较低。在试验后期，根据试验工艺前期出现的半钢碳含量较低的问题，对旋流氧枪的操作、冷却剂的加入、供氧量等进行了调整，试验工艺冶炼的半钢碳含量高于常规工艺。

从图4-61（b）半钢碳含量的平均值对比可知，试验工艺冶炼时半钢平均碳含量与常规工艺冶炼时基本相同。

B　半钢钒含量分析

衡量转炉提钒效率的一个重要指标是半钢中残余的钒含量。提钒冶炼结束时半钢钒含量越低，表明更多的钒元素被氧化进入渣中，提高了钒的氧化转化率，有利于提高钒回收率。图4-62是两种工艺冶炼时半钢钒含量频率分布图与平均值对比。

从图4-62（a）半钢钒含量频率分布可以看出，常规工艺冶炼时，半钢钒含量较高，分布在0.030%~0.065%之间，钒含量集中在0.035%~0.055%的炉次占总炉次的77.5%（累积频率）；采用试验工艺冶炼时，半钢钒含量分布在

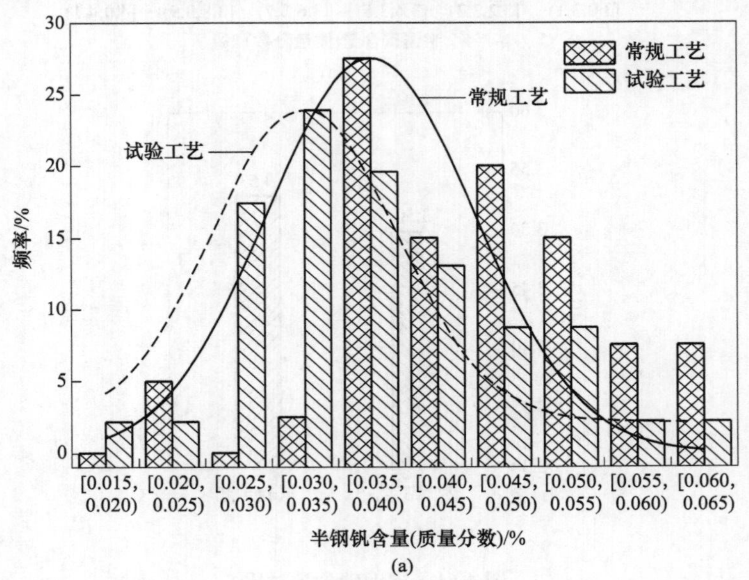

(a)

图4-62　半钢钒含量对比

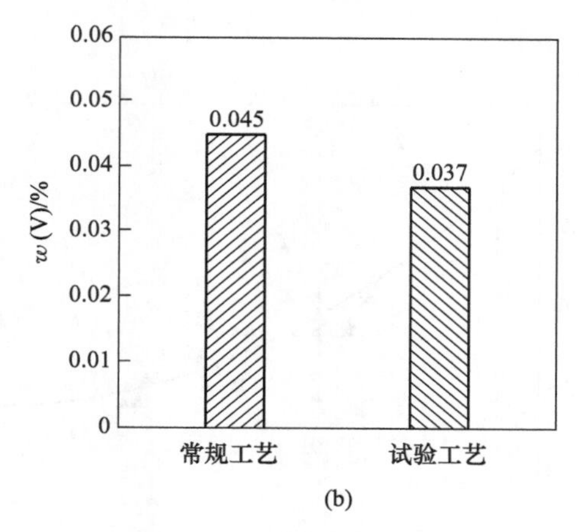

(b)

图 4-62 半钢钒含量对比
（a）钒含量频率分布；（b）平均值

0.020%~0.050%，集中分布在 0.025%~0.045%的炉次占 74%。从图 4-62（b）半钢钒含量的平均值对比可以看出，采用试验工艺冶炼时，半钢钒含量从 0.045%降低至 0.037%，降低了 0.008%，降低比例为 17.8%。采用试验工艺冶炼时，半钢温度与采用常规工艺冶炼时基本相同。半钢钒含量降低是由于采用的旋流氧枪除了产生轴向搅拌和径向搅拌作用外，也存在切向搅拌作用，同时底侧部采用喷吹铁精矿粉冷却熔池，强化熔池搅拌。因此，可在碳氧反应受到抑制的条件下，加强熔池搅拌，改善了铁水中钒的传质条件，促进钢渣界面提钒反应的进行，增加了钒的氧化程度。

C 半钢钒含量和喷粉量的关系

喷吹铁精矿粉不仅能够代替部分块状冷却剂控制熔池温度，也可利用铁精矿粉中的氧化铁直接参与提钒等熔池反应，强化熔池搅拌。因此，喷粉量对半钢钒含量有较大的影响。图 4-63 为半钢钒含量和喷粉量之间的关系。

图 4-63 中显示随着喷粉量的增加，半钢钒含量呈下降趋势，当喷粉量达到 300kg 以上时，半钢钒含量可降低至 0.030%以下，满足高效提钒要求。在提钒转炉喷粉试验过程中，不同炉次的喷粉量波动较大，集中在 180~457kg，平均喷粉量为 295kg。由于提钒冶炼过程的吹炼时间较短，仅为 5~6min，因此，平均喷粉速率约为 60kg/min。这主要是由于粉料的干燥性难以完全达到要求，流态化效果较差，同时，喷粉罐的流态化装置并不完全满足高密度、流动性差的粉剂的流动要求，所以喷吹过程供粉量波动很大。在提钒冶炼过程中，由于粉气射流强烈的冲击和搅拌作用，炉衬一直受到气流的冲刷作用，因此，解决粉气流对炉衬的侵蚀问题将是今后重点研究的问题。

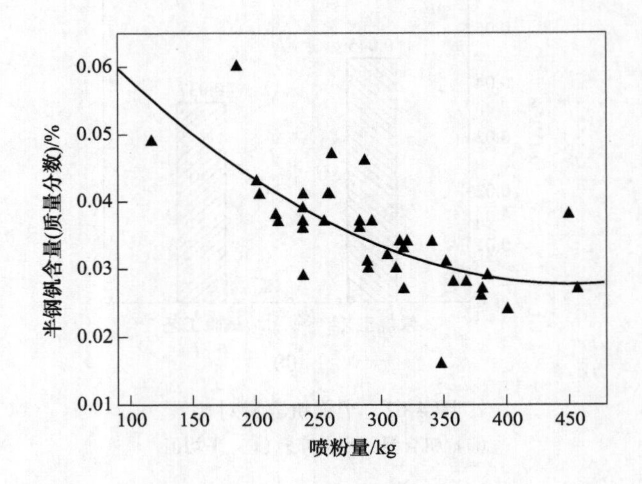

图 4-63　半钢钒含量随喷粉量的变化

D　钒氧化率分析

钒的氧化率是铁水钒含量与半钢余钒量的差值与铁水钒含量的百分比，是评价转炉提钒效果的重要指标。图 4-64 是两种工艺冶炼时钒氧化率的频率分布图与平均值比较。

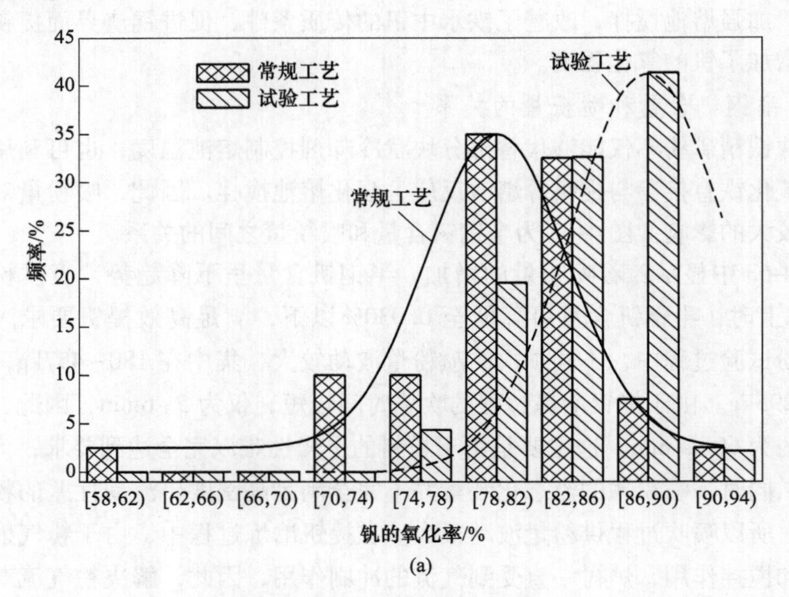

图 4-64　钒的氧化率对比

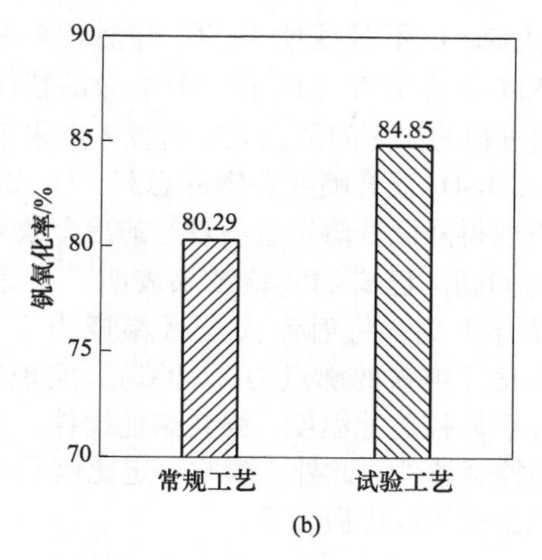

图 4-64　钒的氧化率对比
（a）钒氧化率的频率分布；（b）平均值比较

从图 4-64 可以看出，采用常规工艺冶炼时，钒的氧化率波动较大，分布在 70%~90%之间，平均氧化率为 80.29%；采用试验工艺冶炼时，钒的氧化率总体分布都较高，分布在 78%~90%之间，平均氧化率为 84.85%，提高了 4.56%。可知，采用旋流氧枪吹炼和喷吹铁精矿粉时有利于改善提钒动力学条件，促进钒的氧化，提钒效果较好。

4.5.4 顶底复吹 CO_2 技术

随着化石原料消耗的逐年增加，CO_2 排放已成为全球关注的重点。根据政府于 2009 年 11 月 26 日公布的控制温室气体排放的目标，即到 2020 年全国单位国内生产总值 CO_2 排放比 2005 年下降 40%~45%。2018 年，中国钢产量约为 9.2 亿吨，CO_2 排放量如按吨钢 2.1t 计算，年排放量已达到 18.4 亿吨，约占工业排放的 18%。因此，钢铁行业寻求如何减少 CO_2 排放或资源化利用 CO_2 的新技术刻不容缓。

我国转炉钢产量约占总产量的 85%以上，转炉炼钢通常采用 O_2 作为顶吹气体、N_2 或 Ar 或 N_2-Ar 切换作为底吹气体，但转炉炼钢具有烟尘产生量大、炉渣铁损高、单渣法冶炼时脱磷率不稳定的特点。与顶吹纯氧相比，采用 CO_2 作为炼钢过程氧化剂时，由于 CO_2 参与熔池反应为吸热或微放热反应，反应的热效应降低，因此，可利用喷吹一定比例的 CO_2 实现炼钢脱磷过程温度的调控，为脱磷反应的发生创造良好的热力学条件；同时利用 CO_2 参与反应可产生更多的气体，有利于强化熔池搅拌能力，为脱磷反应创造良好的动力学条件。20 世纪 70 年代，国内外学者开始对转炉炼钢过程底吹 CO_2 气体进行研究，研究发现：CO_2 气体可参与熔池反应，其底吹搅拌能力强于 Ar 和 N_2，同时 CO_2 不像底吹 N_2/Ar 型复吹转炉易使钢中［N］增加，也不像底吹 O_2/C_xH_y 型转炉易使钢中［H］增加，CO_2 是成本较高的 Ar 和有潜在危害的 N_2 的一种有效的替代品[62]。

因此，为解决炼钢过程的诸多问题，北京科技大学朱荣课题组提出采用一定比例 CO_2 代替 O_2 进行 CO_2-O_2 混合喷吹炼钢的思路[63]。如图 4-65 所示，当添加一定比例的 CO_2 时，将取得降低铁蒸发量等较好的冶金效果，但也可能存在影响冶炼节奏等尚不明确的问题。已有的实验结果表明[64]，利用 CO_2 的吸热效应，通过调节 CO_2-O_2 的混合比例，将射流火点区温度由 2500～2700℃ 降低到约 2100℃，减少了铁的蒸发（纯铁的沸点为 2750℃），实现了烟尘的减排。其次，通过喷吹一定比例 CO_2 可调控熔池温度，强化熔池搅拌，为熔池提供良好的脱磷热力学及终点碳、氧的控制条件。此外，喷吹一定比例 CO_2 用于不锈钢冶炼，有利于脱碳保铬，同时减少镍的氧化损失等。

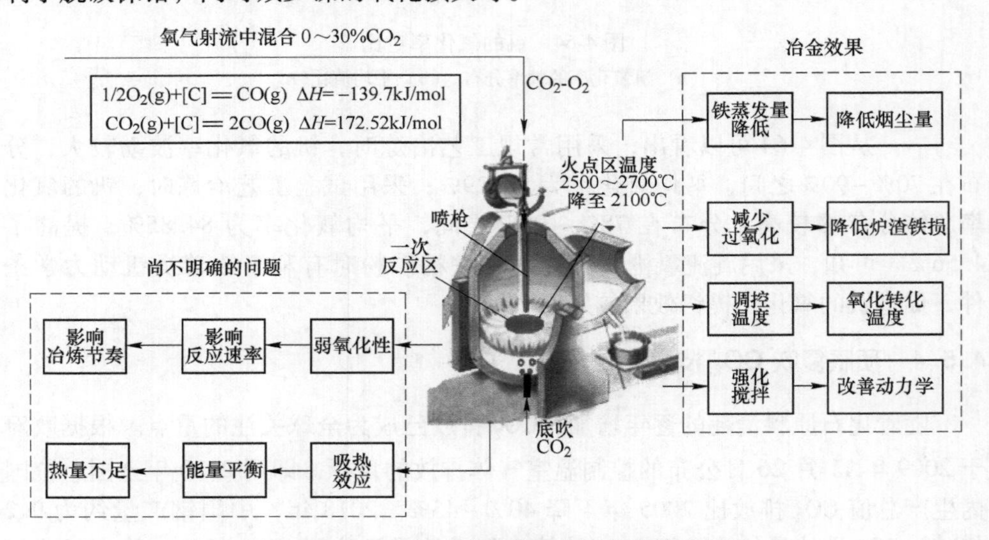

图 4-65　CO_2 应用于炼钢的冶金原理及效果分析

通过 CO_2-O_2 混合喷吹炼钢的初步试验研究[65]，取得了烟尘降低 15%、脱磷率提高 10%以上、铬镍回收率分别提高 5%及 10%等冶金效果。在炼钢精炼炉进行的底吹 CO_2 代替氩气搅拌的工业试验中，发现供气强度不变的条件下，搅拌强度明显高于氩气，钢中夹杂物显著降低，同时吨钢节约氩气 1.2m^3。初步证实了利用 CO_2 可实现节能减排的思路，为 CO_2 应用于炼钢工艺提供了可能。

CO_2 在炼钢温度条件下具有一定的弱氧化性。由于炼钢温度一般在 1300～1650℃，可计算得到在此范围内 CO_2 与钢液中各元素反应的 $\Delta G^{\ominus}$ 与温度 T 之间的关系图，如图 4-66 所示。由图中可知，在常规炼钢温度范围内，CO_2 可与［C］、［Fe］、［Si］、［Mn］反应。若不加 CaO，CO_2 与［P］不反应；在有 CaO 时，CO_2 会与［P］发生反应。

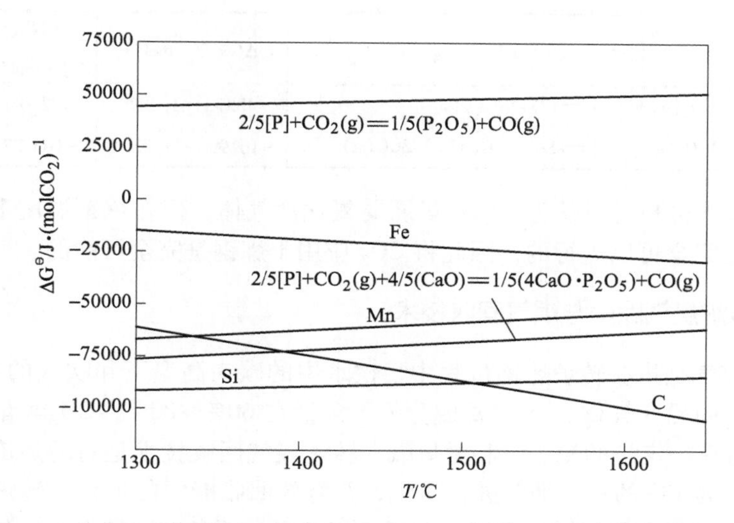

图 4-66 钢液中各元素与 CO_2 反应的 $\Delta G^{\ominus}$和 T 线性关系图

根据选择性氧化的原理，$\Delta G^{\ominus}$越低，元素越先反应，所以熔池中元素与 CO_2 的反应顺序为：硅>磷>锰>铁。CO_2 与［C］反应的吉布斯自由能曲线斜率为负值，与［Si］、［Mn］、［P］都存在选择性氧化。表 4-7 给出了 CO_2 与熔体主要元素反应的标准自由能变化，表明 CO_2 作为氧化剂在炼钢过程应用是可能的。与纯氧相比，体系氧化条件的改变为控制炼钢反应的选择性氧化提供了可能。CO_2 与碳、铁元素反应是吸热反应，与硅、锰、铬、钒元素的反应是放热反应，但相对于氧气与这些元素的反应放热量小。因此，CO_2 应用于炼钢过程有利于实现熔池温度控制。此外，CO_2 与碳、硅、锰、铬、钒等元素的氧化反应均可生成气体，大量气泡的产生可改善熔池的搅拌，为熔池反应提供了更好的动力学条件。

表 4-7 CO_2 参与反应的热力学数据[66]

化学反应式	$\Delta G^{\ominus}$/J·mol^{-1}	$\Delta G^{\ominus}_{1773K}$ /kJ·mol^{-1}	$\Delta H^{\ominus}_{298K}$ /kJ·mol^{-1}
$CO_2(g)+[C]=2CO(g)$	$137890-126.52T$	−86.43	172.52
$CO_2(g)+Fe(l)=(FeO)+CO(g)$	$48980-40.62T$	−23.04	40.37
$2CO_2(g)+[Si]=(SiO_2)+2CO(g)$	$-247940+41.18T$	−174.93	−344.36
$CO_2(g)+[Mn]=(MnO)+CO(g)$	$-133760+42.51T$	−58.39	−101.91
$[P]+5/2CO_2(g)+2(CaO)=1/2(4CaO\cdot P_2O_5)+5/2CO(g)$	$-282581.43+56.73T$	−182.00	−139.56
$[Cr]+3/2CO_2(g)=1/2Cr_2O_3(s)+3/2CO(g)$	$-167535+48.56T$	−81.44	−140.31

续表 4-7

化学反应式	$\Delta G^{\ominus}$/J · mol^{-1}	$\Delta G^{\ominus}_{1773K}$ /kJ · mol^{-1}	$\Delta H^{\ominus}_{298K}$ /kJ · mol^{-1}
$CO_2(g)+[Ni]=CO+NiO(s)$	$48970+41.22T$	122.05	34.44
$3/2CO_2(g)+[V]=1/2V_2O_3(s)+3/2CO(g)$	$-161990+31.935T$	−105.37	−190.74

通过以上分析可以认为，CO_2 虽属弱氧化性气体，但在炼钢温度下，CO_2 的氧化反应是完全可以进行的，因此将 CO_2 应用于炼钢是完全可能的。

4.5.5　转炉煤气除尘与煤气回收技术

转炉煤气是指在转炉炼钢过程中，铁水中的碳在高温下和吹入的氧生成 CO 和少量 CO_2的混合气体，其主要成分 CO 含量在 60%~80%，CO_2 含量在 15%~20%，并含有一定量的氮、氢和微量氧。转炉煤气回收技术是对转炉炼钢过程中产生的大量含 CO 的一次烟气进行净化，并有效回收能源的过程。转炉煤气的热值介于焦炉煤气和高炉煤气之间，利用价值较高，而毒性比较强。近年来，随着钢铁企业成本压力的不断增大以及国家对节能减排要求的日益严格，各家钢铁企业对转炉煤气回收这道工序越来越重视。

目前，转炉煤气净化回收技术主要有干法和湿法两种，最具代表性的是第四代 OG 系统除尘技术和 LT 干法除尘技术，实际生产中要实现转炉煤气的正常回收涉及安全、工艺、设备等多方面的协调配合，其影响因素比较复杂。

4.5.5.1　LT 干法除尘转炉煤气回收系统简介

氧气转炉冶炼过程中产生大量高温烟气，烟气中含有大量的 CO 和粉尘，炉气中 CO 浓度最高可达 80%以上。粉尘中大部分为金属铁及铁氧化物，全铁含量高达 60%。烟气由活动烟罩捕集，经过汽化冷却烟道降温至 800~1000℃，进入蒸发冷却器再通过蒸发冷却的方式降温到 200~300℃，同时捕集粗颗粒粉尘。余下的冷却后的烟气经过荒煤气管道进入电除尘器进行精除尘，同时细颗粒粉尘得到收集。净化后烟气经过轴流风机进入切换站，在这里符合回收条件的煤气经过煤气冷却器进入转炉煤气柜待利用，不符合回收条件的煤气、烟气则经放散烟囱点燃排放。工艺流程如图 4-67 所示。

LT 干法除尘转炉煤气回收系统主要包括蒸汽冷却器及喷雾系统、静电除尘器、风机和消声器、切换站、点火放散系统、煤气冷却器、粉尘输送存储系统等。

4.5.5.2　第四代 OG 法转炉煤气回收系统简介

第四代 OG 法转炉煤气回收系统为湿法除尘，即“一塔一文”系统，文丘里管采用 RSW(Ring Slit Washer) 型喉口，风机采用三维叶片。当转炉炼钢产生的

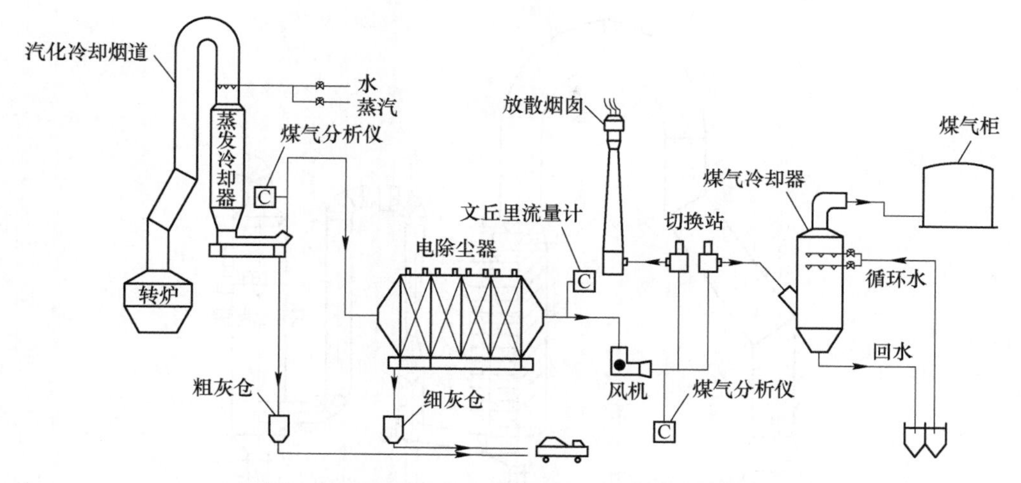

图 4-67 LT 干法除尘转炉煤气回收系统示意图

高温含尘煤气从炉口出来后，由活动烟罩搜集，经汽化冷却烟道吸收了部分热量后温度降至 800~1000℃后进入文丘里洗涤塔，高温烟气在塔内上部首先与喷淋水进行传热传质，同时烟尘与水雾进行撞击凝聚，使烟气中大部分粗颗粒粉尘被除去，且煤气温度迅速降低，然后经过降温和粗除尘后的煤气在塔内下部高速通过环缝水清洗装置，此时煤气得到了进一步净化，煤气温度下降到 65℃左右，另外环缝水清洗装置能够根据炉口微差压检测信号自动调节环缝间距，并控制煤气去除尘塔的粉尘浓度满足标准要求[67]。经净化处理后的烟气满足回收条件则进入煤气回收系统。

第四代 OG 除尘转炉煤气回收系统主要包括喷淋塔、RSW 文丘里管、喷枪脱水器、煤气风机、水封逆止阀、点火放散系统等，如图 4-68 所示。

4.5.5.3 提高转炉煤气回收的措施

转炉煤气回收率与转炉冶炼铁水比、供氧强度、空气吸入系数、煤气回收允许条件等因素有关。国内提高转炉煤气回收率的主要措施包括如下几个方面：

（1）在转炉冶炼工艺允许的条件下，提高转炉铁水比和供氧强度等措施可以达到增加转炉煤气回收率的目的。

（2）优化冶炼过程，及时降烟罩，防止氧气进入烟道，避免烟气成分中氧含量超出回收上限而不能回收，避免吸入氧与 CO 燃烧使 CO 含量降低。提倡降罩早，降罩到位。吹炼开始时，先降罩，后下枪，使转炉煤气尽早达标。同时，利用炼钢间歇时间，及时清除炉口结渣，有利于尽量降低烟罩。

（3）通过二文喉口阀与炉口差压检测仪连锁进行调节，根据吹炼不同时段生成的烟气量，采取分段参数控制，以保证炉口微正压。

（4）优化转炉煤气回收参数，在保证安全的基础上，最大限度地回收转炉

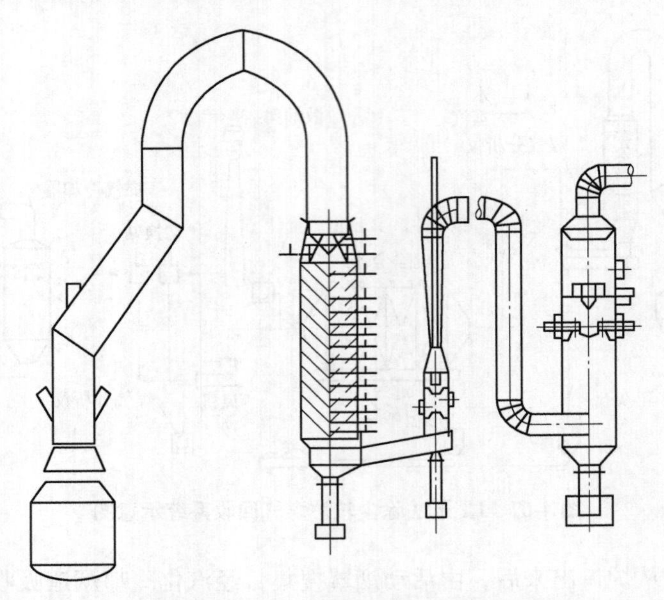

图 4-68　第四代 OG 转炉煤气回收系统示意图

煤气。某钢铁公司为进一步提高煤气回收量，优化煤气回收连锁条件，将 CO 含量大于等于 39%，且 O_2 含量小于 1%作为煤气开始回收的工艺连锁值条件；在煤气回收过程中，CO 含量高于 37%且 O_2 含量高于 1%，转炉煤气仍然继续回收；后期当 CO 含量小于 37%或 O_2 含量大于 1%时，煤气进行放散。

（5）加强设备维护，减少煤气放散比例。

4.5.6　转炉余热蒸汽利用技术

节能减排是钢铁工业发展过程中面临的重大战略性任务。在宏观层面上，要求对产业结构和布局进行调整，将节能减排的发展理念贯穿于钢铁生产的各个环节，建立全行业的节能减排生产体系。在微观层面上，要求企业提高能源利用效率，节约能源，减少排放[68]。

4.5.6.1　饱和蒸汽发电技术

钢铁企业在冶炼、轧钢过程中产生较多的余热资源，特别是一些低品质余热，例如竖炉蒸汽、转炉汽化冷却系统蒸汽、加热炉蒸汽。这些蒸汽由于品质较低在企业中往往被直接放散，或者仅用于采暖，造成了余热资源的大量的浪费。经过对转炉汽化冷却系统产生的余热蒸汽发电技术进行充分论证的结果表明，在不改变现有炼钢工艺、不影响炼钢生产的前提下，利用转炉汽化冷却系统产生的余热蒸汽发电技术上可行。饱和蒸汽发电技术主要是通过对蒸汽参数进行调节优化，利用饱和蒸汽带动蒸汽轮机发电。此项技术不但有效利用了蒸汽余热，避免了能源浪费，为企业创造了较好的经济效益，且在此过程中不产生额外的废气、废渣、粉尘和其他有害气体，是节能环保新技术。

4.5.6.2 供应 RH、VD、VOD 真空精炼装置用汽

转炉汽化冷却系统向真空精炼供汽技术，使汽化冷却系统具有“一机两用”功能，既优先向真空装置供汽，又能将多余蒸汽外送。转炉蒸汽用于真空精炼装置用汽，将原本常放散的蒸汽利用起来，并且年运行费用低，现在被越来越多的钢铁公司用户所关注并开始采用。若真空精炼装置要求微过热蒸汽，则需在蓄热器出口设置蒸汽过热装置。由中冶京诚自主研制开发的低阻损燃气式蒸汽过热装置（含蒸汽滤洁器、烟气升温炉、汽气换热器等），包括燃烧、烟、风、烟囱等设施，采用机电一体化自动控制，提供合格的过热蒸汽。

该装置采用低温燃烧技术，废烟气达标排放。具有燃料消耗量小、投资低等优点，稳定可靠，启停方便。燃气式蒸汽过热装置的主燃料既可以采用高热值的焦炉煤气、天然气等，也可以是较低热值的转炉煤气、高炉煤气或混合煤气（点火用焦炉煤气）。可以充分利用钢厂自产煤气，能够很大程度上节约能源，提高企业的经济效益。对应不同规格的真空精炼装置，可选择对应规格的燃气式蒸汽过热装置供应真空精炼装置用蒸汽。其中低阻损燃气式蒸汽过热装置在南京钢厂转炉蒸汽利用改造工程中已经投产，运行状况良好，完全能满足炼钢车间 VD、RH 真空精炼装置的要求。

4.5.6.3 供应其他生产、生活用汽

转炉蒸汽还可用于吸收式制冷机、采暖用户、低沸点有机工质回收转炉蒸汽余热及其他常见生产、生活用汽，如蒸汽吹扫、汽封、生活热水等。工厂富余的蒸汽也可寻求工厂外面的蒸汽用户，实行蒸汽外卖。

4.5.7 电炉复合吹炼集成技术

随着电炉炼钢节奏的加快，均匀电炉的熔池成分和温度、减少氧气消耗、杜绝大沸腾现象、提高金属收得率、降低成本显得非常重要，特别是大量铁水使用时，问题更加突出。在电弧炉冶炼过程中大量使用氧气可以加快脱碳速度，还可以充分利用氧化反应放出的热量达到节能降耗的效果。强化用氧技术主要有氧燃烧嘴、吹氧助熔和熔池脱碳、氧枪以及二次燃烧等技术。其中，氧燃烧嘴、氧枪和二次燃烧是主要的用氧方式，结合使用还可以改善熔池搅拌效果、促进冶金反应、降低电耗以及提高生产率。

4.5.7.1 底吹搅拌技术

电炉熔池的加热方式与感应炉不同，更比不上转炉。它属于传导传热，即由炉渣传给表层金属，再传给深层金属，它的搅拌作用极其微弱，仅限于电极附近的镜面层内，这就造成熔池内的温度差和浓度差大。因此，电炉熔池形状要设计

成浅碟形的，操作上，要求加强搅拌。为了改善电炉熔池搅拌状况，国外采用电磁搅拌器，但设备投资大，故障多。

电炉底吹搅拌工艺，是20世纪60年代随转炉同时提出的，大规模应用是近几年完成的，可满足电弧炉熔池强化搅拌，提高经济指标的要求。

在普通电炉冶炼中，熔池内的搅拌主要靠氧化期C-O反应的CO气泡和集束氧枪的氧流，但在氧化末期为了避免过氧化，集束氧枪也就失去了搅拌作用，导致钢水温度和成分不均匀，造成精炼炉操作被动或者成分出格，底吹系统的应用可以很好地解决这个问题[69]。直接与非直接接触底吹氩气系统分别如图4-69和图4-70所示。

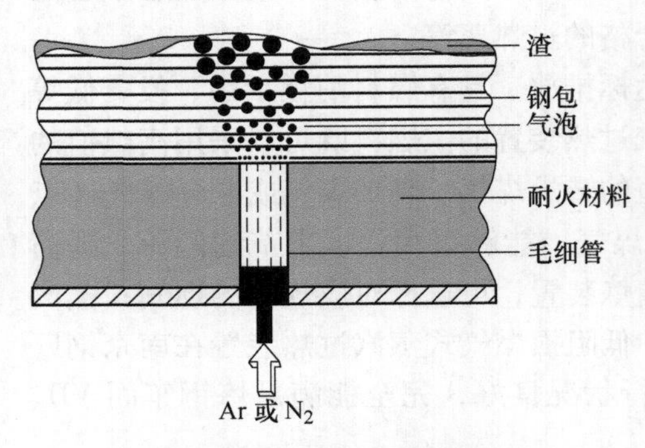

图4-69　直接接触底吹氩气系统

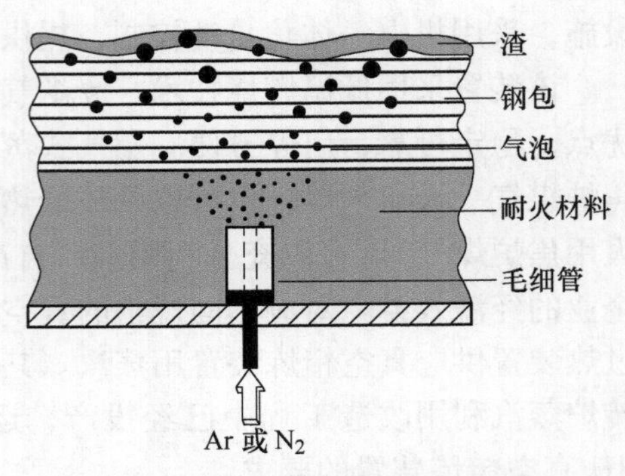

图4-70　非直接接触底吹氩气系统

4.5.7.2　集束氧枪 Cojet

目前具有废钢循环利用和低排放环保优势的短流程电弧炉炼钢迎来发展机遇。安阳钢铁股份公司100t电弧炉进行改造，在节能降耗改造方面，引进使用了美国普莱克斯集束氧枪技术，用Cojet氧枪（见图4-71）替换原有的炉壁氧燃烧嘴，利用该集束氧枪的优势来提高铁水装入比，加快冶炼节奏，降低生产成本，实现电弧炉低成本、高效化运行[70]。

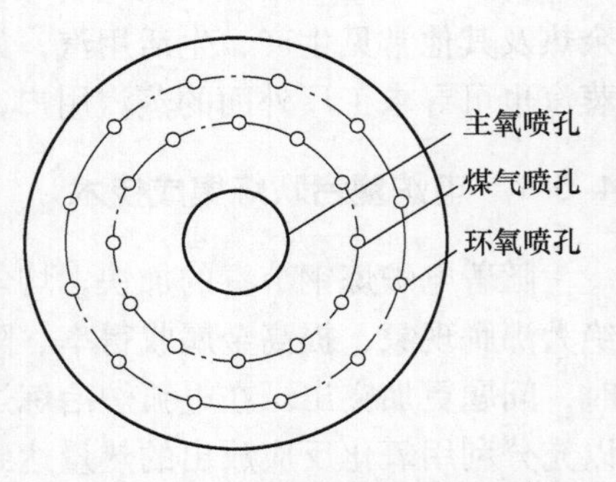

图4-71　Cojet主氧枪喷头结构示意图

Cojet集束氧枪可作为常用的炉壁烧嘴来加热熔化废钢使用。按照预先设定模式，并依据装入的钢铁料料型结构与在炉内的装入位置，在穿井和熔化期使用不同配比的氧气、焦炉煤气来加热熔化废钢和在吹氧脱碳前清除熔化集束枪前面一定熔池区域内的废钢，为后期的喷碳造泡沫渣创造好条件。

4.5.7.3　智能复合吹炼技术

2007年，北京科技大学朱荣教授带领的科研团队针对国内外电弧炉炼钢的现状，在前期研究基础上提出“电弧炉炼钢复合吹炼技术”（见图4-72），即以集束供氧应用新技术和同步长寿的多介质底吹技术为核心，实现供电、供氧及底吹等单元的操作集成，满足多元炉料条件下的电弧炉炼钢复合吹炼的技术要求，并从2011年开始实现工程化。通过研发电弧炉炼钢终点温度和成分预报系统，形成电弧炉炼钢复合吹炼技术软件和电弧炉成本质量控制软件，满足复合吹炼的精确控制要求，实现电弧炉炼钢复合吹炼单元集成。建立智能型“供电-供氧-脱碳-余热”能量平衡系统，实现电弧炉复合吹炼单元操作和余热回收协调运行。

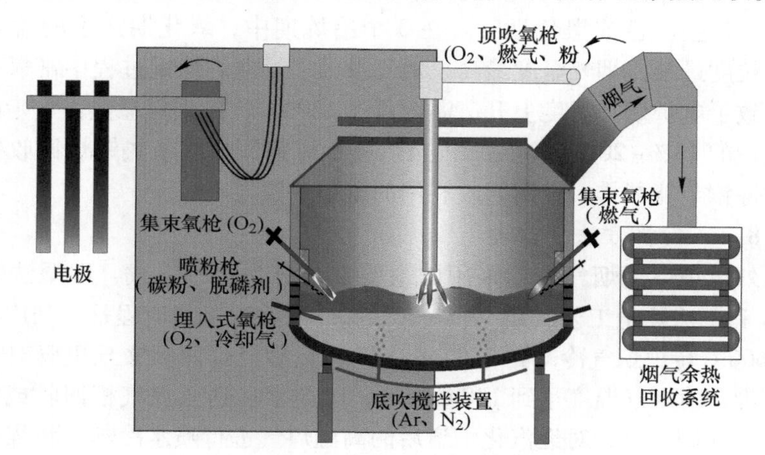

图4-72 电弧炉炼钢复合吹炼示意图

4.5.8 电炉炼钢烟气余热回收技术

4.5.8.1 余热回收原理

电弧炉冶炼过程中产生大量的高温含尘烟气，冶炼过程中产生废气所带走的热量约为电炉输入总能量的11%，有的甚至高达20%，因此，电弧炉炼钢余热回收将产生巨大的经济效益。同时降低烟气温度以便除尘和回收煤气，采用汽化冷却技术对电炉的高温烟气进行冷却[71]。烟气余热回收技术的基本原理是在电炉一次烟气进入除尘系统前，通过气化冷却烟道或余热锅炉回收大量蒸汽，这些含能蒸汽可进入全厂蒸汽管网中供其他蒸汽用户使用，也可供就近饱和蒸汽发电设备利用。

4.5.8.2 回收目的

工业上产生的高温烟气若未经回收直接排放，不仅造成环境污染，也造成能源浪费。通过烟气余热回收利用技术，将排空浪费的烟气回收利用，产生低温低压蒸汽达到节能减排的目的。汽化冷却利用汽化冷却管道中水的汽化吸热原理吸收烟气热量，一般分为自然循环汽化冷却、强制循环汽化冷却和复合式冷却（根据烟道不同段的特点分别采用自然循环汽化冷却、强制循环汽化冷却)。

4.5.8.3 回收过程

电炉炼钢分为熔化期、氧化期和还原期。熔化期产生的烟气主要是由于炉料(废钢)中的油脂类、塑料等有机可燃物质的燃烧产生以及某些轻金属在高温时气化而产生黑褐色的烟气。氧化期产生的烟气主要是由于吹氧、加造渣料,使炉内熔融态金属激烈氧化脱碳,产生大量赤褐色烟气。还原期产生的烟气主要是为除去钢液中的氧和硫等杂质,调整钢水的温度和化学成分,而投入炭粉或硅铁等造渣材料,产生白色或黑色烟气。在3个冶炼期中,氧化期产生的含尘浓度最大、粉尘粒度最细、烟气温度最高、烟气量最多。电炉炼钢过程中富氧技术的应用直接导致了电炉烟气温度上升,温度可达1300℃,随烟气显热而带走的热量占总投入热量的13%~20%,利用烟气余热进行废钢预热或余热锅炉回收技术已经成为电炉炼钢节能减排,资源回收利用的重要手段之一[72]。

4.5.8.4 回收方法

国内外电炉炼钢烟气处理采用的主要方法分为两种方式,即湿法除尘工艺(OG法)和干法除尘工艺(LT法)。传统OG法除尘工艺流程是:利用汽化冷却烟道将1600℃转炉烟气冷却到900~1000℃,然后经过两级文丘里管对炉气进行降温和除尘,使烟气温度达到100℃以下,经脱水后送入煤气柜回收或放散。干法除尘工艺(LT法),对经汽化烟道后的高温煤气进行喷水冷却,将煤气温度由900~1000℃降低到180℃左右,采用电除尘法进行炉气除尘处理。烟气余热回收的技术指标要求吨钢蒸汽回收量不低于50kg,回收的蒸汽压力波动在0.8~1.2MPa。可以节约电能和标煤,减少CO、SO_2等有害气体的排放量。

4.5.8.5 国内外先进回收工艺

(1)天津钢管、莱芜特钢等企业多座电弧炉在第四孔除尘系统应用了余热回收技术。在炉料中铁水占50%的情况下,热管式余热锅炉每小时产蒸汽量为20~22t,蒸汽用于VD炉真空泵及炼钢生产区域采暖、浴室等。余热蒸汽锅炉代替原柴油蒸汽锅炉后,每吨电弧炉初炼钢水减少柴油蒸汽锅炉耗油约11kg,折合能耗16.5kg/t;余热锅炉回收烟气的余热约18.7kW·h/t,烟气余热的回收效率达38%。电弧炉余热回收系统如图4-73所示。

(2)意大利Acciaieria Arvedi S.P.A公司最早应用普瑞特冶金技术公司设计的余热回收系统,该系统是基于组合式除尘系统设置,热气体管路和强制通风冷却器可通过余热回收系统实现热交换,回收热量可用于发电。

(3)Tenova iRecovery可将电弧炉烟气废热转换为蒸汽,该系统加压水(150℃/500kPa~270℃/5500kPa)在废气管道中流过,接近沸点的水通过蒸发吸收废气中的余热,通过此系统能回收电弧炉炼钢烟气中35%~70%的热量,如图4-74所示。

图 4-73 电弧炉余热回收系统

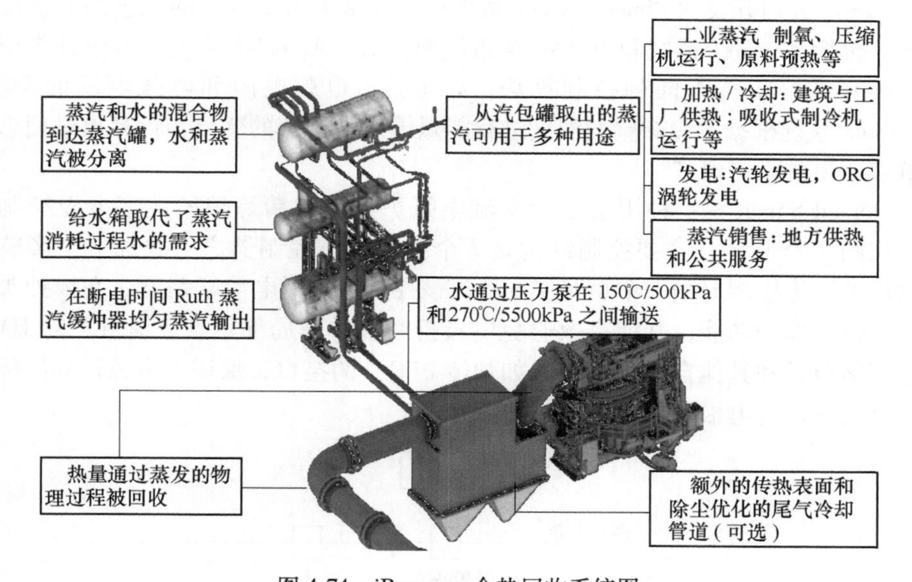

图 4-74 iRecovery 余热回收系统图

此外，电弧炉炼钢具有周期性特点，只有将回收的非连续的烟气余热贮存在热能贮存系统，才能提供稳定而连续的热能供应或生产蒸汽保证稳定发电，由此诞生了电弧炉余能贮存利用新方式——利用熔融盐热贮存系统或混凝土热能贮存系统作为电弧炉余热贮存系统，贮存过剩热量，并在电弧炉放热量低时起补充作用。因此，开发新的潜热贮存介质，如相变材料等，将是电弧炉余热回收技术的一个新的发展方向。

4.5.9 智能化供电技术

供电操作是电弧炉炼钢过程主要的环节之一，同时，优化供电的关键在于电极的自动调节。为改善电极调节的响应速度和控制精度，确保电弧炉三相电流的平衡及电极连续稳定的调节，需要不断改进电弧炉电极调节系统，从而实现节能降耗、提高产量和质量的目标[73]。自动判定废钢熔清技术的开发进一步提高了电弧炉供电的智能化水平。

4.5.9.1　电极智能调节

TDR（Tenova Digital Regulation）调节系统是 Tenova 开发的数字式电极升降自动控制系统，其运行可靠性高、电弧稳定性好、操作简单。TDR 数字式调节系统具有非常短的过渡时间，能在几个周波内消除扰动；可按不同冶炼时期设定，能在响应时间长短、三相不平衡控制、电抗器投入或切除等方面达到最佳；内控制环始终快速工作，外控制环动态修正，保证系统稳定运行。

Vatron 公司开发的 Simetal Arcos 系统是一种基于 Windows 的先进的电极控制系统，包括 ArcosNT 系统和 DynArcos 系统两部分。ArcosNT 系统是电极升降调节的核心环节，支持不同的控制算法，如阻抗、电弧电阻和电弧电压的调节。DynArcos 系统根据水冷炉壁的温度进行能量输入设定点的优化，计算出最理想的阻抗或电阻的设定值[74]。

Simetal Simelt 是一种用于三相交流电弧炉或钢包精炼炉的数字电极控制系统，如图 4-75 所示。主要控制结构是 3 个独立阻抗控制器之上叠加一个影响三相电极的过流控制器和一个短路控制器。该控制系统对电炉断路器、在线抽头切换器提供了保护功能，并能有效避免电极折断和炉体局部热点。提供了对 HMI、神经网络单元和其他自动化系统（如炉体 PLC）的接口，保证了电弧行为的优化和动态响应，对电极和炉况进行灵活控制。

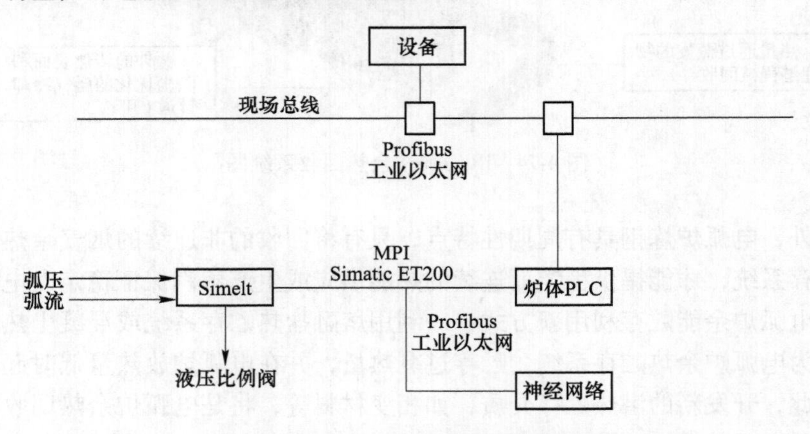

图 4-75　Simetal Simelt 电极系统原理图

4.5.9.2　智能化炼钢对冶炼成本及质量的影响

我国炼钢用计算机近些年吸收引进国外先进大数据系统并在智能化炼钢技术

应用领域取得了一些成绩。大冶特钢应用微机控制电炉，减少了用电的高峰负荷；抚顺钢厂应用微机配料取得优化配比和降低成本的效果。美国 NA 公司推广的 20 多座智能电弧炉运行后采集的数据表明，该系统可降低电能消耗 8%，降低电极消耗 25%，增加产量 12%[75]。

周王民等通过研究三相电极的关系，运用 BP 神经网络，对所建立的控制模型进行了仿真研究，建立了三相电极的数学模型。利用神经网络技术，设计了三相电极的神经网络调节器，并用实际电流数据进行了仿真。实验表明电弧炉三相电极神经网络控制系统，改善了三相电极之间的不平衡，又将偏差大大减小，取得了很好的控制效果[76]。

宝钢实行电弧炉优化弧压控制（电极升降控制）模式、弧流控制优化模型及弧功率设定优化模型，实现了自动化设定及功能控制，使得弧流稳定性提高 30%左右，弧压稳定性提高 10%左右，吨钢电耗降低了 4. 0kW·h，通电时间缩短了 2. 6min。

电弧炉炼钢流程模型的多尺度集成原理如图 4-76 所示。

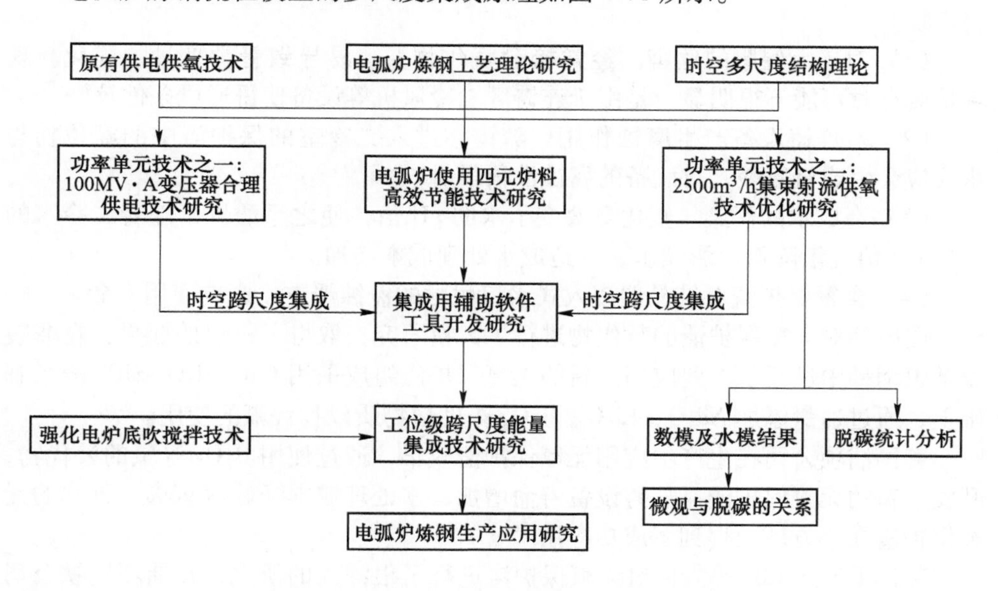

图 4-76 电弧炉炼钢流程模型的多尺度集成原理

4.5.9.3 智能化炼钢发展方向

围绕钢铁业炼钢区域环境恶劣、危险、繁重人工作业替代及炼钢精准化工艺需求，构建智能炼钢全流程、集群化机器人作业生产线，建立网络化可追溯的工艺、作业及设备数据的质量管理平台，实现炼钢铁水预处理、精炼、电炉及连铸等过程的定量取料、实时投料、测温、取样等的机器人化作业。

4.5.10 无氟保护渣技术

结晶器保护渣是连铸生产过程中的关键物料，对连铸生产的顺行及铸坯质量的保证具有重要的影响。一般的保护渣是以 CaO-SiO_2-Al_2O_3 等为基料，再添加各种助熔剂和炭质材料（常用炭黑和石墨）的一种复杂硅酸盐材料。保护渣的作用是隔热保温、防止钢水二次氧化、吸收非金属夹杂、稳定铸坯与结晶器壁之间的传热、润滑铸坯等。

氟在保护渣中是一种重要的添加剂，主要的作用是降低和稳定保护渣的黏度、降低保护渣的熔化温度和转折温度、控制和改善结晶器与铸坯之间的传热等。

氟是一种非金属化学元素，是卤族元素之一，化学性质非常活泼，是氧化性最强的元素之一，能和众多元素反应生成氟化物，氟化物在高温状态会挥发并与其他物质反应生成 HF、NaF、SiF_4、AlF_3 等有毒气体，加快设备腐蚀、损害人体器官、污染水源。保护渣中的氟在现场使用环境中对设备、人体、环境的主要危害表现为：

（1）对工人健康的危害。经常接触氟化物，容易导致骨骼变硬、脆化。现场检测有时可能不很明显，是由于连铸区二冷风机等设备使得通风条件较好[77]。

（2）对连铸设备产生腐蚀作用。随铸坯进入二冷室的保护渣中的氟化物与水反应会生成氢氟酸，对设备的腐蚀性很强。

（3）造成水的污染。氟化氢改变了水的 pH 值，使之呈酸性，随着二冷水的循环 pH 值逐渐降低。影响水质并造成水处理成本增加。

（4）含氟保护渣对结晶器浸入式水口耐材的侵蚀严重，影响使用寿命。

国内外对无氟保护渣的替代物进行了大量研究，取得了一定的成果，在非裂纹敏感钢种中进行了一些应用。新的无氟保护渣组成采用 CaO-Al_2O_3-SiO_2 渣系基础上，通过适量添加 Na_2O、Li_2O、B_2O_3 等助熔物质以替代氟的使用。

韩国浦项公司在生产中应用无氟保护渣较早，通过使用 B_2O_3 等氟的替代物，开发了新的无氟保护渣，连铸设备寿命增加，水处理成本降低达 90%。日本的无氟保护渣在小方坯上得到了成功应用[78]。

英国 Fox、Mills 等人也对无氟保护渣进行了很深入的研究，在浦项钢铁公司的基础上又加入了 Na_2O，该保护渣被成功地应用于小方坯的连铸上，其黏度、熔点、结晶性能均能满足连铸要求[79]，取得了一定的效果。

国内重庆大学与重钢公司合作研发环保型无氟保护渣于 2002 年 5 月率先在国内开始无氟保护渣的工业性试验，并在方坯铸机上实验成功[80]。

但整体来说，目前连铸保护渣尚未实现氟的完全替代，因此还需要对无氟保护渣进行深入研究，进一步完善绿色环保无氟连铸保护渣基础理论，加快保护渣低氟、无氟化的工业化进程。

4.6 轧钢工序

我国钢铁工业已进入减量阶段、重组阶段、绿色阶段三期叠加的关键时期，钢铁企业贯彻落实绿色发展理念，面临愈发严苛的环境约束和低碳发展的巨大挑战。由于钢铁工业流程长、产污环节多，所以节能减排成为钢铁企业增强竞争力的必然选择。一方面除了持续加大投入力度，加快企业由资源消耗型向资源节约型、环境友好型企业转变；另一方面要关注新技术、新工艺的应用与完善。近年来，轧钢方面比较典型的加热炉绿色应用技术、长材直轧/在线热处理等技术、热板无头轧制、一体化控轧控冷技术、冷轧浅槽紊流酸洗、无酸酸洗等一大批短流程、低排放、低消耗的新工艺、新技术得到了大力推广和应用。

4.6.1 加热炉绿色应用技术

加热炉是热轧线能耗使用和排放最主要的部分，也是一项集经济、技术和管理于一体的重要工作，而国家“节能低碳，绿色发展”的主题又给加热炉提出了更高的要求和标准。近年来，加热炉的节能技术方面有了显著发展，如蓄热式加热炉广泛应用于坯料加热炉、退火炉、锻造炉和熔铝炉，可节能25%~30%；超低NO_x烧嘴排放浓度可控制在小于100mg/m^3；低氮燃烧技术可降低氮氧化物的排放约为15%~30%。

4.6.1.1 蓄热式加热技术

蓄热式加热炉是高效蓄热式换热体与常规加热炉的结合体，主要由加热炉炉体、换热体、换向系统、燃料供应、助燃风和排烟系统构成，如图4-77所示。换热体是蓄热式加热炉烟气余热回收的主体，它是一个由蓄热体所填充的腔室空间，组成了烟气和空气输送通道的一部分。蓄热式余热回收技术之所以普及，是由其以下优点决定的：

（1）蓄热式加热炉可以使炉温更加均匀，从而使被加热坯料的温度均匀，加热质量大大改善，有利于改善成品尺寸、性能的均匀性。

（2）燃料选择范围更大、燃烧效率高。适合轻油、重油、天然气、液化石油气等各种燃料，尤其是对低热值的高炉煤气、发生炉煤气具有很好的预热助燃作用，扩展了燃料的应用范围，提高了燃烧效率，炉子燃料消耗量大幅度降低。对于一般大型加热

图4-77 蓄热式加热炉

炉，可节能 25%~30%。

（3）由于蓄热式燃烧条件处于贫氧状态，是在低氧状态下的弥散燃烧，没有火焰中心，是抑制 NO_x 大量生成的条件。烟气中 NO_x 含量低，有利于保护环境。

（4）蓄热式燃烧还可以提高火焰辐射强度，强化辐射传热，提高炉子产量[81]。

由于蓄热式加热炉的以上优点，所以其应用范围比较广泛，可应用于坯料加热炉、退火炉、锻造炉以及熔铝炉。

A　蓄热式加热炉

（1）按预热介质种类可分为单蓄热（空气预热式）（见图 4-78）和双蓄热（空气、煤气预热式）（见图 4-79）。

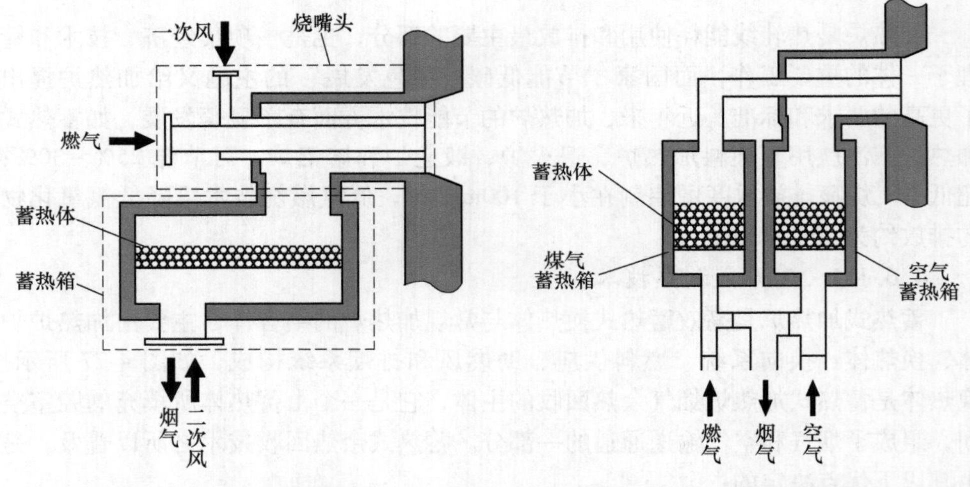

图 4-78　单蓄热烧嘴结构图　　　　图 4-79　双蓄热烧嘴结构图

1）单蓄热式（空气预热）：空气温度 1100℃；

2）双蓄热（空气、燃气预热）：空气温度 1100℃，常温燃气，适于燃用极低热值煤气，如高炉煤气（BFG）。

（2）按结构形式来分蓄热式烧嘴可分为全分散换向（又称交叉换向）和群组换向（又称集中换向、段换向）两种方式。

1）图 4-80 为群组换向（集中换向）示意图，又叫“段换向”。群组换向蓄热式加热炉一般将加热炉的烧嘴分为几个加热段来控制，而将其中的每一段都单独作为一个整体一起进行集中控制，这种控制方式能够实现加热炉各加热段的炉温灵活控制，实现各加热段梯度升温、快速升温/保温，能满足各类钢种对炉温的不同要求，适应目前生产线多品种、多规格灵活组批的加热要求。

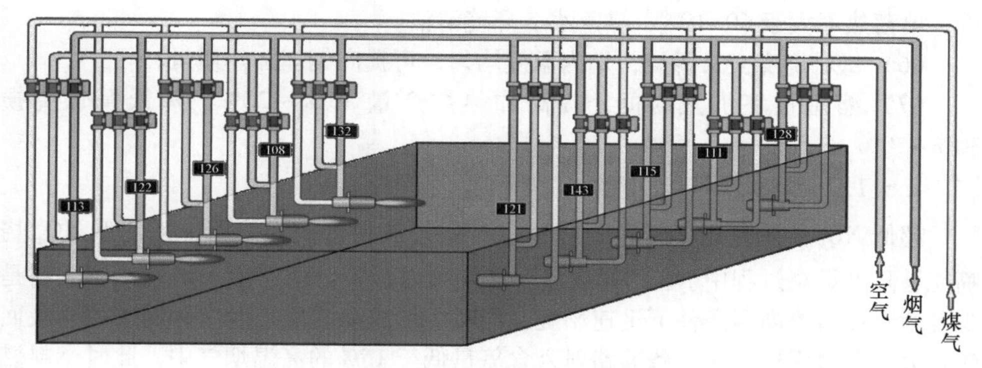

图 4-80 集中换向示意图

2）图 4-81 为全分散换向（交叉换向）示意图。全分散换向烧嘴式蓄热加热炉能够实现两侧烧嘴交叉开启，与常规加热炉的烧嘴开启、燃烧顺序类似，保证了加热炉整体温度的均匀性。由于烧嘴燃烧控制的灵活性较差，不能满足高品质的品种钢的加热要求（如升温梯度、保温等），具有一定的局限性，可以满足多数普通品种的生产加热要求。

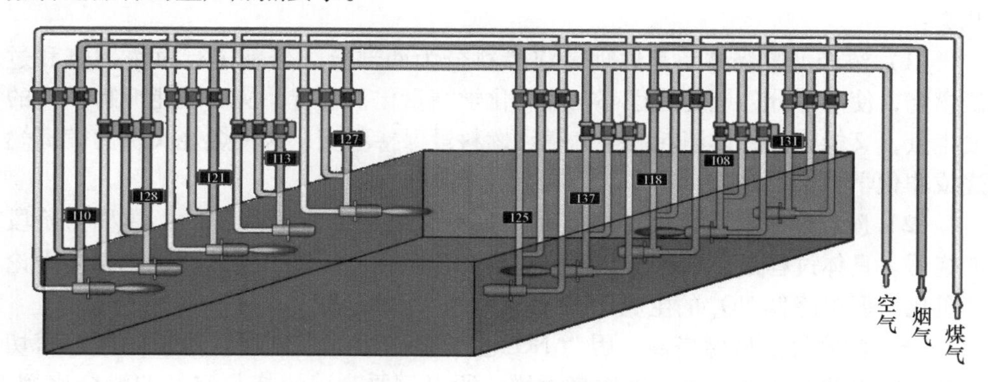

图 4-81 交叉换向示意图

（3）按坯料输送方式来分，可分为推钢式加热炉和步进式加热炉。

B 蓄热式加热炉的优点

（1）预热效果好，可以将空气、煤气预热到 800~1000℃，能利用低热值的燃料，节能 15%~40%；

（2）充分吸收利用烟气的余热能源，减少燃料消耗；

（3）弥散燃烧的燃料混合好，燃烧更加充分，燃烧效率高；

（4）新型的蓄热箱、蓄热体或蓄热烧嘴，占用空间小，结构紧凑，可直接安装在炉墙上，维护简单方便，蓄热能力大、耐冷/热冲击能力强、更换简单；

（5）排烟温度低，降至 150℃ 以下时经换向系统排入大气；氮氧化物含量少，单蓄热不大于60×10^{-6}，噪声小、环境清洁；

（6）每对烧嘴交叉燃烧，炉内温度均匀，可提高钢坯加热质量；

（7）缩短板坯加热时间，提高加热炉产量15%～20%、降低氧化烧损30%～50%。

4.6.1.2 超低NO_x烧嘴

超低NO_x烧嘴是指燃料燃烧过程中NO_x排放量低的燃烧器，采用低NO_x烧嘴能够降低燃烧过程中NO的排放量。该烧嘴内燃料分两路供入炉内：第一路是少量燃料在富氧高温条件下迅速燃烧，经喷口形成高速烟气射流和周围的卷吸回流；大量燃料则通过第二条通路射入含氧量低于15%的高温烟气中，此时燃料燃烧属于受控扩散燃烧反应。

此种烧嘴类似于燃煤锅炉上的分级燃烧方式，可从根本上抑制NO_x的生成、大大降低NO_x的排放，燃烧后NO_x的排放浓度可控制在小于$100mg/m^3$。

燃烧器是工业燃油/燃气锅炉、工业炉上的主要设备，因为它不仅要保证燃料稳定着火燃烧，还要确保燃料的完全燃烧，因此，优化的燃烧器设计就成了抑制NO_x生成的主要途径，结合降低NO_x的燃烧技术，低氮燃烧器大致分为以下几类：

（1）浓淡型燃烧器。其原理是将燃料分为两部分，分别进行过浓燃烧和过淡燃烧，使两部分的燃烧过程都在偏离化学当量比下进行，从而既能抑制NO_x的发生量，又能确保总体消耗的空气量和燃料量保持不变，这种燃烧又称为偏离燃烧或非化学当量燃烧。

（2）阶段燃烧器。此类燃烧器是根据分级燃烧原理而设计的，故称为阶段燃烧器。具体过程是使燃料与空气分阶段混合燃烧，使每一段的燃烧都偏离理论当量比，即可降低NO_x的生成比。

（3）混合促进型燃烧器。因为NO_x生成量与烟气在高温区停留时间有密切关系，随停留时间的延长，生成量大增，所以只要改善燃烧与空气的混合比例，使高温度的厚度减薄，在燃烧负荷保持不变的情况下，就可以缩短烟气在高温区内的停留时间，因而使NO_x的生成量降低。按照这种原理设计的燃烧器就叫作混合促进型燃烧器。

（4）自身再循环燃烧器。所谓再循环燃烧器就是把部分燃烧烟气吸回并在燃烧器内与控制重新混合燃烧的燃烧器。由于烟气再循环，燃烧烟气的热容量大，燃烧温度降低，具有抑制氧化氮和节能的双重效果，排放的NO_x总量减少。

（5）低NO_x预燃室燃烧器。预燃室燃烧器利用了分级燃烧技术，是近10年来我国开发研究的一种高效率、低NO_x燃烧器，预燃室一般由一次风（或二次风）和喷射燃料等组成，一次燃烧区形成富燃料混合物，由于缺氧，只是部分燃料进行燃烧，燃料在贫氧和火焰温度较低的一次火焰区内析出挥发分，因此减少了 NO_x 的生成。

4.6.1.3 低氮燃烧技术

低氮燃烧技术就是通过改变燃烧条件或燃烧方法，降低排放物中的 NO_x 含量。在所有降低 NO_x 排放的技术中，由于低 NO_x 燃烧技术应用简单、经济和有效，所以应用最为广泛。在实际应用中，低 NO_x 燃烧技术细分主要包括采用低 NO_x 燃烧器、空气/燃料分级燃烧技术、改变燃料物化性能技术等方面，低氮燃烧技术降低 NO_x 的效果明显：低氮燃烧器，对氮氧化物的降低约在 15%~30%；空气/燃料分级燃烧技术，对氮氧化物的降低约在 20%~30%。

4.6.2 长型材绿色制造技术

长型材绿色制造技术与小方坯连铸-轧钢界面技术的发展紧密相关。小方坯连铸-轧钢界面技术主要研究在连铸-轧钢的工序衔接中，物质流、能量流和信息流的优化调控技术，实现优化的物质流匹配，降低整个流程的能量耗散，同时建立迅捷准确的信息流传递，从而实现高效率、低能耗、绿色化、智能化生产。随着冶金流程工程学理论研究和冶金装备技术的不断进步，小方坯连铸-轧钢界面优化程度不断提高，全流程的能量耗散逐渐降低，在钢坯热送热装的基础上发展出了小方坯免加热直接轧制技术和小方坯连铸连轧技术。

4.6.2.1 棒线材免加热直接轧制技术

螺纹钢是国民经济建设中广泛应用的基础材料之一。螺纹钢在我国钢铁产品中属于典型的量大面广的产品。据相关统计数据显示，2018 年螺纹钢表观消费量为 2.09 亿吨。棒线材免加热直接轧制技术是指将连铸后带有余热的铸坯直接送入轧线进行轧制的技术，在螺纹钢生产中已经得到越来越多的应用。

在传统的螺纹钢生产工艺中，轧钢加热炉是不可缺少的工艺环节。钢坯必须经加热炉加热到足够温度且温度均匀后才能进入轧机进行轧制。加热炉装备技术的发展和钢坯热装技术的广泛应用使轧钢加热炉的效率不断提高，能耗不断降低，但是轧钢加热炉仍然是整个轧钢工序中能耗最大、废气排放最高的环节。典型的棒材轧机生产能耗用于钢材轧制的能耗仅占 16.9%，钢坯加热消耗的能量占 80%。采用连铸-轧钢直接轧制技术可以取消轧钢加热炉，大幅度降低轧钢工序的能耗与污染排放，并且降低了轧制成本，具有显著的社会效益和经济效益。

国内行业进行了大量的直接轧制理论研究和方案设计，典型方案有采用辊底炉补热的工艺布局方案，也有采用免加热工艺布局实现年产 100 万吨棒材的直接轧制工艺方案。我国台湾地区也有类似工艺投入生产的相关报道。采用直接轧制工艺时，钢坯不经加热炉，也无需补热（部分产线需要经电磁感应加热装置对边角部位补热），完全省去了加热炉的燃料消耗，可以大幅度节省能源，降低 CO_2 的排放。该技术在国内已经有多家企业投入生产。棒材免加热直接轧制技术工艺如图 4-82 所示。

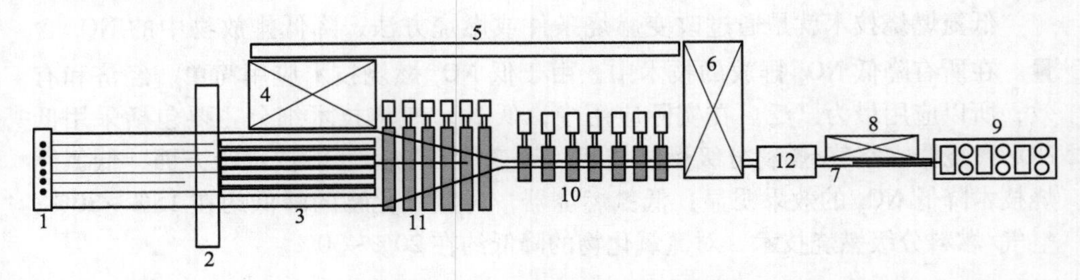

图 4-82　棒材免加热直接轧制技术工艺布置图

1—连铸机；2—火焰切割；3—出坯辊道；4—冷床；5—热送辊道；6—加热炉；7—加热炉出钢辊道；8—剔坯装置；9—粗轧机组；10—快送辊道；11—汇集辊道；12—电感应模块

该技术的绿色环保节能优势如下：

（1）省去了加热炉，实现节能减排。与常规钢坯热送热装、冷装入炉加热轧制相比，吨钢节能分别可达 20kg 和 40kg 标准煤。按照每吨标准煤排放 CO_2 2.6t、排放 SO_2 8.5kg 计算，年产 100 万吨的棒线材生产线，每年节约标准煤可达 2 万吨以上，减排 CO_2 5 万吨以上，减排 SO_2 8500t 以上，经济效益和环保效益巨大。

（2）免加热直接轧制工艺避免了铸坯在加热炉内长时间停留，烧损减少，可提高成材率 0.5%~1.5%。按平均值 1%计，年产 100 万吨的生产线可节材 1 万吨。

（3）实施免加热工艺后，开轧温度可在 920~980℃之间，在此温度范围内开轧有利于提高产品的强度。据统计，实施免加热工艺后产品屈服强度可提高 10~15MPa，同时有利于避免出现魏氏组织，提高了产品的内在质量。

（4）此外，该技术还有节省连铸用冷却水量、减少加热炉维护和操作成本、可避免加热炉大修停产等优点。

直接轧制工艺需要采用以下关键技术来保证生产的顺利进行：

（1）通过对结晶器和二冷区冷却水流量、分布与拉坯速度的综合控制，缩短连铸到轧制的衔接时间等措施，实现连铸工艺优化，提高铸坯的温度。

（2）建立连铸坯凝固与温度预报模型和铸坯温度反馈控制系统，对凝固终点到铸坯切割点的安全距离做出在线预报，以防止漏钢事故。

（3）采取提高输送辊道速度、减少等待时间、加盖保温罩等措施，将切断后的铸坯迅速由连铸机运送到粗轧机组，以减少铸坯温度损失，确保开轧温度。

（4）优化粗轧机组的负荷分配，提高粗轧机降温轧制能力，避免因个别道次负荷超限影响免加热轧制工艺的实施。

4.6.2.2 棒线材高拉速连铸连轧技术

棒线材连铸连轧无头轧制工艺是目前世界上最先进的钢铁生产工艺之一。连铸连轧技术是钢铁企业发展大势所趋。采用连铸连轧无头轧制技术，从钢水到成材的生产过程低于15min，连铸坯一直在不间断地进行轧制，生产过程连续稳定，能够显著提高成材率和节能降耗，能够大幅度降低螺纹钢的生产成本，提高产品的市场竞争力。该技术的关键是单流高拉速小方坯连铸机。

棒线材高拉速连铸连轧技术主要有普瑞特的winlink技术和达涅利的MicroMill Danieli技术（MiDa）。该技术实现了高拉速连铸机和高效率轧机的直接连接，主要应用于小规模/低成本钢筋生产线，如图4-83所示。该方案超紧凑的结构有利于降低投资成本并大幅度降低金属物流成本，是小型工厂设计上的一大进步。根据需要，可用新型的电感应加热模块取代传统轧钢加热炉进行局部补热，从而实现生产过程节能、降耗、减排，提高了生产率，减少了投资，降低了生产成本。

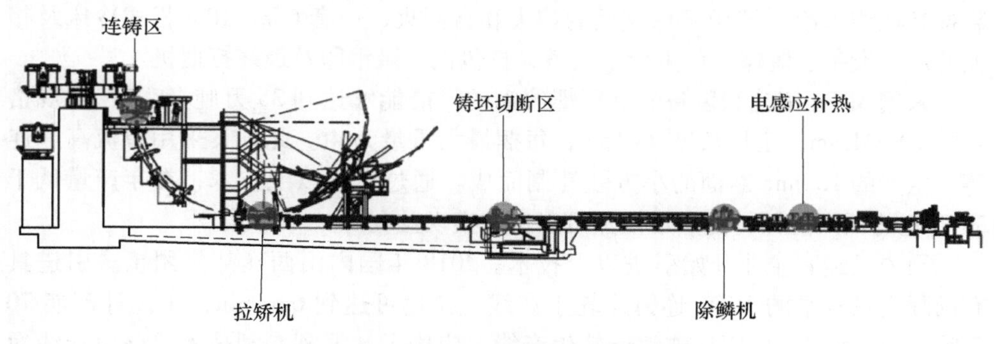

图4-83 棒材高拉速连铸连轧工艺布置图

目前，棒线材高拉速连铸连轧技术主要应用于紧凑型短流程钢厂。此类钢厂的特点是产能较小，产品销售区域在工厂周边几十到几百公里以内，利用当地的废钢资源进行短流程冶炼，灵活调整生产速度，以适应市场的需求变化。

从现有的棒材连铸连轧工艺应用来看，已经投产的该成熟工艺多用于紧凑式短流程的建筑棒材专业生产厂，原料为废钢，电炉冶炼，年产能较低（30万~40万吨），生产效率很高。在投资、运营成本和环境问题方面，高拉速连铸连轧的优点有以下几方面：

（1）工艺紧凑，占地小。

1）所需设备总量减少，降低设备投资；

2）减少基础设施建设投资；

3）减少生产线建设土木工程建筑物。

（2）减少能源消耗。

1）消除了短尺、通尺钢，无头尾切损；成材率显著提高；

2）减少了岗位人员配置；

3）减少了生产线备件消耗费用；

4）降低了库存成本和周转资金；

5）降低了循环水和油品消耗量。

采用无头连铸连轧技术，从钢水到成材的生产过程低于 15min，生产过程连续稳定，不间断的连铸坯一直在进行轧制，从而提高金属收得率和节能，能够生产低成本的螺纹钢产品，在市场上可占有优势地位。

根据公开资料，2014 年希腊 SOVEL 钢厂投入达涅利无头轧制棒材产线，采用电感应补热方式，连铸连轧产能 30 万吨/年，产品为 ϕ8～20mm 螺纹钢，采用 140mm 方坯。2017 年，越南 Vija 钢厂安装了“达涅利微型轧机” MiDa（MiDa 即 MicroMill Danieli 缩写，达涅利微型钢厂）。该产线的高速连铸机配备有高效振动台和高效结晶器技术；与其配套的轧制生产线配置有 18 个短应力线机架。还装备有在线水冷系统用于螺纹钢的淬火和自回火，一套 66m×10m 耙式冷床及相关的定尺设备、短棒、称重计量设备、打包机、敲钢印及最终打捆机。

采用 MiDa 工艺和装备的钢厂螺纹钢的产能能够达到 35 万吨/年，产品规格直径 10～41mm，定尺长度 9～15m，每捆最大重量为 4t。此方案采用单流高速连铸机生产的 150mm 断面的小方坯轧制而成。通过应用以上技术，在年产量低于 35 万吨的低产能棒材生产厂依然可以迅速实现盈利。

国内已经有企业开始引进以上技术。2018 年国内山西建邦集团正式引进具有国际先进水平的 MiDa 连铸连轧生产线，拉速可达到 6m/min，年设计产能 70 万吨。此次引进的 MiDa 连铸连轧生产线，应用了达涅利专利技术，该生产线通过取消钢坯轧制前的加热炉，使钢水在经连铸机铸造成型后，直接进入轧机轧制，在简化工艺、改善劳动条件、实现机械化和自动化的同时，由于取消了加热炉，大幅降低了煤气消耗，产生了显著的节能效果。而且由于连铸连轧的特殊工艺，使得连铸坯质量、金属收得率和生产效率都明显提高，同时还具有延长设备使用寿命、降低事故率等一系列优点。

4.6.2.3 长型材在线热处理技术

A 线材 EDC 技术

在国民经济的建设中，大量线材产品作为深加工用的原料母材在金属制品等领域使用。高碳钢线材的典型代表产品有预应力钢丝、钢丝绳、帘线钢等；低碳钢线材典型产品是焊丝、焊线等，另外还有作为螺栓螺母等紧固件生产原料的冷镦钢线材。这些作为原料母材的线材产品在深加工时都需要进行拉拔加工，因此产品的深加工能力是用户关注的焦点。随着绿色制造的要求不断提高，用户对原料品质提出了更加严格的要求，需要改善产品组织和深加工性能，降低用户使用时的能源消耗或者降低甚至取消加工过程中的热处理环节。

高速线材生产线的重要特征之一就是装备有控冷线，可以实现轧后的控制冷却，从而得到用户所需要的产品组织。目前业内主流的控冷方式和装备为斯太尔莫风冷线。其优点是建造维护投资少，作业率高。各生产线装备的斯太尔莫风冷线的结构大同小异，区别仅在于装备的长度、风机冷却能力的不同。

斯太尔莫风冷线的主要缺点是对吐丝后盘条冷却不均匀。在风冷辊道上进行冷却的线圈的中间部位和搭接部位的冷却速度不同，因此造成盘条力学同圈显微组织存在差异，力学性能波动。在大规格高碳钢、低合金钢等对冷速较为敏感的钢种尤为明显，对盘条的深加工性能与使用性能造成了不利影响。

为了消除前文所述风冷缺陷，除风冷方式以外，线材的轧后控冷方式还可采用盐浴和水浴方式。盐浴方式又称为 DLP 技术，是日本新日铁公司独有的专利技术。其对线材的冷却控制方法为：吐丝后的线材进入一个特殊的冷却槽，槽内是熔融状态的盐类，线材在其中完成相变后再经过保温槽，然后吹扫冲洗掉表面残余盐类。采用此方法生产的线材组织均匀，索氏体化比例高，同时索氏体组织片层间距适中且均匀。用此方法生产的线材性能指标较普通的斯太尔莫法有显著提升，但盐浴工艺需要使用熔融的盐类，并且线材表面需要清扫，因此该技术对环境存在一定污染并增加了能耗。

为了满足用户降低用户深加工能耗的需求，同时节能并降低污染，出现了线材 EDC 技术。EDC 技术既是线材易拉拔处理技术，也是在线水浴韧化处理技术的简称，包括水冷和风冷两部分控制冷却，并且配备有闭环控制温度系统。

EDC 冷却方式是利用具有一定温度的热水对吐丝机吐出的线材进行冷却的在线冷却。吐丝机在吐丝后，经过一个下坡辊道进入一个热水槽内进行冷却并完成相变，然后爬坡出水槽。EDC 水槽是一个独立的设备，与斯太尔莫风冷线平行并列布置，且可以横向平移，实现在风冷和 EDC 水冷之间转换。

应用 EDC 在线水浴韧化处理工艺生产的线材，与采用传统的斯太尔莫控冷工艺生产的产品相比较，因产品组织和性能得到优化，在下游用户进行深加工时，能够减少甚至取消用户的热处理工艺，一方面减少免铅浴的合金元素使用，降低了生产成本，同时更能减少热处理产生的废弃物排放，有利于绿色生产、环境改善。EDC 工艺与风冷工艺对比如图 4-84 所示。

目前国内以鞍钢为代表的采用 EDC 技术的企业，除采用 EDC 工艺生产优质高碳钢线材之外，还研发了在线球化处理线材、在线淬火回火线材、在线固溶处理线材等多个 EDC 产品。若将 TMCP 热机轧制工艺和 EDC 技术结合，可以进一步实现 EDC 线材晶粒细化，提升免铅浴线材直接拉丝制绳的钢丝绳疲劳性能。

B 特殊钢棒材在线热处理技术

棒材特殊钢产品是用于汽车发动机、驱动系统及悬挂系统的重要安全部

图 4-84 EDC 工艺与风冷工艺对比

件和工业基础材料，如齿轮、螺栓、弹簧、轴承、电缆的原材料等。与薄板、厚板、钢管、型钢等钢铁产品不同，热轧而成的棒材产品不经加工而作为最终产品使用的情况很少，通常是在二次加工厂家进行热处理、锻造等各种加工工序后，才在零件厂家或最终用户厂家成为最终产品。因此，进行产品开发不能忽视加工工序，保持产品良好的加工性能和发挥最终产品的要求性能是生产厂家的重要任务。同时，因为加工工序的成本是热轧材料的几倍，增加了从钢材到成品这一过程的生产成本。对于特殊钢产品在线热处理技术的需求日渐凸显。

棒材轧后超快冷技术研究推进了中国钢材轧后控制冷却技术的发展。以轴承钢棒材轧后超快冷技术为例，终轧前后均采用穿水冷却生产轴承钢棒材（见图 4-85），控制终轧温度在 800~860℃，上冷床返红温度为 620℃，能明显降低先共

图 4-85 棒材在线穿水冷却设备

析碳化物及珠光体相变温度，减小热轧轴承钢中先共析碳化物厚度、连续度及珠光体片层、球团大小。采用此技术生产的热轧轴承钢抗拉强度及面缩率均增强；终轧前后均采用穿水冷却，能促使热轧轴承钢中形成细小的珠光体，有利于球化退火过程中珠光体球化；还能抑制先共析网状碳化物的形成。因而退火及回火组织中碳化物厚度减小，均匀性增强，且避免了粗大未溶网状碳化物的遗传热处理后轴承钢强度及面缩率同样增强。

C 重轨的在线水淬火技术

随着我国铁路运行速度、轴重、密度的提高，钢轨伤损加剧，尤其是小半径曲线钢轨的侧磨和剥离掉块日益突出，普通热轧钢轨在小半径曲线上使用，有的2~3年，甚至3~5个月就因侧磨超限而更换下道。近年来，钢轨的剥离掉块也日益严重，下股波磨也时有发生。

小半径曲线频繁更换钢轨，严重影响铁路运输效率的发挥。因此，迫切需要提高钢轨的综合性能，尤其是钢轨的强度，以增加钢轨的耐磨性和耐疲劳性能，延长其使用寿命。

钢轨的余热淬火生产线核心技术是对钢轨进行选择性软冷却，通过抑制回复和再结晶过程来获得更细小均匀的珠光体组织，以达到提高钢轨强度和耐磨性能的目的。该生产线采用普通水作为冷却介质，相比气体冷却介质水的冷却能力强，冷却速率调节范围大，针对不同的规格、牌号可以选择不同的冷却工艺方案。热处理钢轨的生产难点是既要加快冷却，创造出合适的过冷度来降低珠光体的片层间距，但同时又要避免冷却速率过快导致产生马氏体等有害组织。

从冷却喷嘴布置来看，轨头3个喷嘴主要用于控制硬化层形状和深度，保证轨头截面温度场线性均匀分布。轨底的喷嘴用来平衡轨头和轨底的温度差，以使钢轨实现“直立”状态运输至冷床，同时减小钢轨热处理后的内部残余应力，免去钢轨预弯工艺环节。

通过进行喷嘴出口水流形态分布，以及喷水集管间距和喷嘴距离轨头高度对水流在轨头覆盖面积影响规律的研究，实现冷却水在钢轨轨头位置的均匀覆盖。水介质进行钢轨冷却时，在钢轨表面形成一层薄薄的水蒸气膜，由于这层膜的存在，热传导系数相对恒定，当钢轨表面温度下降到一定温度时，水蒸气膜破裂，热传导系数大幅增高。基于此，针对不同冷却阶段制定了水压调节方案，保证钢轨冷却速度均匀、稳定。通过上述水流形态分布、轨头高效冷却和水压动态调节技术，实现了水淬钢轨的批量高效稳定化生产。钢轧在线水淬火技术如图4-86所示。

由于百米钢轨头尾轧制先后顺序因素影响，正常生产情况下热处理前百米钢轨头尾温差为40~60℃，冬季寒冷时节温差高达60~80℃，严重影响了淬火钢轨通长性能的稳定性，甚至淬火过程产生有害组织。通过实施基于快速冷却的百米

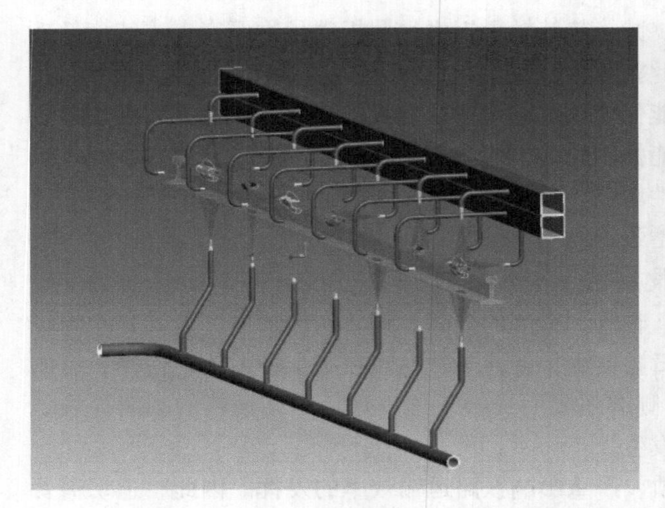
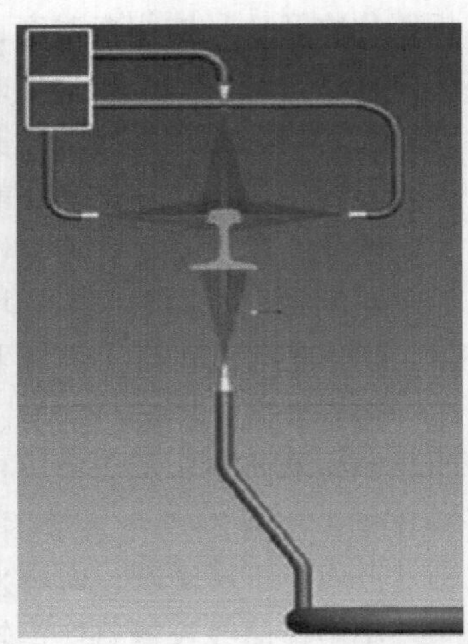

图 4-86 钢轨在线水淬火技术

钢轨全长均温热处理技术——铸坯头尾差异化加热技术、轧钢过程冷却水柔性控制技术、热处理前电磁感应曲线加热技术，实现了百米钢轨全长硬度及组织均匀性稳定控制。

由于钢轨属于 y 轴对称而 x 轴不对称的复杂断面产品，在冷却过程中，轨头与轨底的冷却速度不同，会造成其冷却完成后产生较大的弯曲，无法进行矫直。因此，热轧钢轨一般在 A_3 相变点（720℃左右）前采用反向预弯工艺进行预弯，来保证冷却后的钢轨基本平直。淬火钢轨开发了轻压下矫直工艺，主要方案为降低矫直辊压下量 10%~20%，同时适当减小各个矫直辊压下量的差值，通过调整水平辊及垂直辊的压下量分别实现对钢轨垂直方向及水平方向平直度的控制和调整。

4.6.3 热轧扁平材绿色制造技术

近年来，轧钢生产工艺流程的连续化、紧凑化是轧钢技术发展的方向和主流。近终形连铸技术的开发以及连续轧制技术的应用发展使传统轧钢工艺流程发生了巨大变革，同时改变了传统冷轧、热轧产品规格分工；轧钢领域内的铸轧型无头轧制技术（ESP）被称为钢铁工业的第三次技术革命，代表了当今世界热轧带钢技术的最高水平；薄带连铸技术取消了传统工艺中的中间环节，极大地缩短了工艺流程，具有降低建设投资、节省资源和能源、减少排放和环境友好的优势，是典型的绿色化生产流程。其他如一体化 TMCP 技术、表面质量控制、组织性能预报、智能化轧制等方面也有所突破，并取得了良好的应用效果，大幅提高热轧产品的市场竞争力。

4.6.3.1 板坯热送热装技术

连铸坯热送热装技术是指在连铸坯生产后利用其本身温度在400℃以上温度装炉（或先放入保温装置再运输、待机装入加热炉），如图4-87所示。热送热装效益明显，主要表现在：

（1）充分利用铸坯的物理热，大幅度降低加热炉燃耗，节约能源。

（2）避免冷却后的二次加热，减少加热时间，从而减少了铸坯的烧损量，提高成材率。

（3）简化生产流程、优化生产工艺，减少投资费用。

（4）缩短产品生产周期。

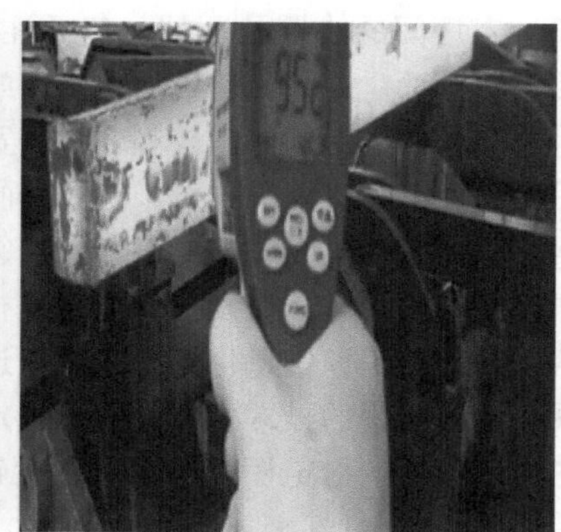

图4-87　板坯热送热装技术

按照入炉铸坯温度的区间，可将该技术分为4类：

（1）连铸坯热装轧制（Continuous Casting-Hot Charging Rolling，CC-HCR）。铸坯温度在400℃～A_1，热送保温坑、保温车等，然后进入加热炉加热后轧制。

（2）连铸坯直接热装轧制（Continuous Casting-Direct Hot Charging Rolling，CC-DHCR）。铸坯温度在A_1～A_3之间，约700～1100℃，直接进入加热炉后开始轧制。

（3）连铸坯热装直接轧制（Continuous Casting-Hot Direct Rolling，CC-HDR）。铸坯温度在A_3～1100℃，对铸坯进行均热、补热后进行轧制。

（4）连铸坯直接轧制（Continuous Casting-Direct Rolling，CC-DR）。一般温度高于1100℃，边角部补充加热后直接轧制。

从节能降耗角度，连铸坯热装温度在500℃左右时，节约能耗0.25kJ/t，约占总燃耗的30%；热装温度在600℃时，可节能0.34kJ/t，约占总燃耗的41%；800℃热坯直接进入加热炉，大约节省能耗0.51kJ/t，可节省50%左右能耗。热装与冷装相比，温度增加100℃，加热炉可以节省5%～6%燃料，可减少能耗

0.08~0.12kJ/t。

连铸坯热送热装技术是一项系统工程，不仅涉及工厂布局，还涉及铸坯质量的稳定保障、工序间的匹配等，热送热装技术的稳定实现需要以下几个条件：

（1）无缺陷连铸坯的生产是实施连铸坯热送热装工艺技术的前提。由于热送热装工艺未经冷却，直接将热态铸坯送入加热炉或直接进行轧制，如果连铸坯的质量无法满足需求，则会产生大量的降级改判或轧制工序的成本浪费，因此必须保证无缺陷铸坯的生产。

（2）车间布局及工序衔接。在车间布置上尽可能缩短连铸到热轧之间的距离，通过在输送辊道上加设保温罩及在板坯库中设保温坑等。

（3）工序间的协调及匹配，包括连铸与轧钢工序的产能匹配、生产节奏匹配以及生产组织，铸坯和轧机的规格匹配等。需要结合订单考虑冶炼、连铸和轧钢的生产计划配合，例如铸坯和轧材的宽度适配，连铸机可采用在线调宽、轧机可采用立辊、定宽机增加连铸-轧钢界面的柔性化组织能力。

（4）设备保证能力，如采用雾化冷却提高铸坯温度的均匀性和整体温度，提高连铸、加热炉和轧机设备的稳定运行能力，减少各种非计划停机的损失。

铸坯自动跟踪和信息化管理。建立连铸坯质量管理和分级判定规则，通过信息化系统将各工序的异常事件和分级判定规则整合，实现质量分级控制体系，既保证各工序的生产稳定衔接，又可实现产品的质量控制。各种加热工艺的能耗、烧损率见表4-8。

表4-8 各种加热工艺的能耗、烧损率

工艺方法	加热能耗/GJ·t^{-1}	烧损率/%	出钢到成卷时间/h
冷装轧制（CCR）	1.338~1.589	1~2	30~40
热装轧制（HCR）	0.836~1.150	0.5~0.7	5~10
直接热装轧制（DHCR）	0.335左右	0.2~0.5	2~4
直接轧制（DR）	0	0	0

热送热装的典型应用如下：

（1）在河钢唐钢的应用。连铸方坯→火焰切割→输送辊道→旋转辊道→输送辊道→加热炉→热装轧制（HCR）连铸坯到达热送辊道时温度约850℃，为了保证热装温度达到700℃，运送要在10min内完成，从三期连铸到棒材厂的距离为140m，平均运送速度14m/min，实际运送时间一般为4~5min，吨钢可以节约重油8kg。唐钢的热装品种为普碳钢、螺纹钢。

（2）在河钢邯钢应用。三钢至中板新线：三炼钢厂1号和2号连铸机板坯→辊道输送（出坯辊道和热轧辊道直接相连）→旋转辊道→辊道输送→中板新线→直接热装轧制（DHCR）三钢至中板新线板坯热送热装采用的是辊道输送，对板坯辊道输送板坯至中板厂的表面温度变化情况进行了测量，板坯 8 段温度 1010℃，11 段温度 930℃，一切割前 900℃，一切割后 780℃，二切割后 750℃，板坯旋转台 730℃，通过辊道到中板厂房 680~700℃，进加热炉前 660~670℃，表面温度与心部温度（即板坯端部中心部位）差 90℃。从测定的结果看，板坯心部温度在装炉时能达到 750~760℃。

邯宝炼钢至热轧线：邯宝炼钢 1 号和 2 号铸机共 4 流，可实现同钢种连浇或异钢种、异断面连浇，板坯可采用直装（DHCR）或组坯热装（HCR）两种方式进入热轧加热炉，衔接紧密，装炉温度高，热装比例达到 60%。

邯钢目前除了含铌钢等特殊要求的钢种外，其他均能进行热送热装。

4.6.3.2 一体化 TMCP 技术

TMCP 是随着人们对高性能钢铁材料产品及开发新钢种的需求应运而生的一项新技术，并随之得到了持续发展和应用。TMCP 技术的目标是实现晶粒细化和细晶强化[82]，在不降低材料韧性的前提下获得更高强度的钢铁材料。而一体化 TMCP 技术不仅从生产工艺上带来了革新，也对传统的中厚板轧制-冷却装备进行了创新性的结合，如图 4-88 所示。

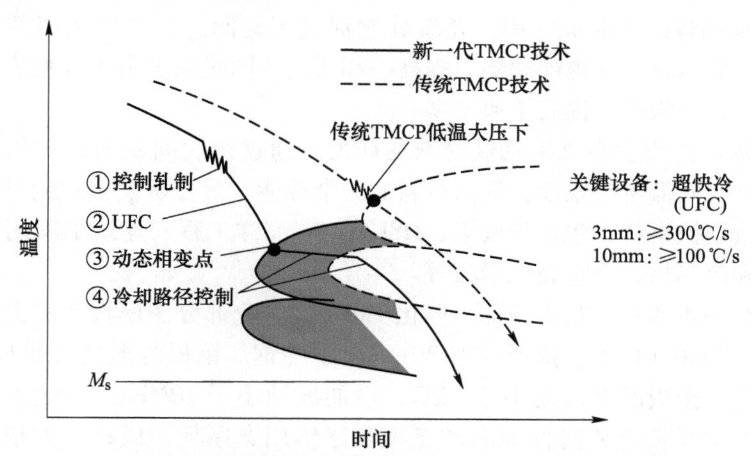

图 4-88 新一代与传统 TMCP 对比图

A TMCP 技术发展与应用

我国从 20 世纪 70 年代开始进行冷却工艺的研究，控冷技术大多采用传统的控冷设备。到 2000 年，在东北大学、北京科技大学等科研单位的共同努力下，借助钢铁企业中厚板轧线建设和工艺改造，使传统中厚板控制冷却工艺得到改良和推广应用。2007 年我国东北大学轧制技术与连轧自动化国家重点实验室率先提出新一代TMCP工艺，其主要特点是：合理控制轧制参数，利用超快速冷却使钢铁材料性能全面提升。超快速冷却技术采用压力喷射机理，具备高精度控制轧制终止温度、超快速冷却能力和使轧坯内温度均匀的能力。TMCP技术具有控制轧制和控制冷却两个重要组成部分，控制轧制将钢材的范性变形和固态相变相结合，在未再结晶区获得硬化状态的奥氏体，为后续的奥氏体晶粒细化做准备。控制冷却则是对加工硬化的奥氏体快速冷却，实现对奥氏体相变的进一步控制，获得晶粒更加细小的铁素体和强化相，晶粒细化既能提高强度又能改善韧性[83]。

B 一体化TMCP技术特点

(1) 提高生产线空间利用率。一体化TMCP技术是将冷却设备附属在近轧机处，不需要特殊的安装空间，强冷却的作用可替代原有喷淋式中间冷却装置，减少设备占用率，提高生产线的空间利用率。

(2) 提高生产效率。轧制阶段间的快速强冷作用，大大缩短了原来中间坯的待温时间，预计可提高轧制效率20%以上。

(3) 提高产品性能质量。轧制与冷却的耦合控制，实现了良好的差温轧制效果，促进了表面细晶化，大幅度提高材料强度的同时，其韧性不会受到伤害。

(4) 提高最终产品成材率。差温轧制促进了轧制过程中钢板内部的变形渗透，有利于消除厚板的内部缺陷，提高心部质量，同时减少由于板坯表面变形引起的轧件双鼓形缺陷，提高了成材率。

(5) 促进高质量高级别钢铁材料的研发。通过道次间快速冷却与压下制度的优化控制，降低生产难度，提高材料的力学性能。旨在研发出达到世界一流水平的高质量钢铁材料，包括碳锰钢、HSLA钢，海洋工程、建筑工程用高Z向性能的厚板和超厚板，高止裂性钢板等。

通过新一代的控轧技术，即一体化TMCP，企业部分中厚板产品力学性能可以提高30~50MPa以上，降低成本30~50元/吨钢。钢板的温度（纵向、横向）均匀性提高，全板温度波动小于15℃，性能波动小于10MPa。企业可开发厚规格高止裂性钢板和高Z向性能海洋工程和建筑用宽厚板，成材率大幅提升。另外，可使企业中厚板轧机生产效率在现有基础上提高20%~30%，每年可释放10万~15万吨的产能。

C 超快冷技术的发展和应用

a 超快冷技术发展

近年出现的超快速冷却技术，可以对钢材实现每秒几百度的超快速冷却，因此可以使材料在极短的时间内，迅速通过奥氏体相区，将硬化奥氏体冻结到动态相变点。这就为保持奥氏体的硬化状态和进一步进行相变控制提供了重要基础条件。

对板带材而言，确保高速冷却条件下的平直度，是一个关键性、瓶颈性的问题。RAL已经针对热带和中厚板生产过程开发出高效率、高均匀性的新式冷却系统。其核心点是利用具有自主知识产权的倾斜布置的喷嘴，喷射具有一定压力的冷却水，对钢板全宽实行均匀的吹扫式冷却，达到全板面的均匀核沸腾，实现板带材全宽、全长上的均匀化的超快速冷却，因而可以得到平直度极佳的无残余应力的板带材产品。

需要解决的另一个问题是精确控制超快速冷却的终止点，即在到达动态相变点时及时终止超快速冷却。通过控制冷却装置的细分，可以保证终止温度的精确控制。这方面，现代的控制冷却技术已经可以提供良好的控制手段，实现冷却路径的精确控制。对NG-TMCP而言，相变强化仍然是可以利用的重要强化手段。同样，也可以根据需要，适量加入微合金元素，实现析出强化。因此，NG-TMCP将充分调动各种强化手段，提高材料的强度，改善综合性能，最大限度地挖掘材料的潜力。

有了这一系列以超快速冷却为核心的高速连轧技术和控制冷却技术，完全可以实现奥氏体硬化状态的控制和硬化状态下奥氏体相变过程的控制，所以可以达到TMCP控制的目标。由于NG-TMCP避免了低温大压下，贯彻实行趁热打铁的思想，所以对于减轻生产设备负荷、确保轧制过程稳定、改善加工过程的可操作性、提高材料的可加工性、降低轧制能耗等具有十分重要的意义。由于可以少加或者不加微合金元素和合金元素，所以可以节省大量的资源和能源，实现减量化的轧制，降低钢材生产成本，这对于钢铁工业的可持续发展和协调发展具有重要的作用。

在国外，比利时的CRM率先开发了超快速冷却（UFC）系统，可以对4mm的热轧带钢实现400℃/s的超快速冷却。日本的JFE-福山厂开发的Super OLACH系统，可以对3mm的热轧带钢实现700℃/s的超快速冷却。

国内RAL开发的热带超快速冷却装置已经安装于包钢CSP生产线，生产出550MPa、600MPa级的双相钢，供应汽车厂生产车轮。RAL开发的棒材超快速冷却系统应用于萍乡、三明等钢厂，通过超高速冷却得到性能优良的棒材。

随着该技术的日趋成熟，应用的范围越来越广，目前已经在热轧带钢、中厚板、H型钢、棒线材、无缝钢管等领域成功应用。

在热轧板带钢方面，开发了低残余应力管线钢生产技术，创新性地采用高温卷取工艺路线，成功利用细晶强化、析出强化、超快速冷却等技术得到较好的高位错、细晶强化、析出强化效果。

在中厚板生产方面，使超快冷装置的功能多样化，实现加速冷却ACC、先进超快速冷却UFC、中间冷却（IC）、分段冷却、间断淬火IDQ、直接淬火DQ、直接淬火碳分配（DQ·P）等功能，满足铁素体/珠光体、贝氏体、贝氏体/马氏体及马氏体等各类产品的相变过程控制需要。

棒线材方面，新一代 TMCP 技术摒弃低温轧制、余热淬火、合金化等钢铁材料强化工艺，通过对钢铁材料及生产工艺的原料成分、轧制工艺及冷却制度的优化，使带肋钢筋强度提高、塑性改善、抗震和焊接性能优良。

热轧 H 型钢及角钢方面，开发出具有较高冷却速率而又不淬火、并具有较强温度均匀性控制能力的热轧 H 型钢超快速冷却技术，显著提高了钢材综合力学性能、使用性能和生产效率。

b　超快冷技术优点

以超快冷为核心的新一代 TMCP（控轧控冷）已在热轧钢铁材料“节约型成分设计、减量化工艺”等方面体现出良好的工艺技术潜力，实现了部分热轧钢铁材料新一代 TMCP 工艺技术的在线大批量生产应用，吨钢成本节约 100 元以上。

4.6.3.3　复合轧制技术

金属复合板是指通过物理、化学等方法在一层金属上覆以另外一层金属板状复合材料，达到在不降低使用效果（防腐性能、机械强度等）的前提下节约资源、降低成本的目的。

金属复合板的研究最早是由美国于 1860 年开始的，通过采用不同的生产方式，复合板的复合层已经从两层发展到多层不等。目前金属复合板的生产方法从总体上可以分为三大类，即固-固相复合法、液-固相复合法和液-液相复合法。固-固相复合法包括爆炸复合法、挤压复合法、爆炸焊接-热轧法、轧制复合法、扩散焊接法等；液-固相复合法包括复合浇铸法、反向凝固法、喷镀复合法、钎焊法、铸轧法等；液-液相复合法主要指复合连铸法。图 4-89 为目前较典型的复合轧制工艺路线。

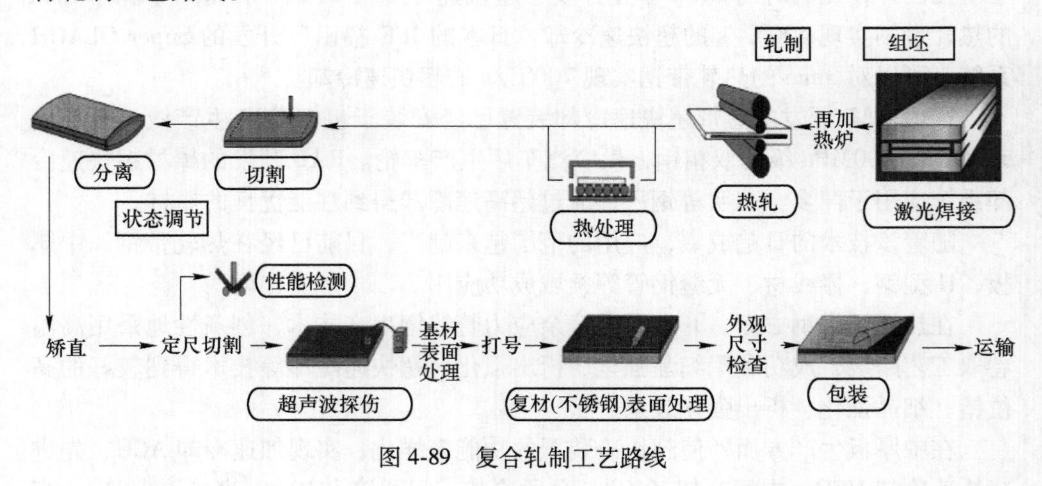

图 4-89　复合轧制工艺路线

金属复合板可以是同种材质复合成特厚板，以突破坯料规格产品板的厚度限制，或者是提高厚板方向性能均匀性，也可以是两种或多种金属材料的复合。主要的异种金属复合板包括不锈钢复合板、钛钢复合板、铜钢复合板等。

随着国民经济的迅速发展以及各种新技术、新产业的出现，对具有各种不同性能的工程材料的需求越来越广泛。单一的金属材料或受自然资源的局限，或因综合性能的不足，其应用领域受到极大的限制。在这种情况下，异种金属复合材料的研制、生产和应用越来越显示出其重要的地位，社会建设和发展各领域对金属复合板的需求量越来越大。

随着社会经济的发展，能源和资源的消耗量日益增多，许多矿产资源日渐枯竭，广泛使用节能环保的绿色复合材料已经成为社会生活的发展潮流，世界各国也将研究和制备新型复合材料作为材料科学领域一个重要的发展方向。双金属复合材料在石油、机械、化工、造船、建筑、电力、电子及家用电器、日常生活用品等领域已得到广泛的应用。为节约能源和资源，减轻产品重量、提高产品的性能，急需研制出种类更多、成本更低、性能更优的新型材料来满足生产和使用的要求。

4.6.3.4 带钢氧化铁皮控制技术

随着现代化工业的发展，对高表面质量、高附加值钢铁产品的要求也日趋苛刻，同时国家对冶金工业各生产流程的节能减排指标特别是废酸排放有了严格要求。因此，研究如何防止热轧带钢氧化铁皮缺陷的产生，并通过控制工艺参数生产热轧酸洗钢、减酸洗钢、免酸洗钢等既有市场竞争力又节能环保的产品是非常必要的。钢铁产品表面质量是生产厂商和用户不断追求的重要指标之一，氧化铁皮缺陷的预防与结构的控制已成为各钢铁厂家亟待解决的重要问题。

减酸洗和免酸洗等两项技术的核心是控制热轧带钢表面的氧化铁皮厚度及结构。目前，日本及欧洲部分国家热轧带钢氧化铁皮控制技术取得了显著成绩，减酸洗钢和免酸洗钢已经实现了批量生产。我国热轧带钢氧化铁皮控制技术仍然处于不断完善阶段，在工业化生产过程中，仍然存在酸洗过程中用酸量过高、氧化铁皮疏松、表面质量不稳定等诸多问题。

A 减酸洗板

根据氧化铁皮不同结构对其酸洗性能的影响，当氧化铁皮中含有较多的 FeO 时，有利于提高酸洗的效率，减少耗酸量从而减少废酸排放。可以通过控制卷取温度，使高温相 FeO 的共析反应不易发生，残余较多的 FeO 至室温，进而生产出利于酸洗的减酸洗板卷。Chen R Y 等人认为采用以下两种方法可以得到便于酸洗的氧化铁皮结构：

（1）在 350℃以下卷取带钢；

（2）在 500~740℃温度卷取，之后以大于 5℃/min 的速度加速冷却。

控制氧化铁皮厚度，并保证其随基体变形而不脱落是成功生产免酸洗黑皮钢、减酸洗钢的关键技术之一。较厚的氧化铁皮在后续成型过程中容易与基体分离导致脱落，还有一种情况是氧化铁皮较厚且分布不均匀，酸洗后存在部分黑色欠酸洗区域，造成微楔形带卷。为此，首先研究了目标钢种的氧化动力学特性，找出了氧化铁皮厚度变化规律与工艺参数的对应关系，根据实验结果对实际生产提出工艺改进方案。

通过从实验钢种 510L 和 SPHC 的氧化动力学来看，氧化铁皮增厚主要发生在高温阶段，停留时间较长、工艺不当造成。因此在实际生产中，应尽量避免高温阶段较长时间停留，采取高温快轧、快速冷却、低温卷取的工艺来降低氧化铁皮厚度。

图 4-90 和图 4-91 分别为减酸洗板的热板形貌和酸洗后的效果。

图 4-90 减酸洗板

图 4-91 减酸洗板酸洗后

B 免酸洗板

汽车厂商在冲压结构件时，一般通过酸洗去除钢板表面的氧化铁皮，若不经酸洗直接冲压，会出现氧化铁皮脱落、掉粉等现象，不但污染环境，而且影响冲压模具的使用寿命，严重影响下步工序生产。日本钢铁厂家为满足汽车厂商的直接冲压工艺要求，开发出了“黑皮钢”（Tight Scale Steel），其表面氧化铁皮非常致密，并与钢基体结合紧密。其制造要点是控制钢板表面氧化铁皮的结构，形成以黑色 Fe_3O_4 为主的氧化铁皮。当热轧带钢表面氧化铁皮中 Fe_3O_4 含量较多时，其结构致密，在后续的深加工过程中氧化铁皮与基体黏附性好，不易破碎脱落。通过控制带钢在 C 曲线鼻温点温度范围卷取，可以获得最多的共析组织，此时氧化铁皮中 Fe_3O_4 含量较高，可以用来组织生产免酸洗钢卷。图 4-92 为免酸洗热板形貌和加工零件的情况。

4.6.4 冷轧扁平材绿色制造技术

冷轧工序是钢铁生产流程的重要生产工序（见图 4-93），主要产品包括除鳞钢板（卷）、冷轧钢板（卷）、镀层钢板（卷）、涂层钢板（卷）等。产品广泛

图 4-92 免酸洗钢

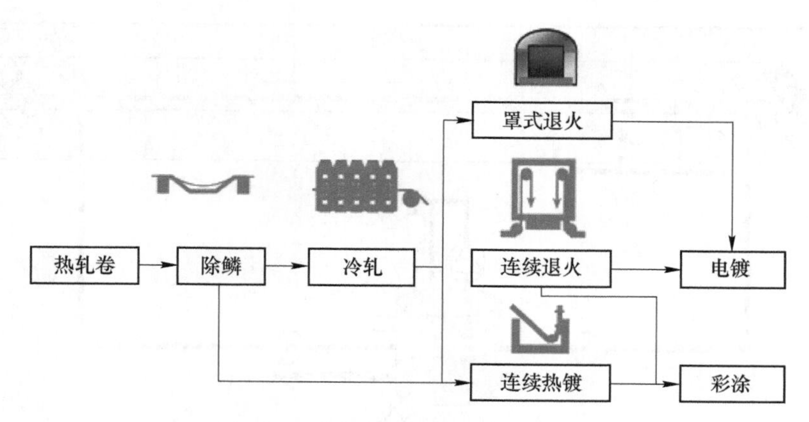

图 4-93 冷轧主要工序和产品流程图

应用于汽车、家电、建筑、装饰装潢、包装等领域。

冷轧工序的绿色制造一方面体现在冷轧工序的节能降耗，如提高连续退火炉的燃烧效率和余热回收再利用，以降低燃料消耗；采用冷润技术、减小工作辊直径等技术，降低轧制力，从而降耗节能；采用盐酸酸洗与盐酸废酸再生技术配套使用，实现盐酸循环利用，并生产高附加值软磁品质氧化铁红，实现资源循环利用。另一方面表现在为生产高品质板材，为材料减量使用，开发的新工艺、新技术，实现全制造产业链，或全生命周期的节能减排。高强钢生产使得车辆减重，降低能源消耗；彩涂/覆膜产品在家电制造领域大量推广，减少了喷粉工艺在制造环节的高污染；锌铝镁、锌铁合金等高耐蚀镀层产品的开发，提高了材料寿命，同样起到了节能降耗的作用。

4.6.4.1 浅槽紊流酸洗技术

目前，酸洗除鳞是应用最为广泛的除鳞技术。板带酸洗技术经历了深槽式酸洗（槽深约在 1000 ~ 1200mm）、浅槽式酸洗（400 ~ 1000mm）、平槽酸洗

（400mm 以下）以及在浅槽基础上发展来的浅槽紊流酸洗等阶段。历史上酸洗采用过多种介质，主要有两种——硫酸、盐酸，其他还有硝酸、氢氟酸、混合酸、磷酸等。由于盐酸酸洗的表面洁净光亮、金属消耗小、成本低等优点，尤其是1959 年奥地利 RUTHNER 公司解决了盐酸回收再生工艺，20 世纪 70 年代以后世界各地已普遍采用盐酸酸洗机组，酸洗机组从形式上分为推拉式酸洗机组（PPL）、连续式酸洗机组（CPL）、射流式酸洗机组。

A　应用范围

连续酸洗是大工业生产的一种酸洗工艺，可作为冷轧板、热镀锌板等连续生产线的一部分，也可作为独立的酸洗卷板生产线。目前，浅槽紊流酸洗已成为酸洗冷连轧联合机组的典型配置，如图 4-94 所示。

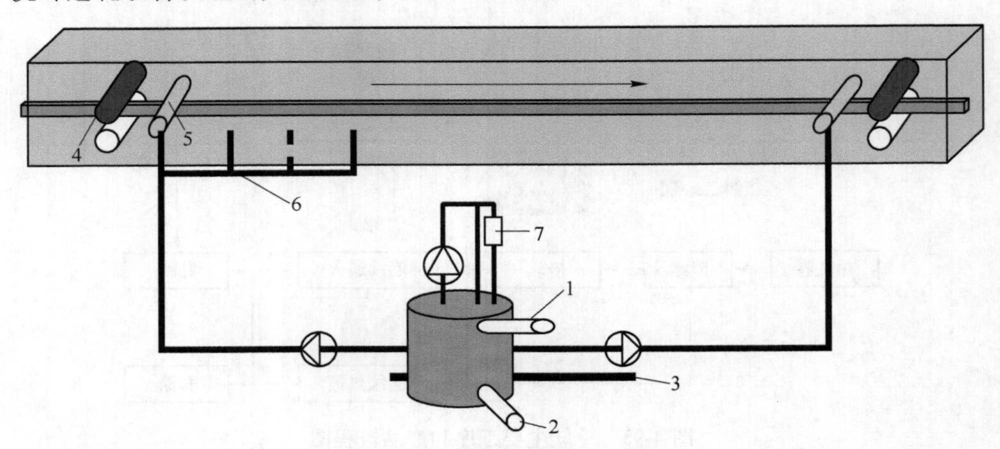

图 4-94　浅槽紊流酸洗示意图

1—供酸管；2—排酸管；3—级联管；4—挤干辊；5—主喷嘴；6—侧喷嘴；7—铁离子检测

B　技术特点

热轧板带的酸洗除鳞速度受酸液浓度、温度、钢板温度等影响，通过提高酸液与钢板相对速度，可以加快酸洗的化学反应速度，大大缩短酸洗时间，这就是紊流酸洗的一个特点。浅槽紊流酸洗的特点如下：

（1）有若干段组成，每段有一个循环酸罐和一个用于酸洗板带的酸槽。

（2）每段入出口各有一个带若干喷嘴的喷杆向酸洗槽提供酸液；侧面有调整紊流度的侧喷嘴。

（3）各段由挤干辊割开，以保证工艺要求的酸液自由酸浓度梯度。

（4）双层槽盖和循环酸液较深槽酸洗减少 60%，酸雾总排放量降低。

4.6.4.2　无酸酸洗技术

传统去除氧化铁皮的方式是化学酸洗，酸洗过程中会产生废气、废水以及废酸。随着全球对环境的要求越来越高，有酸酸洗受到了限制，所以孕育出了很多其他方法去除带钢表面的氧化铁皮，如激光除锈、轧制+刷洗、干冰除锈、高压水除锈等方式，目前可以规模化且稳定运行的只有EPS清洗方式。

应用范围：替代传统酸洗机组，生产除鳞板带；兼容性强，适用于各种钢材；产品主要为汽车车轮、弹簧钢、优特钢部件等提供原料。

技术特点：喷砂机将钢砂喷射到带钢表面，以起到除鳞作用，可以在产线上装备几组湿式喷砂单元。作用后的砂料通过高压水冲到单元下部的砂水收集槽中，然后通过泥浆泵将砂水混合物打到旋转分离器中进行分离，合格的钢砂再次回到收集箱参与下一次的循环。

与传统酸洗相比，优点如下：

（1）经济效益明显，减少20%的资本费用；运营成本减少30%；占地面积减少50%。

（2）停车无停车斑缺陷，表面质量好。

（3）无酸雾排放，对环境没有破坏。

4.6.4.3 冷轧带钢连续退火的余热回收技术

美钢联法连续退火炉采用N-H混合气体，作为还原性保护气体，一般H_2含量小于5%，高氢快冷区域可达35%，采用全辐射管加热。按退火周期可分为预热段、加热段、均热段、缓冷段、快冷段、过时效段和终冷段。镀锌线一般不配置时效段，在快冷段后增加温度均衡段，确保温度在板带横向、纵向与预期镀锌温度一致，进入锌锅，保证产品质量合格、生产稳定，对于GI镀层，板带进入锌锅时温度一般为（460±10）℃。连续退火过程中，采用蓄热式抽吸式烧嘴，燃烧在辐射管中进行，通过辐射、对流和传导对炉内的N-H保护气体加热，进而加热板带；普遍采用炉内气体换热实现冷却的工艺方案。

应用范围：目前三级余热回收技术在连续退火炉得以广泛应用，主要应用产线包括连续退火生产线、连续热镀生产线。

技术特点：燃烧后的废气普遍采用三级余热回收技术，首先通过换热对助燃空气进行加热，以提高热效率；随后燃烧废气对预热段炉气进行加热，并由炉气加热板带；最后通过余热锅炉获得过热水，为干燥器、清洗段清洗液、平整液、钝化固化等工序提供热源，见表4-9。

表4-9 连续退火的余热回收

余热回收	节能措施	烟气出口温度/℃	回收效果
第一级	换热加热助燃空气	550~650	500~600℃
第二级	换热加热预热段炉气	300~400	板带预热到200~300℃
第三极	余热锅炉	约200	过热水温度（260±10）℃

4.6.4.4 水淬快速冷却连续退火技术

采用水淬工艺的连续退火生产线在中国目前只有河钢邯钢、宝武和本钢具有成熟生产线，均是近几年才具备市场化水平生产能力。连续退火机组生产效率高、产品表面质量好、生产灵活，可满足多种热处理工艺要求。目前已经成为高端冷轧板和连续热镀锌的主要生产工艺装备。长期以来，均采用气体冷却技术。伴随着先进高强钢生产的发展，对冷却速率的要求越来越高，高氢快冷等快速冷却速率可达 100℃/(mm·s)。为进一步提高速率而开发的气雾冷却、水雾冷却、戊烷冷却等新技术不断涌现，其中水淬连续退火技术正得到迅速推广。

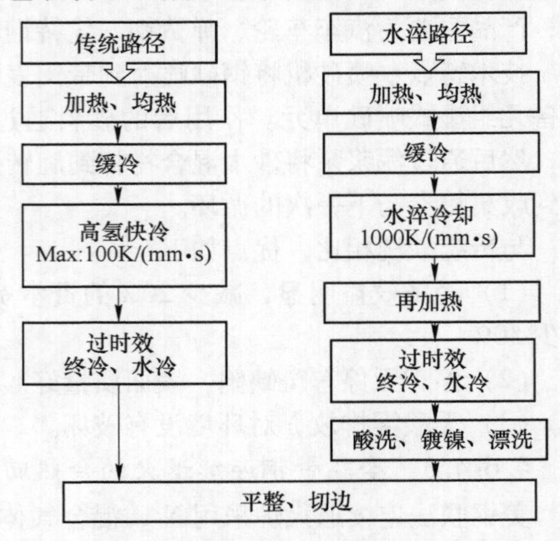

图 4-95　水淬路径和传统路径工艺对比

应用范围：可用于第三代高强钢、马氏体钢等需要较高冷却速度的钢种生产。目前国内已在上海、邯郸、本溪等地成功实现工业化生产。与传统的连续退火线存在明显不同，如图 4-95 所示。

技术特点：

(1) 采用立式退火炉、全辐射管加热。

(2) 采用预热炉、余热回收系统、水循环等节能装置。

(3) 采用空冷和水淬两种冷却模式（见图 4-96)，空冷模式可以根据热循环要求自由控制冷却速率，水淬模式可以提供 1000K/(mm·s) 的冷却速率来满足先进高强钢的退火工艺要求。采用水淬路径时，板带直接冷却至 60℃以下。

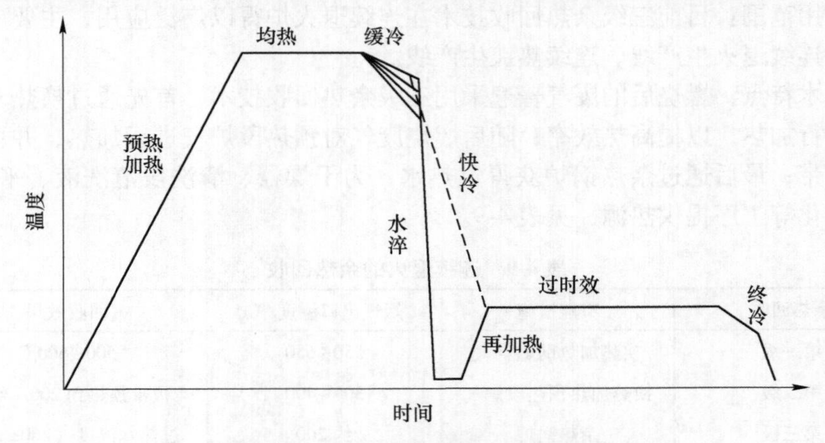

图 4-96　双路径连退线退火工艺图

(4) 水淬后，过时效段前配置大功率再加热工艺，目前普遍采用电感加热，可对水淬板带进行回火处理，降低材料内应力。

（5）炉子后设置酸洗和闪镀镍段，用于清除水淬之后表面产生的氧化薄膜，同时增加带钢表面活性，保证表面质量。

（6）产线产品，由于两种路径的存在，产品包括低碳系列、高强 IF、BH、HSLA、DP、TRIP、MS、PM、Q&P 等传统钢种和大部分先进高强钢。

4.6.4.5 连续高效真空镀锌技术

镀锌产品由于其良好的耐蚀性能，健康环保，在汽车、家电等领域得到广泛应用。镀锌工艺也种类繁多，其中连续热镀锌和电镀锌是应用最为广泛的高效镀锌工艺。真空镀锌是近几年新发展起来的新型镀锌工艺。采用冷轧退火板为原料，可生产超薄锌层产品，镀层表面美观，可用于高端用途，替代电镀锌产品。2016 年 2 月在比利时 Kessales Liege 的生产线已经投产，目前生产顺利。

应用范围：生产高等级表面的镀锌产品，表面镀层细腻，镀层薄，是目前连续热镀锌生产线的升级技术。

技术特点：核心工艺是图 4-97 所示的真空镀锌工艺段，主要由出入口密封辊围成一个相对封闭的空间，由真空泵将其设置成一个 1.0kPa 的低压真空区，最大限度避免了板带和锌氧化，并依靠大气压和真空区域压力差，使得锌蒸气高速喷射到板带表面，并迅速冷却，沉积在板带表面，形成无锌花锌镀层。板带的加热、预处理、真空镀锌和冷却均在期间完成。真空处理区压力为 1.0kPa，锌蒸气温度约 700℃，板带温度约 100℃。

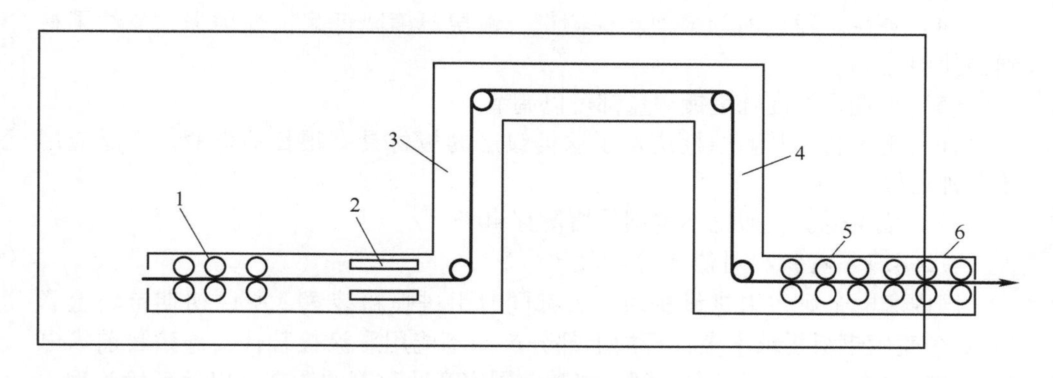

图 4-97 真空镀锌炉示意图

1—密封辊；2—电感加热；3—预处理；4—真空镀锌；5—辊冷；6—密封辊和抽真空

4.6.4.6 新型锌合金镀层生产技术

钢铁材料中约 10%~15%采用表面涂镀以起到抗腐蚀的作用，在纯锌镀层中适量加入其他金属元素，可提高镀层的各项性能，表 4-10 为不同镀层的产品特性。

表 4-10　传统锌合金镀层材料

镀层种类	产品特点
镀纯锌	锌含量高于 99.5%，具有一定耐蚀性
镀铝锌	55%Al-Zn，纯锌镀层耐蚀性的 2 倍以上
镀锌铝	耐蚀性能略高于纯锌
镀锌铁合金（GA）	较好的耐蚀性能，通过对镀层再加热获得合金镀层
镀锌铝镁（SD、ZM、ZAM）	较好的耐蚀性能

其中镁和铝可以使镀层耐蚀性显著提高，大大延长镀层的使用寿命，又能通过降低镀层重量减少锌的消耗，因此具有较高的社会效益和推广应用价值。

应用范围：连续热镀锌线的传统配置，在锌锅位置增加一个锌铝镁镀层锌锅，以适应较高的锌铝镁溶液温度和溶液成分。

技术特点：

（1）镀层耐蚀性非常高。可达热浸镀锌钢板的 10~20 倍，是热浸锌铝合金钢板的 5~8 倍，完全达到不锈钢的标准。

（2）切口耐蚀性能好。镀层中溶化出的 Al、Mg 元素的作用使切口处形成附着性极高的致密保护膜，抑制镀层的腐蚀，防止红锈产生，从而发挥着极优异的耐蚀性。

（3）加工性能很好。镀层比其他热浸镀钢板更坚硬，有着优异的耐磨和耐刮痕性能，可适用于加工时易出现刮痕或者反复受到摩擦或磨损的部位；适用于各种焊接方式，而且具有特别强的耐碱性以及出色的油漆前处理性。

（4）环保。通过国际多项环保测试，镀层厚度降低耐蚀性增强，节约了材料的使用。

（5）可调。厚度强度镀锌量都可以调节。

（6）寿命长。其耐蚀性决定了这类镀层的板材具有很长的寿命，广泛应用于各种建材。

（7）成本低。一般比不锈钢价格便宜 40%。

4.6.4.7　有机材料涂覆防护技术

国内家电企业在引进设备时，大都同时引进喷粉装置，所以初期市场上彩涂/彩色覆膜钢板需求不多，再加上部分产品不能用彩涂板替代，导致目前家电行业的喷粉产品仍占据较大份额。伴随着国家产业政策的调整，以及环境治理力度的加大，目前喷粉工艺的高污染日益引起重视，难以适应国家产业政策。为此开发替代喷粉工艺的彩涂/彩色覆膜产品得到迅速发展。其产品自 2010 年以来，一直保持 10%以上的增速。传统彩涂工艺核心设备化涂辊如图 4-98 所示。

应用范围：产品包括涂漆钢板（PCM），印刷钢板（PPM）和贴膜钢板（VCM、PEM、ACM），采用彩涂机组、彩涂机组+印刷工艺或彩涂机组+覆膜工艺。

图 4-98 传统彩涂工艺核心设备化涂辊

技术特点：彩涂/彩色覆膜产品替代喷粉已经成为目前家电发展的趋势。彩涂/彩色覆膜与传统喷粉工艺的对比如下：

（1）彩涂/彩色覆膜钢板可以直接取代传统的喷粉生产线，实现了家电的高效、清洁生产。

（2）喷粉生产线会产生大量的粉尘，对环境会造成严重的污染。应用彩涂/彩色覆膜钢板可以实现家电的清洁生产，高效生产。

（3）随着人们生活水平的提高，在家用电器的选择上也追求高端的用户体验。彩涂/彩色覆膜钢板可以实现家电外观的定制化、个性化，有效地提升了家电外观的市场竞争力。

（4）彩涂/彩色覆膜钢板属于新型复合材料，在性能上要远远优于传统的喷粉产品。

4.6.4.8 环保型高速卷材静电粉末喷涂生产技术

自 2016 年 11 月 2 日，由中冶京诚自主研发的国内第一条静电粉末喷涂彩涂板卷生产线在山东科瑞钢板有限公司热试成功。中冶京诚掌握了高速粉末卷板生产线的核心技术，使用不含溶剂的粉末涂料代替传统的溶剂型涂料进行卷材高速生产成为可能，省去废气处理工艺，实现 VOC_S 和由此产生的固体废物等“三废”的零排放。

适用范围：传统彩涂板生产工艺都是通过溶剂稀释涂料，用辊涂法把稀释后的涂料辊涂到钢板表面的生产工艺进行彩涂板生产。生产过程中的大量有机溶剂涂料，在加热固化的过程中超过一半的物质挥发掉，产生大量的废气，严重污染了环境。这项技术可替代传统彩涂生产工艺，实现环保、低成本、高质量生产，见表 4-11。

表 4-11　两种彩涂工艺对环境影响对照表

项　目	溶剂型	粉末型
涂料的回收利用率	0	98%
溶剂带来的火灾危险	有	无
VOC_S 排放	有	无
碳排量	大	小
涂料对人体带来的毒性	大	无
涂料的贮存	难	易

技术特点：

（1）高速喷涂技术。粉末喷涂器具有高荷电性能，使其与带材之间能形成很高的电场强度，粉末能快速牢固地被吸至高速运行的金属带材表面形成涂层，中冶京诚掌握的技术可实现机组工艺速度 100m/min 以上。

（2）双面双色喷涂技术。喷涂工艺是双面双色全粉末喷涂工艺，即基板正反面分别为不同颜色的粉末喷涂，属于真正意义上的全环保型生产工艺。

（3）高着粉率技术。可使首次喷涂着粉率达到 70%～90%，高着粉率的优势可使回收的粉末减少，循环回收再利用率和生产安全性大大提高。

（4）涂层厚度自动控制技术。涂层厚度可智能控制，配有干、湿涂层自动检测设备，生产过程中可在线显示涂层的厚度，以便操作人员随时修正喷涂系统的各项气压值，精准控制涂层均匀度，可以将最薄涂层厚度的厚差控制在±5μm 以内。

（5）快速固化技术。粉末涂料难固化，一般生产线采用热风固化时间需要 120s，炉子布置长、能耗高。中冶京诚研发的高速卷材粉末喷涂机组采用辐射式加热方式，极大地缩短了涂层固化时间，能耗比溶剂型彩涂线下降了 40%。

（6）快速换色技术。换色时，整个喷涂系统大部分设备可自动快速冲洗，降低操作人员的劳动强度，有效减少粉末循环系统的清洗时间。

（7）薄涂技术。普通粉末喷涂系统的涂层厚度一般在 40μm 左右，中冶京诚设计的喷涂系统散发性强，可将涂层控制在 25μm 左右，能帮助客户实现产品多层次分级的要求，有效降低吨钢粉末成本。

4.6.5　轧钢工序主要副产品资源再利用技术

钢铁轧制和深加工工序副产品的不当处置，轻则导致资源浪费，重则导致环境污染。本节仅对轧钢工序使用最广泛、效果最好、效益最高、成熟副产品再利用技术进行介绍。通过这些技术的推广，不仅可保护环境，而且可降低生产成本，实现环保效益双赢。

4.6.5.1 脱硅和酸再生

A 盐酸循环

由于盐酸酸再生技术的发展，实现了盐酸的循环使用，如图 4-99 所示。酸再生机组可以生产出酸洗需要的再生盐酸，还可以生产出高附加值的磁性材料——氧化铁红。如今，盐酸已经成为钢铁板带酸洗的首选介质。

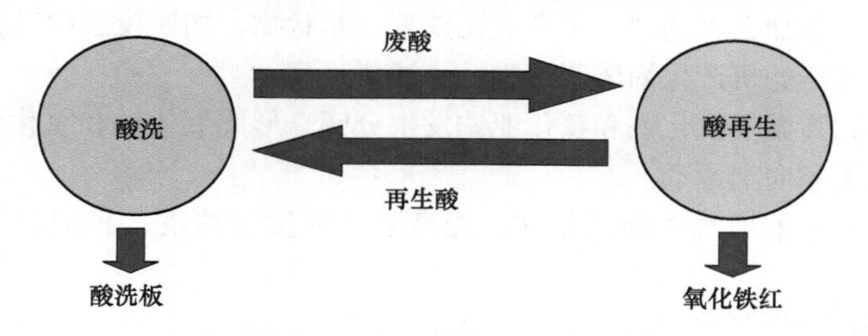

图 4-99 酸洗酸再生循环示意

B 酸再生站简介

一般将废酸处理区域统称酸再生站，主要设施包括罐区、脱硅工序和酸再生工序。其中脱硅工序的目的是产生净化废酸，防治废酸在传输过程中的管道堵塞，并为酸再生工序提供纯净的原料，为生产高品质氧化铁红创造条件。主要包括溶解池、反应池、沉淀池等流程，酸再生工序的目的是将废酸转化成盐酸，包括焙烧炉、文丘里、吸收塔、风机、三级洗涤排放废气等流程，如图 4-100 所示。

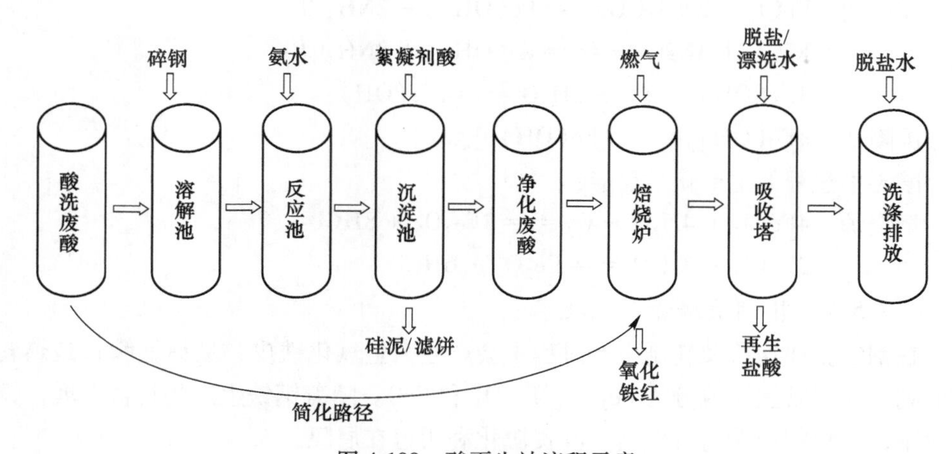

图 4-100 酸再生站流程示意

在焙烧炉采用较纯净的燃气时，全流程生产的氧化铁红可以满足软磁材料质量标准。由于近些年磁性材料用氧化铁红可以采用提纯法制备，且脱硅工序增加成本，目前一些酸再生站采用酸洗废酸直接用于焙烧炉的简化路径，虽然牺牲了氧化铁红品质，但也可以满足盐酸循环使用的效果。

溶解池：由于酸洗废酸中存在少量盐酸自由酸，需要缓慢地发生钢与盐酸的化学反应，降低废酸中自由酸含量。

反应池：加入氨水提高废酸 pH 值，产生氢氧化铁。

沉淀池：添加絮凝剂，产生氢氧化铁絮状絮状物，加速废酸中其他固体颗粒物沉淀，通过压滤机产生固体废弃物——滤饼。

焙烧炉：高温下氯化铁和氯化亚铁发生分解，形成氧化铁和氯化氢，在焙烧炉中分别向下和向上运动。

文丘里：溶解炉气中的氧化铁，提高废酸温度和浓度，起到对炉气的洗涤作用。

吸收塔：产生再生酸。

吸收排放：对炉气进行洗涤，在盐酸含量达标后，进行排放。目前欧盟、日本基本都采用此工艺，几十年来，酸再生并未导致周围环境发生明显变化。国内，目前部分酸再生实现废气零排放，其对资源的消耗，与对环境的保护利弊仍需进一步验证。

酸洗机组产生的废酸（亚铁离子含量 110~120g/L，自由酸含量 40g/L）经脱硅净化，除去废酸中的硅泥、三价铁，产生净化废酸，脱硅过程的主要化学反应如下：

溶解池 $Fe + 2HCl = FeCl_2 + H_2\uparrow$

反应池 $FeCl_2 + 2NH_4OH = Fe(OH)_2 + 2NH_4Cl$

$FeCl_3 + 3NH_4OH = Fe(OH)_3 + 3NH_4Cl$

$4Fe(OH)_2 + O_2 + 2H_2O = 4Fe(OH)_3$

沉降池 $nFe(OH)_3 = [Fe(OH)_3]_n\downarrow$

酸再生过程的主要化学反应：

焙烧炉 $4FeCl_2 + 4H_2O + O_2 = 2Fe_2O_3 + 8HCl$

$2FeCl_3 + 3H_2O = Fe_2O_3 + 6HCl$

4.6.5.2 轧钢铁鳞资源化技术

在钢铁企业连铸及轧制生产过程中会产生大量氧化铁皮，又称铁鳞，是热轧钢的副产品，其主要成分为 Fe_2O_3、Fe_3O_4 和 FeO。随着钢铁生产的日益发展，铁鳞等钢铁废料的产量与日俱增，其资源化利用迫在眉睫。

轧钢铁鳞主要可用于生产铁氧体预烧料、氧化铁红、磁性材料、还原铁粉和粉末冶金产品等产品，充分利用了氧化铁皮含铁品位较高的特性，实现铁素的价值提升。轧钢铁鳞主要利用方法见表 4-12。

表 4-12 轧钢铁鳞的主要利用方法

用 途	应 用 现 状
烧结辅助含铁原料	烧结辅助含铁原料
粉末冶金原料	将氧化铁皮干燥去油去水磁选等，配入还原剂、脱硫剂等经隧道窑生产出还原铁粉。经过筛分磁选后，得到不同粒度的高纯度铁粉
应用化工行业	可用作生产氧化铁红、氧化铁黄、氧化铁黑、氧化铁棕、三氯化铁、硫酸亚铁、硫酸亚铁铵、聚合硫酸铁等产品的原料
冶炼硅铁合金	氧化铁皮替代钢屑冶炼硅铁合金
生产海绵铁	采用 Hoganas 法用煤粉还原氧化铁皮生产海绵铁
其他用途	作转炉炼钢助溶剂，价格低廉，提高炼钢效率，降低焦、煤的消耗

A 轧钢铁鳞制备铁粉技术

轧钢铁鳞制造还原铁粉的生产过程主要分为粗还原与精还原两大主体，前者的生产流程如图 4-101 所示，后者生产流程如图 4-102 所示。

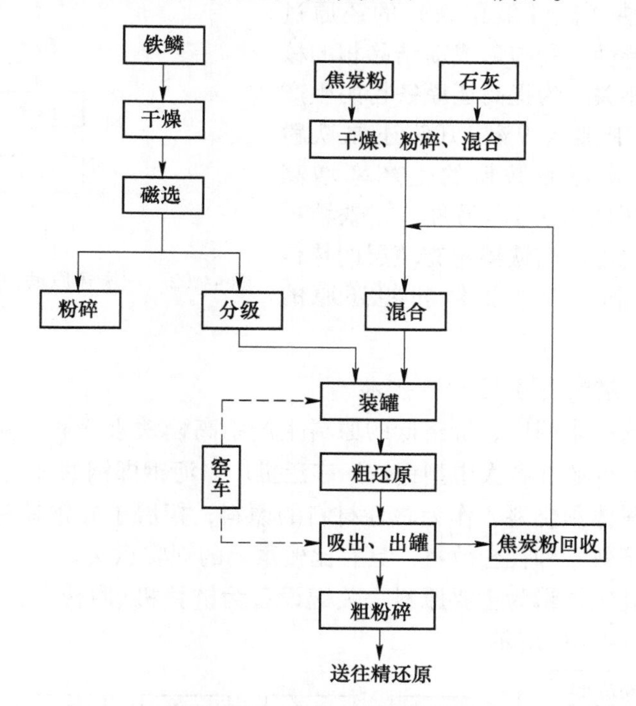

图 4-101 铁鳞还原铁粉的粗还原过程

在粗还原过程中，铁氧化物被还原，铁粉颗粒烧结与渗碳。还原温度约为1100℃，增高还原温度或延长保温时间皆有利于铁氧化物还原、铁粉颗粒烧结，但会产生部分渗碳。鉴于在精还原过程中脱碳困难，在粗还原过程中，将铁氧化物还原到未渗碳的程度是必要的。粗还原得到的海绵铁主要成分 $w(\mathrm{Fe})>95\%$、总 $w(\mathrm{C})<0.5\%$。

随后，在精还原过程中，将粗还原的海绵铁块粉碎到小于150μm，于氨分解气氛或纯氢中，在800～1000℃的温度下进行精还原，即退火与脱碳。在精还原过程中，轻微烧结的铁粉块，经粉碎、筛分、调整粒度，即制成最终产品——铁粉。原料中原来所含的难还原的氧化物等可用磁选除去。

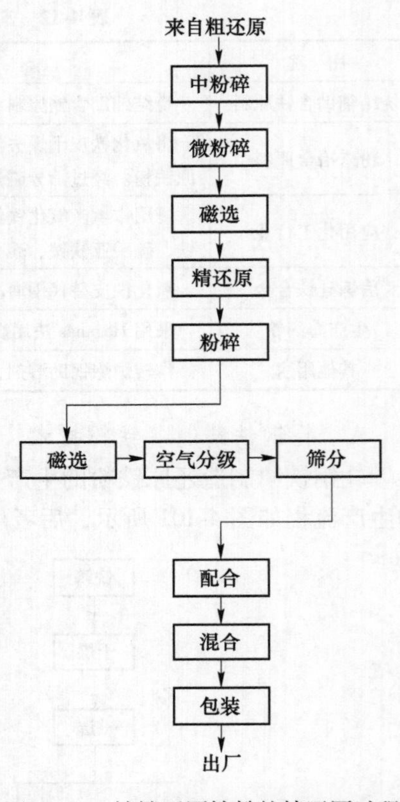

图4-102　铁鳞还原铁粉的精还原过程

由铁鳞制取还原铁粉的过程中存在的问题是，在隧道窑中用焦炭粉等将铁鳞粉还原成海绵铁需要很长的保温时间。为缩短还原时间，根据铁鳞（磁性氧化铁）的还原过程具有自催化特性，和与形成新结晶相的核心——金属铁相关，为提高还原铁粉的生产率，在铁鳞粉中加入9%～10%还原铁粉（废铁粉），可将还原铁粉的生产率增高18%（扣除回用的部分）。另外，在铁鳞粉中添加废铁粉也可增高铁鳞粉充填层的热传导性，这也有利于缩短铁鳞粉粗还原的时间。

B　轧钢铁鳞制备磁性材料技术

利用铁鳞这一来源广、价格低的原料生产中高档铁永磁氧体预烧料的技术，已日渐成熟，并开始在各大中型钢铁厂广泛推广。河钢邯钢的轧钢铁鳞采用回转窑生产永磁铁氧体预烧料，作为磁性材料的原料，拓展了轧钢铁鳞的利用方式，并带来一定经济效益和社会效益，具有比较重要的现实意义。

该工艺以轧钢铁鳞为主要原料，关键设备为链箅机-回转窑，主要工艺流程如图4-103和图4-104所示。

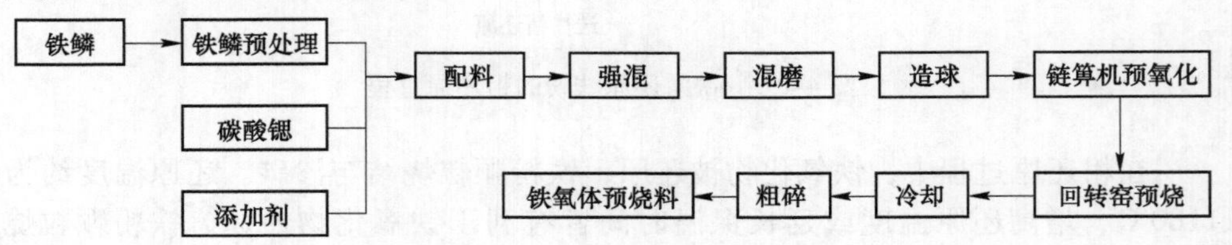

图4-103　铁鳞生产铁氧体预烧料的工艺流程图

图 4-104 链箅机-回转窑现场照片

该产线的主要设备及工艺参数见表 4-13。自动配料混料装备如图 4-105 所示。

表 4-13 铁鳞生产线主要设备及主要工艺参数

设备名称	规 格	工 艺 参 数
铁鳞料仓	$V=30m^3$	含料位计、自动震基器、旋转给料机
碳酸锶、氧化铁红气力输送	BJ10Z	现场气阀控制箱
强混机	SHS-600	12 次/h，600kg/次，15kW
致密球磨机	ϕ1. 5m×5. 7m	通过式，由球磨机螺旋输送机送料，LS200-2000
造球机	ϕ1. 9m	
链箅机	ϕ0. 68m×13m	变频电机 4kW，有链箅机除尘系统
回转窑	ϕ2m×20m	
粉料球磨机	ϕ1. 5m×5. 7m	
螺旋输送机	GXϕ250~1400mm	
称重包装机	GCS-25	200 包/h

（1）轧钢铁鳞反应机理。铁鳞生产铁氧体预烧料主要包括预氧化和预烧两大反应过程，重点反应机理如下：

预氧化 $2Fe_3O_4 + 1/2O_2 \longrightarrow 3Fe_2O_3$ （300 ~ 950℃）

$FeO + 1/2O_2 \longrightarrow 3Fe_2O_3$ （300 ~ 950℃）

碳酸盐分解 $SrCO_3 \longrightarrow SrO + CO_2$ （300 ~ 800℃）

中间反应 $SrO + 1/2Fe_2O_3 + (0.5 - x)1/2O_2 \longrightarrow SrFeO_3 - x$ （600 ~ 800℃）

形成反应 $SrFeO_3 - x + 5.5Fe_2O_3 \longrightarrow SrO \cdot 6Fe_2O_3 + (0.5 - x)1/2O_2$ （800℃）

六角锶铁氧体的形成过程

$$SrCO_3 + 1/2Fe_2O_3 + (0.5 - x)1/2O_2 \longrightarrow SrFeO_3 - x + CO_2 \quad (4-3)$$

$$SrFeO_{3-x} + 5.5Fe_2O_3 \longrightarrow SrO \cdot 6Fe_2O_3 + (0.5 - x)1/2O_2 \quad (4\text{-}4)$$

式（4-3）反应阶段是强吸热过程，式（4-4）反应阶段是弱吸热过程。

根据反应机理可以看出，控制预烧时的升温速度、预烧温度、保温时间以及周围的气氛是很重要的。

图 4-105 自动配料混料装备

（2）具体工艺介绍如下：

1）原材料重点要求。采用铁鳞、碳酸锶为原料，碳酸钙、高岭土等作为添加剂加入。通过铁鳞的预处理可以使其成分相对稳定，减少有害杂质。铁鳞经筛分、烘干、磁选、磨细，以除去杂质及降低粒度。加添加剂的目的是为了促进固相反应，阻止晶粒长大，提高磁晶各向异性，改善铁氧体的磁性能，增强力学性能等。合理配方是生产高质量预烧料的前提。因为添加剂毕竟是以杂质形式加入的，其添加量应控制在一定范围内，以免过大影响预烧料的纯度。添加物总量控制在 0.2%~0.8%的范围内。

2）强化混料工艺。铁鳞和碳酸锶及其他添加剂按一定比例均匀混合、致密、造球。采用了“二段强化混料工艺”，即将磨细的原料先经过一次粗混（采用双搅拌强混机），再经干式滚筒式球磨（或振动球磨）进行二次精混。这种混料工艺比较适合国内采用铁鳞为原料生产的永磁铁氧体的生产工艺。在此工艺中，粗混可使各种原料较好混合，再经球磨机二段混料可使各种原料进一步细化和密切接触，这对预烧料烧结过程的固相反应是很有利的。

3）链箅机-回转窑生产工艺。该产线链箅机和回转窑是为生产磁性材料特殊设计的非标设备，全长36m。为了实现氧气氛下较为充分的固相反应，在回转窑前安装了链算机，链算机具有烘干作用，将料球中水烘干，并增强料球强度。此时，若温度太高或料球进料太快，将造成料球内外温差大，球内水分不易挥发，料球会发生炸裂，出现大量粉料。链算机完成脱水和氧化，然后回转窑进一步完成氧化和预烧过程（固相反应）。链算机-回转窑生产过程关键参数如图4-106所示。

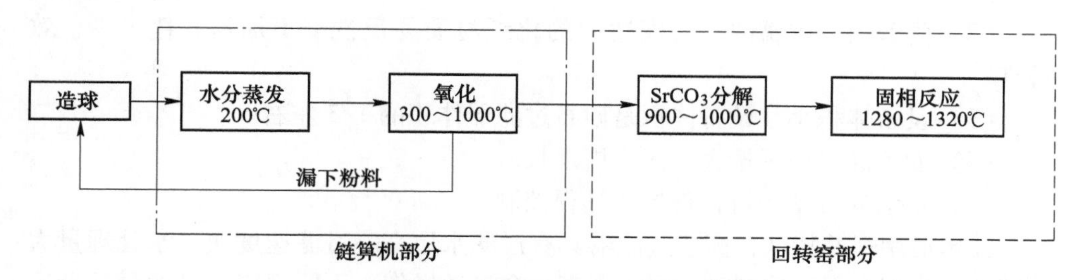

图4-106 链算机-回转窑生产过程关键参数

采用链算机对铁鳞进行氧化最大的特点是氧化速度可调，料球进入链排内受热均匀，不产生粉料，干球进入预氧化室后进行大量氧化，同时球团强度逐渐增大，滚动进入回转窑时，不会产生大量的粉料，从而使 Fe_2O_3 与 SrO 固相反应完全。

回转窑预烧的目的是使原材料颗粒之间发生固相反应，回转窑预烧时间与造球的尺寸有关，尺寸越小，时间越短，容易产生黏附现象，粉尘增加。尺寸越大，时间越长，预烧时间不足，球内部会烧不透，影响产品性能。因此，造球尺寸的一致性，直接影响预烧效果。

4.6.5.3 含油废水处理技术

含油废水中油类物质包括乳化油、乳油、溶解油等，主要来自连铸、热轧等工业设备润滑及泄漏的液压油并进入浊环系统。热轧废水中含油废水的处理技术在渣钢废水中具有代表性，冷轧废水是含油废水体系中处理难度比较大的一种废水。

A 纤维球-高速过滤法含油废水处理技术

现有的连铸浊环、轧机浊环处理的工艺普遍采用的是传统“旋流井+平流池+高速过滤器”处理模式。纤维球过滤器是一种高速过滤器。

纤维球过滤器介绍：纤维球过滤器的滤料是由纤维丝结扎而成的纤维球型滤料，与传统的刚性颗粒滤料不同，它是弹性滤料，空隙率大。在过滤过程中，滤层空隙率沿自上而下的水流方向逐渐变小，符合理想滤料上大下小的空隙分布。采用气水同时反冲洗，达到清洗的目的。与传统滤料相比，纤维球滤料具有滤速高、截污量大、工作周期长等优点。

纤维球过滤器内的纤维球滤料，具有极大的比表面积和空隙率。过滤工作时由于滤料为柔性，滤料和孔隙可压缩，随着过滤时工作压力和滤料的自重，滤层空隙沿水流方向逐渐变小，形成上疏松、下致密的理想分布状态；从而有效截流水中的悬浮物等杂质，降低出水浊废和悬浮物。纤维球过滤器的设备特点为：

（1）上疏松、下致密的高滤速滤层耐压缩、易还原，过滤功能达到理想状态。

（2）耐磨损、抗腐蚀、密度适中的化纤材质易反洗、不加药、耗水少，效益高。

（3）设备体积小，设备体积是砂石过滤器体积的 1/3 左右。

（4）滤速高，截污量大，工作周期长。

（5）手动或自动运行，现场或远程控制。

技术适用性及特点：高速过滤器具有过滤水质高、过滤速度快、水处理量大等特点；当配有程序控制时，可实现多台全自动操作；不同规格型号的过滤器需使用相应的滤料品种和规格。

该技术适用于钢铁行业对水质要求较严的连铸车间含油废水的处理。

现有的连铸浊环、轧机浊环处理的工艺普遍采用的是传统“旋流井+平流池+过滤器”处理模式。过滤器已经成为连铸连轧废水处理工艺中必不可少的一个处理单元。

纤维球过滤的应用：对于纤维球过滤器，在钢铁企业的废水处理中应用也很广泛。尤其是随着改性纤维球等滤料的研制，在含油废水处理工艺中的优势逐渐体现。在钢铁企业中，采用“斜管沉淀池+纤维球过滤器”的处理工艺在连铸浊环水处理中应用比较广泛。

B　化学除油器处理含油废水技术

技术原理：化学除油器是一种集除油、沉淀为一体的水处理设备，通过投加化学药剂，使废水中的油类、氧化铁皮等悬浮物通过凝聚、絮凝作用沉降分离出来，达到净化水质的目的。

化学除油器结构实际上就是一个带有投药装置及搅拌混合器的斜管沉淀池，是专为含油污水处理而设计的一种装置，如图 4-107 所示。在钢铁厂，可以用于处理轧钢及连铸的含油浊循环水。化学除油就是投加化学药剂，经过混合反应，使浊循环水中的油类、悬浮物等通过凝聚作用，形成粗大的颗粒（矾花）沉淀分离出来，达到净化水质的目的。当进水含油量小于 100mg/L，悬浮物含量在 200mg/L 以上时，其出水含油量小于 5mg/L，悬浮物含量小于 205mg/L。投加的化学药剂（统称除油药剂）分为两种：一种是混凝剂，以无机高分子混凝剂聚合氮化铝（PAC）为主，投加剂量 15mg/L 以上；另一种是专用油絮凝剂，投加剂量 15mg/L 以上。据了解，专用油絮凝剂是用南方一种树木的树皮和树心两种

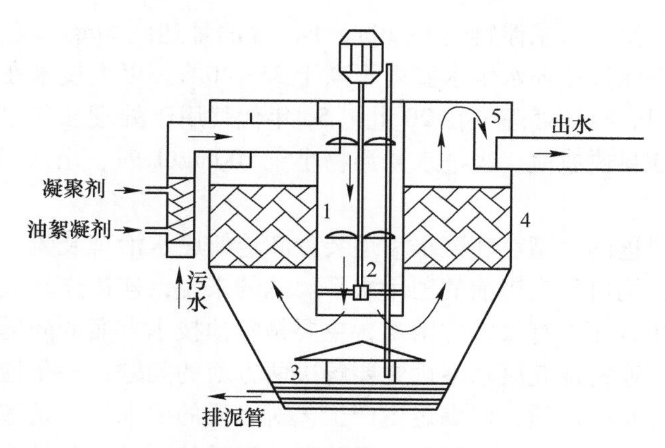

图 4-107 化学除油器结构图

1—中心筒；2—搅拌装置；3—沉淀区；4—过滤区；5—紊流区

粉状物经化学反应聚合成一种棕红色的黏稠液体，是一种天然的高分子絮凝剂，其作用与聚丙烯酸胺类有机高分子絮凝剂作用类似。分子量在 120 万以上的高分子絮凝剂与 PAC 的同增效作用明显，两者的使用剂量大大降低，处理成本更低。

投加的药剂共两种：第一种属于电介质类凝聚剂，如聚合硫酸铁等；第二种是油絮凝剂。两种药剂要分开投加，且投加次序（先投加电介质类凝聚剂，后投加油絮凝剂）不能颠倒。为利于化学除油器的排泥，化学除油器前需设置旋流井或一次铁皮沉淀池。化学除油器后需增设拖袋式除油系统，将上层浮油刮入除油袋内，以减轻后续过滤器的负荷，收集的浮油作为危险废物进行处理。

该技术适用于钢铁行业对水质无特殊要求的连铸车间含油废水处理。

过去国内连铸和连轧废水治理的重点在分离氧化铁方面，主要用一次铁皮和二次铁皮沉淀池处理方式。一次铁皮坑的沉淀面积较小，废水停留时间一般不超过 2min，使一次铁皮坑提升泵磨损严重。二次铁皮沉淀池则因清渣设备效率低、无除油设施，导致水质差，影响循环利用率的提高。钢铁企业的用水在我国工业用水中占的比例很大（约 10%），因此，钢铁企业的废水治理工作对我国实现环境和经济的可持续发展非常重要。20 世纪 70 年代中期，从联邦德国引进的连铸项目中，采用下旋流型水力沉淀池，在结构、性能上又有所改进，此后国内也开始大量采用。目前，两种形式的水力旋流沉淀池在国内已普及使用。当时，从德国和日本引进的连铸、热轧废水治理设施，在处理细颗粒氧化铁皮废水，如电除尘器清洗废水时，都采用了混凝沉淀方式。国内设计的连铸连轧工程，通过实验，也采用混凝沉淀方式来治理。引进的废水治理设施，在旋流沉淀池、二次铁皮沉淀池、污泥浓缩池等部位均设置除油设施，其主要形式是结合清泥设备，用带式或软管除油机将汇集的浮油吸附分离后，集中进行治理。为了提高循环水水质，连铸连轧浊环水系统经沉淀处理后，往往再用单层或双层滤料的压力过滤器进行最终净化，使出水悬浮物达到 20mg/L，含油量达到 5mg/L 左右。净化后的废水通过冷却塔保持循环水供水温度不高于 35~40℃。以上技术在当前的国内设计中已开始采用。冷却处理早在 20 世纪 50 年代就用于处理浊环水系统，当时采用重力式单层滤料快滤池，当进水悬浮物小于 100mg/L 时，出水悬浮物含量可达到 20mg/L。

当前国内引进的大型热轧废水治理装置和连铸废水治理装置，无论在工艺装备和控制方面，均可代表当前的国际水平。总的来说，连铸连轧废水处理在去除氧化铁皮的净化方面没有很大的困难，主要是除油技术方面的问题和由此引起的其他故障问题。连铸连轧废水治理主要解决两方面的问题：一是通过多级净化和冷却，提高循环水的水质，以满足生产工艺对水质的要求；二是减少排污和新水的补充量，使循环利用率得以提高。目前国外设计的项目，包括净环在内，整个系统的循环率可达 97%左右，国内由于钢铁业的升温，使得多条较先进的生产线上线，也使得废水处理技术上到一个新的台阶，这就让目前大的钢铁企业废水循环率达国外水平的 97%左右。废水处理的另一个重要内容是着眼于回收已经从水中分离的氧化铁皮和油类，从而减少对环境的污染。因此，完整的连铸连轧废水设施还应包括废油回收以及对二次铁皮沉淀池和过滤器的细颗粒氧化铁皮进行浓缩、分离的作用，同时不产生污染。

国内目前连铸连轧浊环水处理工艺主要有两种模式：一种采用旋流井、平流池和过滤器的处理工艺，如图 4-108 所示；另一种采用旋流井、化学除油除污器（见图 4-109）或者采用旋流井、稀土磁盘与小平流池模式。

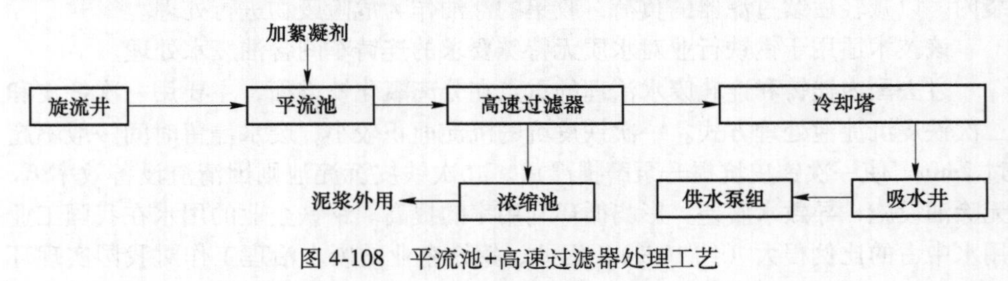

图 4-108　平流池+高速过滤器处理工艺

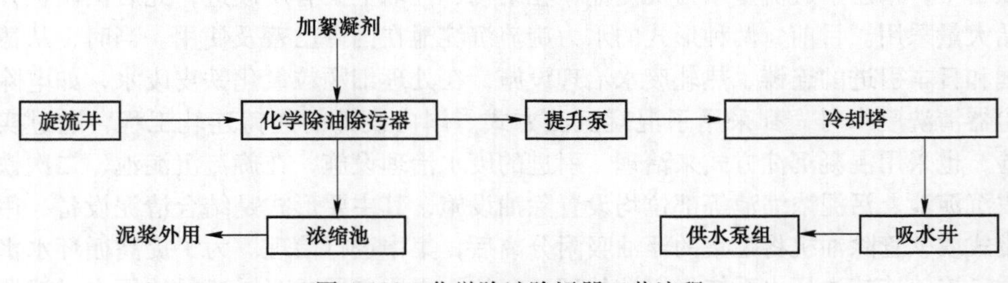

图 4-109　化学除油除污器工艺流程

4.7 近终形连铸

近终形连铸是指在保证最终产品质量的前提下，更接近于产品最终形状的连铸技术，以尽可能减少中间加工环节，从而大幅降低加工能耗、提高生产效率和收得率。从20世纪90年代以后，由于连铸技术的成熟，高效节能特征显著的近终形连铸成为冶金行业关注的重点技术之一。近终形连铸主要包括薄板坯连铸技术、薄带连铸技术、喷射沉积技术以及接近产品形状的异形坯连铸技术等。近终形连铸技术的出现是对冶金工业技术进步的一项革命性贡献，大幅减少了后续热轧等工序的能耗和生产周期。

4.7.1 薄板坯连铸

自1989年美国Nucor公司采用德国西马克公司的CSP技术并成功地投入工业化生产以来，薄板坯连铸连轧技术在全球范围得到了广泛的应用，成为热轧板带材的重要生产技术之一。该技术的核心特征是由连铸机生产出来的高温铸坯直接进入加热炉，而不需要冷却后的再次加热，仅需经过兼具缓冲作用的加热炉进行均热保温后直接进入轧机轧制成材，其优点有：

（1）简化生产工艺流程，缩短生产周期，典型的CSP生产线全流程生产时间从钢水到板卷在30min左右；

（2）占地面积少；

（3）固定资产投资少；

（4）金属的收得率高；

（5）钢材性能好；

（6）大幅降低能耗；

（7）减少工厂定员；

（8）易于实现自动化。

2009年开始的ESP技术更是将连铸和轧制紧密地连接为一个整体，在180m的总长度内将连铸和轧机直接“刚性”连接，最大限度地降低了头尾切损，同时大幅提升了整个轧制过程的连续性和稳定性。

采用薄带连铸技术能将连续铸造轧制甚至热处理融为一体，减少设备投资、简化生产工序、缩短生产周期从而显著降低生产成本。此外，利用薄带连铸技术的快速凝固效应还能生产出轧制工艺难以生产的材料以及具有特殊性能的新材料。

4.7.1.1 薄板坯连铸连轧技术的发展及应用

薄板坯连铸连轧技术经历了第一代的单坯轧制、第二代的半无头轧制，直到第三代的无头轧制。世界各钢铁发达国家已相继开发了各具特色的薄板坯连铸连轧技术，主要有德国 SMS 公司开发的 CSP、德国德马克公司开发的 ISP（Inline Strip Production）、日本新日铁·住金公司开发的 QSP（Quality Slab Production）、意大利达涅利公司开发的 FTSR（Flexible Thin Slab Rolling）、奥钢联开发的 CONROLL（Continue Rolling）以及美国蒂金斯公司开发的 TSP（Thin Slab Production）6 种工艺类型。除此之外，还有意大利 Arvedi 公司开发的 ESP（Endless Strip Production）、韩国浦项公司开发的 Highmill（高效热轧）以及国内鞍山钢铁公司开发的 ASP（Angang Strip Production）。目前以 CSP 和 ISP 技术应用最为广泛，占全球市场份额 50%以上。其特点为：

（1）结晶器振动频率为 400 次/min；

（2）应用浸入式水口；

（3）使用低熔点，流动性良好，低黏度的保护渣；

（4）浇铸厚度为 40~70mm；

（5）板坯完全凝固后切割，或通过支撑辊对带液芯的连铸坯加压，使铸坯变形厚度减薄。

薄板内部质量好，无裂纹，偏析小，晶粒细，铸坯各向同性，延伸性能与深冲性能均得到改善，力学性能好。

4.7.1.2　薄板坯连铸连轧技术特点

薄板连铸坯厚度为 40~70mm，薄板连铸坯经液芯压下→均热保温→粗轧机组→精轧机组→水冷→卷取机组→热装带钢。采用薄板坯连铸连轧技术目前可实现 0.8mm 厚热轧带钢的生产，可部分替代相应厚度的冷轧带钢，实现“以热代冷”。该工艺为短流程，亦称紧凑式流程，其具有以下特点：

（1）大大提高了生产能力；

（2）大大降低了能源耗量；

（3）工艺流程短，减少厂房占地面积和投资费用；

（4）连铸坯厚度更薄，因此其凝固速度快，带钢晶粒更细，组织致密，产品质量也更好。

4.7.2　薄板坯连铸代表技术

（1）CSP（Compact Strip Production）技术。CSP 技术由德国西马克（SMS）公司开发，是目前世界范围内产能最大的薄板坯生产技术，典型特征为漏斗形结晶器、立弯式连铸机、加热炉、带或不带粗轧机，5~7 机架精轧机。辅以液芯压下技术可灵活调整铸坯厚度，薄板坯厚度 40~90mm。目前全世界共有 34 条生产线，是目前应用最广泛的薄板坯连铸连轧工艺，占全世界薄板坯连铸连轧生产线的 51%。

（2）ISP（Inline Strip Production）技术。ISP 技术由原德国德马克（Demag）

公司（其冶金部门已于1999年并入西马克公司）开发，其典型工艺是平板结晶器、弧形连铸机、带有液芯压下，在连铸机出口布置有粗轧机进行铸坯减薄，然后经补热后进入克日莫那炉，再进入精轧机轧制，该生产线目前有3条。

（3）FTSR（Flexible Thin Slab Rolling）技术。FTSR技术由意大利达涅利（Danlieli）公司开发，FTSR的典型工艺特点是H^2结晶器、液芯压下和动态软压下扇形段的使用，进一步扩展了薄板坯的钢种和规格生产范围。目前该生产线共有9条。

（4）CONROLL技术。CONROLL技术由奥地利奥钢联公司开发，薄板坯厚度范围75~130mm，主要特征是采用平板结晶器、超低头弧形连铸机和轻压下系统等，目前共建有4条生产线。

（5）QSP（Quality Strip Production）技术。QSP技术由日本住友公司开发，连铸机采用中等厚度结晶器，薄板坯厚度90~100mm，共建有3条生产线。

（6）ESP（Endless Strip Prodution）技术。ESP技术由意大利阿维迪公司开发，其生产线布置紧凑，不使用加热炉，生产线全长仅180m，是世界上最短的连铸连轧生产线。目前共建有5条生产线。

20世纪90年代末，珠钢、邯钢、包钢引进CSP技术，国内薄板坯连铸连轧生产线进入快速发展期，在引进的同时，结合国内特点进行了很多的创新和改造，在典型的薄板坯连铸技术发展初期，是以电炉加薄板坯连铸机为代表的短流程生产线，国内邯钢首创了以转炉钢水供应CSP连铸机的生产模式；结晶器的厚度也适当增加，由最初以50~60mm为主扩大到70mm以至后来的90mm；产能由原来的80万吨/年提高到120万吨/年以上（1台连铸机）。国内鞍钢等企业也做了很多这一方面的探索和实践，并形成了有一定自主技术的特色生产线。截至2018年，全球已建成薄板坯连铸连轧生产线共计67条104流，产能超过1.2亿吨/年，我国目前建有17条31流，产能4000多万吨/年[84]。

经过多年的发展，薄板坯连铸生产技术已日臻完善，品种规格不断扩大，除部分包晶钢等尚存一定的难点外，涵盖了大部分的品种规格。从发展初期以低档中低碳热轧板为主发展到目前涵盖了大部分的连铸生产品种，包括结构钢、高强低合金钢、工具钢、管线钢、弹簧钢、高碳钢、双相钢、多相钢等，利用薄板坯连铸的组织特性，德国蒂森（Thyssen）、中国武钢（2016年底与宝钢合并为宝武集团）等企业还将薄板坯连铸连轧生产线作为无取向硅钢和部分取向硅钢的专用生产线。

其实薄带铸造的思想很早就已提出，最早可追溯至19世纪50年代，1856年亨利·贝塞麦（Henry·Bessemer）申请了双辊薄带连铸专利，但此后由于材料和控制技术水平等的限制，该技术的发展并不顺利，在工业化的道路上薄带连铸的发展可谓一波三折，直到近年来才取得重要的突破。薄带连铸的主要方法有三种，即单辊式、双辊式和辊带式，其中研究最为广泛和发展最成熟的是双辊薄带连铸技术，如图4-110所示。由于薄带连铸技术更加接近最终产品的形状，节省了大量加热、轧制等工序的能耗，甚至可以代替冷轧工序。

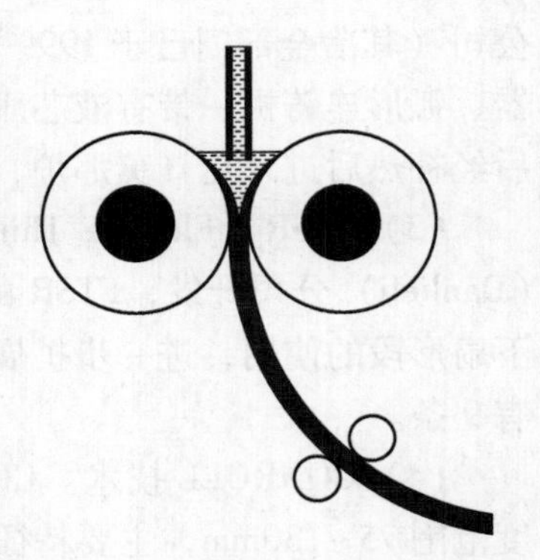

图 4-110 双辊式薄带连铸

与薄板坯连铸连轧工艺相比，应用薄带连铸技术吨钢节能可达 800kJ，CO_2 排放量可降低 85%，NO_x可降低 90%，SO_2 可降低 70%[85]。同时由于薄带连铸技术的极快冷却速度，能够有效抑制常规连铸流程中各种元素的偏析，得到高度均匀的细晶组织，特别是对于某些难以连铸和轧制的高合金、特种合金等更是具有先天的优势，例如高锰钢、高硅钢、因瓦合金、镁合金等。因此，薄带连铸的技术优势体现在：

（1）薄带连铸技术可显著缩短带钢的生产流程，减少能源消耗。根据日本川崎的报道，薄带钢连铸与普通板坯热轧的能耗分别为 1.23×10^8 J/t 和 1.55×10^9 J/t。

（2）投资低，生产同一品种产品，薄带连铸技术的投资为普通连铸技术的50%左右。

（3）生产成本低，连铸薄带坯轧制冷带的成本仅为钢锭轧制冷带的 12%，与厚度为 2mm 的热轧带钢相比，吨钢的生产成本可降低 30%。

（4）生产普通技术难以生产的品种，如常规连铸不能生产的铸铁薄带和含硅量为 4.5%~5.5%的硅钢，由薄带连铸生产成 1~2mm 厚的铸铁毛坯后，再经过小压下量的轧制工艺可以很容易获得。

（5）新材料，极薄带连铸技术的快速凝固效果（$\geqslant 10^4$ K/s）可生产出非晶态金属带钢。

表 4-14 是常规板坯连铸、薄板坯连铸及薄带钢连铸主要工艺及设备特征比较。

表 4-14 板坯连铸、薄板坯连铸和薄带钢连铸的对比

工艺/设备特征	板坯连铸	薄板坯连铸	薄带钢连铸
凝固设备	结晶器	异形结晶器	活动型辊/带
凝固产品厚度/mm	>150	50~90	<10
坯壳凝固速度/$K\cdot s^{-1}$	0.1~1	1~102	102~103
总凝固时间/s	6000~1200	40~60	0.15~1
铸速/$m\cdot min^{-1}$	<3	4~8	>15

截至目前，取得明显成效或工业化应用比较成功的技术有新日铁的双辊薄带连铸、欧盟的 EuroStrip 带钢连铸、韩国浦项的 PoStrip 带钢连铸、美国纽柯公司的 Castrip 带钢连铸、中国宝钢的 BAOSTRIP 带钢连铸、德国西马克公司的 BCT（Belt Casting Technology）钢带水平连铸技术等。国内沙钢集团于 2016 年引进了 Castrip 技术并启动建设，该生产线总长度 50m，生产带钢厚度范围 0.7～1.9mm，宽度 1590mm，设计产量 50 万吨，主要带钢连铸的参数见表 4-15。

表 4-15　典型薄带技术对比

技术名称	辊径×辊长/mm×mm	拉速/m · min^{-1}	带钢厚度/mm
新日铁薄带	1200×1330	20～130	1.6～5.0
Eurostrip（AST）	1500×800	100	2.0～5.0
Postrip	1200×1300	30～130	2.0～6.0
Eurostrip（AST）	1500×1450	15～140	1.5～4.5
Castrip	500×2000	15～140	1.5～4.5

东北大学近年来在双辊薄带连铸方面也进行了大量的研究工作，东北大学轧制技术及连轧自动化国家重点实验室开发设计的双辊薄带铸轧机可生产厚度 1.5～3.0mm，宽度 400mm 的铸轧薄带。2016 年，河北敬业集团启动了与东北大学合作的 E2Strip 薄带铸轧产业化项目，实施后降低燃耗 95%，电耗 90%，CO_2 排放降低 85%[86]。

4.7.3 无头轧制技术

4.7.3.1 无头轧制技术的发展及应用

连铸高拉速瓶颈的突破和技术的发展，使得无头轧制这一前沿技术得以工业化，该技术的推广和应用成为钢铁工业中继连铸和近终形连铸后的又一次飞跃。1996 年，世界第一条连续化无头轧制热连轧带钢生产线在日本川崎 No.3 热轧线上成功投入运行，该产线中间坯通过焊接方式在精轧形成连续无头轧制。之后 2009 年 2 月，意大利 Arvedi 公司克莱蒙纳厂无头轧制技术的 ESP 生产线投入工业化生产。2009 年 5 月，由意大利达涅利公司负责改造的韩国浦项公司的 Highmill 无头轧制生产线也投入了工业化生产。2014 年，我国第一条 ESP 无头轧制生产线在日照钢铁公司投产运行。截至 2018 年年初，中国已建成和在建无头轧制生产线总计 7 条，其中，日照钢铁公司 5 条，首钢京唐 1 条 MCCR 生产线、唐山全丰 1 条节能 ESP 生产线。7 条线的设计年产能超过 1500 万吨。无头轧制技术的工业化应用为高效化、大规模和低成本生产超薄规格带钢、实现以热代冷提供了技术支撑。

目前，日照钢铁公司 ESP 生产线可批量稳定生产薄规格板卷，厚度最薄为 0.8mm，同时产品全长厚度均匀、钢卷头尾切平齐，客户使用成材率可提高 1% 以上。ESP 无头轧制生产技术适合生产的钢种范围宽，目前已经证明可以生产的钢种包括低碳钢（一般结构钢、耐蚀钢、冷成型钢）、微合金钢、多相钢、管线钢、压力容器钢、含硼钢以及高碳钢，未来将开发生产先进高强钢（DP1200、TRIP800）、硅钢（无取向和取向）和超低碳钢（DD14、DC03~DC06/IF）。其中，规格为 0.8~2.0mm 的低碳钢通过酸洗-平整工艺处理后可部分替代冷轧产品，广泛应用于电气柜、门业、消防器材、钢桶、药芯焊丝等行业。高碳钢广泛应用于链条、量具、刃具等行业。低合金高强钢屈服强度级别涵盖 340~700MPa，厚度规格 1.0~3.5mm×1250/1500mm。与常规热轧产线及薄板坯连铸连轧产线相比，同强度级别产品 ESP 产线能够做到更薄的规格，酸洗平整后表面质量、尺寸精度达到冷轧级别，可部分代替冷轧产品，大大降低产品能耗及成本。2017 年，日照钢铁公司已投产的 3 条 ESP 生产线产量合计 641.3 万吨，产品包括酸洗卷、镀锌卷、黑平卷和 ESP 直发黑卷。其中，典型浇次内 0.8mm 极薄规格占比可达 13.77%，不大于 1.2mm 规格占比 65.71%，不大于 1.5mm 规格占比 80.18%，ESP 产线薄规格生产能力远超常规热轧及 CSP 薄板坯连铸连轧产线。2017 年月平均轧制公里数由 122.1km 提高到 145km，其中最大月轧制公里数已达 200km，最大连浇炉数达到 13 炉。

首钢京唐 MCCR 多模式连续铸轧生产线的工艺流程：大包回转台中包车→130/110 高拉速薄板坯连铸机→摆动式铸坯除鳞机→摆动式铸坯分切剪→隧道式均热炉→粗轧前除鳞机→三机架粗轧机→转鼓式切头剪→感应加热装置→精轧前除鳞机→五机架精轧机→加强型层流冷却段→高速飞剪→两台地下卷取机。该生产线采用无头轧制技术，以优质、高强、薄规格产品为主导方向；以薄规格低碳软钢为主，替代传统冷轧中低端产品，也可为单机架冷轧提供薄规格基料，降低轧制成本；生产薄规格耐候钢和薄规格结构钢；具备生产 1000MPa 以上的 3.0mm 以下的薄规格高强热轧品种能力。首钢京唐 MCCR 多模式连续铸轧生产线最大的特点就是采用 3 种模式生产，即无头轧制/半无头轧制/单坯轧制：

（1）无头轧制模式生产 0.8~2.0mm 薄规格产品；

（2）半无头轧制模式生产 2.0~4.0mm 的一般薄规格产品；

（3）单坯轧制模式用于头尾坯轧制、单卷取机生产条件下维持生产，可生产 1.5~12.7mm 的大纲覆盖的全部产品。

唐山全丰综合考虑珠钢 CSP 工艺设备搬迁利旧，确定了独特的“节能型-ESP”的总体工艺方案：

（1）以全无头轧制工艺为主，并具备单坯和半无头轧制工艺灵活转换的特点。

（2）配置单流高拉速板坯连铸机 1 台。

（3）在连铸和粗轧之间，布置 1 座以均热和缓冲为主的双蓄热辊底式加热炉；在粗轧和精轧之间布置同时具备升温和控温能力的双蓄热辊底式加热炉。

（4）轧机区配置 2 架粗轧机和 6 架精轧机，卷取区配置 1 台高速飞剪和 2 台卷取机。

该生产线将主要生产冷轧基板、一般结构钢、汽车用结构钢、耐候钢、热轧酸洗板、高强钢、双相钢等。该生产线与日照钢铁公司 ESP 产线最大的不同就是在粗轧和精轧之间采用了 120m 长的双蓄热辊底式加热炉，将会极大地降低轧钢能源消耗。

4.7.3.2 无头轧制的技术特点

无头轧制的优势特点主要体现在以下几个方面[87]：

（1）拉速高、产量高。

（2）流产短、能耗低。

（3）设备紧凑，厂房建设投资少。

（4）极限规格薄（0.8mm），可替代部分冷轧产品，常规轧制无法超越。

（5）烧损、切损少，成材率高。

（6）穿带、抛尾次数少，堆钢、甩尾等。

（7）同规格产品组织性能均匀，可恒速轧制。

（8）产品板型好、卷型好，不存在明显头尾镰刀弯缺陷。

Arvedi 的 ESP 技术与其他轧制技术能耗比较如图 4-111 所示。

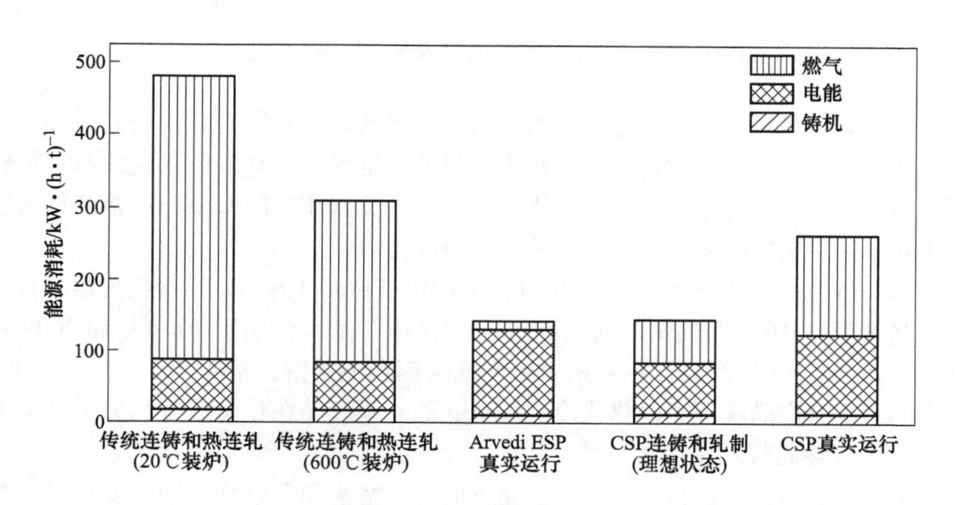

图 4-111 Arvedi 的 ESP 技术与其他轧制技术能耗

4.7.4 薄带铸轧生产技术

薄带铸轧技术能够将连铸、加热和热轧等生产工序结合在一起，由液态钢水直接生产出毫米级的薄带坯。图 4-112 为薄带铸轧与板坯连铸及薄板坯连铸工艺比较，可以看出与传统的板材生产工艺流程相比，薄带铸轧技术可节约基建投资 1/3~1/2；由于实现了“一火成材”，钢材生产的节能效率和生产效率大大提高，与连铸连轧过程相比，每吨钢可节省能源约 800kJ，CO_2 排放量降低约 85%，NO_x 降低约 90%，SO_2 降低 70%。薄带铸轧技术还能够有效抑制铜、硫、磷等夹杂元素在钢材基体中的偏析，从而可实现劣质矿资源（如高磷、高硫、高铜矿或废钢等）有效综合利用，节省宝贵资源，达到可持续发展目标[88]。

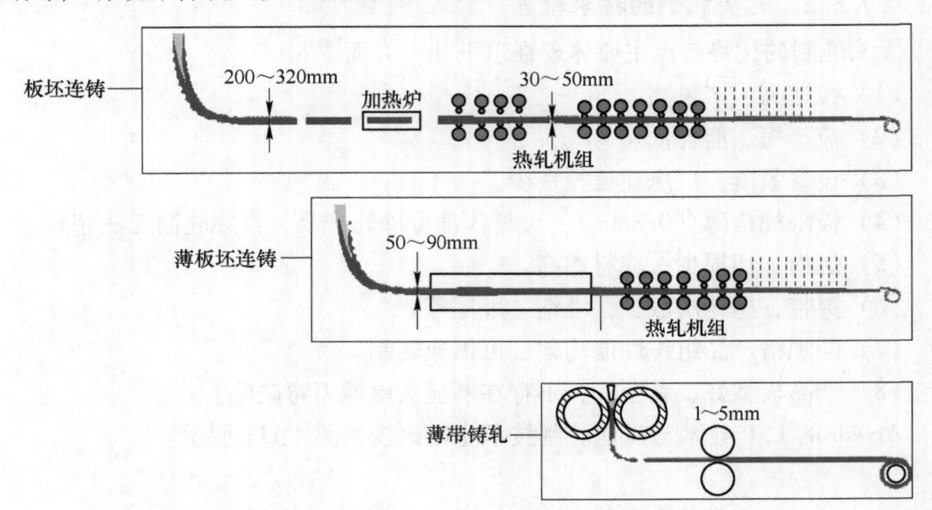

图 4-112 薄带铸轧与板坯连铸及薄板坯连铸工艺对比

薄带连铸技术工艺方案主要分为辊式、带式与辊带式等，其中研究最多、最接近工业化生产的是双辊薄带连铸技术。目前，世界上已有多条双辊式薄带铸轧试验线和接近工业化水平的半工业生产线，例如美国纽柯的 Castrip、蒂森克虏伯的 Eurostrip、浦项的 PoStrip 和宝钢的 Baostrip 等。

Castrip 生产线由澳大利亚 BHP（Broken Hill Proprietary Co.）钢铁公司、日本石川岛播磨（IHI）与美国的纽柯钢铁公司合作开发，分别于 2002 年和 2009 年建成两条 Castrip 生产线，主要用于生产低碳钢和不锈钢，常规产品厚度为 0.7~1.5mm。部分产品实现了以热代冷。Castrip 的一些产品在化学成分和力学性能方面，与常规热轧带材指标相当[89]。

Eurostrip 薄带连铸技术是由蒂森克虏伯、安塞洛和奥钢联共同开发而成。德国蒂森克虏伯克莱菲尔德厂[90]的连铸机组的钢包容量为 90t，中间包容量 18t，铸辊直径1500mm。铸带最大宽度为1450mm，厚度为1.3~3.5mm，年生产能力可达到40万吨。同时，Eurostrip工程在意大利AST公司的特尔尼厂建立了薄带连铸技术的研发车间。特尔尼厂的双辊连铸机铸辊的宽度为1130mm，铸辊直径为1500mm，能够生产1.4~3.5mm的薄带。目前已成功地浇铸了电工钢和304型不锈钢薄带，带卷的单重为20t。

韩国浦项制铁公司于1988年与韩国工业技术研究院和英国戴维公司共同开发双辊式薄带连铸机。1995年建成1号双辊式薄带铸轧实验机，能够生产宽度为350mm的带钢。2004年，浦项公司启动了PoStrip项目，并于2006年建成投产，设计年产60万吨，能够直接浇铸成2~4mm的薄带钢不锈钢，经过进一步冷轧及退火后，可生产更薄的带钢，其性能与采用传统工艺生产的带钢相同。

宝钢薄带连铸产业化关键技术研发于2001年开始起步，研发过程经历了应用基础研究、产业化关键技术研究、工业化实践和商业化生产4个阶段。2012年，宝菱重工邀请专家联合开发，在宁波钢厂建设了一条ϕ800mm×1430mm的工业化机组（NBS产线），并于2014年初生产第一卷钢。经过一年多的试生产，NBS产线能够完成355t连续浇铸、连续轧制，实现了异钢种连浇、在线变规格铸轧。轧制的带钢性能和质量达到ASTM 1039标准要求，应用领域主要包括集装箱外板、保险箱面板、货架、汽摩配件、空调支架等[91]。

东北大学近年来在薄带连铸技术方面集中力量研究了硅钢的薄带连铸、热轧及后续冷轧、热处理过程。采用其薄带铸轧试验设备，成功制备出了0.27mm厚的普通取向硅钢、0.23mm厚的高磁感取向硅钢、0.18~0.23mm厚的4.5%Si和6.5%Si取向硅钢及无取向硅钢。2016年4月，河北敬业钢铁公司与东北大学合作，投资近4亿元，在河北敬业建设一条年产40万吨硅钢的薄带铸轧机组。

2016年8月1日，沙钢集团正式启动工业化超薄带生产线建设项目启动，由欧美提供核心设备和电气自动化设备，中冶京诚提供技术转化及非核心设备。沙钢集团超薄带生产线各类机械及电气自动化设备的各项技术参数以及设备的采购、制作和安装指导将由Castrip LLC公司提供。该超薄带生产线设计总长度为50m，能够生产厚度为0.7~1.90mm、宽度为1590mm的品种规格产品。相对于传统的生产线，整条超薄带生产线的设备布局紧凑，投资成本大大降低，同时节能环保效果十分显著。目前，沙钢超薄带生产线已于2018年11月投产。

薄带铸轧技术具有大幅降低建设投资与生产成本、大幅降低能源消耗且十分生态友好等诸多优点，其主要技术关键在于：

（1）薄带连铸3个易损消耗件，即结晶辊、侧封板和水口，是影响薄带连铸技术生产成本的一个最重要因素。开发低成本、高质量、长寿命的薄带连铸三大件，有利于推广薄带连铸技术的产业化。

（2）薄带连铸技术需要根据生产的钢材品种、产量规模、生产节奏等确定相应的冶炼和精炼设备及具体参数。欧洲的Eurostrip、韩国的Postrip主要生产不锈钢，冶炼部分通常采用电炉流程，配以VD等精炼设备。美国纽柯的薄带连铸生产线主要用来生产普碳钢，两条生产线分别采用“EAF+VOD+Castrip”和“EAF+VTD+LF+Castrip”的生产流程。而生产其他钢材品种，例如硅钢，则需要采取适合的冶炼和精炼方式。

(3) 决定薄带连铸成败的重要因素之一是最终凝固点位置的控制。通常最终凝固点的位置是通过检测铸轧力进行反算。铸轧力的设定和精确检测以及高精度控制用的数学模型是保证精准控制最终凝固点的关键。

(4) 熔池液面检测与控制也是薄带连铸技术十分重要的控制环节。由于连铸机浇注环境十分恶劣，使得液面检测非常困难。目前主要使用摄像法无接触地获得液面图像信息，然后转换为数字信息传输至计算机并由计算机对采集到的数据进行图形处理，得到边缘曲线，加以标定后就可得到液面的具体位置。

(5) 研究侧挡技术，精巧设计侧挡板，保证边部整齐、无飞翅，便于后部精轧及提高成材率。

(6) 薄带连铸技术在线轧机应具备各种轧制参数检测装置，能够精准地测定轧制力、轧制力矩、入口厚度和出口厚度、轧件温度、轧制速度等参数。具备轧制力AGC、反馈AGC、前馈AGC及各种厚度补偿能力，可以实现厚度自动控制。

(7) 轧机板形控制系统不仅要对开轧阶段轧辊热凸度形成过程中的轧辊凸度变化进行有效的控制，并进行相应的补偿，还需要对轧制过程中的磨损和热凸度的变化引起的板形和板凸度变化进行有效的补偿。

(8) 加强铸轧半凝固加工变形理论研究，包括高温塑性、变形抗力、裂纹以及负偏析形成机理等与钢带质量密切相关的理论研究。

薄带连铸技术取消了传统工艺中的中间环节，极大地缩短了工艺流程，具有降低建设投资、节省资源和能源、减少排放和环境友好的优势，是绿色化的生产流程。同时，薄带连铸凝固过程能够抑制杂质元素产生偏析。因此，可以采用价格低廉的废钢或者劣质矿作为原料，有利于降低冶炼成本、提高产品质量。

近年来，钢铁行业中薄带连铸技术成功应用的实例提供了非常具有诱惑力的前景。尽管钢的薄带连铸技术仍存在一些问题，但其节能降耗、环境友好的优势值得人们去投入精力优化它，以实现钢铁工业可持续、绿色发展的目标。

4.7.5 异形坯连铸技术

异形坯（或称H型）连铸也是开发较早、比较成熟的连铸技术，主要应用于H型钢或工字梁等产品的生产。异形坯连铸机与方坯连铸机大体结构相同，主要区别在于结晶器内腔的形状以及二冷室内支撑辊的类型相应的变化，连铸异形坯技术的主要优点在于由于接近最终的轧材形状，可以显著降低轧制加工费用、提高收得率、降低能耗。与采用方坯开坯再轧制生产的产品相比质量更好。缺点是设备较为复杂，造价较高。以使用异形坯连铸技术的紧凑式钢梁生产工艺（CBP）热装入炉为例，与方坯的冷装轧制对比，其能耗降低可达 50%~60%，此外还可极大提高生产效率，提高金属收得率，总投资成本可减少 30%。以 H 型坯作为坯料轧制与采用常规方坯进行轧制工字钢对比，采用方坯轧制需要 25 个道次，采用 H 型坯轧制仅需 12 个道次，金属收得率提高约 1.5%~8%。

该类连铸技术国外使用较多，主要分布在美国、日本和加拿大等国，国内马钢、莱钢异形坯连铸机投产较早，此外还有津西钢铁、首钢长钢、新泰钢铁、包钢等厂。

4.7.6 喷射沉积技术

喷射沉积技术（SF）的基本原理是在惰性气体的保护下将液态金属雾化（高压气体雾化、离心雾化、机械雾化等）成小液滴，雾化的小液滴在高压气体或离心力作用下，连续喷射到衬底材料上，形成沉积层，通过沉积层不断地凝固形成坯料，然后使用热压或热锻等工艺进行再一步加工。

喷射沉积成型工艺具有快速凝固冷速高的特点，而且有传统铸造法一步成型的优点，是一种介于粉末冶金和铸造冶金之间的金属成型新工艺。由于冷速快（可达到 10^4~10^6K/s），坯料的成分偏析程度小、致密度高，不会出现目前铸造条件下的缩孔或疏松等内部缺陷。除此之外，还可以用来生产传统方法难以生产的材料。

喷射沉积技术目前主要用来生产铝、镁、铜等合金、金属复合材料以及高速钢、工具钢、不锈钢等。从产品形状角度，主要用于管、带和异形件的生产以及轧辊等的修复工作。

喷射沉积技术目前仍在发展，虽然还存在很多理论和实践方面的问题需要进一步研究解决，但其在复合材料、双性能材料、涂层技术和其他表面处理技术等领域有独到的优势，随着快速凝固技术的研究进展，将会发挥更大的作用。

参 考 文 献

[1] Alex Wong，胡德生，牛虎．炼焦煤预处理工艺现状及改进［N］．世界金属导报，2017-12-19（B02）．

[2] 胡新亮．煤调湿技术的关键问题［N］．世界金属导报，2006-03-21(A01)．

[3] 杨邵鸿．炼焦荒煤气上升管余热与循环氨水余热集成回收利用技术探讨［N］．世界金属导报，2018-02-27（B12）．

[4] 于勇，王新东．钢铁工业绿色工艺技术［M］．北京：冶金工业出版社，2017.
[5] 林金良．焦粉回配技术在焦化厂的应用探讨［J］．山东工业技术，2017，6：2.
[6] 薛莹莹，尹庆会．焦化废水减排及清洁生产措施探讨［J］．2018，3：110-112.
[7] 张龙，崔兵．焦化废水处理技术研究［J］．中国资源综合利用，2018，36（9）：52-55.
[8] 田京雷，刘金哲，李雪松．基于微电解技术的焦化废水强化预处理实验［J］．工业水处理，2018，38（11）：70-73.
[9] 吴文升，胡艳君，等．焦炉煤气脱硫废液无害化处理技术［J］．金属世界，2018，1：73-76.
[10] 付本全，张垒，等．国内焦炉煤气脱硫废液处理研究进展［J］．武钢技术，2014，52（4）：46-49.
[11] 马晓辉，姚群．钢铁行业料场扬尘控制阳光膜封闭技术［J］．工业安全与环保，2018，44（10）：58-60.
[12] 宋秀丽．二次连续低温点火技术在鞍钢 $265m^2$ 烧结机上的应用与实践［C］．中国金属学会炼铁分会、全国地区钢铁企业协作网．炼铁系统先进实用技术经验交流会文集．中国金属学会炼铁分会、全国地区钢铁企业协作网．中国金属学会，2005.
[13] 马涛，张远东，李春泉，等．烧结一部烧结机系统漏风治理［J］．包钢科技，2018，44（4）：23-26.
[14] 刘仕虎，周茂军．烟气循环烧结工艺综述及其在宝钢应用的探讨［J］．宝钢技术，2018（6）：37-44.
[15] 胡启晨，姜曦．高炉炉料结构调整是源头减排的必然趋势［N］．中国冶金报，2017.
[16] 许满兴．2016 年全国高炉炼铁主要操作指标评述与分析［C］．中国金属学会炼铁分会、昆明钢铁股份有限公司、昆明理工大学．2017 年全国高炉炼铁学术年会论文集（上）．中国金属学会，2017.
[17] 许满兴，张玉兰．新世纪我国球团矿生产技术现状及发展趋势［J］．烧结球团，2017，42（2）：25-30，37.
[18] 田铁磊，师学峰，蔡爽，等．镁质熔剂性球团孔结构特性［J］．钢铁，2016，51（10）：10-14.
[19] 徐晨光．镁质熔剂性球团矿焙烧固结机理研究［D］．唐山：华北理工大学，2017.
[20] 储满生，艾名星，付磊，等．铁矿热压含碳球团生产工艺开发［J］．工业加热，2008（1）：57-60.
[21] 魏汝飞，李家新，李杰民，等．弱氧化性气氛下尘泥含碳球团的还原动力学［J］．过程工程学报，2011，11（3）：429-435.
[22] 丁银贵，王静松，曾晖，等．转炉尘泥含碳球团还原动力学研究［J］．过程工程学报，2010，10（S1）：73-77.
[23] 黎燕华．我国转炉污泥资源化技术研究与进展［C］．中国冶金矿山企业协会，中钢集团马鞍山矿山研究院．2005 年全国选矿高效节能技术及设备学术研讨与成果推广交流会论文集．中国冶金矿山企业协会，2005.
[24] 张垒，刘尚超，张道权，等．烧结炼铁协同处置含铬污泥的应用研究［J］．烧结球团，2018，43（5）：61-64.

[25] 康凌晨，张垒，张大华，等．烧结机头电除尘灰的处理与利用［J］．工业安全与环保，2015，41（3）：41-43.

[26] 金阳．营钢低成本烧结生产实践［D］．鞍山：辽宁科技大学，2015.

[27] 徐天骄，张晟，高建业，等．烧结矿余热回收竖罐热工参数确定方法及其应用［J］．钢铁，2018，53（11）：107-112.

[28] 代兵．主动找差距优化促提效［N］．中国冶金报，2016-07-28（006）.

[29] 张福明．低碳绿色高炉炼铁技术发展方向［N］．中国冶金报，2015-11-12（005）.

[30] 王维兴．提高高炉炉料中球团矿配比、促进节能减排［J］．冶金管理，2018（9）：53-58.

[31] 林成城．炉料结构对高炉冶炼的影响［N］．中国冶金报，2016.

[32] 吴胜利，韩宏亮，陶卫忠，等．高炉提高天然块矿使用比例的研究［J］．钢铁，2009，44（11）：12-16，40.

[33] 吴亮亮，傅元坤．高块矿比高炉炉料的冶金性能研究［J］．安徽工业大学学报（自然科学版），2014，31（1）：6-10.

[34] 梁清仁，李国权，曹旭．提高高炉生矿比的生产实践［J］．四川冶金，2017，39（4）：39-41.

[35] 郭超．兴澄 3200m^3 高炉提高块矿比例实践［C］．第十四届全国大高炉炼铁学术年会论文集，2013：505-507.

[36] 吴金富，陈生利．韶钢 6 号高炉提高入炉块矿比的实践［J］．炼铁，2017，36（1）：35-37.

[37] 魏丰雷．降低高炉冶炼燃料比的技术工艺研究［J］．世界有色金属，2016（18）：117-118.

[38] 王永斌．关于低硅生铁冶炼技术的探讨［C］．中国金属学会，冶金反应工程学分会．第十七届（2013 年）全国冶金反应工程学学术会议论文集（上册）．中国金属学会，2013.

[39] 魏洪如，张振峰，等．钒钛磁铁矿大高炉超低硅钛冶炼集成技术与创新［J］．中国冶金，2018，28（11）：89.

[40] 赵新国，唐顺兵．大型高炉实现稳硅低硅冶炼的措施［J］．钢铁研究，2012，40（6）：55-58，62.

[41] 张贺顺，郭艳永，陈川．首钢京唐 5500m^3 大型高炉低硅冶炼实践［J］．炼铁，2016，35（2）：43-46.

[42] 杨天钧，张建良，刘征建，等．持续改进原燃料质量提高精细化操作水平努力实现绿色高效炼铁生产［J］．炼铁，2018，37（3）：1-11.

[43] 施月循．第五讲　富氧喷煤和高风温喷煤工艺［J］．冶金能源，1990（4）：61-64.

[44] 段国建，赵志龙．高炉富氧喷煤技术探讨［J］．河北冶金，2017（6）：8-12.

[45] 闫彩菊，程相利，高建军，等．高富氧喷煤对高炉冶炼影响的分析［J］．钢铁，2013，48（6）：25-28.

[46] 张统忠，佘雪峰，薛庆国，等．不同喷吹煤种对除尘灰中未燃煤粉影响［J］．钢铁，2016，51（3）：9-15.

[47] 任彦军，董寅生，王卫东，等．沙钢高炉高富氧率经济性分析［J］．炼铁，2014，33（6）：57-59.

[48] 胡凤喜，王聪渊，段新民，等．高炉长寿浅析［J］．四川冶金，2018，40（1）：39-42.

[49] 胡中杰，陈永明，居勤章．宝钢高炉长寿生产实践与探讨［J］．炼铁，2017，36（6）：1-6.

[50] 杨天钧．近年来炼铁生产的回顾兼论新时期持续发展的路径［C］．中国金属学会炼铁分会，昆明钢铁股份有限公司，昆明理工大学．2017 年全国高炉炼铁学术年会论文集（上）．中国金属学会，2017.

[51] 曹勇杰．高炉煤气余压发电（TRT）技术的研究与应用［N］．世界金属导报，2013，（B16）．

[52] 王彦军．高炉均压煤气回收探讨［J］．冶金动力，2012（6）：30-33.

[53] 林学艳．高炉炉顶余压发电技术分析［J］．现代冶金，2013，41（5）：31-33.

[54] 张述明，王立刚，张伟．高炉热风炉烟气余热利用方式研究［J］．河北冶金，2016（11）：64-68.

[55] 康媛．热风炉双预热技术在承钢的应用推广［C］．河北省冶金学会．2013 年河北省炼铁技术暨学术年会论文集．河北省冶金学会，2013.

[56] 张晨．利用热风炉烟气实现高风温的新途径［C］．中国金属学会．2014 年全国冶金能源环保生产技术会文集．中国金属学会，2014.

[57] 马伟杰．少渣冶炼工艺基础研究［D］．马鞍山：安徽工业大学，2016.

[58] 佟岩．转炉高废钢比的研究及实践［J］．炼钢，2018，34（5）：8-13.

[59] 张建国．国内外废钢利用及我国废钢业现状论述［J］．资源再生，2015（10）：46-48.

[60] 朱荣．转炉高废钢比冶炼的技术进展［C］．中国金属学会．第十一届中国钢铁年会论文集．炼钢与连铸［C］．中国金属学会，2017.

[61] 王学斌，冯明霞，刘崇林，等．复吹转炉底吹喷粉实验研究［J］．材料与冶金学报，2009，8（1）：12-15.

[62] 严红燕，罗超，胡晓军，等．CO_2 在钢铁工业资源利用现状［J］．有色金属科学与工程，2018，9（6）：26-30.

[63] 朱荣，王雪亮，刘润藻．二氧化碳在钢铁冶金流程应用研究现状与展望［J］．中国冶金，2017，27（4）：1-4，10.

[64] 毕秀荣，朱荣，吕明，等．CO_2-O_2 混合喷吹炼钢烟尘形成机理的探索性研究［J］．冶金设备，2011（3）：21-24.

[65] 张丙龙．300t 转炉 CO_2-O_2 混合喷吹炼钢试验研究［N］．世界金属导报，2018-01-02（B03）．

[66] 王雪亮．300 吨转炉喷吹 CO_2 炼钢工艺技术研究［D］．北京：北京科技大学，2018.

[67] 陈滨．三钢转炉湿法除尘与干法除尘的应用比较［C］．中国金属学会．第九届中国钢铁年会论文集．中国金属学会，2013.

[68] 吴金卓，马琳，林文树．生物质发电技术和经济性研究综述［J］．森林工程，2012，28（5）：102-106.

[69] 张文龙．电弧炉炼钢复合吹炼技术的研究及应用［N］．世界金属导报，2014-02-25

(B03).
[70] 杨俊峰，蔺学浩，任兵.100t 电弧炉 Cojet 集束氧枪的应用 [J]. 特殊钢，2018. 39 (3)：40-42.
[71] 冯胜山，杨太平，严加孟. 电弧炉熔炼节能技术应用现状与发展 [J]. 铸造设备与工艺，2012 (1)：41-49.
[72] 刘润藻，郁健，高金涛，等. 电弧炉炼钢节能技术的发展 [J]. 工业加热，2007 (6)：5-7.
[73] 阎立懿. 现代电炉炼钢工艺及装备 [M]. 北京，冶金工业出版社，2011.
[74] 朱荣. 电弧炉炼钢技术的最新发展 [N]. 世界金属导报，2018-11-27 (B02).
[75] 操龙虎. 现代电炉炼钢技术发展趋势分析 [J]. 工业加热，2019，48 (3)：55-59.
[76] 王学义. 集束射流氧枪使用“氮气-天然气”混合燃气在电弧炉的应用 [J]. 工业加热，2018，47 (2)：11-12，19.
[77] 张晨，蔡得祥. 连铸保护渣中氟的危害 [C]. 全国炼钢学术会议，2010.
[78] 漆鑫. 含钛无氟连铸结晶器保护渣的基础研究 [D]. 重庆：重庆大学，2009.
[79] 解丹. 无氟和低氟连铸保护渣生成区域的研究 [D]. 重庆：重庆大学，2006.
[80] 何生平，徐楚韶，王谦. 无氟连铸保护渣有关技术问题的探讨 [J]. 钢铁研究学报，2007，19 (7)：1-3.
[81] 陈鸿复. 冶金炉热工与构造 [M]. 北京：冶金工业出版社，1999.
[82] 王国栋. 控轧控冷工艺的发展及在钢管轧制中应用的设想 [J]. 钢管，2011，40 (2)：1-8.
[83] 李静媛，黄佩武，任学平，等. 一种细晶强化金属材料的新方法的研究 [J]. 轻合金加工工艺，2008，35 (8)：42-44.
[84] Mao Xinping, Wang Shuize. Exploration and innovation：30 years' development of thin slab casting and direct rolling technology [C]. 2018 年薄板坯连铸连轧国际年会，2018.
[85] 丁培道，蒋斌，杨春楣. 薄带连铸技术的发展现状与思考 [J]. 中国有色金属学报，2004，14：192-196.
[86] 张小平，梁爱生. 近终形连铸技术 [M]. 北京：冶金工业出版社，2001.
[87] 王定武. 无头轧制技术的开发应用和发展 [J]. 冶金管理，2005 (3)：51-53.
[88] Richard W, Peter C. The first commercial plant for carbon steel strip casting at Crawfordsville [C]. Dr. Manfred Wolf Symposium. Zurich, Switzerland, 2002：70-79.
[89] Campell P, Blejde W, Mahapatra R, et al. The castrip process-direct casting of steel sheet at Nucor Crawfordsville [J]. Iron and Steel Technology, 2005, 2 (7)：56-62.
[90] 邸洪双. 薄带连铸技术发展现状与展望 [J]. 河南冶金，2005，13 (1)：3-7.
[91] 方园. 宝钢薄带连铸连轧技术工业化实践思考 [N]. 世界金属导报，2018-02-20 (B05).

5 钢铁工业循环经济发展与技术创新

循环经济（Circular Economy）一词最早是英国环境经济学家 D. Pearce 和 R. K. Turner 在 1990 年《自然资源和环境经济学》一书中提出的一个概念。

但是，中国理论界多数人更认同 1966 年美国经济学家鲍尔丁提出的“宇宙飞船理论”，认为那是循环经济思想的萌芽。鲍尔丁认为地球和飞船类似，人类生活在这两个系统中：资源都有限，资源再生能力、生态恢复能力和平衡能力都有限，任何人类过度的活动都会导致资源消耗和生态破坏速度超过生态恢复能力，最终导致人类无法生存，为了较少资源和能源消耗更快，必须建立能循环使用各种资源的循环式经济模式代替过去的单程式经济模式。

循环经济有本征的循环经济和现代的循环经济两种，两者有很大的区别：本征循环经济是基于人类早就认识到的“资源有限论”而提出的一种发展经济方式（先知循环经济），而现代的循环经济模式，是在工业化发展到相当程度，出现了巨大的资源和环境压力后才认识到的（后知循环经济）。从这点上讲，现在的循环经济是工业发展的产物，是人类为应对工业和经济发展导致资源和环境出现巨大约束后，逐步形成的一种新对策。

循环经济概念 20 世纪 90 年代被引入中国后，很快被中国政府重视并在中国推广。中国推行循环经济的目的是为了克服制造业从“原料-加工-产品-使用-废弃”的资源效率低、污染重的开环制造模式，进入“原料-加工-产品-使用-废弃后循环利用”的新制造模式，目的是提高资源利用效率，减少废弃物对环境的污染。

循环经济遵循“3R”（Reduce-Reuse-Recycle）原则，循环经济的理论基础是“工业生态”理论。

5.1 钢铁工业循环经济发展模式

“模式”的本义是事物过程的“标准样式”。但是，当今普遍使用的模式概念已经超出其原有内涵，如中国模式、生产模式和增长模式等，现在的模式大体可以被认为是对生产生活实践中积累的经验，经过抽象后形成的可复制推广的一种总结。

循环经济除实现资源循环、能源高效使用和污染排放最小外，还有一个新的要求：就是既要实现资源循环，又要有经济效益，在实现资源和能源高效应用的基础上，还要有较高的循环经济的经济效益，它是循环经济可持续发展的保证，缺一不可。

国外循环经济有三大模式：

(1) 杜邦模式（单企业模式）。基于一个企业内部的循环经济，不容易达到高的循环经济水平。

(2) 丹麦卡伦堡模式（企业群模式）。基于一个地区的循环经济，能达到很高的循环经济水平，最接近循环经济的要求和目前鼓励要推广的模式。

(3) DSD 双系统模式（大区域模式）。更大范围的循环经济，在全市、全省范围内循环经济达到全社会循环的水平，该模式实施先例较少，实现的难度较高。

瑞典采用“工业集成”的方法将不同工业的二次资源和能源在这些工业和社会中循环利用，瑞典政府给予了强有力的支持。日本采取的是“循环社会”，其实质内容与中国的循环经济有相似作用。这是日本的举国体制，有很多具体政策一直在全国实施。1996 年，日本的新日铁就基本完成了“钢铁工业生态系统建设”。图 5-1 是新日铁的“工业生态系统”示意图。

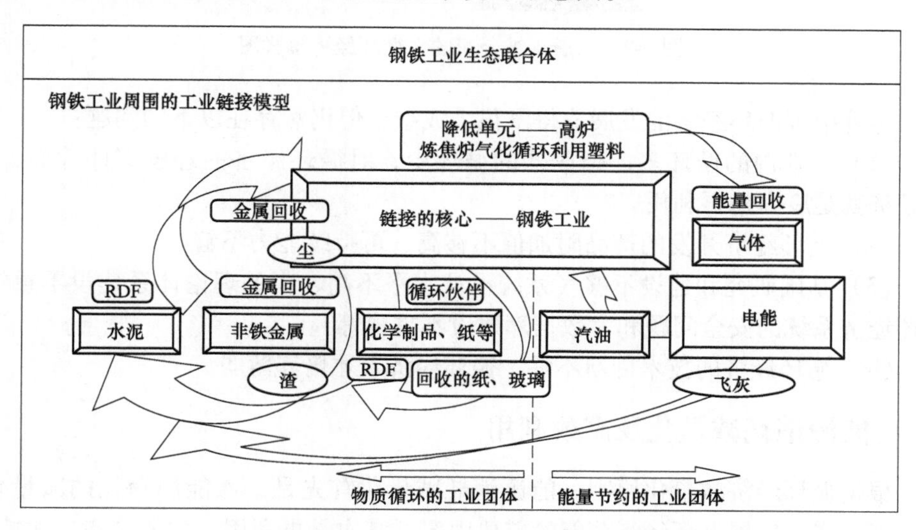

图 5-1 新日铁的“工业生态系统”示意图

中国钢铁工业循环经济的设计和实施，是从 20 世纪 90 年代开始的，经历了循环经济内容不断丰富的过程。目前中国循环经济的模式有 3 种：

(1)“小循环”模式。钢铁企业范围内的资源和能源循环。

(2)“中循环”模式。钢铁企业和其他工业的资源和能源循环。

(3)“大循环”模式。钢铁企业与社会及更多其他工业的资源和能源循环。

这 3 种形式的循环经济模式在中国同时存在，“大循环”的循环经济模式越来越被中国钢铁工业重视。图 5-2 是京唐钢铁公司的大循环经济模式图。

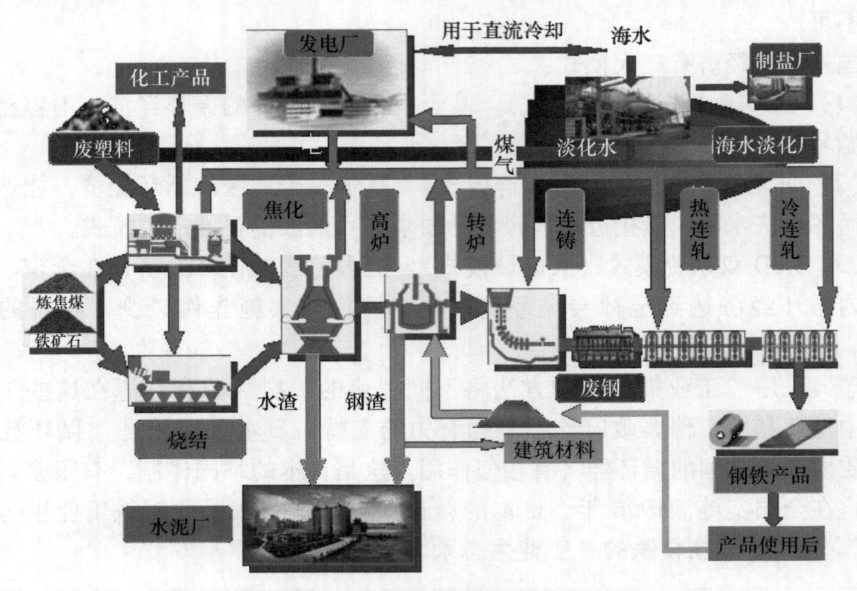

图 5-2　京唐钢铁公司的大循环经济模式图

尽管中国循环经济的发展取得了很大成绩，但仍然存在以下的问题：

（1）企业内的循环多，企业外的循环少；对循环经济的理解有些片面，循环经济就是废弃物再利用。

（2）循环经济开发的产品附加值不够高，可持续能力不够。

（3）基础研究和建设不够（系统设计水平不高、新的理论体系建设不重视、循环经济系统的安全问题和大数据库建设不重视等）。

（4）循环经济的技术创新不够，循环经济人才培养薄弱。

5.2　能源消耗减量化及高效利用

根据循环经济减量化原则，能源消耗减量化首先是一次能源消耗的减量化，这是钢铁产业发展循环经济节能的首要内容；其次是再利用，主要是指二次能源在钢铁生产过程中的梯级利用；最后才是资源化，主要是指二次资源转换为一种既可以在钢铁行业，也可以在其他生产领域或生活领域使用的普通能源，如电力等，具体体现为二次资源的循环利用。

实现一次能源减量化。首先，需要分别针对不同工序生产特性和能源消耗关键节点，开发利用相应能源高效利用和节能技术，实现工序节能；其次，应积极开发利用氢和生物质等替代还原剂，开发利用太阳能、地热等可再生能源。钢铁生产过程中的二次能源产生环节多、规模大，同样需要结合不同生产工序和二次能源特点，开发利用针对性技术，实现直接利用或间接利用。

本节简要介绍高炉冲渣水余热利用技术。目前，国内多数钢铁企业通常采用水淬法处理熔融态铁渣，产生大量的冲渣水。高温冲渣水具有温度较低、量大，水中杂质和固体颗粒物多、浊度大、含盐量高、降温易结垢等特点，因而冲渣水利用对于预处理和换热器要求高。现阶段，钢铁企业冲渣水余热回收利用主要有余热集中供暖、海水淡化和低温余热发电等方式。

（1）余热集中供暖。高炉冲渣水余热利用一般集中在北方钢铁厂的冬季采暖领域，经济性好，但夏季大多关停。采用换热技术主要问题是换热器件的腐蚀和堵塞问题，通常采用过滤后间接换热的方式进行余热利用。有的企业采用真空相变技术使冲渣水闪蒸为负压蒸汽，以蒸汽形态进入冷凝器内冷凝放热，从而完成与低温流体进行热交换，彻底避免了冲渣水与换热壁面的直接接触，解决了换热壁面结晶、结垢以及腐蚀等问题。有的企业采用专用过滤机组、渣水专用换热器等，解决换热器结垢及腐蚀问题。冲渣水余热回收、利用系统如图 5-3 所示。

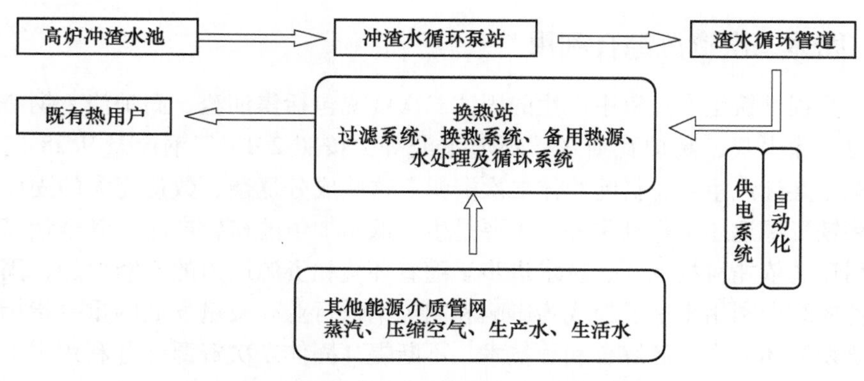

图 5-3 冲渣水余热回收、利用系统图

（2）海水淡化。首钢京唐钢铁联合有限责任公司建设了处理能力 5 万吨/天的热法海水淡化工程，采用冲渣水余热代替蒸汽热源，年效益 863.2 万元，余热换热系统两年收回成本。如果将沿海钢铁企业高炉冲渣水的低温余热回收作为海水淡化的热源，理论上可回收余热折合标煤 72 万吨/年，同时生产优质淡水 750 万吨/年，海水淡化综合成本能降低 20%以上。高炉冲渣水余热用于海水淡化工艺流程如图 5-4 所示。

（3）发电技术。受目前技术条件的制约，在冲渣水余热利用项目采用发电技术，相关技术人员进行了一些理论计算，利用效率和经济性还比较低，未有成熟应用。

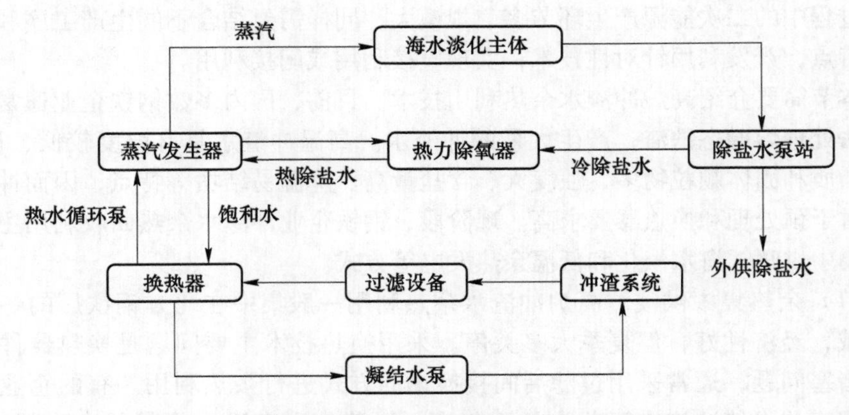

图 5-4 高炉冲渣水余热用于海水淡化工艺流程图

为更好地利用冲渣水余热，有人提出冲渣水全年回收余热的综合梯级利用系统，通过冲渣蒸汽和冲渣水联合余热回收，进行发电、制冷、采暖、干燥和洗浴的梯级利用，这种梯级利用方式还有待于进一步研发[1]。

5.3 固体二次资源综合利用

长流程钢铁生产过程中产生的固体二次资源包括焦油渣、高炉渣、钢渣、氧化铁皮、除尘灰、高炉瓦斯灰、环境尘泥等。按照 2018 年钢产量 9.28 亿吨测算，全年共计产生 4.2 亿吨固体二次资源。这些成分复杂、数量庞大的固体二次资源除铁资源返还生产利用外，主要是生产低附加值的初级产品，其全量高效高值利用还需依托科技创新、技术进步。随着环境和资源压力的不断增加，固体二次资源的综合利用水平已经成为影响和制约钢铁行业高质量发展的重要指标。因此，研发固体二次资源综合利用技术，不断提高固体二次资源综合利用水平、提高资源利用效率，对缓解资源瓶颈压力、培育钢铁行业新的经济增长点具有重要意义。

5.3.1 焦化活性污泥资源化利用技术

焦化厂在焦炭生产以及荒煤气的化产回收过程中，产生大量含酚、油等污染物的焦化废水，目前处理的主要工艺是活性污泥法，通过厌氧/好氧生物反应以及混凝沉淀后产生大量的生物和沉淀污泥。近几年来，世界各国污泥处理技术，已从原来的单纯处理处置逐渐向污泥有效利用，实现资源化方向发展，下面介绍几种污泥的资源化利用技术。

5.3.1.1 污泥的堆肥化

污泥堆肥的工艺流程一般分为前处理、一次发酵、二次发酵和后处理 4 个过程。日本札幌市在实际使用污泥堆肥时，为了防止污泥的粉末化导致一部分不能使用，采取在堆肥中加水使污泥有一定粒度，再使其干燥成为粒状肥料并在市场上销售。还利用富含氮和磷的剩余活性污泥，把含钾丰富的稻壳灰加在污泥中混合得到成分平衡的优质堆肥。

5.3.1.2 污泥的建材化

（1）生态水泥。近年来，日本利用污泥焚烧灰和下水道污泥为原料生产水泥获得成功，用这种原料生产的水泥称为“生态水泥”。污泥作为生产水泥原料时，其含量不得超过5%，一般情况下，污泥焚烧后的灰分成分与黏土成分接近，因此可替代黏土做原料，利用其污泥做原料生产水泥时，必须确保生产出符合国家标准的水泥熟料。

目前，生态水泥主要用作地基的增强固化材料。此外，也应用于水泥刨花板、水泥纤维板以及道路铺装混凝土、大坝混凝土、消波砌块、鱼礁等海洋混凝土制品。

（2）轻质陶粒。有研究报道，污泥与粉煤灰混合烧结制陶粒，每生产 $1m^3$ 陶粒可处理含水率80%的污泥0.24t。这样可以大量“干净”地处理污泥和粉煤灰，处理成本也大大低于焚烧处理。轻质陶粒一般可作路基材料、混凝土骨料或花卉覆盖材料使用。

（3）污泥可用于制熔融材料、微晶玻璃、制砖和纤维板材等。

5.3.1.3 污泥的能源化

污泥能源化是一种适合处理所有污泥，能利用污泥中有效成分实现其减量化、无害化、稳定化和资源化的污泥处理技术。一般将污泥干燥后做燃料，不能获得能量效益，现采用多效蒸发法制污泥燃料可回收能量。

A 污泥能量回收系统

将剩余活性污泥和初沉池污泥分别进行厌氧消化，产生的消化气经过脱硫后，用作发电的燃料，一般每立方米消化气可发电2kW · h。再将消化污泥混合并经离心脱水至含水率80%，加入轻溶剂油，使其变成流动性浆液，送入四效蒸发器蒸发，然后经过脱轻油，变成含水率26%、含油率0.15%的污泥燃料，污泥燃料燃烧产生的蒸汽一部分用来蒸发干燥污泥，多余的蒸汽用于发电。

B 污泥燃料化法

将生化污泥经过机械脱水后，加入重油，调制成流动性浆液送入四效蒸发器蒸发，再经过脱油，此时污泥成为含水率约5%、含油率为10%以下、热值为23027kJ/kg的干燥污泥，即可作为燃料。在污泥燃料生成过程中，重油作为污泥流动介质重复利用，污泥燃料产生蒸汽，作为干燥污泥的热源和发电，回收能量。

C　剩余污泥制可降解塑料

从活性污泥中可提取到聚羟基烷酸（PHA），聚羟基烷酸是许多原核生物在不平衡生长条件下合成的胞内能量和碳源储藏性物质，是一类可完全生物降解、具有良好加工性能和广阔应用前景的新型热塑材料。它可作为化学合成塑料的理想替代品，已成为微生物工程学研究的热点。

5.3.2　高炉渣制备超细粉技术

水渣是在高温熔融状态下经过用水急速冷却而成为粒化泡沫形状的高炉矿渣。因质轻而松脆、多孔、易加工粉磨成超细粉，是制备超细粉的主要原材料，也是硅酸盐建筑制品和矿渣吸音砖及隔热层、吸水层的松软材料。由于水渣具有潜在的水硬胶凝性能，在水泥熟料、石灰、石膏等激发剂作用下，可作为优质的水泥原料，配制成矿渣硅酸盐水泥、矿渣混凝土、石膏矿渣水泥、石灰矿渣水泥等，也可作为生产环保海绵砖的一种原材料，在内陆雨水较多的城市或沿海城市非常实用，具有渗透性好、强度高、美观、成本低等优点。只要有炼铁高炉，就会产生矿渣固废，消化处理矿渣固废是钢铁产业链工序中满足环保要求的重要一环。粒化泡沫状水渣和水渣超细粉实物如图 5-5 所示。

(a)

(b)

图 5-5　粒化泡沫状水渣（a）和水渣超细粉（b）

5.3.2.1　工艺流程

水渣加工成超细粉，工艺流程如图 5-6 所示。

立磨系统是利用磨辊与磨盘加压、挤压、剪切、粉碎原理进行水渣粉磨的一种全负压式磨机。来自缓冲仓的水渣经电子秤计量，由皮带输送机送到送风喂料双翻板阀，再经中心溜管进入磨盘中心。磨盘由主电动机通过减速器带动恒速旋转，磨盘上的物料在离心力的作用下同时完成绕磨盘中心的圆周运动和沿磨盘直径方向的径向运动进入粉磨区域。磨盘边部设有挡料圈，使物料在磨盘上形成粉磨层，通过磨辊与磨盘的挤压、剪切等作用对物料进行粉磨。

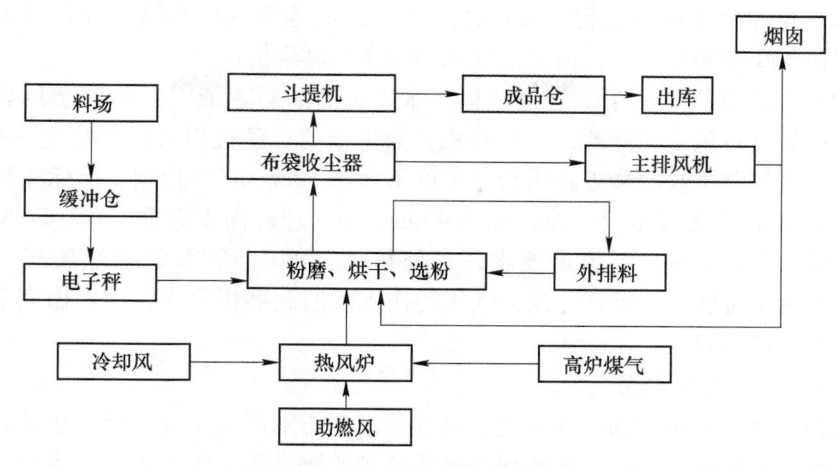

图 5-6 水渣加工成超细粉工艺流程

粉磨后的物料在离心力的作用下甩出盘边落在挡料环处，被高速上升的热气流带入磨机上部的选粉机中进行分选。细粉随热气流进入收尘器收集起来，再经斗式提升机送入成品库；粗颗粒则沿选粉机内壁返回磨盘与新进入的物料一起粉磨；没有被热风带起的铁渣和难磨物料排出磨外。在多次循环及物料输送过程中，物料颗粒与热气体间进行快速热交换完成烘干过程。水渣粉磨处理工艺如图 5-7 所示。

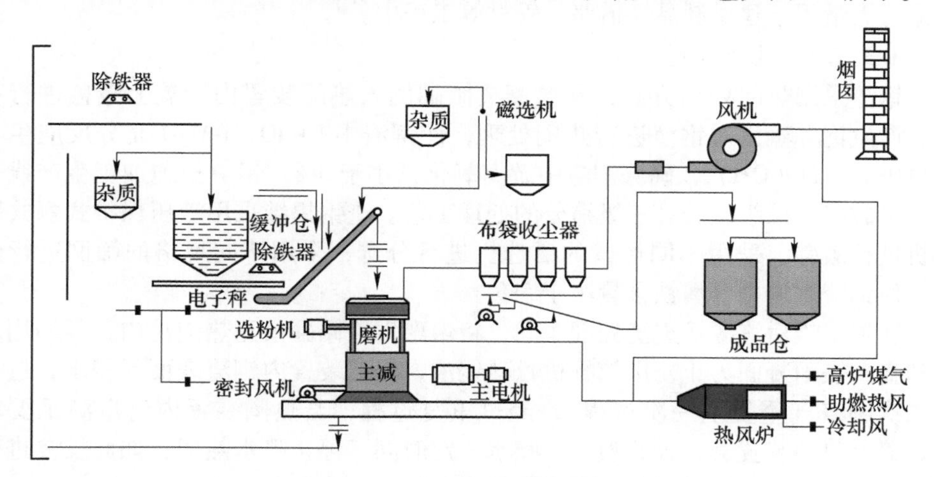

图 5-7 水渣粉磨处理工艺流程图

5.3.2.2 技术要点

（1）磨机系统依靠主排风机使生产系统呈负压状态，不会产生烟尘外冒现象，对系统密封性要求较高；入磨水渣的水分控制在 8%～10%范围内，以保持磨机运行稳定。

（2）电子秤要稳定运行，以保持入磨水渣的连续性；热风炉提供的入磨热风温度在230~300℃之间，由清洁能源高炉煤气燃烧提供。

（3）立式磨机是一个综合运转体，水渣进磨后对水渣进行粉磨挤压剪切的同时对产品进行烘干与选粉，一气合成，效率极高；磨机出口粉尘浓度300g/m^{3}左右，经过特制覆膜滤袋处理后粉尘浓度不大于10mg/m^3，达到环保标准要求。

（4）矿渣粉比表面积厂控指标为430m^2/kg，超过国家标准（GB/T 18046—2008：400m^2/kg）S95级规定要求；向外排放的90~100℃的余热废气，其中80%的热废气通过循环风管道在大气压的作用下回到磨机再次使用，做到了充分利用节省能源的目的。

5.3.2.3　发展趋势

超细矿渣粉是生产新型高强度、高性能混凝土不可缺少的一种无机矿物掺合料，属建材高新科技产品，其原料是炼铁高炉矿渣；用超细矿渣粉作为水泥或混凝土掺合料不仅可等量取代部分水泥（10%~50%），降低水泥或混凝土生产成本，又能为国家节省大量不可再生的宝贵资源，是新型绿色环保产品。

5.3.3　钢渣制备微粉技术

钢渣制备微粉技术包括钢渣热闷处理、筛分、磁选处理。钢渣中金属铁可以回收85%以上；消除钢渣不稳定因素，使f-CaO、f-MgO降低到可接受的范围内，尾渣可大量用于建材制品、道路、管材等工程中。

5.3.3.1　生产工艺

钢渣采用热闷处理方式，高温钢渣倾翻倒入热闷装置内，盖上池盖进行喷水，产生饱和蒸汽对钢渣进行热闷处理，使钢渣中f-CaO、f-MgO充分反应生成$Ca(OH)_2$、$Mg(OH)_2$，确保钢渣中游离氧化钙小于3%。钢渣提纯加工生产线采用一级破碎、二级磁选、三级筛分的处理工艺。渣钢提纯采用液压保护式颚式破碎机进行破碎，采用不同形式的磁选机进行分选，采用不同规格的筛网进行筛分，使钢渣尾渣中金属铁含量小于5%。

转炉出渣后渣罐运进渣处理车间，将熔融钢渣倾翻吊至热闷池内，开始用水冷却直到表面凝固为止，用挖掘机松动钢渣，保证装置内钢渣表面无积水，进行第二次倒渣（重复上一次过程）；经过重复过程，当热闷装置内渣量满足要求时，盖上热闷装置盖，开始喷水，喷水一定时间，停止喷水热闷；如此反复进行直至处理结束，打开排气阀，卸出装置内余气。

钢渣经过堆存和电磁吸盘除铁处理后，由铲车将钢渣运送至地下料仓倾翻格栅筛，筛上的大于150mm的大块废钢滚落至大块废钢存储区（1号储料槽），由铲车运输至切割区进行切割处理，切割后的废钢返回炼钢车间废钢区；筛下的小块钢渣由振动给料机、1号皮带机运往1号转运站。进入磁选线的钢渣进行破碎、分类、磁选、分离等钢渣提纯处理。钢渣制备微粉工艺流程如图5-8所示。

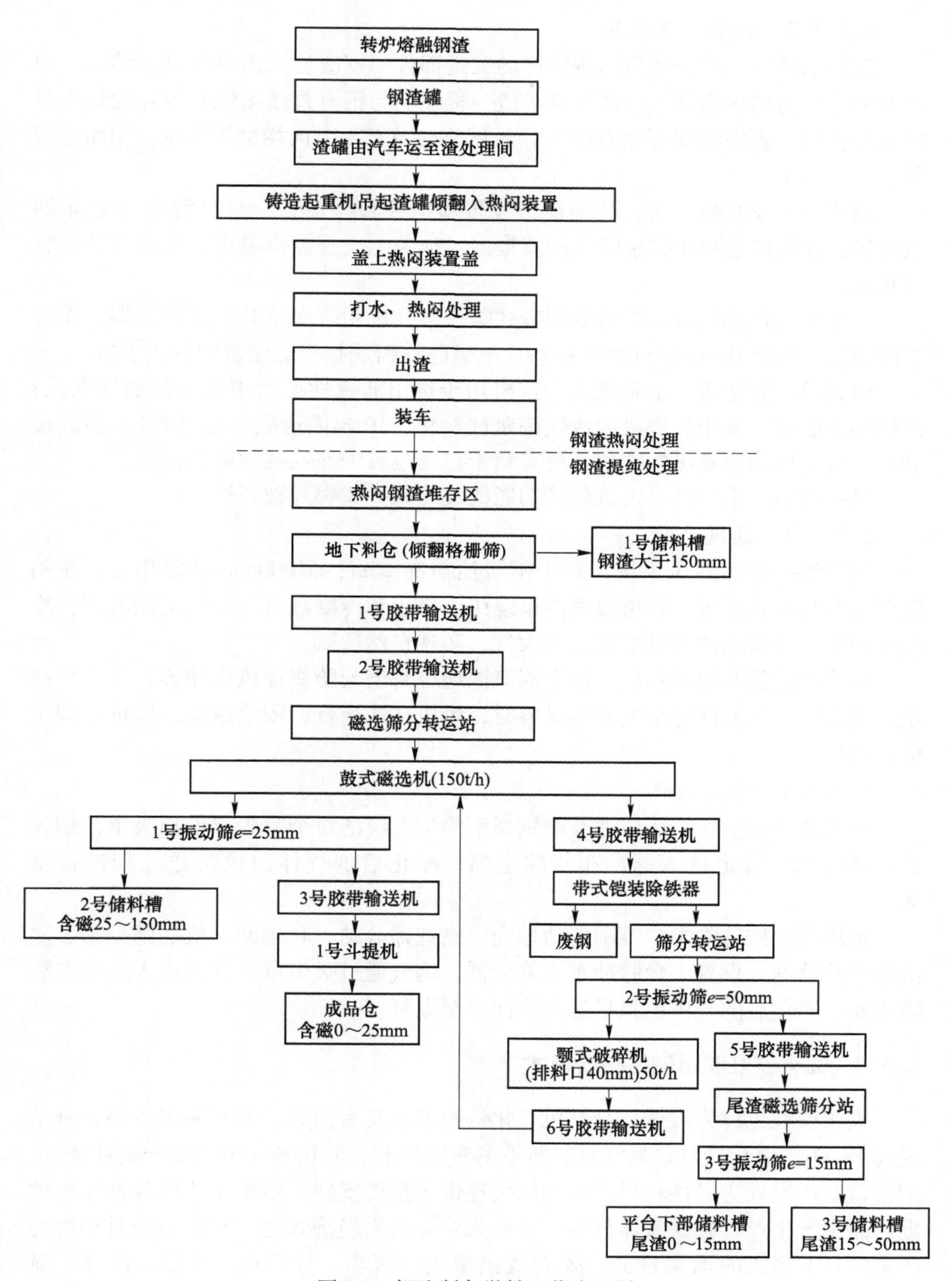

图 5-8 钢渣制备微粉工艺流程图

5.3.3.2　钢渣处理装置

闷渣池结构：闷渣池为闷渣生产的关键部件，闷渣池采用多层复合结构，由外至内分别为耐热混凝土→高炉重矿渣→板坯。与钢渣直接接触的板坯受到高温的直接作用，表面温度可达1000℃，长度方向及宽度方向均会因热胀作用而延展伸长。

闷渣池盖及倾翻系统：热闷池上设置新型回转型池盖，每个池盖上配备24组喷嘴，在闷渣过程中将水喷入闷渣池内。池盖上设置蒸汽通道，与蒸汽外排管道相接。

磁选系统核心设备：钢渣专用带式除铁器，选用一台铠装带式除铁器，作为二级磁选，选出0~150mm含磁物料。电磁除铁器悬挂于运输皮带的正上方。

鼓式单辊磁选机：永磁鼓式磁选机用于选出非磁性矿物中混杂的磁性杂质；高矫顽力磁材，采用高剩磁的钕铁硼磁性材料，10年内退磁不超过5%；多磁极磁系，有效增加磁翻滚的次数，更有利于扫选过程中非铁磁物质的排出。

破碎设备：采用具有过载保护功能的液压保护式鄂式破碎机。

5.3.3.3　通风系统

闷渣池的自然通风系统：每个闷渣池与高25m、ϕ1000mm烟囱相连，在闷渣期间蒸汽排入管道，管道设喷淋系统用于降尘和冷凝蒸汽，尘渣定期清理，冷凝水回收，其余蒸汽通过烟囱排入大气，实现自然通风。

闷渣池的强制通风系统：每个闷渣池通过管道与防腐通风机相连，设1组强制通风系统，当渣池打水或渣池受料时，风机高速运行，闷渣后期，风机可调至低速运行。

5.3.3.4　除尘系统

精炼渣池除尘：精炼渣池及废钢切割除尘系统的每个除尘点设顶吸罩，烟气通过顶吸罩、管道进入脉冲布袋除尘器，净化后的气体由风机送入烟囱排至大气。

钢渣筛分磁选除尘：范围包括地仓、磁选筛分站、转运站、成品筛分站、尾渣磁选筛分站，设置1台脉冲布袋除尘器。烟气通过吸尘罩、管道进入脉冲布袋除尘器，净化后的气体由风机送入烟囱排至大气。

5.3.4　氧化铁红制备磁性材料技术

氧化铁红也称为红锈，是红色氧化铁粉末，具有耐光、耐高温等性能，分子式为Fe_2O_3。氧化铁红是磁性材料行业的重要原料，其供给主要来源于钢铁企业，钢铁行业的发展为磁性材料产业的壮大提供了重要支撑。钢铁企业的各种氧化铁副产品用于生产软磁铁氧体材料，既能为企业增创经济效益，又能减轻对环境的污染，具有极大的现实意义。随着我国家电、汽车、计算机、通信、医疗、航天、军事等领域的迅速发展，我国已成为世界磁性材料生产大国和产业中心，磁性材料产量急剧增长，对主要原料之一的氧化铁红需求量也不断增大。

5.3.4.1 磁性材料简介

磁性材料通常而言就是强磁性物质，主要是指由过渡元素铁、钴、镍及其合金等能够直接或间接产生磁性的物质，是用途很广的功能材料。磁性材料广泛应用于计算机、磁盘、变压器、电机、电器和各种电子装置中，是电子和电工工艺机械行业和日常生活中不可缺少的材料之一。

磁性材料从材质和结构上，可分为金属及合金磁性材料和铁氧体磁性材料两大类，铁氧体磁性材料又分为多晶结构和单晶结构材料。从应用功能上讲，磁性材料可分为软磁材料、永磁材料、磁记录-矩磁材料、旋磁材料、高频软磁材料等。软磁材料、永磁材料、磁记录-矩磁材料中既有金属材料，又有铁氧体材料；而旋磁材料、高频软磁材料只有铁氧体材料。磁性材料按磁化后的去磁难易可以分为软磁性材料和永磁性材料。软磁性材料是具有低矫顽力和高磁导率的磁性材料，易于磁化，也易于退磁，目前应用较多的有Mn-Zn、Ni-Zn、Mg-Zn软磁铁氧体材料及铁硅合金。永磁性材料是指具有宽磁滞回线、高矫顽力、高剩磁，一经磁化后就能保持恒定磁性的材料，目前常用的为铁氧体永磁和稀土永磁等。

5.3.4.2 氧化铁红生产工艺

钢铁厂氧化铁红主要来自冷轧酸洗再生工序，它是从废酸中提取并经过焙烧得到的一种工业副产品。当前大多数钢企的酸洗工艺普遍使用盐酸，废液主要成分是氯化亚铁，通过加热分解出氯化氢气体后再生利用，同时获得副产品氧化铁红。

目前国内外主要采用流化床焙烧和喷雾焙烧两种工艺方法进行酸再生和氧化铁红的生产[2]。前者会产生较多的环境污染，副产品氧化铁红的粒径粗大、活性很差。后者是现代冷轧钢铁生产首选的酸再生工艺，由于在喷雾状态下进行热分解，所以生成的氧化铁粒度细小、活性较好，适合作为铁氧体材料制造用原料。

主流的喷雾焙烧法酸再生和氧化铁红生产流程如图5-9所示[3]。

废酸从净化废酸罐经泵送至酸过滤器，过滤分离固体颗粒和没有溶解的残留物后进入预浓缩器，通过循环泵在预浓缩器的顶腔喷淋，与焙烧炉炉气直接进行热交换，蒸发浓缩废酸。浓缩后的废酸经循环泵和焙烧炉加压泵控制流量打入炉顶喷枪进行雾化喷淋，炉体用切线布置在外壳四周的烧嘴直接加热。燃气在炉膛内形成涡流，逆流烘干由喷嘴喷淋的浓缩废酸液滴。浓缩废酸液在炉膛高温区进行热分解，生成HCl气体和Fe_2O_3，反应方程式如下：

$$2FeCl_2 + 1/2O_2 + 2H_2O \longrightarrow Fe_2O_3 + 4HCl$$

$$2FeCl_3 + H_2O \longrightarrow Fe_2O_3 + 6HCl$$

刚生成的Fe_2O_3粉为空心球状，直径约0.2μm，在下落过程中受逆流涡流气体的夹带而上浮，再次遇到喷淋酸液，使粒径逐渐长大至几十微米，落到炉底，通过炉底密封转阀排出。转阀上方装有破碎机，以粉碎由炉壁落下的氧化物块；

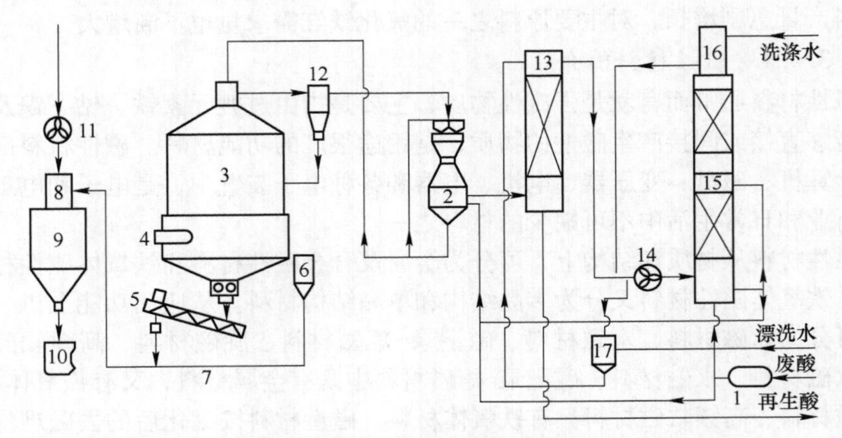

图 5-9 喷雾焙烧法酸再生和氧化铁红生产流程图

1—酸过滤器；2—预浓缩器；3—焙烧炉；4—烧嘴；5—螺旋输送机；6—返回仓；7—风动输送管线；8—袋滤机；9—氧化铁粉仓；10—包装袋；11—氧化铁粉输送风机；12—双旋风分离器；13—吸收塔；14—主风机；15—洗涤塔；16—烟囱；17—收集水罐

转阀下方装有带小烧嘴的螺旋运输机，通过燃烧升温达到进一步减少氧化物中残氯含量的目的。铁粉经风动输送到 Fe_2O_3 粉仓，同时被冷却至 80℃。位于 Fe_2O_3 粉仓上方的袋式过滤器对输送的气体进行排放前的清洁处理，仓底包装机把合格的 Fe_2O_3 粉装袋打包。酸再生工艺生产的氧化铁红如图 5-10 所示。

图 5-10 酸再生工艺生产的氧化铁红形貌

氧化铁红的质量在很大程度上取决于废酸质量，尤其是钢种中特殊元素的加入对氧化铁化学指标的影响很明显。由于在钢铁生产时，优先考虑钢种开发与废酸回收，废酸中的杂质常不可控，不利于氧化铁质量的稳定与进一步提高。另外，由于该工艺复杂和生产控制要求高等原因，并不是所有的企业都能生产出高品质的氧化铁红产品。

氧化铁红的质量对软磁铁氧体的生产工艺、产品性能和成本等有很大的影响。磁性材料逐步向“两高一低”（高频化、高性能、低损耗）、器件向“三化”

（小型化、片式化、集成化）方向发展，加速了软磁铁氧体产品的升级换代。软磁铁氧体的发展对氧化铁红的技术要求也不断提高，大致可以分为三个阶段：第一阶段，只重视高纯度，要求 $w(Fe_2O_3) \geqslant 99.1\%$；第二阶段，强调低硅，要求 $w(Fe_2O_3) \geqslant 99.1\%$，$w(SiO_2) \leqslant 130\times10^{-6}$，$w(CaO) \leqslant 100\times10^{-6}$，$w(Al_2O_3) \leqslant 100\times10^{-6}$；第三阶段，除对 SiO_2、CaO、Al_2O_3 要求外，重视对 P、Cr 等杂质的控制，要求 $w(P) \leqslant 50\times10^{-6}$，$w(Cr) \leqslant 100\times10^{-6}$，同时要求 SiO_2 进一步控制在 100×10^{-6} 以下[4]。

5.3.4.3 氧化铁红生产磁性材料的国内外现状

A 日本 JFE 钢铁公司

JFE 作为全球先进的磁性材料生产企业，下设 JFE 铁氧体公司、JFE 磁性粉末公司、JFE 铁氧体泰国公司、JFE 铁氧体香港公司、江门 JFE 磁性材有限公司（中国）和江门安磁电子有限公司（中国）。JFE 将喷雾焙烧后得到的氧化铁粉做进一步水洗、研磨等处理，最终得到高纯度、高比表面积的优质氧化铁红。JFE 生产的氧化铁红，一部分作为最终产品授予磁性材料企业，另一部分作为原材料，加工生产成高端磁性材料。

B 韩国 EG 公司

EG 公司是韩国一流的氧化铁粉及 Mn-Zn、Ni-Zn、Mg-Zn 铁氧体颗粒料制造企业，专门负责浦项制铁公司的酸再生和氧化铁红回收工作。从盐酸回收线获得的氧化铁红，在浦项光阳厂经过第一次加工和品质管理后，再到 EG 公司进行第二次加工和品质管理，最终成为高品质、高性能的氧化铁红及 Mn-Zn、Ni-Zn、Mg-Zn 铁氧体颗粒料。产品除供应国内磁性材料制造企业，还出口至日本、中国等国家。

C 中国宝武集团

原宝钢通过宝磁公司专业化生产高纯氧化铁粉、软磁铁氧体产品等。宝磁公司拥有颗粒料及磁芯生产线，不但直接销售氧化铁粉，而且还生产销售颗粒料和磁芯，可以协助用户解决氧化铁使用过程中出现的问题。宝磁公司是国内最大的软磁铁氧体料粉生产及供应基地，主要有氧化铁粉、MnZn 铁氧体料粉和 MnZn 铁氧体磁芯，产品广泛用于计算机、通信、绿色照明、高清显示、汽车电子等领域，并出口至欧美、日韩等国家[5]。

原武钢由金资粉末冶金公司负责氧化铁粉和磁性材料的生产，主要生产永磁铁氧体预烧料、软磁磁粉和塑磁制品，广泛用于电机、扬声器、打印机、磁芯等领域。

D 中国台湾中钢

中国台湾中钢的高纯氧化铁粉、磁性材料研发和生产主要由高科磁技股份有限公司负责，以酸再生副产的氧化铁红为原料，生产高纯氧化铁粉。还将氧化铁粉与 MnO、ZnO 按一定比例混合、造粒、煅烧、研磨、与喷雾干燥，造粒制成磁粉，并进一步加工成磁铁氧体材料。产品广泛用于计算机、通信、绿色照明、高清显示等领域。

E 河钢邯钢

河钢邯钢有两条氧化铁红生产永磁铁氧体预烧料生产线，由合资单位丹斯克磁电科技有限公司负责生产及销售，主要产出高性能各向异性烧结磁粉。产线重点采用了高性能永磁铁氧体湿法预烧回转窑工艺，和国内其他预烧产线相比，该产线自动化程度高、占地面积小、功耗小，安全环保达标排放。

5.3.5 氧化铁红生产永磁铁氧体预烧料技术

目前，国内外生产软磁铁氧体粉料的工艺主要有湿法工艺、干法工艺、喷雾焙烧工艺。干法工艺存在配料混合均匀性差、粉料性能档次不高和粉尘污染大等问题，喷雾焙烧工艺存在设备投资大、工艺复杂等问题，因此业内普遍选用湿法工艺生产。河钢邯钢铁氧体磁性材料生产线，主要采用湿法预烧回转窑工艺，产品为高性能各向异性烧结磁粉，原料主要采用邯宝冷轧厂酸再生产出的铁红和外购碳酸锶。该产线从原料进厂到成品出厂采用计算机集散控制系统，实时反映现场工况，保证生产线正常，稳定运行。物料全部采用管道化输送，改变了国内普遍采用的斗提+料仓+螺旋+秤斗的开放式称量方式，造成粉尘大、精度低、设备运行可靠性差等弊病，并配有除尘装置，以杜绝物料运输过程中各种人为因素造成的物料和环境的污染。

5.3.5.1 工艺流程

氧体磁性材料生产的技术关键是工艺配方和添加技术。该工艺主要以约 86% 的铁红和约 14%碳酸锶及少量添加剂按一定比例混合均匀后，在一定的气氛和温度下在回转窑烧结，发生固相反应生成铁氧体。生产主体工艺流程如图 5-11 所示。

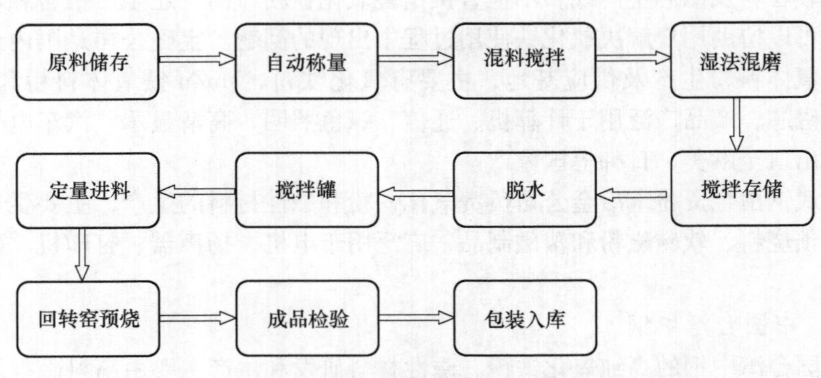

图 5-11 铁氧体预烧料生产工艺流程

氧化铁红及碳酸锶原料可用气力输送至各自的贮料仓后，经自动称量配料装置，按工艺配方称量后分别由氧化铁红及碳酸锶称量发送罐气力输送进入混合料接收仓，接收仓内的料再下入混料搅拌罐内，加水搅拌成为料浆，然后由输料泵输入球磨机内湿法混磨（含水50%）；然后，经气力压送至搅拌存储装置，然后打入脱水装置（脱水至35%~40%左右），脱水后的料浆送至搅拌罐，经定量泵送至回转窑进行湿法预烧，预烧料经冷却系统缓冷至60℃左右，经检验包装入库。

5.3.5.2 关键设备

产线主要设备包括原材料贮存、自动称量配料及气力输送系统，混料、球磨、搅拌、缓存系统，回转窑、燃烧系统，以及产线计算机集散控制系统等。贮存、称量、输送系统重点需注意考虑远程输送力、使用效率、可靠度、磨损、扬尘和维护成本等。混料、球磨、搅拌、缓存系统，重点需注意耐酸蚀性、耐磨性、散热性和节奏效率等。关键的回转窑系统，需注意能耗、控温精度、保温效果、易调控性等。另外，需注意配套建设环保除尘系统，并注意匹配好水、电、燃气等。

5.3.5.3 案例介绍

河钢邯钢磁材产线采用DSK-8000型高性能永磁铁氧体湿法预烧回转窑，其主体材质为16Mn，设计年产量为8000t，窑体外径2m、长18m，最高燃烧温度可达1400℃。回转窑主要由4个部分组成：

（1）定量进料装置，通过该装置可实现定量进料，并根据生产要求进料量大小连续可调；

（2）回转窑窑体及传动装置，窑内通过耐火材料的砌筑和浇注把回转窑分成3个功能段，从而更适合于高性能永磁铁氧体的湿法预烧；

（3）燃烧及温度、压力控制装置，通过该装置可实现铁氧体预烧反应所需的温度、压力及气氛要求，且可实现自动调节，使用燃料包括重油、柴油、煤气等；

（4）缓冷装置，使高温预烧料在较短的时间内降到低温。

生产原料主要采用邯宝冷轧厂酸再生产出的铁红和外购碳酸锶，主要指标要求见表5-1。

表5-1 原材料关键指标

氧化铁红	$w(Fe_2O_3)\geqslant 99.0\%$	$w(SiO_2)\leqslant 0.1\%$	$w(CaO)\leqslant 0.015\%$	$w(H_2O)\leqslant 0.5\%$
	$w(MnO)\leqslant 0.25\%$	$w(Al_2O_3)\leqslant 0.013\%$	$w(Cl^-)\leqslant 0.2\%$	平均粒度≤1μm
碳酸锶	$w(SrCO_3)\geqslant 97.0\%$	$w(CaCO_3)\leqslant 0.5\%$	$w(BaCO_3)\leqslant 1.5\%$	$w(H_2O)\leqslant 0.5\%$
	酸不溶物≤0.3%	—	—	平均粒度≤2μm

物料配比十分关键，重点控制铁红80%以上、碳酸锶20%以下，水分总体控制在0.5%以下，再加一定比例添加剂混合均匀。物料主要成分情况见表5-2。

表5-2　加工使用物料主要成分

成分	比例	水分	粒度
氧化铁红	>80%	<0.5%	≤1μm
碳酸锶	<20%	<0.5%	≤2μm

产线所生产的预烧料达到国标SJ/T 10410—2002中Y33H标准，产品性能达到了国内领先水平，重点性能指标见表5-3。

表5-3　永磁铁氧体预烧料主要性能指标

剩磁 $B_r \times 10^{-4}$/T	矫顽力 H_{cb}/Oe	内禀矫顽力 H_{cj}/Oe
≥4000	≥3500	≥3600
最大磁能积 BH(Max)/MGOe	平均粒度/μm	收缩比/%
≥3.85	3~6	1.14±1

注：1Oe=79.578A/m。

5.3.6　钢铁含锌粉尘资源化技术

目前钢铁粉尘大部分采取返回烧结、转底炉处理，转底炉处理是最高效利用的方式，其工业化应用也趋于成熟。若返回烧结循环利用，粉尘中的锌等有害元素在高炉富集，锌的富集对高炉冶炼及长寿带来不利影响，能引起耐材膨胀、破坏砖衬，且易产生结瘤。国内外钢厂逐渐重视含锌尘泥进行资源化回收利用，其不仅可以减少废弃物排放量，有效利用资源、节省能源，对钢铁企业发展循环经济、实现清洁生产具有积极意义。

5.3.6.1　概述

含锌尘泥的处理方式主要有湿法工艺、火法工艺及湿法-火法联合工艺等。其中回转窑及转底炉是目前世界上处理钢厂含锌粉尘技术相对成熟，应用较多的工艺技术，也是目前国内比较受关注的用于处理钢厂含锌铅粉尘的技术。

回转窑处理含锌粉尘工艺，具有投资低、操作灵活、产品质量高等优势，可以达到物料无害化处理，实现全面综合利用的目的。本项目需要处理的除尘灰及污泥主要包含高炉布袋及出铁场除尘灰、炼钢除尘灰、冷轧及热轧污泥、水处理污泥，处理能力约60万吨/年，通过采用回转窑工艺，实现固体废弃物的资源回收利用。总体投资约3亿元。

5.3.6.2　工艺方案

回转窑工艺处理含锌的物料时，物料与还原剂混合均匀，从窑尾加入具有一定倾斜度的回转窑内，随着窑的转动，炉料翻滚，并从一端向另一端流动。窑头燃烧室产生的高温炉气与物料逆向流动，炉料中的金属氧化物与还原剂良好接触而被还原。锌在窑温下蒸发并与排出的烟气一起离开回转窑，经过收集装置富集锌。窑渣采用水进行快速冷却，进一步分选处理后，可以返回烧结利用。

具体生产工艺流程如下：含锌高炉布袋除尘灰首先经过水洗除去里面的氯离子和部分钾离子，然后原料混合一定比例的煤粉送入回转窑，通过在回转窑中加热，低熔点金属被蒸发到气相中，在回转窑的尾端烟气进入氧化室，烟气中的金属被氧化后变为粉尘颗粒，通过布袋除尘器收集，中间产品为次氧化锌，然后以次氧化锌为原料通过一系列的提取工艺，分别制得氧化锌、硫酸锌、铅精矿、粗镉、粗铟、粗锡、粗银等产品。回转窑尾端的固态料为含铁尾渣，通过磁选工艺等，提取纯度大于88%的还原铁粉，剩余的尾渣，外卖用于建材。该工艺处理的除尘灰一般含锌量大于7%以上，若含锌量不够，则先经过磁选，选出铁粉，磁选的过程也是锌富集的过程，然后再经过回转窑进行提锌。除尘灰提锌工艺流程如图5-12所示。

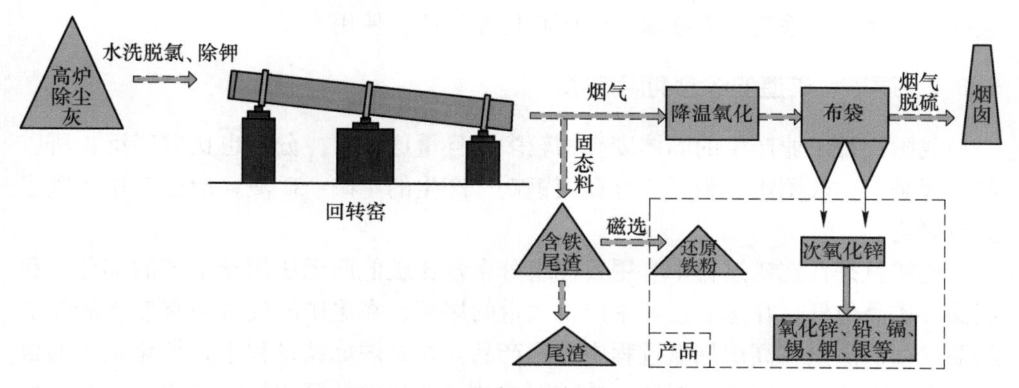

图5-12 除尘灰提锌工艺流程图

5.3.6.3 案例分析

生产规模：次氧化锌3.0万吨/年，铁精粉40万吨/年。

原料、主要辅助材料及燃料：原料为冶炼烟尘，包括高炉布袋及出铁场除尘灰、炼钢除尘灰、冷轧及热轧污泥、水处理污泥等，年处理冶炼烟尘约60万吨，原料以气力输送为主，汽车运输为辅。本项目需要少量石灰石等，用作回转窑还原挥发的熔剂，由市场外购，汽车运输。

工艺流程：烟尘处理工艺技术主要工艺过程是将高炉炼铁烟尘与焦粉、辅料等按一定配比加入回转窑，经高温还原挥发，收集得到次氧化锌挥发尘；窑渣经选矿分离得到铁精矿等。工艺流程有下列特点：

（1）采用火法回转窑挥发富集回收工艺，技术成熟可靠。

(2) 针对原料中有价金属的含量特点，采用可靠工艺技术，使原料中的锌、铟等有价金属得到综合回收，同时，产出的为再生冶金原料，相对于原生金属复杂的采、选、冶工序，大大减少二氧化硫的排放和能源消耗。

(3) 原料为钢铁厂冶炼烟尘，产品为市场畅销的有色行业原料，成本低，经济效益好，实现了固废物的无害化、资源化处理。

主要生产过程：回转窑挥发、窑渣选铁。

回转窑挥发：高炉炼铁烟尘与焦粉按照一定的比例配料后加入回转挥发窑，通过加热烧油、煤气、天然气等，烟尘中的有价金属锌、铟、铅等被还原，挥发进入气相中并被氧化成金属氧化物，随后被收集在布袋除尘器等烟尘处理系统中。该工艺得到的挥发物通常含氧化锌质量分数为60%~80%，可实现除尘灰中锌回收率90%以上，挥发物经处理后可送到炼锌厂进一步提纯氧化锌，同时还可以利用氯化挥发、湿法浸出等技术将铅、铟、锡等其他金属分离出来加以回收利用。

窑渣选铁：含铁炉渣经筛分后，大块炉渣经皮带运送至球磨机内，经球磨机破碎成铁精粉，铁精粉直接输送到原料场作为原料使用。

5.3.7 尾矿、矿渣的综合利用技术

我国钢铁工业产生的固体废弃物较多而且量比较大，分布也比较广泛，所以利用起来也比较困难。为了充分利用钢铁厂产生的尾矿、矿渣，冶金工作者做了大量研究。

尾矿就是在选矿过程中有用目标组分含量比较低而无法用于生产的部分。我国储存矿品位低，在选矿过程中产生大量的尾矿，在尾矿的处理中有较大的经济利益。而矿渣是在高炉炼铁过程中的副产品。在高炉炼铁过程中，氧化状态的含铁矿石在高温下还原成金属铁，铁矿石中的二氧化硅、氧化铝等杂质与石灰等反应生成以硅酸盐和硅铝酸盐为主要成分的熔化物，经过淬冷成质地疏松、多孔的粒状物，即为高炉矿渣。矿渣不仅包含高炉产生的炉渣，炼钢过程中也产生了大量的矿渣。

5.3.7.1 *尾矿的综合利用*

国外在尾矿的利用上起步较早，主要是有用物质的回收和转移，20世纪70年代之前，矿山主要固体废弃物的研究停留在发展处理技术与降低二次污染方面。现在的研究方针由处理转移到能源和资源的回收方面。废石和尾矿的资源化包括物质转移、再回收与能量转移等方面。物质转移是利用尾矿或废石制造新的物质，如生产玻璃、水泥等，再回收指回收其中的有用元素或矿物，能源转移指从其中回收能源。国外铁矿废石和尾矿的利用途径主要用于建筑材料、矿山复垦、作为胶结填充材料、回收废石尾矿中的有价元素等。

据统计，我国的尾矿达25.21亿吨，而这个数字还在以每年1.5亿吨的数值增长，如此之多的尾矿量利用率不到20%，因此尾矿的综合利用形势很严峻。当前尾矿的处理和利用已经引起国家和冶金工作者的重视，目前我国主要的利用手段是回收有价元素和制备尾矿砖。除以上两种利用方法外，我国还对铁尾矿的其他利用途径进行了研究，如用铁尾矿制备水泥、混凝土、微晶玻璃等建筑材料，利用尾矿复垦植被、制备耐火材料、用于污水处理等，都取得了一定的成果。

5.3.7.2 钢渣的综合利用

钢渣的利用途径很多，主要被用于生产水泥，作为冶炼熔剂，或用于道路工程等。

（1）钢渣用于水泥中。水泥中用钢渣的主要是转炉渣和电炉渣。其化学成分主要是铁的氧化物、SiO_2、Al_2O_3、CaO，掺入一定量的混合材料，如沸石、粒化高炉矿渣、方解石、粉煤灰和石灰等和适量的石膏，经磨细后可以制备成含钢渣的水泥。

（2）钢渣用于混凝土。磨细钢渣微粉除用于配制水泥，还可作为活性掺合料配制高性能钢渣混凝土，用钢渣微粉制备混凝土对其强度、收缩性、抗渗性能、碳化性能等都有较大影响。

（3）钢渣用于制备钢渣砖和砌块。钢渣粒具有松散的结构和孔隙，坚硬并且密实，从而使钢渣具有较好的抗压强度，且表面粗糙能与水泥石之间较好地黏结，钢渣中含有大量的活性成分，能与氢氧化钙产生水化反应，生成水化铝酸钙、水化硅酸钙等水化产物。因此，钢渣可作为胶凝材料或骨料，用于生产钢渣砖、路面透水砖、空心砌块等。

（4）钢渣用于农业。钢渣中含有较高的钙、硅以及锰、锌、铁、铜等多种微量元素，部分还含有磷，在其冶炼的过程中经过高温煅烧，提高了其溶解度，主要成分的易溶解量达到总量的一半，部分甚至更高，植物较容易吸收，因此钢渣是一种速效且后劲强的复合矿物肥料。钢渣可被用于制备磷肥、硅肥和钙镁磷肥，还可以作为酸性土壤改良剂。

（5）钢渣还可用于废水处理。钢渣具有多孔、比表面积大的特点，具有较好的吸附作用，包括表面配合、静电吸附、阳离子交换；另一方面，钢渣中富含有Fe、Ca、Si、Al、Mg等金属的氧化物，这些成分具有絮凝剂的作用，且钢渣密度较大，固液的分离较为容易。钢渣的这些物化性质决定了钢渣可以作为污水处理剂。

5.4 水资源消耗减量化和废水循环利用

长流程钢铁工业二次水资源主要来源于生产工序运行过程产生的废水、设备与产品冷却用水产生的废水和脱盐水、软化水制取设施产生的浓盐水三大类。其中，循环冷却水系统二次水资源约占钢铁工业二次水资源总量的70%。另外，2017年中国钢铁工业协会会员企业水的重复利用率已达97.76%[6]。因此，单纯依靠增加水重复利用率降低新水消耗的潜力已经很小，关键在于几种典型难处理废水深度处理技术以及循环冷却水节水技术的提高，同时还应该寻找淡水替代资源，关注淡水资源替代技术。

5.4.1　城市中水作为工业用水唯一补充水技术

鉴于我国水资源，尤其是地下水资源形势的日趋严峻，钢铁企业作为用水大户，对水资源的使用越来越受到限制。以唐山地区为例，根据唐山市人民政府唐政函〔2006〕60号唐山市人民政府关于印发《唐山市人民政府关于关停城市规划区自备井工作实施方案》的通知要求，关停城市规划区自备井工作任务分三步进行，规划中将唐钢分在了一、二步当中。而唐钢在2008年以前生产用水主要有深井水、中水两大水源，按规划中的要求，在关停深井之前将大幅度提高提水资源费，为了避免关停深井水对企业的影响，唐钢通过技术创新，建设水处理中心，实现了以城市中水替代深井水，并作为钢厂唯一新水水源。

5.4.1.1　高密度沉淀中水处理技术

目前国内钢铁行业中水回用处理技术应用较多的是石灰乳絮凝软化-高密度沉淀池-V形滤池工艺。该工艺厂可将各车间的工业废水和生活污水经管网收集后，与城市中水混合，形成一种中水和废水同时处理回用的处理技术。

各车间的工业废水和生活污水通过格栅过滤较大的悬浮物和漂浮物后，进入调节池进行水量和水质调节，并进行除油处理，然后进入高密度沉淀池，高密度沉淀池分为混合反应区和沉淀区，在混合反应区投加絮凝剂、石灰，然后充分混合后进入沉淀区，进行絮凝沉淀，实现泥水分离。高密度沉淀池污泥一部分回流到絮凝配水区，另一部分定期外排到污泥间进行污泥压缩和脱水，污泥外运，分离水返回调节池。上清液进入V形滤池进一步降低小颗粒悬浮物的浓度后，进行回用，如图5-13所示。

高密度沉淀工艺是依托污泥混凝、循环、斜管分离及浓缩等多种理论，通过合理的水力和结构设计，开发出的集泥水分离与污泥浓缩功能于一体的新一代沉淀工艺。

高密度沉淀池一般由混合反应区、沉淀区两大部分组成。混合反应区主要作用是投加混凝和絮凝剂，并进行充分的混合反应。根据实际需求，混合反应区可设置混合池和反应池两个分区：混合区用于药剂的添加和充分混合，搅拌强度较大；反应区用于药剂的充分絮凝反应，搅拌强度较低，以保障良好的絮凝体形成。投加水处理药剂一般为次氯酸钠、聚铁、石灰、酰胺、碳酸钠和硫酸，达到杀菌，去除SS、油类、暂时硬度和碱度的目的。沉淀区用于实现混合液的静态

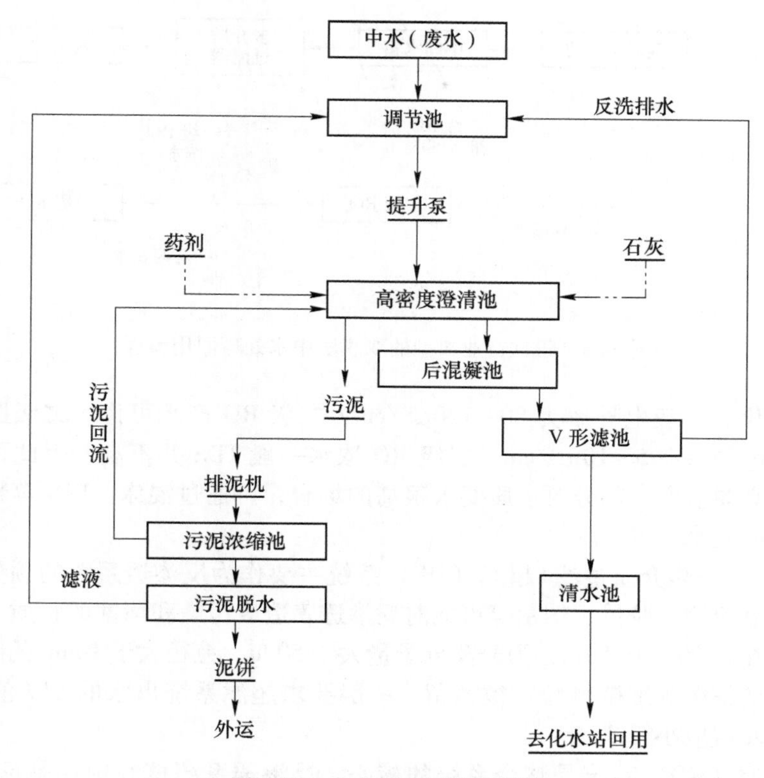

图 5-13 中水处理回用流程图

泥水分离，可分为上部澄清区和下部沉淀浓缩区。上部澄清区设置有斜板，根据“浅池理论”设计的一种沉淀池，其具有沉淀效率高、占地面积小的特点。絮凝体在重力作用下由斜板落入下部沉淀浓缩区，进行污泥重力压缩，并经过排泥泵将污泥部分循环回混合反应区，部分外排，一般回流量为 2%~5%。

该技术的特点是集混凝絮凝、斜管分离和污泥浓缩功能为一体，提高了处理效率，减少占地，对水质波动适应性强，出水浊度不高于 0.5NTU，比传统平流沉淀工艺效率提高 70%，降低药剂消耗 30%。

5.4.1.2 双膜法中水深度处理回用技术

双膜法，即超滤膜（UF)+反渗透（RO）技术，其在钢铁工业废水处理回用以及纯水制备中的应用日益广泛，如图 5-14 所示。

城市中水和工业废水经过高密度沉淀工艺处理后作为厂区中水进行回用，进水经过混凝沉淀去除其中的大颗粒悬浮物，然后经过多介质过滤器去除其中细小颗粒物，防止对后续膜系统造成堵塞。经过预处理后进入超滤膜（UF）系统，滤除水中的细菌、极细小铁锈、胶体等有害物质，使进水达到反渗透（RO）的进水标准后，进入反渗透系统。反渗透一般设置 2 级：一级 RO 产水可作为一级

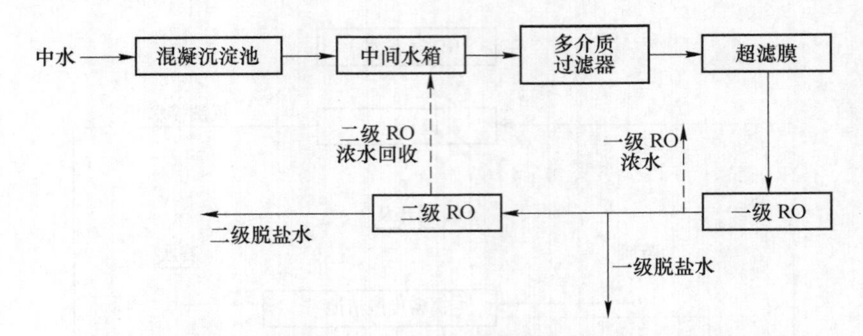

图 5-14 钢铁行业典型的双膜法中水处理回用流程

脱盐水外供，一般电导率为 80~120μS/cm；二级 RO 产水可作为二级脱盐水外供，一般电导率在 5~10μS/cm，二级 RO 浓水一般 TDS 并不高，因此可以循环利用以提高脱盐率。部分对水质要求很高的场合，可通过混床、EDI 等精脱盐技术制备精脱盐水。

混凝沉淀+多介质过滤+超滤（UF）系统主要作为反渗透系统的预处理，去除其中的悬浮物、胶体、细菌等可能对反渗透膜造成污染和堵塞的物质。超滤膜孔径一般在 0.001~0.1μm，为分离分子量大于 500u、粒径大于 10nm 的颗粒，可使大部分的细菌等细微颗粒物被截留。一般要求超滤系统出水的 *SDI* 值小于 5，最佳的 *SDI* 值应小于 3。

反渗透（RO）系统是整个系统的核心，反渗透系统核心构件是反渗透膜，它是一种模拟生物半透膜制成的具有一定特性的人工半透膜，能截留大于 0.0001μm 的物质，是非常精细的一种分离膜，其能有效截留所有溶解盐分及分子量大于 100u 的有机物，同时允许水分子通过，对盐的分离效率一般不低于 98%。产出纯水后，盐分被高度浓缩在剩余浓水中，使得纯水制备过程会产生大量的高盐水。

评价双膜法应用的可靠性和经济性一般从 3 个方面考虑，即脱盐率、产水量和回收率。脱盐率即系统对盐分的分离效率，较高的脱盐率可以保证出水的纯度达到用水要求。脱盐率与反渗透膜的性质和运行状态以及进水水质有关。产水量即单位时间内透过单位面积 RO 膜的水量，表征反渗透系统的产水能力，与膜的性质和运行参数有关，产水量越大，系统占地越小。回收率指反渗透膜系统中给水转化成为产水或透过液的百分比，一般反渗透系统的回收率在 70%~85%之间，其余 15%~30%转化为高盐水。

双膜法在钢铁行业的应用较为普遍，但仍然存在很多问题。由于钢铁业纯水制备过程中水质变化较大，且用户对纯水的要求不高，市政对浓盐水排放含盐量的要求等原因，企业对纯水制备的设计回收率和脱盐率较低，这就造成系统回收率低，产生的浓盐水量巨大，浓盐水如果不断在厂内循环使用会造成大量的盐分累积，使中水水质恶化，形成恶性循环。大量浓盐水的处理和回用是目前钢铁企业普遍面临的难题。

5.4.2 循环冷却水的干湿联合空冷节水技术

传统的凉水塔装置普遍存在循环水的大量蒸发和风吹损失，约占到循环水量的2%，且普遍冷却效率低，尤其在夏季中午高温时段，往往不能达到冷却要求。针对这些问题，开发了循环冷却水的气温随动多介质制冷节水技术与成套设备。该技术以水膜冷削峰高效空冷器（高效干-湿联合空冷器）为核心，串接机械制冷用于极端高温天气下的辅助冷却降温，保障系统冷却能力，同时与现有的凉水塔冷却系统相比，水的损耗降低90%以上，如图5-15所示。

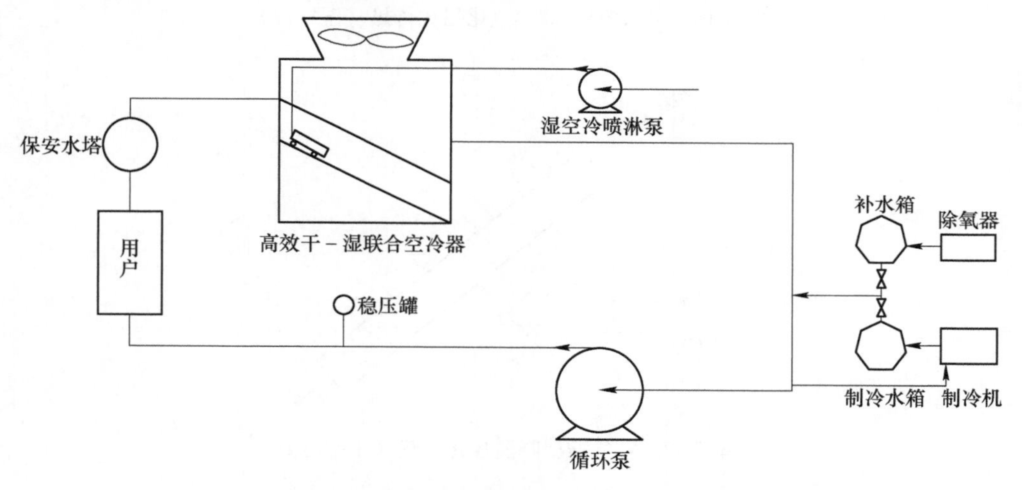

图5-15 高效干-湿联合空冷系统工艺路线图

高效干-湿联合空冷器是整个系统的关键设备，通过密闭循环实现无循环水蒸发损失、通过液膜汽化潜热和亲水翅片强化传热效率，实现无液滴飞溅造成的风吹损失、极低的喷淋水消耗和稳定的冷却效率。独特的V形双层管束布置结构，使得设备占地面积小。下层设置有移动布膜装置，使用少量的喷淋水在管束亲水翅片上形成一层薄液膜，可迅速汽化吸收大量热量，进行湿式冷却，同时吸收空气热量使空气降温，降温后的空气与上层管束再次进行换热，进行干式冷却降温，提高传热效率。因此，整个空冷器具有节水、高效的特点，如图5-16和图5-17所示。

针对少见的夏季中午短时段内的极端高温天气，冷却塔可能出现冷却能力不足的问题，开发了机械制冷补充降温的设备和技术。该技术的特点是在循环系统内抽取一部分循环水，利用夜间价格较低的平电和谷电制取一定量的冷水并储存，降低冷水成本。当空冷器的冷却能力不足时，使用存储的冷水补充，同时置

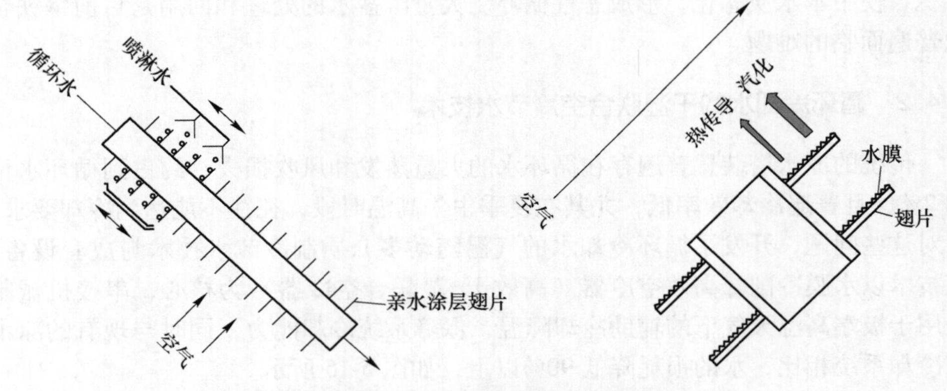

图 5-16 亲水翅片-液膜汽化强化传热（湿空冷）

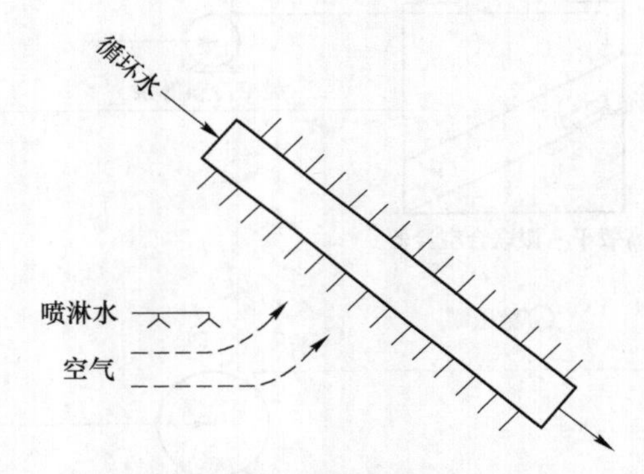

图 5-17 空气增湿降温强化传热（干空冷）

换部分循环热水用于冷水制备，形成冷热水循环，保障用户对水温的要求。

该系统通过理论模拟，形成一套最优的控制模型，根据外界气象环境和循环水温度的变化，自动调节风机、喷淋水以及冷水的开闭，做到最大化的节水和节电。

5.4.3 基于电化学的循环冷却水的水质稳定技术

在循环水循环使用的过程中，由于水量的蒸发浓缩和盐分累积，导致水质结垢和腐蚀倾向增大，从而需要定时排污，造成水资源的浪费。控制排污损失的主要途径是提高循环水的浓缩倍数。浓缩倍数从 1.5 提高至 2.0 可节水 50%，从 2.0 提高至 3.0 可节水 30%，从 3.0 提高至 4.0 可节水 15%，从 4.0 提高至 5.0 可节水 6%。

目前循环冷却水常见的水处理方法为化学药剂法，如投加包括缓蚀剂、阻垢剂、杀菌灭藻剂、絮凝剂及各类辅助药剂等。采用投加化学药剂法控制和改善水质的方法简单而有效，但也存在一定的问题，例如购买药剂费用较大、对环境有二次污染、容易引起水体富营养化、对操作运行水平要求高、管理维护复杂等。因此，国内外一直在研究其他可行的循环冷却水处理方法辅助或取代化学药剂法，电化学法就是研究方向之一。

5.4.3.1 电化学技术的特点

电处理技术是20世纪70年代发展起来的新型处理技术，运用于工业循环冷却水系统的供水处理中，如日本、以色列、美国等国家都已应用。而在我国，也有很多学者把眼光聚集到了这一新型除垢技术上。研究发现，使用电化学稳定系统代替以前的化学药剂处理法，直接向冷却循环水加载直流电，一段时间后对管道断面进行扫描，管道的闭塞率下降了25%以上，改善了循环冷却水系统的结垢问题，排污量减少了约76%，节省了水资源及运行成本。

电化学水质稳定技术是“环境友好”工艺，有着其他方法所不能比拟的优点：

（1）提高浓缩倍数，减少补水量和排污量；
（2）清洁环保，不需要添加化学药剂，能实现污水零排放；
（3）同时控制循环冷却水的三大问题；
（4）自动化程度高，维护方便简单；
（5）运行成本低，年消耗费用低；
（6）设备体积小，安装方便；
（7）提高换热机组的热效率。

5.4.3.2 电化学水质稳定系统原理

A 除垢

药剂法只能阻垢，电化学法不仅能阻垢，而且能破坏垢分子的电子结合力，改变其晶体结构，将原有换热器壁上沉积的硬垢变成疏松软垢逐渐被水流冲刷脱落，清洁换热器，同时能在阴极板上将结垢离子沉积下来，一次性取出，具有除垢的功效。电化学水处理系统阳极板采用尺寸稳定材料，阴极板为不锈钢喷砂板，在直流电作用下，正负极板间的水溶液中的正、负离子向极性相反的极板迁移，发生电子得失（放电）反应。水的硬度主要由钙镁离子组成，通过阴极电化学反应，钙镁离子在极板上沉积下来，降低循环水硬度，防止换热器结垢。

B 杀菌灭藻

传统循环水药剂处理法中，菌藻的控制一直是一个难以处理的问题，即使向系统中投加杀菌灭藻剂，一段时间后细菌也会产生抗药性，并且在药剂有效周期过了后菌藻又会滋生，很多系统在夏天或者向阳的地方都会滋生菌藻，在冷却塔底部集水盘中都会有厚厚的黏泥。一些磷系的阻垢剂在一定温度下会转变成正磷酸盐，对微生物来说反而是一种营养物质，造成菌藻的繁殖。微生物的迅速繁殖导致水质恶化，既会加快污垢沉积，又会推进腐蚀。藻类不断繁殖又不断脱落，脱落的藻类又成为水系统的悬浮物和沉积物，堵塞管道，影响输水能力，降低传热能力，同时，生成的沉积物覆盖在金属表面，形成差异腐蚀电池，发生沉积物下腐蚀。使用电化学水处理时，在电极接通电源后，水分子在电场作用下，在阳极发生电化学反应生成次氯酸、[O]、H_2O_2、羟基自由基等具有极强氧化能力的活性物质，微生物细胞膜中的不饱和脂肪酸被氧化，产生大量的脂质过氧化物，使细胞膜柔韧性降低，脆性增加，溶酶体膜通透性增强，释放溶酶体酶，导致细胞裂解死亡。电化学方法能够完全杀灭水中细菌，而且经过电化学处理后的水具有一定的持续杀菌能力。

C　防腐蚀

电化学处理循环水时，不添加任何化学药剂，可减少化学药剂所产生的腐蚀；在电解中能将部分氯离子电解成氯气飘散，最终排出循环水系统，从而减少氯离子对管道和设备的腐蚀，特别要注意的是，电解过程中产生的 OH^- 和活性氧，可促进管道内壁和各种换热器内壁的亚铁离子和铁离子最终生成 Fe_3O_4 致密磁铁保护膜，隔开管壁和水，阻止进一步腐蚀。此外，杀菌灭菌后，能有效减少微生物腐蚀。

5.4.3.3　电化学循环水处理技术方案和设备

A　技术方案

电化学处理循环水设备以旁流形式安装到循环水系统中，无需改变原管路系统，如图 5-18 所示。在循环水回水总管上接管道至电化学处理器底部，循环水经过电化学水处理后，从设备顶部出来，通过转子流量计后进入冷却塔底池。在电化学处理反应器内，通过一系列的电化学反应，控制循环冷却水的水质，同时

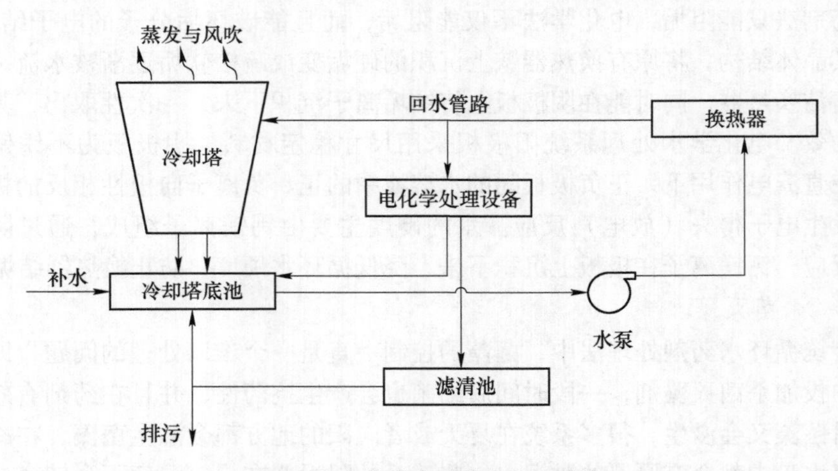

图 5-18　电化学水质稳定技术路线

解决循环水常见的三大问题——结垢、腐蚀、滋生菌藻。整个过程中实现自动化控制，简单易操作。

B 主要设备

该系统的关键设备为电化学处理装置。该处理器由电极、刮板、电机及蜗轮蜗杆、电极汇流机构、排气阀、防水密封机构、电磁阀、支撑架构及控制系统构成，如图 5-19 所示。电极分阳极和阴极，刮板由刮刀、绝缘板、定位导孔、带螺纹的托盘组成；电机、蜗轮蜗杆是刮板的驱动机构；电极汇流机构对电极汇流；排气阀排除处理器内气体；防水密封机构包括电极、排气阀、蜗杆的密封；电磁阀控制处理器进出水、排污；支撑架构即壳体、绝缘、滑槽、紧固部分；控制系统完成逻辑控制。该装置体积小，占地面积小，简单易操作。

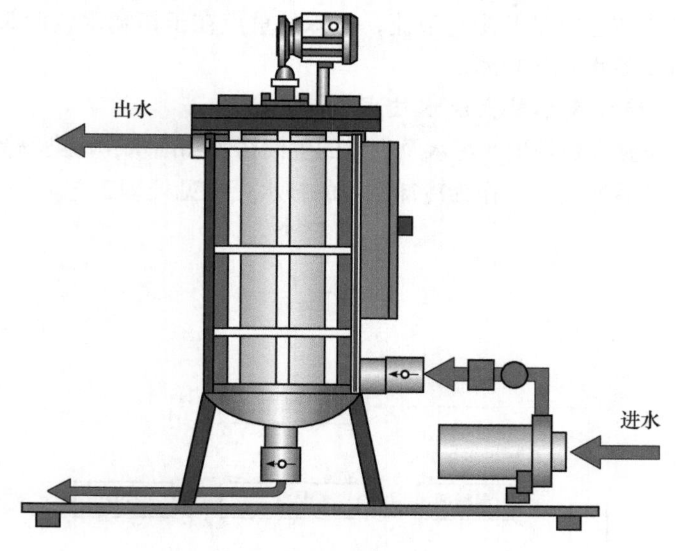

图 5-19 电化学水质稳定处理器

该技术的创新点如下：

（1）采用电化学方法代替传统的化学药剂法来稳定循环冷却水水质，无需投加药剂，绿色环保。

（2）电化学处理器能够一机多能，能够同时高效解决循环冷却水常见的三大问题。

（3）自动控制，能够根据不同水质采用不同的运行模式，达到稳定循环水水质的目的。

C 应用分析

对于钢铁行业的循环冷却水，根据该技术的理论和实际运行中的表现来看，该系统能够完全替代化学药剂法。高效控制循环水质，有效解决循环冷却水中的三大问题。相对化学药剂法，该技术预计能降低循环冷却水消耗量20%，同时排污水量减少70%。对于循环水量1000m³/h的系统，提高到6倍浓缩，每年能够节省运行成本高达25万元左右。因此，对于钢铁行业这种工业用水大户，如推广该技术，可节省大量用水，提升企业效益，同时可有效地缓解我国水资源日益紧张的局势。

5.4.4　淡水资源替代技术

我国淡水资源紧张，能被人类利用的主要是湖泊、河流、土壤湿气和埋藏相对较浅的地下水盆地，地球上大部分的淡水资源以永久性冰或雪的形式封存于南极洲和格陵兰岛，或称为埋藏很深的地下水。我国钢铁工业消耗巨大，现阶段钢铁工业节水的整体思路是开源与节流，开源的重点在于拓宽水资源渠道，开发非常规水源，研发淡水替代技术。

5.4.4.1　综合废水替代淡水技术

综合废水来源主要是生产污水及少量的生活污水和雨水，污染物为固体悬浮物和COD，经处理后回用，可作为冷却系统的补水。常见处理工艺如图5-20所示。

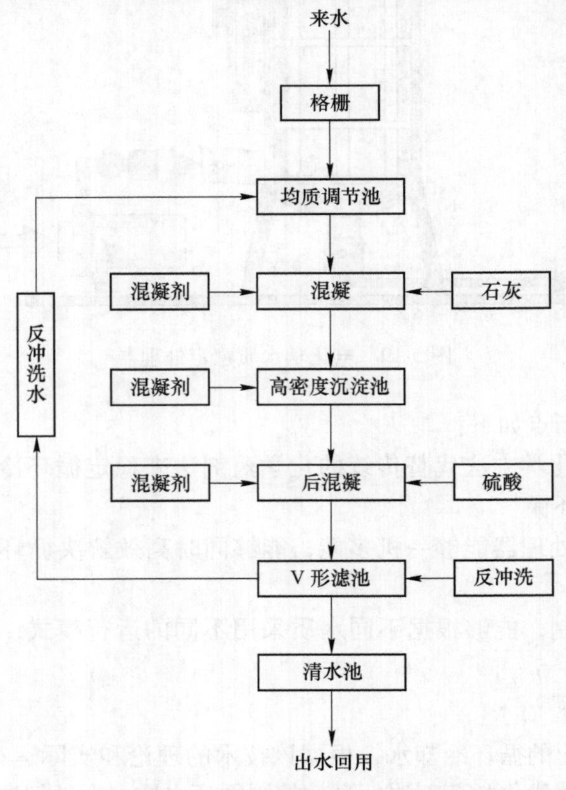

图5-20　综合废水处理工艺流程图

5.4.4.2 海水替代淡水技术

非常规水源里，海水是发展前景较为满意的水源。美国等国家将海水直接作为循环冷却水，国内首钢京唐公司采用综合利用技术，节水效果显著。

A 海水直流冷却技术

首钢京唐公司在金属设备和管道材质的选择以及金属的防腐措施方面进行了大量的调研工作，最终采用岸边敞开式引水方式，将海水直接供给300MW煤—气混烧热电机组作为直流冷却用水，该技术的成功应用节约了大量的淡水资源，年节约地表水300万吨。

B 海水脱硫技术

海水脱硫是利用海水的天然碱性溶解和吸收烟气中SO_2。海水采用一次直流的方式吸收烟气中的SO_2，烟气中的SO_2首先在吸收塔中被海水吸收生成亚硫酸根离子SO_3^{2-}和氢离子H^+。SO_3^{2-}不稳定，容易分解。H^+显酸性，海水中H^+浓度的增加，导致海水pH值下降成为酸性海水。吸收塔排出的酸性海水依靠重力流入海水恢复系统。在海水恢复系统的曝气池中鼓入大量的空气，SO_3^{2-}与空气中的O_2反应生成硫酸根离子SO_4^{2-}（SO_4^{2-}稳定不易分解），以确保氧化过程的完成。在曝气池中鼓入大量空气，还加速了CO_2的生成释放，有利于中和反应，使海水中溶解氧接近饱和水平。在曝气池中利用海水中的CO_3^{2-}和HCO^{3-}离子中和吸收塔排出的H^+，使海水中的pH值恢复。

首钢京唐公司2×300MW火电机组烟气脱硫工程采用海水脱硫工艺、一炉一塔、一座曝气池的单元配置方式。整套脱硫装置主要包括烟气系统、SO_2吸收系统、海水供应系统、海水恢复系统。脱硫吸收剂采用机组凝汽器的冷却水排水，经海水升压泵升压后直接供给脱硫吸收塔，恢复系统使海水pH值得到恢复，满足排放标准的要求，最终排回大海。脱硫工艺流程如图5-21所示。

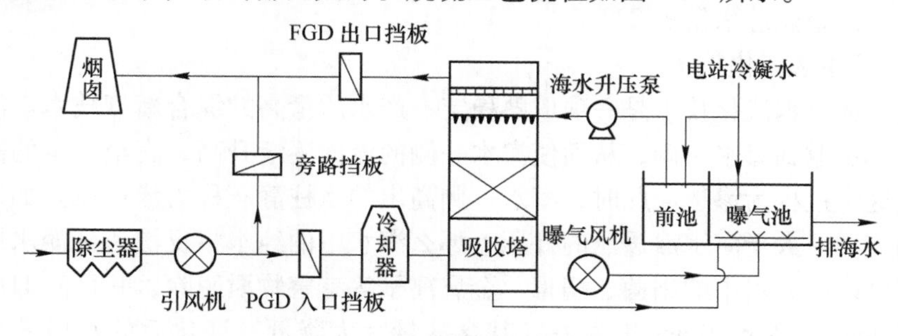

图5-21 脱硫工艺流程图

C 海水淡化技术

海水淡化方法主要分为蒸馏法（热法）和膜法两大类，其中低温多效蒸馏法、多级闪蒸法和反渗透膜法是全球主流技术。

a　低温多效蒸馏淡化技术

首钢京唐公司利用钢铁厂主工艺流程中的余热蒸汽、汽轮机发电机组做完功的乏汽等低温热源产生的低品质蒸汽，为低温多效海水淡化提供动力，实现了能量的阶梯利用。

低温多效海水淡化装置的基本原理是在真空状态，即在较低压力、温度下进行蒸馏，它仅需要进入装置的蒸汽温度在70℃左右即可。蒸馏在一个被称为蒸发器的容器内进行，它的内部被隔断成几个部分，叫作“效”。图5-22为低温多效蒸馏工艺流程示意图。

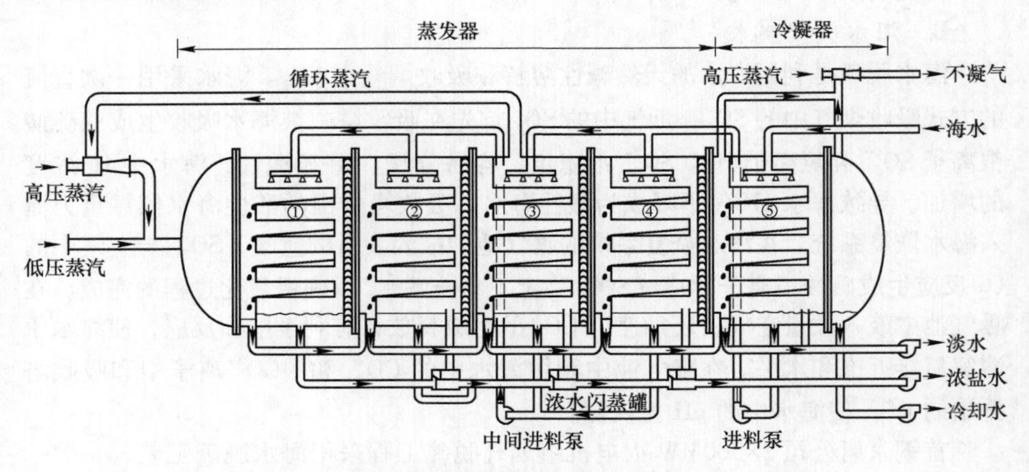

图5-22　低温多效蒸馏工艺流程示意图

首钢京唐公司低温多效蒸馏淡化技术（LT-MED）海水淡化装置每天产水5万吨，按地表水与蒸馏水的造水率为1.5计，则每年可节约地表水资源约2400万吨，约占企业总水量的2/3。

b　反渗透淡化技术

反渗透海水淡化技术是一项成熟稳定、产水质量高的综合新型技术。淡水通过半透膜扩散到海水一侧，从而使海水一侧的液面逐渐升高，直至一定的高度才停止，这个过程为渗透。此时，海水一侧高出的水柱静压称为渗透压。如果对海水一侧施加一大于海水渗透压的外压，那么海水中的纯水将反渗透到淡水中。反渗透膜可以将海水中的细菌、病毒、金属离子等有害物质脱除，并且使TDS含量从36000mg/L降至200mg/L左右，其含盐量大大降低，淡化后的水质甚至优于自来水。

大唐王滩电厂海水淡化系统汇集了多项世界最新的膜法海水淡化技术，借鉴了国外反渗透海水淡化工程中的一些先进经验，创造了多项中国第一，其系统的工艺流程如图5-23所示。

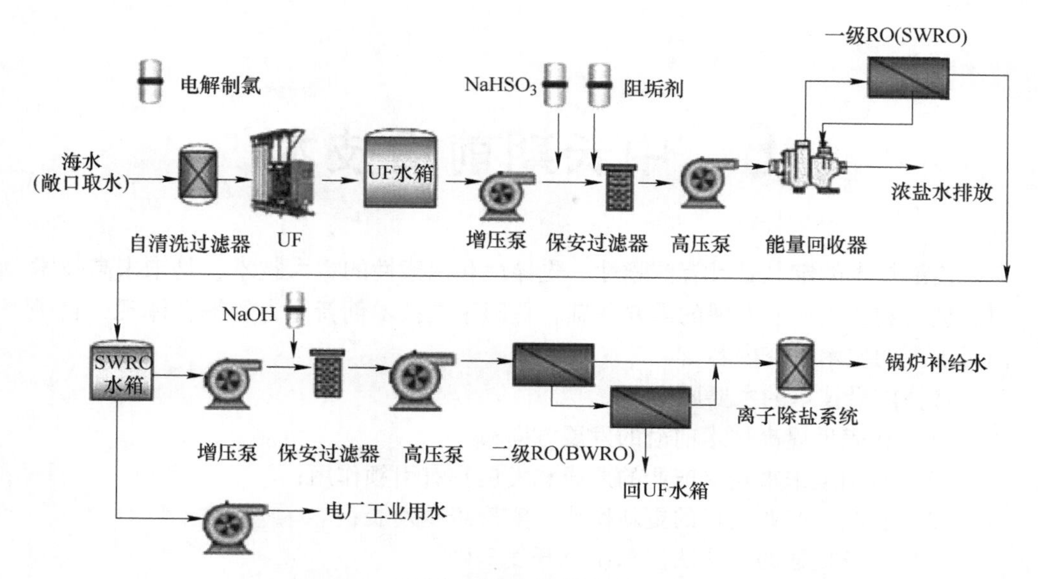

图 5-23 王滩电厂海水淡化系统工艺流程图

反渗透法的最大优点是节能，它的能耗仅为电渗析法的1/2，蒸馏法的1/40。因此，从1974年起，美、日等发达国家先后把发展重心转向反渗透法。反渗透海水淡化技术发展很快，工程造价和运行成本持续降低，主要发展趋势为降低反渗透膜的操作压力，提高反渗透系统回收率，廉价高效预处理技术，增强系统抗污染能力等。

参 考 文 献

[1] 陶寿松，谢其湘，张新华．高炉冲渣余热利用分析和展望［J］．冶金动力，2018（9）：51-54.

[2] 朱立，孙本良．钢材酸洗技术［M］．北京：化学工业出版社，2007.

[3] 洪运涛．Ruthner-喷雾焙烧法废盐酸再生技术在冷轧中的应用［J］．现代化工，2015（1）：48-50.

[4] 姚礼华．我国 Mn-Zn 铁氧体的发展态势［C］．磁性产品原材料配套洽谈会论文集．张家界，2005.

[5] 徐辉宇．推进企业品牌建设提升产品竞争优势［J］．上海小企业，2006（5）：13-14.

[6] 陈登福，白晨光．我国钢铁工业的清洁生产和二次资源的综合利用［J］．钢铁，2001，36（2）：67-71.

6 中长期前沿技术

前沿技术的定义是具有前瞻性、先导性和探索性的重大技术，是未来高技术更新换代和新兴产业发展的重要基础，是国家高技术创新能力的综合体现，它是前无古人的技术研究内容。

选择前沿技术的主要原则：

（1）代表世界高技术前沿的发展方向；

（2）对国家未来新兴产业的形成和发展具有引领作用；

（3）有利于产业技术的更新换代，实现跨越发展；

（4）具备较强的人才队伍和研究开发基础。

根据以上原则，中国超前部署了一批前沿技术，发挥了科技引领未来发展的先导作用，将大大提高我国高新技术和战略型新兴产业技术的研发能力和产业的国际竞争力。

本章涉及的中长期时域没有明确界限，涉及的这些技术从开发到工业应用，所花费的时间差别很大，而且无法准确确定，所以全部列入中长期时域中。

钢铁工业虽然是一个传统工业，但仍然有大量的前沿技术需要研究，在新产品开发，质量提高和稳定，资源、能源效率提高，污染物最小化以及生态环境-社会友好方面都有众多的前沿技术需要面对和解决。

由于涉及领域多，下面仅就其中部分前沿技术，尤其是在可预见的中长期时空内，具有可推广和有复制价值的技术进行简要介绍。

6.1 高熵钢铁新产品开发

中国需要开发出中国创造的钢铁产品，这是一个钢铁大国走向钢铁强国需要做的大事。高熵材料的开发思路不失为一种新的开发钢铁新产品的思路，可以作为前沿技术，开展长周期的持续研究。

高熵材料由至少4种比例相近的合金元素组成。它与传统金属材料主要以一种元素为主不同（如钢铁和金属合金），其独特的合金设计理念体现出了多种元素的集体效应，使新材料在比传统材料宽的使用域和加工域具备了非常新颖的结构和优异的综合性能。有资料介绍，在高熵合金中引入纳米强化相并获得一种独特的纳米调幅结构，该结构通过多重机制，提供有效强化，使强度增加了560%。该合金不仅具有超高的强度（1.9GPa，接近传统钛合金的两倍）和良好塑性，还具有比传统钢铁材料密度低、耐蚀性好和易于加工等优势，能满足各种特殊环境装备对材料性能的苛刻需求，展现出了很大的应用潜力。

高熵材料是近年在国外快速兴起的一种新材料研究，目前正呈现出快速发展的趋势。高熵材料已经受到航空航天、船舶、核能、汽车及电子等关键领域的广泛关注。现代工业、军工、宇宙空间、快速交通、自然生态和社会的发展，对钢铁产品的要求越来越高。如何开发新的高强高韧的新型钢铁产品，是开发中国自己的新一代钢铁产品、源头减少资源和能源消耗、最小化污染物排放的研究领域。

新材料的大创新需要全新理论和全新思维的支撑，高熵材料是近年来金属材料领域的一个重要发现。但由于该材料尚处在研发的早期阶段，还有大量课题需要研究，中国要抓住此机遇，主动开发，占领该领域尽可能多的制高点。

6.2 非高炉炼铁技术

6.2.1 国内外非高炉炼铁现状

2018 年世界粗钢产量为 18.086 亿吨。中国的粗钢产量为 9.28 亿吨，占比超过 50%。根据世界钢铁协会最新发布的统计数据，2018 年世界直接还原铁产量为 9980 万吨，同比增长 12.5%。印度直接还原铁产量仍居世界第一位，为 3040 万吨，同比增长 3.05%。伊朗产量同比大幅增长 32.5%至 2570 万吨，居世界第二位。俄罗斯产量估计为 790 万吨，同比增长 9.7%。墨西哥直接还原铁产量与上年持平，仍为 600 万吨；埃及直接还原铁产量为 580 万吨，同比增长 23.4%；沙特阿拉伯为 500 万吨，同比增长 4.2%；阿联酋为 380 万吨，同比增长 5.5%；美国估计为 340 万吨，同比增长达 70%；卡塔尔为 250 万吨，同比持平；加拿大为 170 万吨，同比增长 6.25%；阿根廷为 160 万吨，同比增长 33.3%；巴林估计为 150 万吨，同比增长 15.4%；阿曼估计为 150 万吨，同比持平；南非估计为 80 万吨，同比下降 11.1%。分地区来看，中东地区直接还原铁产量最大，地区达到 4000 万吨，同比增长 20.5%，约占世界总产量的 40%；亚洲为 3100 万吨，同比增长 3%；北美自贸区为 1100 万吨，同比增长 14.6%；非洲为 720 万吨，同比增长 16.1%；中南美洲为 200 万吨，同比增长 17.6%；欧盟 28 国为 70 万吨，同比持平。

由于中国高炉炼铁在国内相比非高炉来说具有明显的成本优势，非高炉在国内的发展没有明显的竞争优势，所以非高炉炼铁在国内的发展很少。熔融还原在国内发展较好的是宝钢的 COREX。COREX 熔融还原炉是一种清洁炼铁技术，2007 年宝钢集团为其引进了两套 COREX 3000 技术和设备。宝钢 COREX 3000 炉在罗泾投产运行了 4 年，其单炉最大产能仅达到约 110 万吨/年，能够连续稳定生产。宝钢集团公司对 COREX 3000 做了大量消化吸收、关键备件本地化等工作。改进了原设计中的一些局部缺陷，但是关键技术未能实施技术创新，仅达到设计产能的74%，未与高炉流程互补、码头物流成本太高、上海地区的块煤、球团矿价格高等因素使其持续亏损。搬迁到新疆的八一钢铁厂已经正常生产而且成本与本厂高炉相当。

韩国浦项在COREX 2000熔融还原炉基础上，与奥钢联合作开发出利用COREX输出煤气预还原粉矿的大型沸腾流化床直接还原装置，并且陆续建成了年产60万吨、150万吨、200万吨铁水（实际产能仅170万吨铁水）的生产装置，发展了熔融还原炼铁工艺技术。目前熔融还原炼铁生产还不能完全摆脱焦炭，对原燃料价格比较敏感，适用范围不广。

而传统的高炉-焦化-烧结炼铁流程中，每吨烧结矿排出高温废气量达6000m^{3}以上，烧结烟粉尘（包括PM10、PM2.5）、SO_2、NO_x排放量占钢铁联合企业排放总量的6成以上。由于焦炉出焦、熄焦过程有大量烟粉尘排放，焦化厂的烟粉尘排放量占钢铁联合企业排放总量的3成以上。而且焦化厂的SO_2、氨、苯、苯并芘等对人体、生物有毒害的有机废气排放量占企业排放总量的8成以上，凡是有焦化厂生产的地方，工厂内部及周边土地几乎寸草不生，动物灭绝，植物死光或变异，炼焦对环境具有毁灭性的破坏作用，西方国家已经关停了9成炼焦并通过WTO强迫中国生产出口。烧结机、焦化厂的污染物排放量占钢铁联合企业排放总量的一半以上，二者是钢铁生产流程中最大的污染源。因此，降低焦比、提高球团比、降低烧结矿比，是传统钢铁流程节能减排最有效的途径。而采用废钢-DRI-电炉炼钢，可以节能一半以上，同时减少污染物排放量7成以上，废钢产生量也可以减少8成以上。由于垄断中国钢铁业的高炉-焦化-烧结长流程铁钢比最高，中国的吨钢能耗、污染物排放量及CO_2排放量均为世界第一。在当前环保压力的情况下国内的非高炉发展越来越强烈，同时涌现出一批非高炉炼铁的冶金工作者。

6.2.2 我国非高炉炼铁发展的环境

随着碳减排压力加剧，中国碳排放权交易系统即将运行，CO_2排放将逐步纳入缴费范围。传统长流程将给钢企带来比短流程更高的成本负担；我国的电炉炼钢比例低于6%，世界钢铁发展趋势逐步由“高炉-转炉”长流程向“直接还原（废钢）-电炉”短流程过渡，美国的电炉钢比将由66.8%提高到70%。许多高炉将被关闭或是闲置。气基竖炉直接还原+电炉短流程是钢铁产业绿色低碳高效发展的方向，美国纽柯钢铁公司废钢+DRI短流程的吨钢成本比采用高炉-转炉流程的共和钢公司低50~60美元。

DRI/HBI比废钢的纯净度和质量稳定性高，比铁水和生铁含碳量低，是电炉冶炼高端优质特殊钢材必须配加的理想原料。

我国发展直接还原的有利条件有：

（1）有充足的废钢供应，目前我国钢铁累积量已经达到90亿吨，每年产出提供废钢量已经超过2亿吨。2017年废钢开始出口，今后适宜发展废钢-DRI-电炉短流程代替一部分钢铁生产长流程，出现了发展短流程炼钢的转折点和最佳时机。沙钢收购东北特钢是一个标志性事件，值得钢铁界决策层认真思考和关注。

（2）已经掌握了高品位铁精矿粉和回转窑氧化球团生产技术。朝阳东大矿冶研究院、马鞍山矿山研究院、北京矿冶研究总院等单位已经可以将全国各地的铁矿石选别获得68%~71%铁品位的精矿粉，大中型回转窑氧化球团生产技术已经普及。竖炉原料有保障。

（3）中国钢铁产品品种质量急需升级，提高产品价值弥补国内需求。亟须发展废钢-DRI-电炉短流程。国内外有成熟的大型电炉冶炼技术可以选用。国内多台年产150万吨级、国外年产220万~250万吨级生产电炉。

（4）已经有多台年产180万~200万吨级天然气竖炉正常生产。最大的250万吨级竖炉已经投产运行3年。

（5）我国煤炭资源非常丰富。但天然气资源贫乏进口价高，因此价格高昂，仅有西北、华北部分地区NG价格可达1.8元/m^3，大部分地区工业用气价格达3.6元/m^3以上。

6.3 氢冶金技术

20世纪90年代以来，我国炼铁技术得到了快速发展，在高炉大型化、高效集约和长寿等方面取得了显著进步，但随着近年来钢铁行业产能过剩、环境污染以及资源短缺等问题的日益突出，高炉炼铁工艺面临发展的“新常态”。如何提高高炉炼铁技术的生命力和竞争力，进一步降低高炉生产成本和污染物排放水平，实现高炉炼铁工艺环境友好和可持续发展，已经成为新世纪钢铁行业面临的最大挑战。高炉炼铁需要消耗大量的碳素能源，用于高炉的能源消耗占到全国总能耗的7%以上。为了降低高炉的能源消耗和CO_2排放，除了需要遵循减量化、再利用和再循环的循环经济原则之外，还必须进行低碳冶炼，以绿色清洁炼铁为主要特征的低碳经济模式，是新形势下钢铁企业实现可持续发展的必然选择[1]。在传统钢铁冶炼过程中CO_2排放导致全球气候变暖问题受到广泛关注，无碳或低碳冶金技术的开发和利用得到推广。而氢能作为新一代的清洁能源已得到世界各国的普遍关注。发展氢能冶金技术是21世纪冶金工作者努力的重要方向。

欧盟和日本等国家和地区的低碳炼铁技术路线，都把非碳冶金作为解决CO_2减排的根本途径之一，使用氢气还原氧化铁时其气体产物是水，因此，氢气不仅是优良的还原剂，也是一种清洁能源。氢原子半径小，对铁氧化物还原具有良好的反应动力学潜质，氢的还原能是CO的14倍，在810℃以上使用氢气还原氧化铁需要的还原气量要比使用 CO 更低，这也意味着使用氢气还原消耗的化学能更少。廉价氢气的获得问题是制约氢冶金技术发展的最大障碍，目前成熟的制氢技术包括石油燃料的转化、水电解制氢等，这些方法存在成本高和无法避免 CO_2 排放的问题，不宜作为大规模制氢的技术途径；除此之外，通过对冶金煤气进行水煤气变换制氢是目前获得氢气的有效办法，但如果把通过这种方法得到氢气用于生产钢铁的初级产品，在成本上仍然无法承受。另外，由于氢气还原氧化铁是吸热反应，因此，如何持续向反应区供给热量是氢冶金反应器开发的难点。目前，国内外都在加紧开展廉价制氢技术的研究，国内氢冶金技术方面研究较少，其中，上海大学在 2005 年开展了用于焦炉煤气中甲烷重整的陶瓷透氧膜的研究，成功开发出管式透氧膜反应器；国外方面日本原子能署提出通过高温反应堆冷却气氦转化为氢气用于炼铁的设想，将反应堆技术与制氢技术耦合，生产电力和水。预计到 21 世纪 60 年代，以微生物制氢、太阳能制氢和核能制氢为代表的新型制氢技术将取得工业化规模的突破[2]，21 世纪必将迎来氢冶金技术的大发展。

6.3.1 氢的来源

钢铁生产规模巨大，发展氢冶金技术首先面临大量的需求氢如何来。目前制氢工艺大致分为石油类燃料的转化、裂解转化、分氧化和煤炭气化转化。以上工艺过程无法避免 CO_2 排放问题，在转化的过程还有转化率问题，因此不提倡以上方法制氢。另外一种是电解水制氢，而电能也是火力发电有 CO_2 排放问题，同时有热损问题。而微生物制氢、太阳能制氢和核能余热制氢技术避免了上述问题还能大规模生产，这为氢冶金技术发展指明了方向。

钢铁企业含能气体制氢：钢铁企业末端排出气体为高炉煤气（H_2 约 3%~5%、CO 约 20%）、焦炉煤气（H_2 约 55%、CO 约 5%、CH_4 约 25%）、转炉煤气（CO 约 40%~70%），以上气体在钢铁企业很容易收集到，如果能够将末端气体通过水煤气变换方法制氢就大大提高了制效率，为氢冶金发展提供基础。

可燃冰制氢：自从 20 世纪 70 年代美国地质工作者在海洋钻探中发现可燃冰之后，经过世界各国的长期地质勘探，迄今为止，已探明的可燃冰储量已相当于全球传统化石能源（煤、石油、天然气等）储量的两倍以上，其中海底可燃冰的储量够人类使用 1000 年，因此利用可燃冰制氢拥有广阔的前景。而我国可燃冰 2005 年在东海和南海发现，2009 年 12 月我国在青海发现可燃冰，是世界上第三个发现陆域可燃冰的国家。南海海域是我国可燃冰最主要的分布区，全国可燃冰资源储存量约相当于 1000 亿吨油当量，其中有近 800 亿吨在南海，我国是全球可燃冰储量最多的国家。虽然目前还存在开采上的困难，预计在未来 5~10 年对可燃冰全面了解的基础上，将会跟开采其他碳氢化合物一样开采可燃冰。2017 年 5 月我国国土资源部中国地质调查局在南海宣布，我国正在南海北部神狐海域进行的可燃冰试采获得成功，这也标志着我国成为全球第一个实现了在海域可燃冰试开采中获得连续稳定产气的国家。为此，将为钢铁企业提供大量氢资源。可燃冰作为新型清洁能源，1m^3 可燃冰分解后可释放出 164m^3 天然气和 0.8m^3 水，在一样的环境下，可燃冰燃烧产生的能量比传统化石能源要多出 10 倍，相信在不久的将来可燃冰的开发和利用将能作为主导能源。

6.3.2 低温氢还原的基础研究

富氢煤气还原铁矿的生产工艺在 20 世纪中叶已实现了工业化，目前成熟的生产工艺有 Midrex 工艺和 HLY-Ⅲ工艺。这两种工艺使用天然气和块矿。利用粉矿生产海绵铁虽然有许多的研究工作，但至今无法工程化，高温下还原后海绵铁黏结是关键因素之一。为了避免海绵铁黏结问题，提出了低温氢还原。低温氢冶金的关键技术是如何强化氢与铁矿的反应速度，提高生产效率。

低温氢还原铁矿的理论依据：氢在低温下还原铁矿的难点是反应速度慢，平衡气相中氢浓度高。从动力学来看，根据 Arrhenius 反应速度常数公式：

$$k = Ae^{-E/RT} \tag{6-1}$$

式中 k——反应速度常数；
A——与反应物结构有关的系数；
E——反应活化能；
R——气体常数；
T——反应温度。

由此可见，为了提高低温下反应速度，可采取两种技术措施：一种是降低反应的活化能，通过各种物理场的作用，将 H_2 激活成为 H 或 H^+，这将大大降低还原反应的活化能，提高了反应速度；另一种是增大反应物的表面积，即减少铁矿的粒径。上海大学从上述两条技术路线开展了一些基础研究。

6.3.3 碳-氢熔融还原工艺及基础研究

为克服目前熔融还原存在的问题，实现降低能耗和合理的资源利用，氢-碳熔融还原工艺中心思想是将碳作为热源和部分还原剂，用 H_2 作为重要还原剂。H_2 的来源是将炉气通过水煤气转换转化，即 $H_2O+CO = H_2+CO_2$，通过变压吸附技术，将转化后的煤气中 CO_2 除去，通过煤气的转换实现 H_2 循环的利用。工艺原理为：

还原 $$Fe_2O_3 + 3H_2 = 2Fe + 3H_2O \tag{6-2}$$

供热 $$2C + O_2 = 2CO \tag{6-3}$$

制氢 $$CO + H_2O = H_2 + CO_2 \tag{6-4}$$

总反应为 $$Fe_2O_3 + 3C + 3/2O_2 = 2Fe + 3CO_2 \tag{6-5}$$

该工艺思想解决了当前熔融还原工艺碳直接还原需高热量和强还原气氛的矛盾。该工艺每吨铁的理论碳耗也为320kg/t。铁浴炉中铁氧化物的还原是一个非常复杂的过程，煤加入反应器中无法完全避免参与还原，因此，实际能耗要高于理论值。如何发挥氢气在熔融还原中作用，是该工艺的关键。

可持续发展是我国经济运行必须遵守的原则，而氢冶金是钢铁企业的新工艺、新技术发展方向之一。氢冶金技术的发展确实使碳排放量更低，属于清洁能源炼铁，有利于减少 CO_2 排放、保护环境。

氢气炼铁工艺在20世纪90年代就开始研究了，此技术一直未能得到广泛的发展主要是因为一些技术还不成熟，冶炼成本根本不能同传统的高炉相比，传统高炉炼铁工艺一直统领着炼铁的发展方向。在氢冶金发展道路上有诸多的问题，有的公司甚至因未能有效解决技术难题而关停，比如美国克利夫兰-克利夫斯公司（Cleveland-Cliffs）、Lurgi公司及LTV钢铁公司曾在特立尼达建立了一座年产能40万吨、基于Circored工艺的直接还原工厂，该厂采用蒸汽重整器制取氢气，并将其作为还原剂和能源。该厂于1999年启动，但由于流化床反应器的问题频发，仅生产了约15万吨就于2001年关停。

氢冶金最近受到广泛关注，主要是近年来受环保压力的影响，业界开始关注排放量更低的工艺路线，氢气炼铁工艺深受广大冶金工作者的青睐。氢冶金在世界范围内尚属起步阶段，在我国对氢冶金的研究更是少之又少，上海大学率先在氢冶金方面展开了研究工作。研究氢冶金工艺，探索氢冶金关键技术，开创环境友好新型生产方式将为我国经济腾飞和引领世界钢铁业提供了机遇，氢冶金还有很长的一段道路要走。

6.4　新一代钢铁主体装备研究

新一代钢铁主体装备是指钢铁主流程的主体设备，如焦炉、烧结机、球团设备、高炉、转炉、电弧炉、各种精炼炉、连铸机、加热炉、热处理炉等反应器。

这些装备是实现钢铁工艺、生产钢铁产品的最主要硬件，这些装备的主体思想是国外发明的，而且已经使用很长时间了，目前这些装备的外界条件已经发生了很大的变化（有好的也有坏的变化），致使有些装备已经明显不适应当前高质高效炼钢、节能减排和资源利用的需要了，例如：

（1）烧结机。料层中的碳质燃料和精矿粉等在三面进气、一面出气的敞开式移动填充床中燃烧和烧结，料层透气不均匀，烧结质量不理想，漏风率高，冲淡了污染物浓度（增加了治理难度、负荷和成本），烟气流量大大增加，降低了烟气温度（余热质量和回收的能级降低），增加了大量不必要的引风机电力消耗，加上烧结料层透气性不均匀，烧结质量不理想等。

（2）转炉。随着炼钢炉越来越大型化和对钢水质量要求越来越高，转炉逐步显露了以下的不足：

1）炉内熔体的搅拌能显得不足、搅拌均匀性不理想，影响了钢水的质量和稳定性。

2）炼钢入炉的固体辅料和钢水的混合显得动力不足，导致钢水质量不稳定、冶炼时间延长、氧气消耗量大，辅料利用率降低。

3）由于顶吹转炉射流区的过度高温（2750～3000℃）和高氧导致了大量铁损、粉尘量增大、煤气质量降低、煤气-烟气温度过高，给后续设备带来诸多麻烦。另外还造成了钢渣的过烧，导致钢渣的活性差、易磨性差，给钢渣利用带来了很大的困难，至今还没有找到一种理想的方法利用此类过烧的钢渣。

4）转炉为了加强熔体搅拌，强化了顶底吹的气体搅拌措施，提高了熔体搅拌效果，但同时也加剧了熔池中的渣铁混合，增加了渣处理的负荷和转炉的铁损。

（3）电弧炉。电弧炉是为冶炼废钢而发明的炼钢装备，用电弧热为主要热源熔化废钢。

近年来，为了提高电弧炉冶炼效率和提高钢水质量又出现了一些新技术，如喷吹辅助燃料、吹氧、铁水冶炼、底吹等，使原来的电弧炉冶炼过程发生了很大的变化，起到了提高冶炼水平的效果。

但是，电弧炉仍然存在大型化困难、冶炼时间长、钢水搅拌动力不足和不均匀、能耗偏高、烟气温度高、粉尘量大、NO_x浓度偏高、电弧噪声突出、电弧强光污染、车间内污染突出等问题。近年来出现电弧炉用铁水混合废钢炼钢，得到了一些好的效果，但也出现了一些新的负面现象，如烟气中CO浓度大大提高，这又给电弧炉炼钢带来了新的污染治理任务和能源浪费现象。

为克服上述问题，国内近年来开始开发了一些新技术和一些新的技术路线，具备了开始进行大规模研发的基础。

还有一些钢铁工业的主体装备，如焦化炉、高炉、加热炉和热处理炉等，都具有开发新一代装备的需要和潜力，需要组织力量集中研发。

钢铁工业新一代主体装备的开发是中国钢铁工业的一个很好的机遇，是一个很好的经济增长点，是中国钢铁技术和装备走向世界的抓手，是将中国钢铁绿色化的源头治理技术，也是中国由钢铁大国变为钢铁强国的一个很好的展示点。要集中人力、物力、财力加快推进。

6.5 高球团比高炉炼铁工艺和技术研究

在钢铁冶炼流程中，矿山开采的低品位铁矿石需要经过选矿富集成铁矿精粉，然后经过球团、烧结造块才能进入高炉冶炼。亚洲国家以高比例烧结矿冶炼为主，而欧美等西方国家以高比例球团矿冶炼为主。高比例球团矿冶炼具有明显优势，在造块环节球团比烧结工序能耗低20～30kgce/t，烟气量比烧结矿低

30%~50%，在相同排放浓度情况下，球团工序排放到大气中的污染物总量比烧结矿低30%~50%，环保治理设备运行费用仅是烧结工序的50%左右。而球团焙烧温度低，产生的SO_2、NO_x、二噁英等污染物比烧结更低。因此，发展高比例球团矿高炉炼铁工艺和技术研究将是实现钢铁工业源头和过程减排的主要方式，是降低造块工序污染物排放总量的必然途径。

以链箅机-回转窑和带式焙烧机造球工序为例，生球逐渐经过干燥、预热、焙烧、冷却等过程，各段高温烟气能够循环利用，并且在封闭空间内完成温度交换及焙烧，因此与在开放空间完成的烧结焙烧工艺相比，球团工序能耗大幅降低工序能耗。通过对各段循环烟气进行优化，合理匹配热工参数，还能进一步降低球团工序能耗。另外提高球团矿冶金性能，开发新型球团，能够在减少污染物生成量的同时为高炉提供适于高比例球团冶炼的优质冶金原料，也将是造块工艺发展的方向。

对于高比例球团冶炼而言，以欧洲SSAB公司全球团冶炼为例，渣量低于200kg/t，燃料比460kg/t左右，具有明显的低碳冶炼优势。球团矿呈规则的球形，具有良好的滚动性，在高炉布料过程会对中心和边缘气流进行压制，因此需要对使用高比例球团矿的布料制度进行调整。另外，球团矿的软化熔滴温度区间与高碱度烧结矿相比有很大差距，造成高炉软熔带位置和厚度出现变化，因此需要针对高比例球团矿冶炼的操作制度进行调整，必要时需要对高比例球团冶炼的高炉炉型进行调整，来延长高炉炉衬使用寿命。

河钢集团在国内高硅矿粉基础上，在链箅机-回转窑氧化球团装备上开发出低排放熔剂性球团焙烧技术。获得了焙烧温度-球团强度和燃烧温度-热力型氮氧化物生成的最佳平衡点，研发了镁质熔剂性球团低熔点液相适宜比例控制技术、过程抑制硫硝生成技术，克服了回转窑结圈、开发出了防爆裂技术，球团焙烧温度降低60℃，煤耗比酸性球团降低2kg/t，烟气SO_2生成量降低18.4%，SO_2生成量比烧结矿降低74.3%，NO_x生成量比烧结矿降低53.2%。在国内实现80%比例球团高炉的工业生产，燃料比降低11kg/t。

6.6　烧结烟气过程固硫、固硝技术

钢铁工业污染最重的工序是烧结烟气和焦化废水，目前烧结烟气治理已经要求达到国家规定的超低排放标准（粉尘10mg/m^3，SO_2 35mg/m^3，NO_x 50mg/m^3），这是历史上最严厉的环保标准，比发达国家同类排放要求还要严格。

目前中国钢铁工业污染物治理方法存在的最大问题是仅仅采取末端治理的方法。实践已经在证明，此路越走越难，成本越来越高，急需考虑新的污染物治理方法。我国经过多年的探讨证明，以下3条路径同时考虑，是一条科学的减排方法：

（1）源头治理（过程前治理）——低投入；

（2）过程治理（过程中治理）——中投入；

（3）末端治理（过程后处理）——高投入。

其中“过程治理”就是在烧结过程中采取：

（1）不让污染物（SO_2 和 NO_x）产生的方法，即在烧结过程中在原料配方中考虑抑制污染物 SO_2 和 NO_x 产生的方法。

（2）近源消除污染物，在烧结料层中的颗粒周围施加消除污染物的方法，将已经出现在颗粒周围的 SO_2 和 NO_x 反应掉，使污染物不会在烟气中出现，或在烟气中很少出现，达到烟气减排的目的。

北京科技大学开展了烧结过程抑制 SO_2 和 NO_x 的研究，实验室研究结果表明：通过添加少量廉价固硫固硝剂和调整烧结操作参数，可以实现固硫 70%和固硝 30%或固硝 60%和固硫 30%的效果。这个结果和中国台湾中钢用尿素在烧结机料层中的试验结果相似。

类似的技术可以考虑在工业规模的烧结机上进行规模试验，尽快推广。

该技术是对已经有除尘-脱硫-脱硝设备的烧结机实施进一步超低排放改造的好方法，主要好处是无需投资增设额外的环保设备，只要在原料和烧结操作参数上采取一些措施即可。

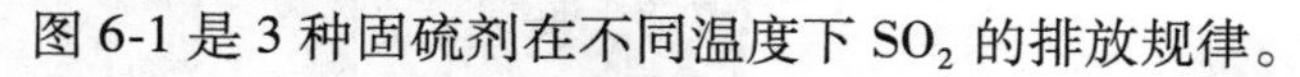
图 6-1 是 3 种固硫剂在不同温度下 SO_2 的排放规律。

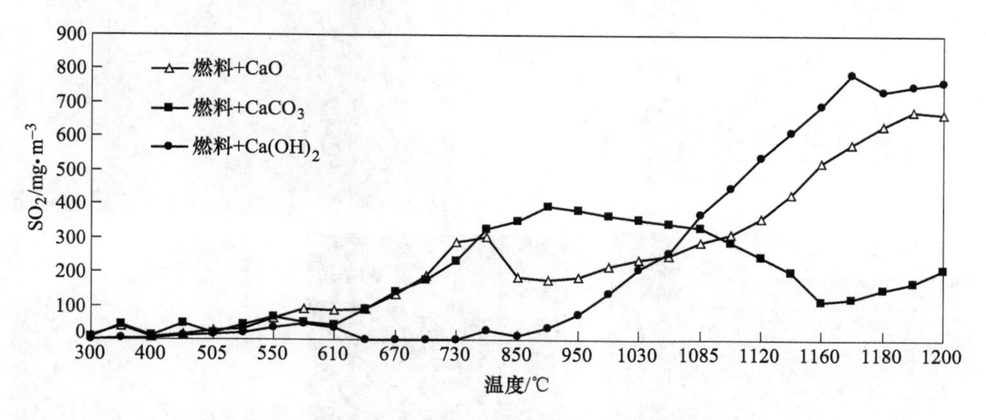

图 6-1　3 种固硫剂在不同温度下 SO_2 的排放规律

6.7　固废的高温、中温和低温制备技术

固废的利用途径有两种：

（1）高附加值利用；

（2）大宗利用（规模化利用）。

第（1）种经济效益好，但消纳量有限，适合于数量少、危害大的固废或危废；第（2）种消纳量大，但经济效益差些，适合于消除历史堆积或日常生产量大的固废，需要政策支持。

从技术上讲，固废利用有3种工艺：

（1）高温处理（制备）工艺；

（2）中温处理（制备）工艺；

（3）低温处理（制备）工艺。

高温处理工艺：在国家“十一五”和“十二五”科技项目的支持下，目前已经利用钢铁固废制备出了性能达标的各种陶瓷产品、微晶产品、陶粒产品、透水砖等高附加值产品，也有附加值偏低的一般建筑用砖、砌块和建筑原料等。研究中还提出了新的理论体系——硅钙系陶瓷的技术体系，突破了传统陶瓷对氧化钙、氧化铁含量限制，开发出了比传统陶瓷性能更优异的产品。另外，新产品还能有效固溶废弃物中的重金属离子，实现了利用固废输出绿色陶瓷的目标。

图6-2是利用冶金渣和其他工业固废协同制备的部分陶瓷、透水砖、烧结板材、发泡陶瓷、陶粒、砖和瓦等。

图6-2 冶金渣和其他工业固废协同制备的部分陶瓷、透水砖、发泡陶瓷、陶粒产品

中温处理工艺的固废产品有加汽砖、加汽砌块和中温工艺的地聚物产品等。

低温处理工艺大多指常温工艺，其固废产品有水泥原料、固废压制产品、大多数地聚物产品等。

特别要提到的是工业固体废弃物利用地质聚合物方法开发的固废产品，近来得到了越来越多的关注和应用，它最大的好处是不用提高温度的能源，减少了能耗成本和污染物的排放，已经出现了越来越多的成果。

Davidovits 于 20 世纪 70 年代首次提出地质聚合物的概念，并以无机铝硅酸盐天然矿物或固体废弃物为原材料，在化学激发剂条件下制备了性能优异的三维网状胶凝体。矿渣微粉掺入粉煤灰基地质聚合物混凝土中，高碱性环境下其潜在火山灰活性易被激发，提高了水泥混凝土的早期强度。利用矿渣微粉的粒度细、火山灰活性高的优点，将矿渣微粉掺入地质聚合物混凝土中，矿渣微粉一方面作为细填料，填满孔隙；另一方面也增强了总胶凝材料的胶凝性，减小了地质聚合物混凝土的孔隙率，大幅提高了地质聚合物混凝土的抗压强度、耐久性以及抗海水侵蚀的能力。因此，矿渣微粉的添加可有效提高地质聚合物混凝土的早期抗压强度，改善耐久性及抗酸碱特性。与传统混凝土相比，地质聚合物混凝土的广泛使用可以促进工业固体废物的绿色循环化，大幅降低环境污染以及能源与资源的浪费。

6.8 危险废弃物的无害化、资源化技术和产品

钢铁工业的危废数量已经变得越来越多，国家对危废的治理要求也越来越高，危废不处理已经到了触犯法律的程度。钢铁工业危废种类多，例如不锈钢酸洗污泥污水、烧结烟气环保系统的废弃活性炭、脱硝的废弃催化剂、部分浓缩污水、部分地区烧结烟气脱硫石膏等。

危废处理方法通常有化学法和物理法两种，需要根据危废的特点和成分对症施策。由于危废种类很多，不能一一详述，下面仅以钢铁工业不锈钢酸洗污泥为例介绍北京科技大学的无害化和资源化技术。

国家最新环保政策和标准要求，针对不锈钢酸洗污泥含有 6 价铬、残余酸、恶臭和较多水的特点，开发了天然气危废和固废多功能熔融炉，既可以单独完成危废的无害化，也可以同时完成无害化、资源化和除臭 3 个过程。目前已经在南方建成了工业化装置。该装置先将不锈钢酸洗污泥根据最终产品对成分的要求进行调质，完成配方设计，然后造块入炉，利用天然气的高温环境，将入炉料熔化到工艺要求的温度，并力图将其中剧毒的 6 价铬还原为无毒的 3 价铬，熔渣出炉后用快冷的方法，将熔渣快冷成含有大量玻璃相的颗粒产品（当地要求：只要产品中玻璃相大于 85%，就认为无害化过程已经完成，达到标准），此时可以将无害化后的颗粒渣产品供给水泥做原料；也可以将熔渣通入离心高速机，将熔渣纤维化，并通过生产线将纤维制成各种形状的防火、保温和防水的无机纤维产品。污泥的恶臭通过系统的高温环境分解除臭。更重要的是，该熔融炉系统还需要完

备的烟气和自身固废的环保子系统，如具有两级除尘、脱硫、脱硝、源头消除二噁英和减少 NO_x 的功能。该技术已经开始在国内推广。

6.9 废水处理新方法

中国钢铁工业污水的处理，主要采取分散源的集中处理（除焦化废水单独处理外），采用这种方法的长期实践结果使环保人深深地体会到，这种看似简单化的污水处理方法，却给混合污水处理带来了很多困难，如污水流量变化大、污水成分波动大，这些波动给污水成分在线检测系统和加药系统增加了很多困难，使混合污水无法精准处理和达标，结果是要么排放超标、要么成本太高。

根据 2016 年德国钢铁工业环保代表团的介绍，他们不是采用集中处理污水的办法，而是采用污水分治的办法，即在污水的源头对其进行处理，那样的污水成分、流量和温度等都相对稳定和易于处理。

建议中国钢铁工业学习德国钢铁工业的做法，逐步将全厂污水集中处理，改为分散源分别处理的方法。

6.10 废弃耐火材料的回收利用技术

冶金企业废弃耐材的回收利用，一直是国内外冶金行业科技工作者研究和探索的重点。在钢铁企业中，耐火材料的消耗与钢铁产量的比例大约在 10~30kg/t。以往这些用后的残存耐火材料都被作为工业废弃物处理，这不仅加重了企业的经济负担，而且更重要的是浪费了可利用的资源，增加了社会的环境负担。国内外废弃耐火材料利用的主要途径是将废弃耐火材料的一部分作为耐火材料的再生料使用，用于生产耐火材料，其余的一部分作为修路的材料利用，还有一部分作为工业垃圾废弃物填埋处理。国外发达国家废弃耐火材料的回收利用率最高为 80%，国内的废弃耐火材料的回收利用率不足 30%，国家工信部 2013 年发布的《工业和信息化部关于促进耐火材料产业健康可持续发展的若干意见》中，期望到 2020 年，中国冶金行业使用后废弃耐火材料的回收再利用率高于 75%。

6.10.1 国外冶金废弃耐火材料综合利用的研究进展

国外对冶金废弃耐火材料的综合利用都很重视，发达国家很早就对冶金废弃耐火材料的开发利用进行了深入的研究并取得了丰硕的成果。欧洲[3]目前利用废弃耐火材料量为人均 1.2kg，有 82%的废旧耐火材料已经得到利用；日本[4]钢铁工业用的耐火材料主要用作造渣剂和型砂的替代物；新日铁开发出用废料生产连铸用出水口的生产方法；鹿岛钢铁厂研究了滑板的再利用工艺[5]，使修复后的滑板使用寿命与新滑板一样；大同制钢公司废旧耐火材料的利用率达到 58%；法国[7] Valoref 公司在 1987 年成立投产了第一家废弃耐火材料综合回收利用的欧洲工厂，专门做全球废弃的耐火材料生意，Valoref 公司发明了很多废弃耐火材料的再生利用方法和一种最佳回收利用拆炉法，这种方法称为选择拆炉法，这要重新调用原来砌炉使用的技术规格；意大利 Officine Meccaniche di Ponzano Venetto[7] 公司开发出一种回收及利用钢铁用后废弃耐火材料的方法，此方法主要用于回收各种炉子、中间包、铸锭模和钢包内衬的耐火材料，并将所回收的耐火材料直接喷吹入炉以保护炉壁。

6.10.2 我国近年来废弃耐火材料再生利用

6.10.2.1 废弃镁铬砖的再生利用

镁铬砖是以 MgO 和 Cr_2O_3 为主要成分，具有耐火度高，高温强度大，抗碱性渣侵蚀性强，抗热震稳定性优良，对酸性渣也有一定的适应性及低的热导率、合理的性价比等诸多优点，因此广泛应用在大型水泥回转窑烧成带上和平炉炉顶、电炉炉顶、炉外精炼炉以及各种有色金属冶炼炉等冶金工业。但用后的废镁铬砖内铬对人体有害，且造成地下水污染等问题。目前，一方面，这种废镁铬砖质量较好，具有较好的回收利用价值；另一方面，这种镁铬砖在短期内还无法被取代。因此，对这种用后废镁铬砖的再利用也成为近年来研究的热点。

6.10.2.2 废弃镁碳砖的再生利用

镁碳砖是以 MgO 和 C 为主要成分，其中 $w(MgO)=60\%\sim90\%$，$w(C)=10\%\sim40\%$。镁碳砖具有优良的抗渣侵蚀性、熔渣渗透性、抗热震性和导热性，镁碳砖应用广泛，主要是转炉炉衬、出钢口、高功率电炉炉墙热点部位、精炼炉内衬等。

实际生产中镁碳砖主要是在高温条件下与钢液钢渣接触受到侵蚀，进而发生化学反应。主要是，MgO-C 砖中含有的金属铝粉和硅粉会与碳发生氧化还原反应，产生 Al_4C_3 和 SiC。在高温下，Al_4C_3 会与结合剂产生的水发生如下反应：$Al_4C_3+12H_2O=4Al(OH)_3+3CH_4\uparrow$，该反应产生 CH_4 气体，同时反应生成的固体体积也增大了 1.65 倍，导致再生制品出现膨胀、开裂的现象。为解决此问题，国内冯慧俊等[8]做了很多研究：用高温化学反应的方法，在特定的技术条件下，以二次颗粒为主要原料，添加部分新原料，制备出了新的 MgO-C 砖，该产品使用 82 炉后，未出现剥落、开裂和异常熔损等现象，其使用中的表现、使用寿命和用后残厚均与现行的镁碳砖无差别，其使用性能已达到宝钢炼钢厂正常使用镁碳砖的水平，能满足多种精炼工况条件下大型钢包对上渣线的要求。

6.10.2.3 废弃铝镁碳砖的再生利用

铝镁碳砖是以 Al_2O_3、MgO 和 C 为主要成分的含碳耐火材料，其中 $w(Al_2O_3)=60\%\sim69\%$，$w(MgO)=7\%\sim14\%$，$w(C)=5\%\sim12\%$。铝镁碳砖具有较好的抗渣侵蚀性和抗热震性。为提高其抗氧化性，常在配料时加入适当添加剂，如 Si 粉、

Al 粉、SiC 粉或硅铁粉等。铝镁碳砖广泛应用于大型转炉和超高功率电炉钢包衬和炉外精炼炉衬等。

国内在这方面做了大量研究，其中，王义龙等[9]以用后钢包内衬废铝镁碳砖替代部分高铝矾土熟料和棕刚玉，再配以 SiC、球沥青、铝酸盐水泥等，制备出 Al_2O_3-SiC-C 质浇注料。在这种浇注料体系中，对废铝镁碳砖加入量进行研究，王义龙等得出的研究结果表明：随用后废铝镁碳砖加入量的增加，试样经过 1000℃和 1400℃热处理后的显气孔率增大，常温抗折强度和耐压强度减小，高温抗折强度下降，抗钢渣侵蚀能力降低。

6.10.2.4 废弃鱼雷罐耐材的再生利用

鱼雷罐耐材应具有很高的耐渣铁侵蚀性、抗冲刷性、抗氧化性等特点。实际生产中对耐材的要求很高。在这方面袁海燕[10]做了大量研究，其研究表明：随着废鱼雷罐衬砖加入量的增加，试样的显气孔率增大，体积密度逐渐减小，抗渣性能变化不明显。常温耐压强度下降，但是符合标准，能满足鱼雷罐衬砖的使用。综合考虑，当加入量 w(废鱼雷罐衬砖) = 15% ~ 30%时，再生制品的性能完全符合生产要求。

6.10.2.5 废弃滑板砖的再生利用

滑板砖的再利用方面国内研究较多，彭耐[11]做了大量研究工作，其研究成果表明：随着 3 ~ 1mm 滑板再生料加入量的增加，试样经过 200℃、1000℃和 1500℃热处理后的显气孔率、常温抗折强度和耐压强度均呈现先增大后减小的规律，体积密度相差不大。当不同粒度废滑板料加入量为 w(3 ~ 1mm) = 45%、w(1 ~ 0mm) = 20%、w(<0.088mm) = 35%时，试样达到最紧密堆积，试样颗粒级配较为合理。此时，试样的显气孔率和线膨胀率最小，常温抗折强度和耐压强度最大。

6.11 大数据精准获取、处理和智能化控制技术

6.11.1 大数据的概念和价值

大数据，广义上看包含了数据的数量及其处理速度。21 世纪是数据信息大发展的时代，数据已成为最重要的经营资源，大数据已经渗透到各个行业和业务职能领域，成为重要的生产因素，为社会经济活动提供决策依据，提高各个领域的运行效率，提升整个社会经济的集约化程度。近年来在钢铁行业，随着 ERP、MES 及自动控制等系统推广应用，大数据将在生产、流通等方面发挥巨大作用，为提高采购、销售、管理、服务等效率和质量提供有力支撑[12]。钢铁产业的国际化发展，带动了大数据突飞猛进，同时大数据的处理和分析又促进钢铁产业的发展。

大数据的基础分为用户数据、成本数据、生产制造数据和物流数据。企业的成本从两个领域来：第一个领域是提供服务给大众数据的应用，例如物联网行业；第二个领域是应用大数据，需要企业自主地发现数据之中的价值。未来企业的主要的创新和竞争因素即是大数据，经过分析的大数据将成为具有不可估量价值的信息[13]。此外，大数据在推动社会和思维变革方面也起着不可替代的作用，如构建绿色钢厂、智慧城市等方面的决策导向作用，以及钢铁产业发展规划需要掌握的经济、交通、人口等信息资源，还有在网络方面，可以加强网络安全并创造无限的商机。

制造业向智能化转型将加速工业大数据时代的到来。近年来，钢铁企业把信息化、自动化投入保持在较高水平，在过程控制系统的应用方面处于工业领域的前列。据统计，到 2018 年约 80%企业其生产线的 MES 覆盖率达到 70%以上，尤其是炼钢和热轧生产线上的覆盖率达到 80%以上，这些系统 80%以上具备了作业调度计划编制、生产实绩收集、质量设计判定及跟踪、物料跟踪和制品库存管理等功能，能够进行设备运行监视和工序成本的实时监视的系统也在 60%左右[14]。

国家要求发展工业大数据，要推动大数据在工业研发设计、生产制造、经营管理、市场营销、销售服务等产品全生命周期、产业链全流程各环节的应用，提升产品附加值，打造智能工厂。大数据的发展将有利于钢铁行业实现从工厂生产到个性化定制的衔接，在物联网、生产制造的无人值守、设备供应商的远程诊断等基础建设方面，可以通过大数据来推进，实现行业的进一步转型升级。工业大数据的本质是实现贯穿企业设备层、控制层、管理层等不同层面的纵向数据集成，从产品全生命周期的端到端的数据集成，以及跨企业价值网络的横向数据集成，规范化是确保实现全方位数据集成的关键途径。钢铁大数据是一个庞大复杂的系统，信息系统、生产制造系统、自动化系统在产品的设计、生产、物流、销售、服务全生命周期中要协同互动，这就需要协商一致的标准作为保障。

首先是安全要求。大数据系统的安全不仅涉及生产操作环节，而且还关联到由此延伸的通信网络环节，因此，研究并出台相应的工业 IT 系统的安全策略、架构和标准，保护制造企业的生产系统的安全、数据安全，提升系统的紧密性、完整性和有效性。

其次是组织保证和人才要求。钢铁企业不但需要拥有具备挖掘大数据价值的技术人员，同时需要构建适当的工作流程和激励措施来优化大数据的使用。同时，不同部门产生的数据能够集成、交互共享，打破信息“孤岛”现象，也需要相应的组织体系变革。

6.11.2 钢铁工业大数据应用

发达国家的一流企业高度关注大数据及其商业价值，率先进入了大数据经营时代，利用大数据创造了超前的市场机会，以其他企业难以企及的速度和力度提升管理效率和经营效益。反之，因不能有效运用好大数据管理，更多企业会丧失竞争力乃至走向破产倒闭的边缘[15]。为此，中国钢铁企业必须认真研究大数据的特性、大数据流动的规律及其商业价值。从企业现有的经营状况和管理体系出发，探讨如何利用大数据进行精准的量化分析和价值。

6.11.2.1 大数据平台建立的原则和特点

钢铁企业大数据平台建设原则是：

（1）扩展性原则，通过对钢铁企业大数据平台建设状况的分析，其扩展性原则具有较强的适应性特点，结合相关内容，可以充分满足企业运行的基本需求。

（2）价值性原则，在模块设计中，需要结合模块化的项目设计特点，进行业务生成平台的构建，保证钢铁企业大数据平台设计的价值性。

（3）先进性原则，在钢铁企业运行以及发展中，应该结合先进性理念，进行设计思想、系统构建以及技术的运用，这些技术使用中具有一定先进性、前瞻性的特点。因此，通过这些设计内容的运用，可以满足钢铁企业的发展需要[16]。

构建的大数据平台其特点是：

（1）在数据中，通过大数据处理任务的明确，可以实现硬件资源的充分利用，而且可以缩短项目的处理时间，节约钢铁企业的运行成本。

（2）在多层分布式缓存技术使用中，通过平台信息资源的更新，可以实现对大数据资源的处理，提高数据项目设计的整体价值。

（3）在云计算服务系统设计中，通过大数据处理，可以提升钢铁行业的运行价值。

（4）在管理技术运用中，可以结合数据储存的特点，将数据进行灵活性的更新，保护数据收集价值性。

6.11.2.2 大数据技术在物流成本管理中的应用

钢铁企业的物流数据呈不断增长趋势，必然要求企业的数据存储与处理朝着大数据方向发展。大数据具有数据量大且潜在数据价值也大、采集数据及时、处理数据快速高效等特点，有利于企业快速做出决策，及时有效控制物流活动。钢铁企业物流成本占比较高，运输成本及仓储成本居高不下，而且物流成本核算制度不健全，大大阻碍了物流成本管理的实施。企业在大数据背景下构建物流信息平台，使得信息能够完整地存储下来，实现信息与相关要素无缝连接和共享[17]。大数据从海量的数据中提取出更有价值的信息，提升了决策效率和准确性，从而提高物流效率，降低成本。

钢铁企业要有效地控制企业的物流成本，必须及时获得正确的物流成本数据，这就需要在现有核算方法中寻求最适合的方法。目前物流成本核算存在核算方法不统一、核算结果不准确等问题。大数据技术可以实现大量数据存储和有效数据的挖掘，通过构建大数据背景下物流信息平台，促进企业物流数据及时获取与共享，提高物流决策的效率和准确性。大数据下的信息平台能够解决作业成本法在实施过程中的难题，为钢铁企业在物流管理与核算实践中提出新的指导建议和思路。

6.11.2.3 大数据技术在生产能源管控中的应用

钢铁生产过程中一、二次能源种类多，结构复杂，传统的能源管理模式缺乏层次性、动态性和全局性，造成能源管理过程的多头化、粗放化现象，管理效率低。目前，中国钢铁工业仍有一批应淘汰的落后技术装备在生产，能源管理系统也只停留在基础级，钢铁产业总体能耗还偏高。另外，在能源、环保方面存在劣势，这些劣势在一定时间内难以改变。

近两年随着云计算、大数据、物联网新型传感计算的发展，以及对多能源预测和动态平衡技术的研究深入，逐渐形成了以能量流网络、能源动态预测和平衡及大数据分析决策为主的智能信息化处理模式。现代化能源管理的核心要义是以生产数据驱动为基础，构建一种能源生产、能源消费与能源管理合一的管理模式。其中，建设能源管理中心是“集中一贯制能源管理模式”实现的前提[18]。能源大数据分析决策则是充分利用能源管理中心资源、实现能源系统安全稳定经济运行的关键，在能源管理模式优化中，考虑能源管理的全局性、动态性和科学性，可以从推进用能结构的优化、促进能源的梯级利用、实现节能量化管理、建设基于数据驱动的先进能源管理信息系统、实现系统整体节能等方面入手，形成支撑企业整体用能的科学管理。

一方面，企业需加快工艺装备的大型化、现代化过程，促进源头减量化生产和过程清洁化生产，推进结构调整和淘汰落后装备，如推进高炉大型化，采用连续铸钢工艺等，来实现过程节能；另一方面，实现企业生产过程中从长流程转变为短流程，推动用能结构调整，科学合理配置各类能源。现代能源管理中心，需借助大数据、云计算及先进传感技术，进行全局能源数据信息的收集、分析、使用和决策，从而达到优化和节能的目标。现代钢铁企业的先进能源管理是对全流程的能源生产、消费和管理的优化与控制，根据市场和企业资源计划形成生产计划和生产决策，然后由制造执行系统分解到各生产工艺和岗位上实施[19]。

宝钢是中国率先推出能源集中管理理念的企业，其能源管理中心已经成为大中型钢铁企业实施管理改革的标杆。唐钢能源管理中心的运行实现了能源的可视化管理、能源消耗预警、批次能源成本控制。邯钢能源管理中心的建立，推进了生产调度模式的转变，建立了标准化的作业模式，实现了能源的相对平衡。可见，中国重点钢铁企业在能源管控方面取得了较为明显的成效，但依然存在缺乏层次性、动态性和全局性的问题。为此，钢铁企业能源管理中心职能部门需要从企业全局出发，在宏观、中观、微观角度做好全方位的能源统筹管理，通过能源信息化系统辅助，形成能量流、物质流、信息流高度协调统一。

6.11.2.4 大数据技术在全产线质量控制中的应用

近年来结合大数据分析技术，通过构建基于大数据技术的全产线质量控制系统对海量的相关因素数据进行分析，从而获得可靠、有效的质量控制模型，进而指导产品生产，无疑是破解长期困扰各大钢企产品质量控制难题的最优方法。

目前钢铁产品质量控制存在的问题有：海量数据无法有效存储；上下游产线之间无法信息共享；质量数据无法产生大量经济价值。通过采用大数据技术，使用多台物理服务器，构建整个系统的数据存储、计算模块。

通过搭建分布式文件系统，在提供海量数据存储的同时，大数据存储分析模块还通过构建并行计算框架以及分布式数据库为整个系统提供高速的数据处理能力。从采集模块汇集而来的全产线质量数据，首先经过检测模块对其进行分类处理，根据不同产线、不同数据属性，通过与元数据的简单比对保存至大数据存储计算模块的分布数据库中。分析模块首先根据分析模型，确定需要分析的数据在大数据存储计算模块内的分布式文件系统上的存储节点位置，之后使用并行计算框架将需要进行计算的模型进行并行化分解，将分解后计算作业调度至需要计算的数据所存储的节点上，通过分布在不同物理服务器上的存储计算节点，调用服务器本地 CPU、内存、硬盘等资源，对保存在服务器本地的数据进行高速运算。经过分析模块处理的数据，适配到正确的后序加工产线，之后通过消息队列发送至后序产线，对后序产线的加工参数、加工工艺进行调整，以达到纠正缺陷、提高质量、提升成材率的效果[20]。

整个系统的数据分析、协同调度等均依赖于元数据管理模块中的元数据。各种质量缺陷基本数据、工艺指导参数等都存储在该模块中，其他各个模块通过对该模块的调用，实现全产线级别的质量统一全程计算。由于采用了统一的质量参数管理方式，为工艺技术优化、新产品研发提供了更加全面的数据支撑，职工操作更加精细规范，各工序过程的质量波动逐渐减少，有效保证了终端产品质量的稳定性，加速了产品结构调整向高端产品推进的进程，缩短了产品研发周期，大幅度降低了产品不良率，提高了用户体验感受。

6.11.2.5 大数据技术在安全监控管理中的应用

数字安全监控管理平台采用基于大数据开源架构，通过集群及节点的分布式部署，使数据存储于多个节点，利用节点分布式计算架构，并行进行数据的分析计算，从而有效解决了钢铁企业海量生产安全数据在传统集中存储模式下前期投入空置资源较多、而后期扩展需求不定的问题。

系统能够动态扩展部署、在线升级，同时保持原有系统架构及设备平滑过渡，极大提升了生产安全数据（工业电视/安防视频、设备运行监控、消防设备运行、环境监测等数据）读写的效率，挖掘出生产安全价值信息进行分析，为当前流行的预防型和精细化安全管理模式提供科学、有效的安全危险因素和隐患分析，并为安全管理人员提供提前预防或消除事故隐患。

数字安全监控管理平台架构以节点作为管理核心，其上运行多个后台服务，负责客户端服务的请求响应及反馈。采集的安全数据分布保存在分布式文件系统集群节点内，通过建立访问的索引对分布存储在不同节点的安全数据进行分解，以就近进行分析、计算。多个数据节点可以并行进行计算分析，然后将结果汇总，存储或者反馈给客户端。数字安全监控管理平台主要包括信息采集、信息传输、数据转发与存储、智能安全预警和环境评测、信息检索查询显示等部分。

在“互联网+”的强力推动下，互联网技术与制造业融合不断深化，同时也为钢铁业带来了新的契机。作为安全环保监控大户的钢铁企业以及各级安全监管部门，面对钢铁行业“三低一高”，即低增长、低效益、低价格，以及环保治理保持高压态势的新常态，应抢占先机，加速推进基于大数据技术的钢铁数字安全监控管理平台的建设，有效提升钢铁安全环保管理信息化水平，实现对安全生产的实时、远程和全方位综合监管，从而增强钢铁企业的安全保障、应急救援能力，有效防范和遏制安全事故发生，促进钢铁行业持续安全、稳定、健康发展。

6.11.3 大数据技术带来的思考

对于大数据给全球经济发展带来的全新机遇和重大变革，目前仍有少数钢铁企业没有足够的认识，这方面的主要问题有：

（1）绝大部分钢铁企业整体上对信息革命和数字化浪潮不够敏感，其主导的经营体系和管理机制还停留在以往的工业制造时代，没有及时收集和掌握本行业及相关行业的实时数据，在本企业内部也没有实现充分的知识共享和信息流动，更谈不上有效利用大数据来为企业提升管理、优化流程、创造效益。

（2）近些年来企业规模扩张、产业拓展动作很大，一些优秀企业已成为跨行业、跨所有制、跨地区乃至跨国经营的巨型企业集团，但其管理体系并没有实现由单一企业简单管理模式进化到规范的大企业集团多元管理体系，对下属部门管控能力弱。

（3）钢铁企业大多是传统的大规模工业制造企业，内部生产经营存在着自成体系、封闭运行现象，与市场和客户不论是在时间上还是在空间上的对接很不严密，在漫长的生产经营流程中价值大量流失、工作效率低下、重复布局及资源浪费严重，很大程度上就在于缺少对于大数据的有效收集、分析和处理。

（4）钢铁企业在发展的过程中投资决策和生产经营模式没有很好的统一性，导致全行业同质化竞争越来越严重，其中一个重要原因就是缺乏也不重视包括资源保证、市场动态、需求信息、政策走向等在内的大数据，结果重复建设、重复投资，导致产线日益趋同、产能严重过剩[21]。

进入大数据时代，对钢铁产业的结构调整、质量提升及社会价值等方面，都带来新理念和新思维，需要钢铁企业高度重视，并大力推进大数据在生产、营销、服务等领域的应用，进而让大数据创造大价值，推动钢铁产业发展，助力实现钢铁强国梦。大环境下钢铁产业的发展速度不容忽视，但同时它也面临相当严峻的挑战。

（1）缺乏创新环境。一直以来，钢铁产业都在国家政策指导下，围绕产业升级和产品提升，做了大量工作。但是，缺乏对创新工作的重视，淡化创新人才的引进，技术创新型人才和复合型人才仍是稀缺，在大数据的应用方面与发达国家相比，还有较大的差距。

（2）信息环境急需改进。钢铁产业属于传统产业，信息化进程起步晚、进步慢，很多设备自动化程度不高，对于数据采集、整理和使用带来了极大不便。此外，在数据的使用、存储等方面的制度有待完善。

（3）产学研需要深度融合。钢铁产业的现有研发能力有限，很多技术创新都依托钢铁院校的研发力量。目前，与钢铁企业的产、学、研合作不够紧密，缺乏有效的利益机制相连，钢铁产业与信息产业融合的进程有待进一步加快。

总而言之，在钢铁企业大数据平台构建的过程中，应该结合大数据平台设计的特点，进行资源项目设计的开发以及运用，满足数据资源管理的价值性，为大数据工程项目的设计提供支持。通常情况下，在大数据服务平台创设中，应该结合数据开发、资源共享以及数据管理理念创新等，进行服务的创新，展现钢铁企业运行以及发展的价值性，满足大数据资源管理的基本需求。

6.12　其他绿色制造技术和方法

其他绿色制造技术和方法主要包括：

（1）简化钢铁流程。

（2）钢铁工业主流程中的装备重要参数的在线和离线测试技术。目的是为钢铁工业主流程中的主体反应器大数据精准获取、处理和智能化控制，使钢铁主工序主体装备冶炼水平和产品质量稳定性得到提高。案例：德国已经有人开始推进高技术在转炉上的应用。

（3）钢铁工业主流程工艺、装备、污染物排放和控制、装备和流程能耗主要参数的智能化控制（如煤气的动态监测和优化分配等）。

参 考 文 献

［1］曹朝真，张福明，毛庆武．低碳炼铁技术的发展路径探讨［C］．中国金属学会，2017.

[2] 徐匡迪．低碳经济与钢铁工业［J］．钢铁，2004，45（3）：1-12.
[3] 杨富廷，陈力军，董和梅．莱钢固体废弃物综合利用现状与对策［J］．山东冶金，2008，30（5）：12-14.
[4] 田守信．用后耐火材料的再生利用［J］．耐火材料，2002，36（6）：339-341.
[5] 王晓峰．滑板砖再利用工艺的进展［J］．国外耐火材料，1997（8）：16-21.
[6] 王成．废弃耐火材料的再生利用［J］．江苏冶金，2003，31（6）：56-57.
[7] 齐晓青，等．冶金废弃耐火综合利用的研究进展［C］．中国金属学会．2007 年中国钢铁年会论文集．北京：冶金工业出版社，2007.
[8] 冯慧俊，田守信．宝钢用后废弃 MgO-C 砖的再生利用［J］．宝钢技术，2006（1）：17-19，51.
[9] 王义龙，卜景龙，王榕林，等．役后铝镁碳砖再生料应用于 Al_2O_3-SiC-C 质浇注料［J］．河北理工大学学报（自然科学版），2010，32（4）：98-102.
[10] 袁海燕．鱼雷罐衬砖的回收和利用［J］．本钢技术，2011（3）：26-28.
[11] 彭耐．滑板再生料制备铁水罐内衬用耐火材料［D］．武汉：武汉科技大学，2011.
[12] 黄育德．大数据与钢铁企业生产力提升［J］．经济研究参考，2014（10）：49-52.
[13] 孙亚宁．大数据技术在钢铁行业的研究与应用［J］．数字化用户，2017（6）：90.
[14] 李晓东．云计算大数据在钢企的现状及应用探索［J］．中国金属通报，2018（4）：158，160.
[15] 孟维伟．大数据时代钢铁产业经济发展模式探究［J］．青年时代，2018（29）：278，280.
[16] 李建军．钢铁企业大数据平台的开发及应用［J］．自动化应用，2018（9）：63-64.
[17] 罗欢．大数据背景下钢铁企业物流成本管理研究［D］．湖北：武汉科技大学，2018.
[18] 徐雪松，杨胜杰．大数据背景下中国钢铁生产能源管控路径优化研究［J］．工业技术经济，2017，36（1）：32-40.
[19] 王凯茹，王磊．基于大数据技术的钢铁全产线质量控制系统［J］．冶金自动化，2015，S1：367-369.
[20] 周晓舸，姚文英．基于大数据的钢铁数字安全监控管理平台设计［J］．有色冶金设计与研究，2015，36（3）：48-50.
[21] 苏天森．钢铁行业绿色发展的若干问题探讨［C］．2014 京津冀钢铁业清洁生产、环境保护交流会论文集．中国金属学会，2014.

7 钢铁制造流程优化及生命周期评价

7.1 钢铁制造流程的本质与固有特点

流程指在工业生产条件下由不同工序、不同设备所组成的制造过程，是一个整体集成系统中由一系列相关的异质、异构过程动态集成起来的、有结构的复杂过程，是由流、流程网络和流程运行程序（包括工序功能、工序关系和运行策略）所构成的。

流程制造业指原料经过一系列以改变其物理、化学性质为目的的加工-变性处理，获得具有特定物理、化学性质或特定用途产品的工业。流程制造业在突出其物料流在工艺过程中不断进行加工-变性、变形的特点时，可称为流程工业。

流程工业的特征是由各种原料组成的物质流在输入能量的支持和作用下，按照特有工艺流程，经过传热、传质、动量传递并发生物理、化学或生化反应等加工处理过程，使物质发生状态、形状、性质等方面的变化，改变原料原有的性质得到期望的产品。

流程制造业的工艺流程中，各工序（装置）加工、操作的形式是多样化的，包括了化学的变化、物理的变化等，作业方式也包括了连续化、准连续化和间歇化等。

流程制造业一般具有以下特点：

（1）所使用的原料主要来自大自然；

（2）产（成）品主要用作制品（装备）工业的原料，因而其中不少门类的工业带有原材料工业的性质，当然某些流程制造业的产品也可直接用于消费；

（3）生产过程主要是连续、准连续生产或追求连续化生产，也有一些是间歇生产；

（4）原料（物料）在生产过程中以大量的物质流、能量流形式通过诸多化学-物理变化（变换）制成产品；

（5）生产过程中往往伴随着各种形式的排放过程。

流程制造业在排放过程中往往排放出可利用的物质、能量，同时也排放出污染物甚至有毒物质。需要通过开发新的绿色制造流程，从根本上解决生产带来的污染问题，即现代的流程工业不仅要求消耗最少的资源和能源、高效生产合格的产品，还要求：

（1）生产的产品要干净。生产的产品不含国家规定的有害物质（如放射性、重金属和其他有害元素）或有害物质含量达到国家标准。

（2）生产的过程要干净和高效。要处理国家要求的生产过程中产生的污染物，实现达标排放，同时回收利用余能和二次资源，高效地完成生产过程。

（3）生产的工艺和装备要先进和经济。现代流程工业的设计、管理、控制、评价和改造已经成为一个专业内容，并在逐步完善中。

7.1.1 钢铁制造流程的本质

钢铁工业是典型的流程工业，自殷瑞钰院士创立冶金流程工程学[1]理论以来，关于流程的认识与研究得到重视，对于钢铁制造流程本质的研究逐步得到共识。

钢铁制造流程动态运行过程的物理本质是物质流（主要是铁素流）在能量流（长期以来主要是碳素流）的驱动和作用下，按照设定的运行程序，沿着特定的流程网络作动态-有序的运行，并实现多目标优化。

从钢铁制造流程动态运行过程的物理本质出发，钢厂的制造流程（特别是高炉—转炉长流程）应拓展为“三大功能”[2]，即：

（1）钢铁产品制造功能。钢铁产品制造功能是建立钢厂的初衷和基本出发点，主要是在尽可能少消耗资源和能源的基础上，高效率地生产出成本低、质量好、排放少且能够满足用户不断变化要求的钢材，供给社会生产和居民生活消费。因此，在未来发展过程中，既要考虑市场竞争力，同时又必须重视可持续发展能力，需要通过优化铁素流的运行，实现高效率、低成本、洁净化钢铁产品制造功能。

（2）能源转换功能。钢铁制造流程的物理本质和运行特征可以进一步具体表述为：由各种物料组成的物质流在输入能量的驱动和作用下，按照设定的工艺流程，使铁素物质流发生状态、形状和性质等一系列变化，成为期望的产品。在这个过程中，物质流和能量流时而分离、时而相伴。相伴时，相互作用、影响，因此，要高度重视能量转换效率；分离时，又分别表现各自的行为特征，应该通过建立能量流网络和能量流综合调控的程序等措施，进一步合理、高效地利用这些脱离了物质流的二次能源、剩余能源。

（3）社会部分大宗废弃物处理、消纳功能。从钢铁生产过程中物质流和能量流的运行看，除了得到需要的产品以外，都会产生副产品、废弃物、余热、余能等物质、能量的排放。一方面，这些排放过程及排放物的产生量与流、流程网络和运行程序密切相关；另一方面，如果处理不当就构成了对环境、生态的不良影响。

钢厂制造流程中的诸多工序、装备可以处理、消纳来自社会的大宗废弃物，改善社会环境负荷，促进资源、能源的循环利用。例如，处理各种不同来源的废钢、废轮胎（利用制氧机的液氮进行深冷处理）、大宗塑料（通过高炉风口喷吹或热压处理后装入焦炉）、社会垃圾（利用高炉技术原理和钢铁厂的可燃气在专用焚烧炉中处理）及社区废水和污水（利用钢铁厂的水处理系统）等。因此，应通过优化铁素流-能量流相互作用的过程实现过程工艺目标，同时充分发挥制造流程的废弃物处理和再资源化功能，实现企业与环境友好，最终实现高效率、低成本、清洁化的生产。

7.1.2 钢铁制造流程的固有特点

钢铁制造流程的工艺技术特性和经济效益的要求，使得在钢铁制造流程基础上形成的钢铁企业具有以下固有的特点：

（1）生产规模大，物流吞吐量大。从国际上看，现代化钢厂的基本规模已经大致分为年产钢 800 万吨以上、600 万~800 万吨、300 万~500 万吨、100 万~200 万吨等模式；每吨钢相应的物流输入和输出量约为 5t。在中国的情况下，其中 37%需要铁路运输，平均运距约为 1050km。

（2）资源密集，能源密集。在先进的钢铁联合企业，生产每吨钢将消耗标准煤 0.6~0.7t、铁矿石 1.5~1.6t、新水 3~6t、废钢 0.15~0.25t 等。

（3）制造流程长，工序多，结构复杂。钢铁制造流程属于多工序按序串联、集成运行的流程作业体系，其制造流程的结构很复杂，由于钢厂属于高温运行过程，要求其生产作业尽可能不间断。

（4）制造流程中伴随着大量的、多种类型的物质和能量排放，并与外部环境形成复杂的环境、生态界面。

（5）由于生产规模大、资源和能源密集，必然会引起资金流量大和频繁的经济收支过程。

随着冶金流程工程学理论和钢铁企业功能拓展理念的逐步深入，结合钢铁制造流程的固有特点，以钢厂为核心的工业生态链构建得以广泛研究，图 7-1 给出了以钢厂为核心的工业生态链构建的切入点，一些生态链已得以实施和进一步发展，大大促进了钢铁工业绿色制造的转型发展。

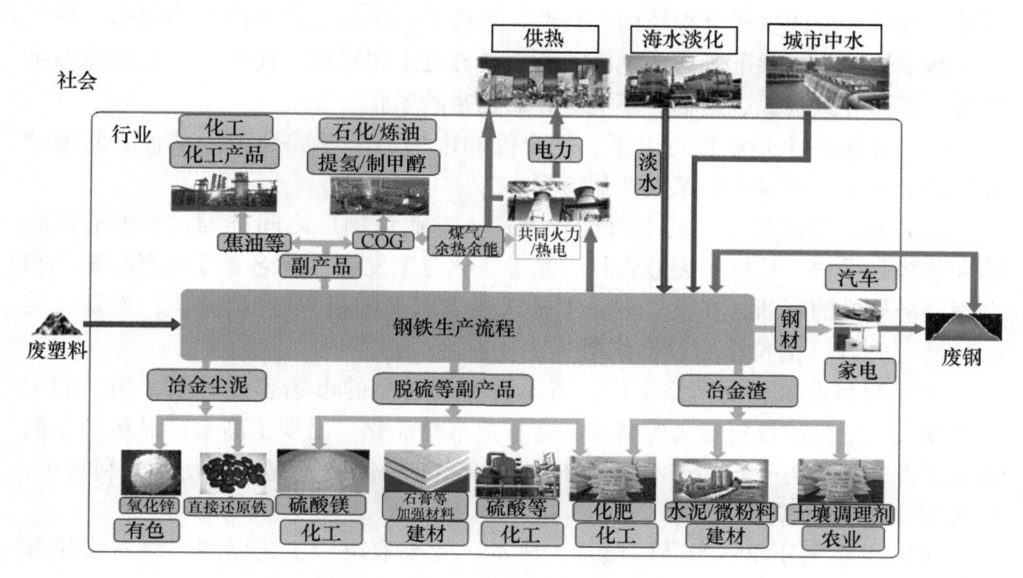

图 7-1 以钢厂为核心的生态链接切入点

7.2 钢铁制造流程优化

当前钢铁工业所面临的问题是复杂条件下资源紧缺、环境制约、成本的综合问题，是市场竞争力和可持续发展的综合问题。要解决这些复杂环境下的复杂命题，必须从战略层面来思考钢厂的要素-结构-功能-效率问题，这种要素-结构-功能-效率必然关联到全厂性的生产流程层面上的问题，以及与此相关的各工序/装置层面和不同产品层面上的相关问题。这样的问题不是解决单项技术或产品的问题能够解决的，而是要从全行业、全过程来解决。作为一个市场竞争单元，钢铁联合企业可持续发展的复杂性命题不能靠单打一的方法，不能靠解决单一目标的路径来解决全面性的问题，而应该靠综合集成的理论和方法，以制造流为根本，以调整结构、拓宽功能、提高效率和延伸产业链作为战略措施，解决多目标优化问题。

7.2.1 钢铁制造流程结构-流程网络优化

由于我国钢铁业曾长期处于产品供不应求、投资饥渴的环境下，特别是在近年来宽松的货币供应背景下，导致当前钢厂发展中显露出某些认识上的误区：

（1）以为规模越大越好，分不清企业集团规模与单一钢厂合理规模之间的区别。忽视单一钢厂受地区市场容量、周围环境的限制，忽视物流成本，忽视环境容量等制约因素，出现有的钢厂过度无序扩张。

（2）要求钢厂的年产规模凑零凑整，逢五进十，动辄年产 500 万吨、1000

万吨，忽视企业的生产流程结构合理性，忽视不同产品生产线的合理规模，甚至在一些不恰当的干预下，为了钢厂能凑上逢五进十的规模，而导致一些画蛇添足之举，进而导致资源、运输、环境等方面越来越紧张。

（3）企图一个企业包打天下，把全国的市场需求看成是对一家企业的需求加以论证并企图独家占领某些产品市场。

（4）在产品结构上，处于万能化钢厂、专业化钢厂之间徘徊，看不清发展的大趋势是平材、长材、无缝管材产品专业化分工发展，缺乏合理的产品定位和合理经济规模的判断，在投资效益上缺乏实事求是的投入/产出分析，而是以某一时期“利好”的价格为设想依据。

（5）盲目追求建设精品钢厂，看不清所谓精品的市场容量有限、精品的生产难度大、精品的投资量大等特征，盲目追求精品化，出现了高端产品生产线的重复建设，甚至由于高端产品供大于求而导致市场价格大幅度下跌，盈利很少，投入/产出效率不高。

（6）不能充分理解产品的质量、成本、效率取决于工艺路线、装备水平和一线操作人员的素质，在大批量生产中，高档产品的稳定生产不同于实验室试验或小批量军工品生产的情况。要从企业全局利益出发，综合分析，不做好看不实惠的事。

（7）在技术改造或新建工程项目的过程中，出现了对工艺、装备“乱点菜”的问题，贪全贪大，盲目追求一流，功能过剩，有些装备的功能甚至经常不用，成为陈列品。

（8）市场竞争看似是产品竞争，实为设计竞争。在设计中缺乏科学求是的可行性研究，不少工程设计只图交图快，导致复制、照抄已有的、过时的设计方案和图纸，甚至是十几年前的图纸，复制落后，缺乏创新，这从根本上削弱了后发优势，削弱了竞争力。

（9）以“两头在外”作为产能扩张的支撑和退路。有些企业照搬纺织、服装等轻纺行业以及某些 IT 行业的合资、外资企业两头在外的做法，以为钢铁产业可以不受约束地大量进口铁矿，不受约束地大量出口钢材；从中国作为发展中大国的市场特点和国际化分工角色看，中国钢铁业应以内需为主，满足国内下游产业为主的战略目标，不能没有全局性的分析判断；实际上钢材经过再加工后间接出口的形式有利于国内延伸产业链、促进社会就业、防止国际贸易纠纷和初级矿产品国际价格秩序的正常化。

（10）在投资上只看后发优势，忽视后发中存在的问题。应该看到通过投资，采用新技术、新装备、生产市场前景好、市场容量大的新产品，可以体现出后发优势，这是重要的，也是需要的。然而，如果由于新增投资而导致产能过剩、资源/能源紧缺、涨价，物流费用增加，环境负荷超出可承载的容量等，这也会形成后发劣势，对此应有客观、冷静的分析和辩证的判断。

国际钢铁工业从整体上看已是成熟的产业，从上述分析可以看到：钢铁业的未来的发展方向是构筑集成的、多元的、绿色的产业体系，这可以通过加强资源、能源可持续供应、人才、成本、效率、环境等支撑性的支柱和市场合理占有、功能拓展、效率提升、质量改进、品种拓展、价值链延伸、社会服务等拓展性的平台，来促进企业的综合竞争力和可持续发展能力。

企业制造流程结构不同，其对能源、物质消耗以及对环境负荷的影响程度也不相同，特别是高炉、转炉容量过小、座数过多，轧机台数过多，总平面图复杂，不仅会引起工序运行能耗高，而且还导致各类输送功增加和输送、等待过程的能量耗散增加。制造流程结构的优劣直接关系和决定着钢铁企业的能耗与绿色化程度。我国钢铁工业正处于发展的转折期，盲目扩大产能的时代早已过去，当前的主要任务是重视产品结构及其相应的生产流程结构调整。

钢铁制造流程的结构不仅关系到企业模式的优化，也是决定排放物无害化、资源化处理的关键，亦即是流程绿色化的关键。由前述钢铁生产流程本质的分析可知，由于“流”的运动具有时空上的动态性和过程性，“流”在动态运行过程中输出/输入具有矢量性，为了减少运行过程耗散，必然要求流程网络简捷化、紧凑化，优化的流程网络对流程动态运行是十分必要的，否则就会导致“流”的运行过程经常出现无序或混沌。这一点在钢厂的新建或技术改造中应作为重要的指导原则之一。与此同时，流程网络合理化将引导在流程结构优化前提下的装备大型化，并将引导钢厂向产品专业化的方向发展。

制造流程的优劣、结构合理与否，将综合影响产品的成本、投资、生产效率、投资效益、过程排放与环境效益等技术经济指标，并直接关系到企业的生存与发展。当工序间的平面布置和运输方式一定时，钢铁产品的能耗主要取决于物质流/物流在工序间运行的时间过程长短和时间节奏，而这与流程网络中工序间的联结方式即钢铁生产流程的结构密切相关。钢铁生产流程结构源于设计，因此，钢铁生产流程结构优化首先要求设计理论的创新，设计理论和方法要脱离静态、假设的传统方法，注重动态、精准设计的理论和方法，要进行动态精准的工程设计。即在钢铁生产流程设计之初就要考虑流程的动态-有序、协同-连续地生产运行，必须建立起“流”“流程网络”和“程序”的新概念，这是钢厂动态运行的“三要素”。因此，要从根本上明确钢铁生产流程结构的重要性，确立对企业市场竞争力和可持续发展而言，流程是根，也是钢厂工程设计之根的理念。

7.2.1.1 流程装置个数的优化

A 高炉容积及座数的优化

高炉是钢铁生产流程结构中的核心设备之一，因此在产品结构确定的前提下，高炉座数对钢铁生产流程结构的影响较大。对于相同规模和相同产品结构的钢厂，高炉的座数和有效容积的选择有多种技术方案，其高炉数量和容积的确定，必须在钢铁厂的总体设计上进行综合考虑，以实现物质流、能量流与信息流的协同高效运行目标。值得指出的是，高炉产能和容积的确定绝不能不顾钢铁厂流程结构的合理性，而盲目追求所谓的高炉大型化，同时更不能因循守旧建造数量过多的小高炉，还应避免在评比、设计的过程中片面地“比大比小、凑零凑整”和盲目攀比“第一”。

以年产290万吨/年棒线材钢厂为例说明高炉个数选择对流程网络结构的影响。以选择2座高炉（方案一）和3座高炉（方案二）两种技术方案进行对比分析研究。计算结果表明，当选择2座高炉时，其有效容积为1780m³；当选择3座高炉时，其有效容积为1100m³。因此，本节重点对1780m³高炉和1100m³高炉技术经济指标、原燃料适应性及工艺装备等方面进行分析比较。

a 主要技术经济指标

表7-1列出了1780m³和1100m³高炉的主要技术经济指标。由表可见，1100m³高炉与1780m³高炉有一定差距，特别是燃料比和工序能耗两个关键指标，1780m³高炉分别低了25kg/t和10.79kgce/t。

表7-1 2×1780m³和3×1100m³高炉主要技术经济指标比较

项 目	单 位	高炉有效容积	
		方案一	方案二
高炉有效容积	m³	1780	1100
高炉座数	座	2	3
年产量	万吨	299.04	299.145
有效容积利用系数	t/(m³·d)	2.4	2.59
炉缸面积利用系数	t/(m²·d)	60.30	59.65
入炉焦比	kg/t	365	390
煤比	kg/t	160	150
燃料比	kg/t	525	540
风温	℃	1150	1150
炉顶压力	kPa	230	170
富氧率	%	3	3
工序能耗	kgce/t	415.95	426.74

b 原燃料条件的适应性

方案一与方案二高炉的容积相差680m³，查阅高炉相关设计资料表明，主要是高炉炉腰和炉缸扩大，而有效高度仅相差0.5m左右，料柱的高度相差不大，因此，与1100m³高炉相比，1780m³高炉对焦炭机械强度（M_{40}、M_{10}）、反应性指数 *CRI* 及反应后强度 *CSR* 并无显著苛刻要求。

根据《高炉炼铁工程设计规范》（GB 50427—2015）对高炉原燃料条件要求

可以得知，两个级别高炉的原燃料设计条件差别并不大。

c 工艺装备比较分析

表7-2列出了方案一与方案二所选高炉工艺技术装备的比较。

表7-2 $2\times1780m^3$ 和 $3\times1100m^3$ 高炉工艺装备比较

项 目	单位	方案一	方案二
高炉座数	座	2	3
上料系统工艺设备	套	2	3
炉顶装料设备	套	2	3
高炉本体设备	套	2	3
炉前系统机械设备	套	2	3
除尘系统设备	套	6	9
热风炉系统工艺设备	套	6	9
水渣处理工艺设备	套	4	6
煤气除尘系统设备	套	30	39
余压发电设备（TRT）	套	2	3
鼓风机	套	3	4
高炉控制系统	套	2	3
高炉煤气柜	套	2	3

通过比较可以看出，方案一比方案二设备数量明显减少，设备数量减少约28%。设备数量的大幅度降低使设备投资、运行维护、备品备件消耗等均相应降低，而且动力消耗、岗位定员、污染物排放等也都相应降低，生产运行成本大幅度降低。

由以上分析可以得出以下结论：

（1）研究分析表明，$1780m^3$ 高炉和 $1100m^3$ 高炉的原燃料条件差别不大。相比之下，$1780m^3$ 高炉的技术经济指标则更具有优势，特别是高炉燃料比和工序能耗。

（2）对于年产290万吨的棒线材钢厂，在钢厂流程结构优化的前提下，配置2座 $1780m^3$ 高炉优于配置3座 $1100m^3$ 高炉。通过技术方案对比研究，在同等生产规模条件下，建造2座 $1780m^3$ 高炉比建造3座 $1100m^3$ 高炉，其技术装备数量大幅度减少，设备数量减少28%左右，随之带来的设备投资、运行维护、备品备件消耗等均相应降低，生产运行成本也随之降低。

（3）高炉座数增加，则流程网络的节点相应增加，物质流网络难以优化衔接匹配。

B 转炉吨位及个数的优化

转炉是转炉煤气的始端节点，因此转炉吨位及个数对副产煤气网络影响较大。对于相同规模和相同产品结构的钢厂，转炉吨位和个数的选择有多种技术方案。转炉数量和容积的确定，必须在钢厂总体设计上进行综合考虑，以实现物质流、能量流与信息流的协同高效运行目标，推进钢厂整个生产流程结构优化前提下的转炉吨位和个数合理化。

年产290万吨棒线材钢厂的转炉配置有多种方案，考虑到转炉与连铸机的个数匹配，因此，本节选择两种方案进行对比分析研究，见表7-3。

表7-3 3×70t和3×100t转炉技术指标比较

项 目	单位	方案一	方案二	两个方案的差值
转炉吨位	t	70	100	-30
座数	座	3	3	0
钢冶炼时间	mim	30	35	-5
需要的年工作时间	天	320	265	55
钢水年产量	万吨	322.56	327.09	-4.53
转炉作业率	%	87.67	72.60	15.07
铸坯热送热装率	%	95.89	78.31	17.58
加热炉煤气消耗量	万吉焦	99.75	176.25	76.50

（1）方案一：3座70t转炉；

（2）方案二：3座100t转炉。

年产290万吨棒线材钢厂的年需求合格钢水306.6万吨/年左右，考虑到转炉在冶炼过程中钢水的损失率（取4.09%），年需求钢水（废钢+铁水）为319.7万吨。则可以计算得出，选择3×70t转炉时，冶炼时间30min，年作业天数320d；当选择3×100t转炉时，冶炼时间30min，年作业天数仅需265d，若超过265d，则钢水产量过剩75万吨/年。对应连铸的工作时间也分别为320d和265d。通过计算可知，轧机的工作时间为300d才可满足生产290万吨棒线材的要求。由表7-3可见，方案一比方案二转炉的作业率高约15%，铸坯的热送热装率高出17.58%，煤气消耗减少76.50万吉焦/年，约占煤气总产量的2.79%；折合8.52kgce/t钢，约占吨钢综合能耗的1.44%。因此，年产290万吨棒线材钢厂选择3座70t转炉是最合理的。

7.2.1.2 流程物质流网络的比较分析

方案一选择2座1780m^{3}高炉，方案二选择3座1100m^{3}高炉物质流网络结构如图7-2和图7-3所示。

比较图7-2、图7-3可以看出，方案一的流程匹配简单，流程网络的节点数减少，流程网络变得更简捷，主要体现在高炉上料和铁水运输网络上。方案一焦炭、烧结矿、球团矿等主要物料的运输线路比方案二各少一条，运输线路更为简

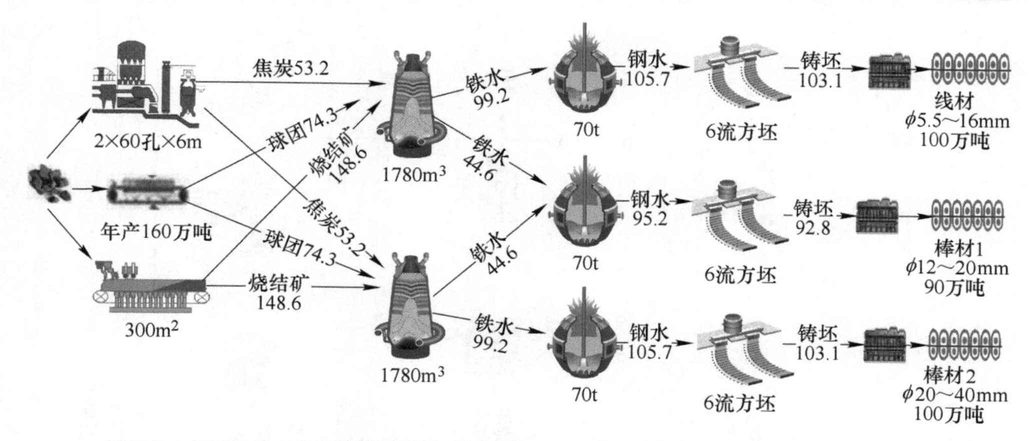

图 7-2 年产 290 万吨棒线材型钢铁联合企业物质流网络（方案一）（万吨/年）

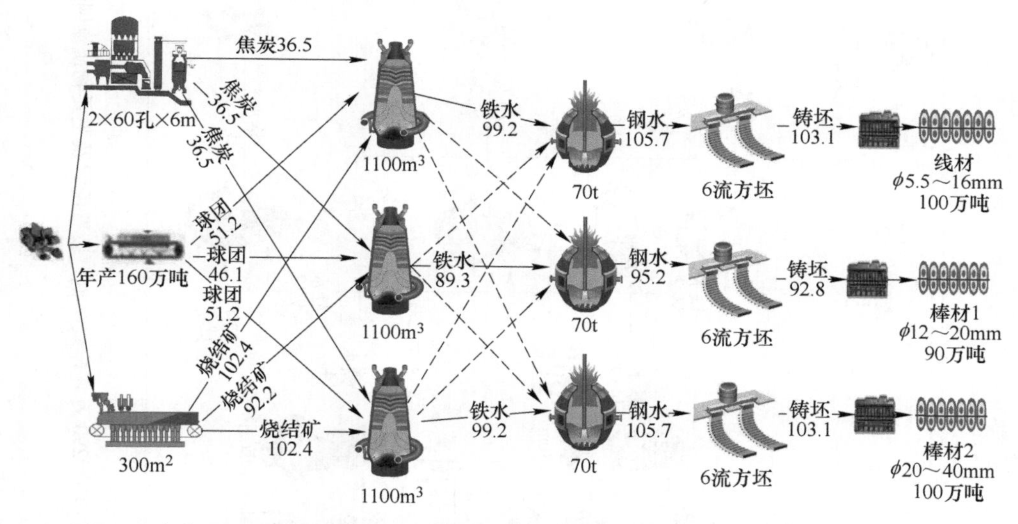

图 7-3 年产 290 万吨棒线材型钢铁联合企业铁素物质流网络（方案二）（万吨/年）

洁；与方案二相比，方案一的铁水运输线路清晰，铁水运输没有交叉，基本呈层流运行状态，不出现紊流现象，而方案二则容易出现紊流运行。3 座 70t 转炉比 3 座 100t 转炉更合理，设备作业率高，铸坯热送热装率更高。因此，高炉座数、容积和转炉座、吨位及其在总平面图中的位置，对钢厂的物质流动态运行的结构和程序有着决定性影响，同时对能量流的结构、转换效率和运行程序也存在着决定性的影响。

由此，确定 290 万吨棒线材流的物质流结构，如图 7-4 所示，可以看出流程中生产线分工明确、物质流运行路线清晰，呈层流运行状态，是较为理想的钢厂物质流网络结构。

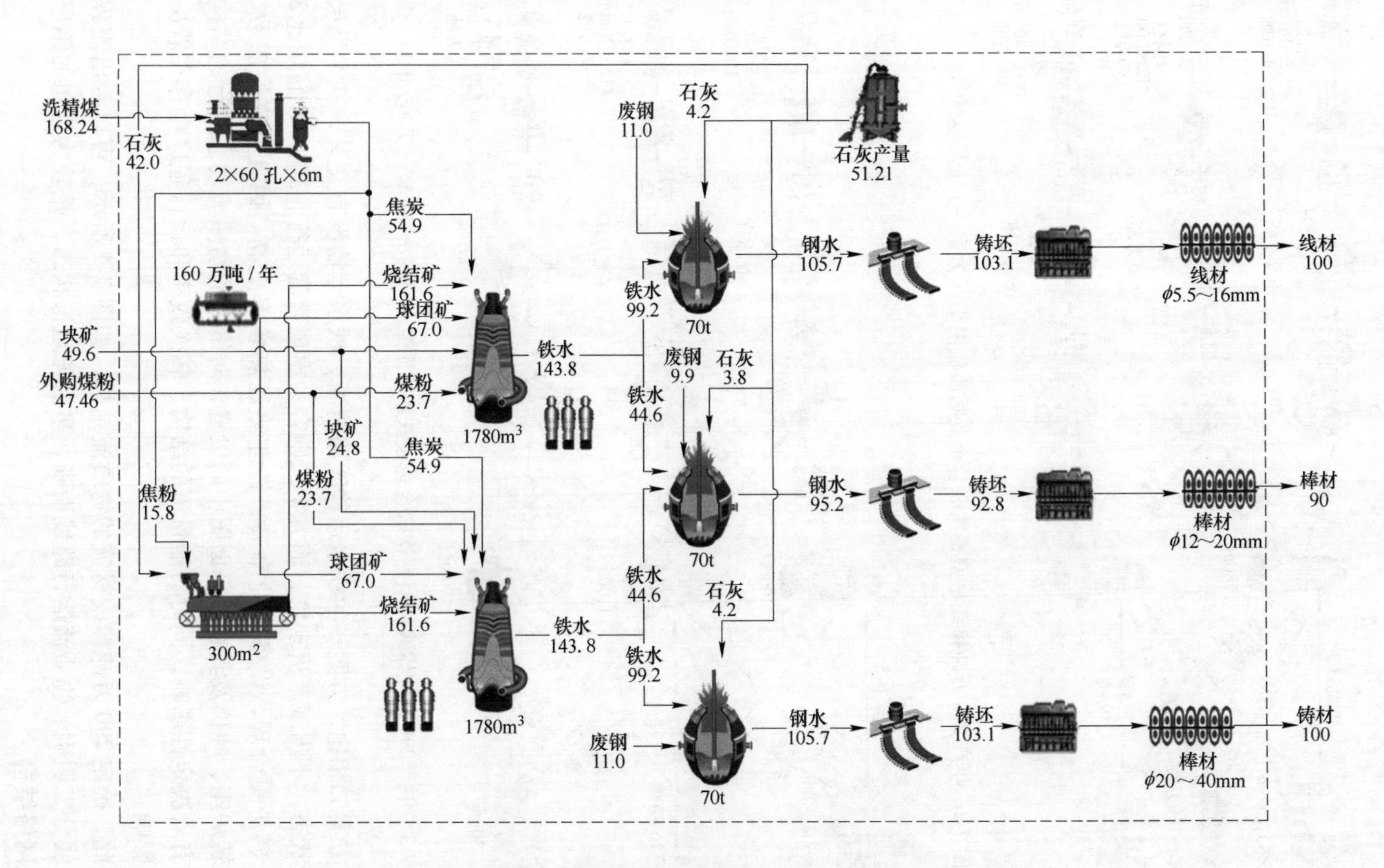

图7-4 年产290万吨棒线材钢厂装置配置及主要物质流网络（万吨）

7.2.2 钢铁制造流程动态运行优化

由钢铁生产流程运行过程可知，当工序间的平面布置和物流输送方式一定时，宏观物流的运行能耗主要取决于物质流在工序间运行的过程时间和时间节奏，而这与流程网络中工序间的连接方式密切相关。从冶金流程工程学角度对目前钢铁工业分析表明，钢铁生产流程设计与运行有4个层次，如图7-5所示。

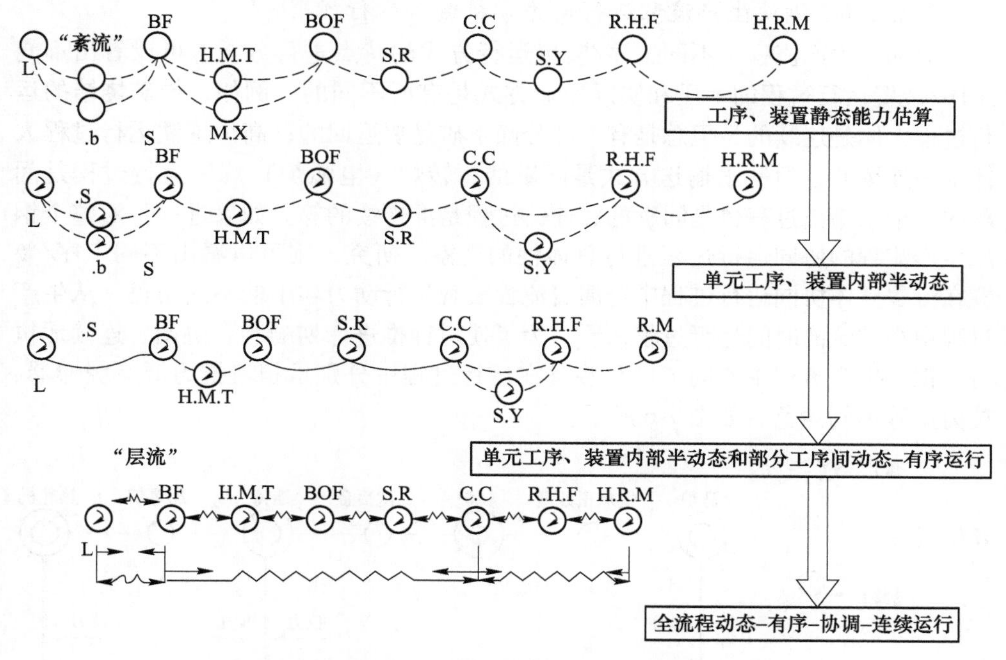

图7-5 钢铁生产流程设计与运行的4个层次

第Ⅰ层次：工序、装置静态能力估算，装置间界面匹配性差、流程运行处于"紊流"状态。处于这一层次上的流程，运行上、下游工序连接方式，基本上就是靠相互等待，随机连接，因此运行时间长，物耗、能耗高，流程排放高。

第Ⅱ层次：在工序、装置静态结构的基础上，进行单元工序层次上的半自动调控但没有工序间关系动态–有序的协同调控。处于这一层次上的流程运行，工序装置层面虽有一定优化，但工序之间的连接方式依然靠相互等待、随机组合来解决，运行时间较长，物耗、能耗偏高，流程排放偏高。

第Ⅲ层次：注重单元工序、装置内部半动态运行和部分工序间动态–有序运行。处于这一层次的流程运行，在某些工序之间出现动态、协同的运行状态，例如动态–有序运行的全连铸炼钢厂等。

第Ⅳ层次：全流程动态–有序、协同–连续/准连续运行。处于这一层次的流程运行，工序间对应匹配关系明确、物质流运输时间、等待时间都较短，生产效率和运行功消耗易于优化。

目前钢铁生产流程的时空优化已逐步得到重视，现有的钢厂生产流程运行状态大体上处在由第Ⅰ、Ⅱ类型层次上向第Ⅲ类型层次过渡的阶段，要达到第Ⅳ类型还有很大差距。如前所述钢铁制造流程是流程绿色化的关键，因此，钢铁生产流程的动态运行、衔接匹配问题应引起足够的重视。

7.2.2.1　钢铁生产流程运行动力学机制和运行规则

对钢厂生产流程中不同工序/装置运行方式的特点进行分析，可以看出不同工序/装置运行过程的本质和实际作业方式是有所不同的。例如，粉矿烧结的运行过程大体是连续的，但总是有一部分筛下矿是要返回的；高炉炼铁运行过程大体上是连续的，但铁水输送方式是间歇的；转炉（电弧炉）炼钢运行过程是间歇的，钢水输出过程也是间歇的；连铸过程是准连续的等。如果进一步对整个钢厂生产流程的协同运行过程进行总体性的观察、研究，则可以看出不同工序/装置在流程整体协同运行过程中扮演着流程宏观运行动力学中的不同角色。从生产过程中物质流的时间运行过程来看，为了使时钟推进计划顺利、协调、连续地执行，钢厂生产流程中不同工序和装备在运行过程中分别承担着推力源、缓冲器、拉力源等不同角色，如图7-6所示。

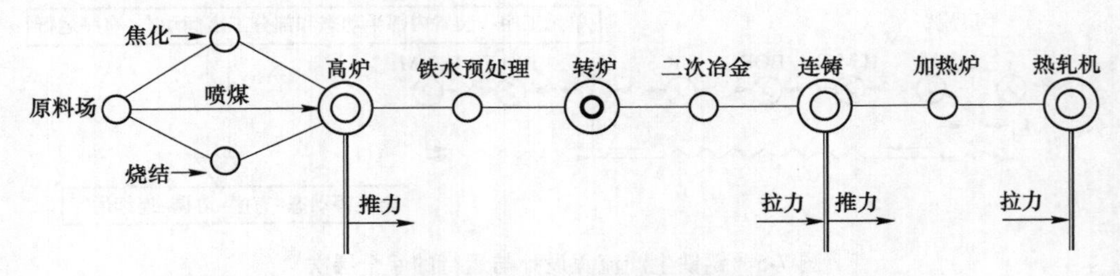

图7-6　钢厂生产流程运行动力学的主要支点及其示意图

为了使各工序/装置能够在流程整体运行过程中实现动态-有序-协调-准连续/连续运行，应该制订并执行以下的运行规则：

（1）间歇运行的工序、装置要适应、服从准连续/连续运行的工序、装置动态运行的需要。

（2）准连续/连续运行的工序、装置要引导、规范间歇运行的工序、装置的运行行为。

（3）低温连续运行的工序、装置服从高温连续运行的工序、装置。

（4）在串联-并联的流程结构中，要尽可能多地实现“层流式”运行，以避免不必要的横向干扰，而导致“紊流式”运行。

（5）上、下游工序装置之间能力的匹配对应和紧凑布局是“层流式”运行的基础。

(6) 制造流程整体运行一般应建立起推力源-缓冲器-拉力源的动态-有序、协同-连续/准连续运行的宏观运行动力学机制。

7.2.2.2 流程结构对流程运行的影响

钢厂的结构取决于其各构成工序/装置的排列、组合以及时间-空间关系的安排。各构成工序/装置的排列关系包括前后衔接序、串联或并联匹配关系等;组合关系则包括各工序/装置的数量上的组合、能力/容量上的组合等;而时间-空间关系则主要体现在总平面布置图、立面布置图和运输系统、运输设备的运转速度及能否依次顺行等。

因此,钢厂可以分为两类结构形态:

(1) 串联结构,例如 EAF×1-LF×1-CC×1-HRM×1(短流程,生产长材);

(2) 串联-并联结构,例如 BF×3-BOF×3~6-CC×3~6-HRM×2(联合企业,生产平材)。

生产流程中的区段(车间、分厂)也可以分为以下两类结构:

(1) 串联结构,例如电炉炼钢车间,EAF×1-LF×1-CC×1;

(2) 并联结构,例如炼铁厂,BF×3 等。

需要指出,这里的串联结构是指异质异构的工序/装置之间的串联连接。而并联结构则可能包括同功能工序/装置之间的并联(例如高炉、转炉、加热炉等)和异功能工序/装置之间的并联(例如在板坯连铸机之前 RH 和 CAS 并联)连接。不同的连接方式形成流程结构网络,制造流程中的物质流、能量流和信息流等各种"流"在不同结构的流程网络中运行会表现出不同的行为特征,诸如速度、流通量、效率等。

当工序间的平面布置和物流输送方式一定时,宏观运行物流的运输能耗主要取决于物质流在工序间运行的时间过程和时间节奏,而这与流程网络中工序间的连接方式密切相关。在简单串联连接方式下,工序之间的对应匹配关系明确,物质流运行的运输时间、等待时间都较短,生产效率和运输功消耗易于优化。在串-并联连接方式下,如果工序之间形成一一对应的匹配关系,则和串联连接方式相比,物质流运行的运输时间、等待时间相差不大,生产效率仍然高而且运输功耗增加不多;如果工序之间的物质流/物流采用多对多的"紊流式"随机匹配关系,和串联连接方式相比,由于物质流运行之间的相互干扰,运输时间特别是等待时间将大幅增加,生产效率因之降低,而运输能耗也随之增加。

钢铁工业的各个生产工序及单元装置按照一定的程序连接在一起,构成钢厂的总图,并体现为一定的流程网络。工序及单元装置之间的连接方式不同,流程网络结构也有所不同。生产工序或生产单元装置之间的连接方式主要有两种,即串联连接方式和串-并联连接方式[3]。

A　串联连接方式——层流式运行

串联连接方式是指一个生产工序（或生产单元）的输出流是下一个生产工序（或生产单元）的输入流，而且对每一个生产工序或单元装置而言，物质流只是顺流向通过一次，这是一种层流式运行方式。所谓“四个一”的短流程钢厂即是典型的运行实例，如图 7-7 所示。

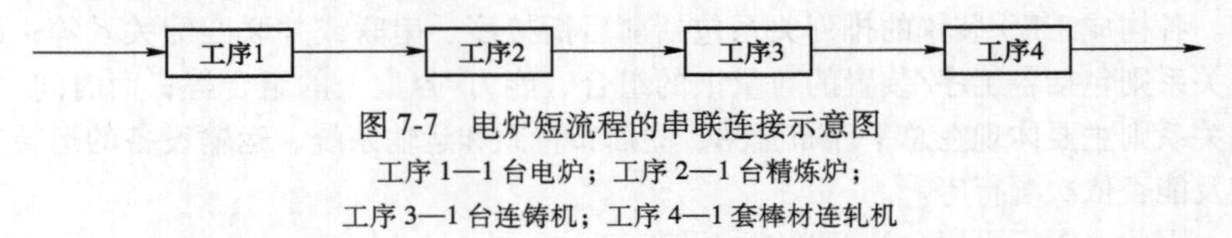

图 7-7　电炉短流程的串联连接示意图

工序 1—1 台电炉；工序 2—1 台精炼炉；

工序 3—1 台连铸机；工序 4—1 套棒材连轧机

B　串联-并联连接方式与层流式、紊流式运行

在钢铁联合企业的流程网络中，并联方式经常与串联方式结合使用。其中串联方式常常是工艺过程的主干，并联方式往往是单元装置层级上的复制、加强方式。如高炉-转炉长流程钢铁企业采用两台烧结机并联运行、两座高炉并联运行，而烧结-高炉之间串联-并联运行的例子如图 7-8 所示。

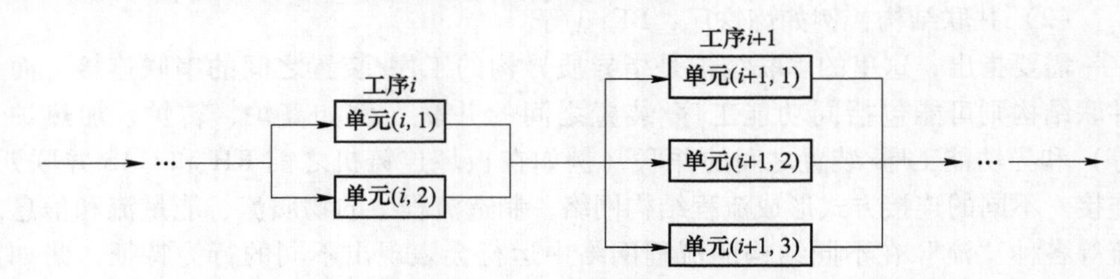

图 7-8　钢铁联合企业内烧结机-高炉之间的串-并联连接示意图

工序 i—烧结机 1，烧结机 2；工序 i+1—高炉 1，高炉 2，高炉 3

一般情况下，钢铁联合企业生产流程的网络结构在上、下游工序之间表现为串联连接，而在同一工序内部的各单元装置之间表现为并联连接。钢铁企业生产流程的网络结构是构建钢铁制造流程匹配-协同的“流”的静态框架，“流”的匹配-协同应体现出上、下游工序之间的协调运行以及多工序之间运行的协同性、稳定性。若仔细观察串联-并联连接方式的各相邻工序、各生产单元装置之间可能出现的各种物质流匹配关系，则整个钢铁生产流程的物质流运行方式可类比为“紊流式”“层流-紊流式”或“层流式”等不同的运行模式，不同运行方式可抽象为如图 7-9~图 7-11 所示的形式。

在紊流式运行的网络模式中，相邻工序及各生产单元之间物质流向是随机连接的，输入、输出的物质流都是波动的，物质流运行的随机性很强；在层流-紊流式运行的网络模式中，相邻工序及单元装置之间的部分物质流流向由于生产波

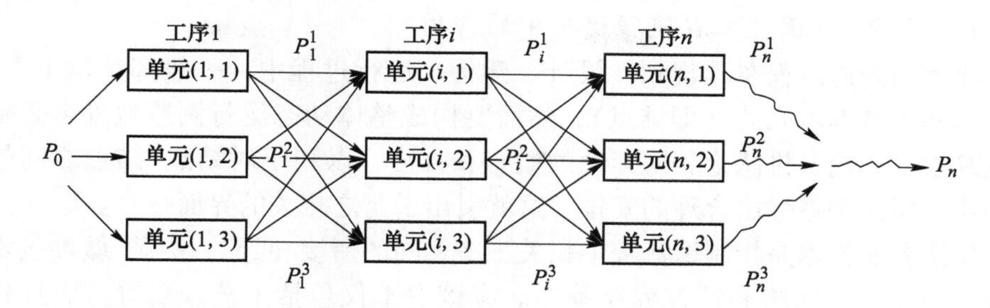

图 7-9　钢铁制造流程随机不稳定匹配-对应的“紊流式”运行（无序）网络模式

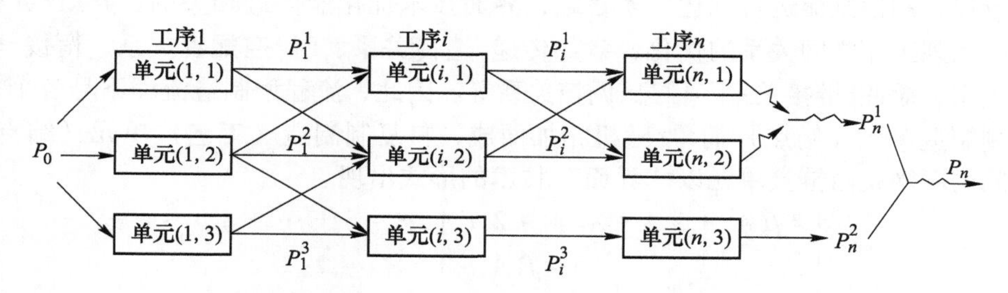

图 7-10　钢铁制造流程“紊流式”运行（混沌）运行网络模式

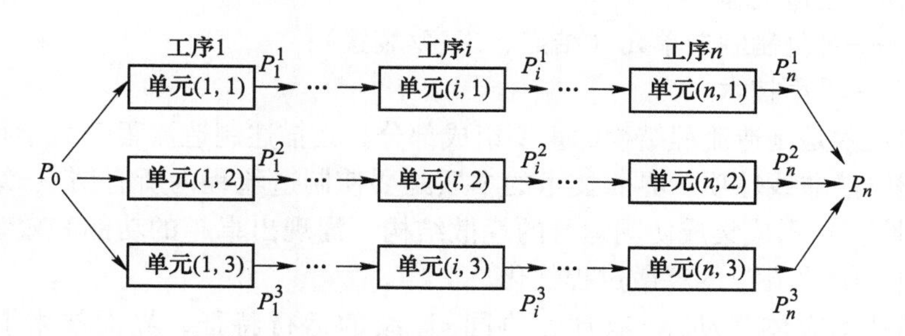

图 7-11　钢铁制造流程动态-有序、匹配-对应的“层流式”运行网络模式

动而交叉连接，生产单元装置之间输入、输出的物质流是相对稳定的，但物质流运行的可控制程度比较难；在层流式运行的网络模式中，相邻工序及各生产单元之间具有对应的物质流匹配连接关系，各生产单元装置输入、输出物质流的流向和流通量都是比较稳定和可控的，是比较理想的物质流运行模式，体现了物质流动态-有序、协同-连续运行。在大多数情况下，钢铁制造流程在其设计和运行过程中，应尽可能建立起“层流式”协同运行的概念，避免“紊流式”随机连接运行。在外界条件如市场、供应链发生变化时，也可能暂时或局部形成“层流-紊流式”运行模式，但应尽量减弱其影响范围。这是实现高效率、低成本、高质量运行的现代设计观念，也是有效解决钢铁制造流程中非稳定性现象的重要措施之一。

7.2.2.3　界面技术在流程运行中的作用

流程型制造流程在其规划、设计、建构、运行过程中，一般都是以工序/装置、车间为基本单元的（即结点），然而要构成整体动态运行制造流程，必须要用运筹学、图论、排队论、博弈论的概念和方法，以利于对结点-结点之间的链接关系、层次关系做出合理的安排，这就引出了与之相关的界面技术。

所谓界面技术是指制造流程中相关工序之间的衔接-匹配、协调-缓冲技术以及相应的装置、网络和调控程序等[4]。应该说不仅包括工艺、装置，而且包括时-空配置、运行调控等一系列技术和手段，进而促进物质流运行优化、能量流运行优化和信息流运行优化。换言之，界面技术优化能促进相关的、异质-异构的一系列工序之间关系的优化，诸如传递-遗传关系、时-空配置关系，衔接-匹配关系、缓冲-链接关系、信息-调控关系等。因此，流程型制造流程不是各个自复制制造单元（结点）简单/随机相加而成，自复制制造（工艺）单元（结点）之间的联网是由链接单元以“界面”技术的形式出现。

$$S = f(A_1 + \sim 1 + A_2 + \sim 2 + A_3 + \sim 3 + \cdots + A_n)$$

$$S = f(A, \sim)$$

$$S \neq f(\sum A)$$

式中　S——制造流程；

　　　A——自复制制造单元（结点、工序/装置）；

　　　～——界面技术。

界面技术是制造流程结构的重要组成部分，是描述制造流程动力学行为的动力学方程中的非线性项；界面技术的本质是要使制造流程内所有结点-结点之间（的非线性项）形成集成协同运行的耗散结构，涌现出卓越的功能和效率，并实现耗散结构中“流”的耗散过程优化。

界面技术应体现动态-有序、协同-连续的运行特征，界面技术既有“硬件”，又有“软件”；以钢铁制造流程为例，界面技术是广泛存在的，如图 7-12 所示。

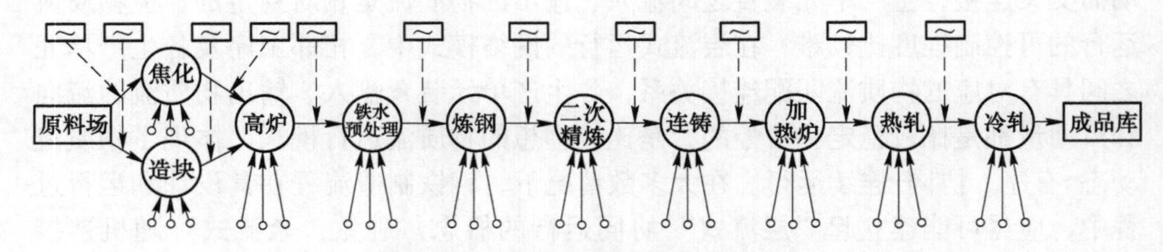

图 7-12　钢铁制造流程中的界面技术

界面技术优化的路径一般有：

（1）结点-结点间链接结构的简化；

（2）结点间序参量协同优化；

（3）不同层次的结点间嵌套结构协同优化；

（4）整体动态-有序运行过程中结点间信息传递高效化。

7.3 生命周期评价

7.3.1 生命周期评价的概念

生命周期评价（Life Cycle Assessment）是一种产品生命周期各个阶段的整体环境影响或环境绩效的测量工具。这种评价法为我们比较功能相同的同类产品的环境可持续性提供了一种测量标准。生命周期评价法考察了材料生命周期的所有阶段，包括产品制造、产品使用和废弃回收阶段。这种方法被称为“从摇篮到坟墓”评价法。以钢材为例，当材料可以完全循环再生变成相同材料，并且没有品质损失时，这种方法则可称为“从摇篮到摇篮”评价法，如图7-13所示。

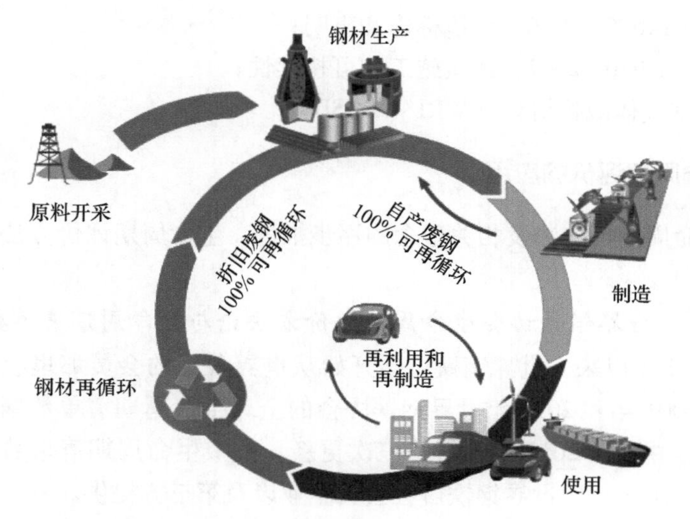

图7-13 钢铁的生命周期
（资料来源：世界钢铁协会）

7.3.2 生命周期评价的方法

生命周期评价通常由4个阶段组成：

（1）定义目标和范围。确定研究目的和研究边界。

（2）生命周期清单。收集并计算数据，制作相关产品的材料、能耗和排放物清单（输入和输出清单）。

（3）生命周期影响评价。在生命周期清单基础上，对特定产品或系统的潜在环境影响进行量化。最常用到的一种量化标准是全球变暖潜能值（*GWP*），该值以二氧化碳当量形式，表示温室气体排放物。

（4）解释。确定重要的环境问题、给出结论和提出建议。

生命周期清单/生命周期评价的品质和相关性，以及应用范围和解释，取决于采用的方法论。因此，关于生命周期评价国际标准化组织（ISO）制定了一些标准，这些标准为方法系的选择提供了指导，并且设置了透明度和报告规则。有关生命周期评价的相关 ISO 标准有：

（1）ISO 14040：2006，环境管理-生命周期评价-原则和框架；

（2）ISO 14044：2006，环境管理-生命周期评价-要求和指南。

上述标准构成还有有关生命周期评价的许多其他具体的基础标准。例如：

（1）ISO TS 14067：2013，碳足迹；

（2）ISO 14046：2014，水足迹；

（3）ISO 14025：2006，环境标志和声明；

（4）ISO 21930：2007，建筑施工的可持续性；

（5）温室气体减排协议（WRI/WBCSD）。

7.3.3　生命周期评价的应用

随着生命周评价方法及相关理念的逐步推进，生命周期评价方法也得到了广泛应用。

7.3.3.1　世界钢铁协会生命周期评价方法论与生命周期清单数据库

自从 1995 年以来，世界钢铁协会开始从世界各地的会员那里收集生命周期清单数据。2001 年和 2010 年世界钢铁协会的全球生命周期清单数据库分别进行了两次更新，并且于 2015 年进行第三次更新。整个生命周期清单数据库由世界钢铁协会进行维护，向世界钢铁协会会员企业以及第三方提供。

这些数据有助于学者、建筑师、政府部门、钢铁业客户及其他感兴趣的机构对含钢产品进行生命周期评价。任何人希望进行该类研究的，都可以通过在世界钢铁协会网站上填写申请表，来获得 15 种钢铁产品的全球和地区生命周期清单数据。这些数据可用于所有市场行业（例如汽车业、建筑业、包装业、能源业、电器业）。通过收集不同地区的数据，世界钢铁协会能够辨识最佳实践，并且鼓励其全球会员应用最佳实践。

世界钢铁协会使用的钢铁产品生命周期清单数据计算方法记录在世界钢铁协会 2011 年的生命周期评价方法论报告中。该方法论与国际上的生命周期评价计算标准（ISO 14040：2006 和 ISO 14044：2006）保持一致，如图 7-14 所示。

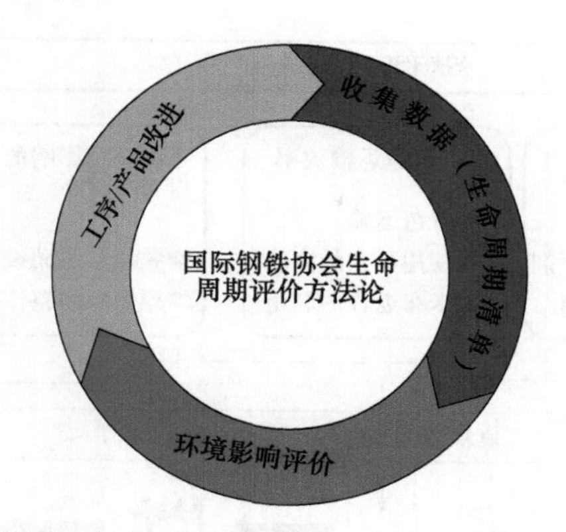

图 7-14 世界钢铁协会生命周期评价方法论

7.3.3.2 钢铁企业生命周期评价方法应用实例

A 国际钢铁企业生命周期评价方法的应用实例

新日铁利用 LCA 方法对其整个生产流程供应链进行管理，最大限度地减轻了钢铁产品生产对环境的影响；评价了循环利用对于生命周期成本及环境影响的积极作用；利用 LCA 方法进行了生态产品的研发。此外，新日铁还和日本的经济、贸易和工业部进行 LCA 研究方面的合作。研究集中在：

（1）有关 LCA 研究的技术开发；

（2）生态产品的开发和销售；

（3）促进循环经济和可持续发展；

（4）评价废钢循环。

LCA 思想在新日铁生态产品开发过程中的体现如图 7-15 所示。

浦项钢厂利用 LCA 方法建立了 LCI 数据库，正在逐步建立钢材 EPD（产品环境声明）的认证：

（1）一些钢材用户如建筑行业要求提供钢材的 EPD 认证副本；

（2）立足于 2017 年企业发展规划，建立 LCI 数据库的方案（Cradle-2）正在进行中；

（3）目标产品为 980DP——强度达到千兆帕级的汽车用双相钢（光阳厂）、PoaMAC——浦项镁铝合金涂料（浦项厂）。

此外，浦项钢厂还通过 LCA 方法对整个钢铁产品生命周期中不足之处进行分析，如利用 LCA 方法分析钢铁产品中关于资源利用、能源利用对全球变暖潜在影响类别的分析等。未来规划通过扩展韩国环保部（Ministry of Environment，MOE）和全球认证体系等 EPD 认证，来提升其钢铁产品的环境友好性能。

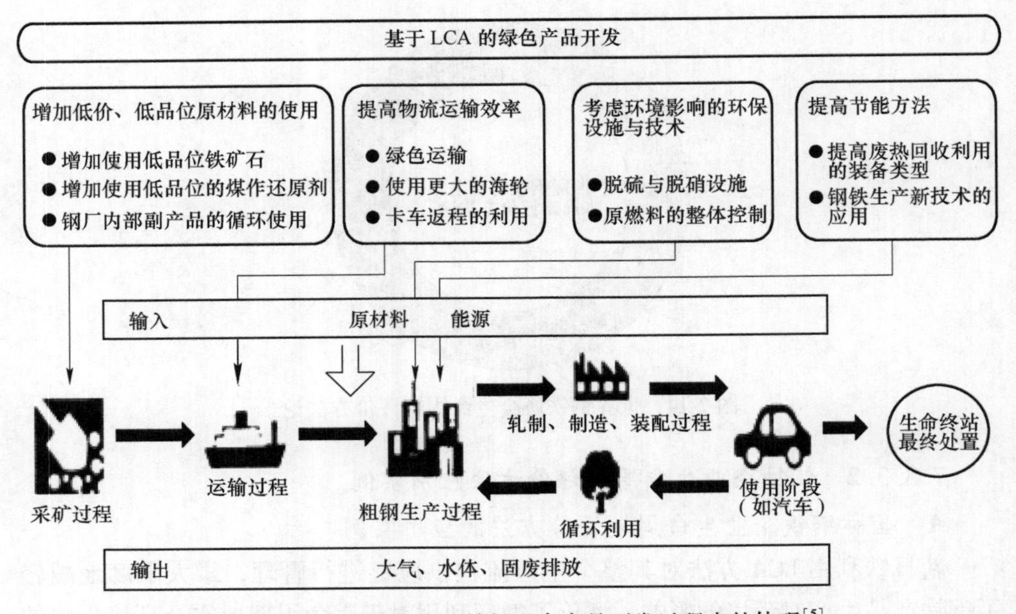

图 7-15　LCA 方法在新日铁新生态产品开发过程中的体现[5]

B　国内钢铁企业生命周期评价方法的应用实例

目前宝钢等进行了钢铁产品的 LCA 研究。宝钢于 2003 年开始关注 LCA，2004 年正式立项进行了 LCA 研究，于 2005 年 3 月首次派员参加了世界钢铁协会的 LCA 工作组，参与世界钢铁企业 LCA 方法的制定工作，完成了“2007 年世界 LCA 数据库更新项目”中宝钢方面承担的工作。2008 年 6 月派员参与了全球钢厂的 LCA 分析与优化工作，并于 2006 年承办了世界钢铁协会的 LCA 论坛。

宝钢 LCA 研究建立了中国钢铁产品的 LCA 研究方法，建立了钢铁产品生命周期清单的模型化方法和钢铁产品环境影响评价模型，提出了基于 LCA 的钢铁企业环境决策方法，开发了宝钢产品生命周期评价软件，开展了基于 LCA 的环境管理与决策的应用研究。

目前宝钢已完成大部分碳钢产品的生命周期评价，得到了产品的生命周期环境负荷的量化结果，开发了 4 套钢铁产品生命周期评价软件。

宝钢生命周期评价方法应用的框架如图 7-16 所示。

钢铁行业的可持续发展必须从整个工业链全局考虑，运用生命周期评价方法系统、科学地对整个生产流程进行管理，同时，结合成本分析获得经济收益与环境收益的双赢。进行 LCA 研究的意义主要体现在：

（1）量化产品绿色度。通过科学的方法，定量计算得到钢铁产品清单数据

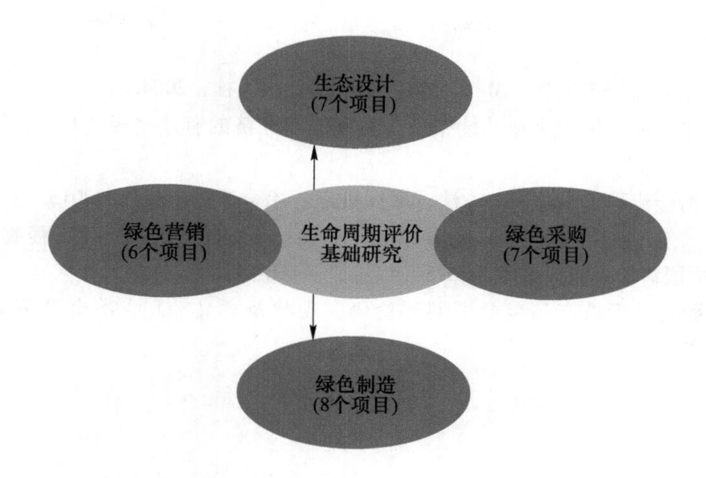

图 7-16　宝钢生命周期评价方法应用的框架

结果，掌握钢铁企业生产单位钢铁产品的资源、能源消耗和环境指标，从而明确产品的绿色程度，与国外钢铁企业产品 LCA 结果对标可明确所具有的优势和不足。

（2）从全流程系统考虑产品环境负荷。由于 LCA 是从产品生产的全流程考虑资源、能源和环境排放，避免能耗、污染转移，可以准确发现产品生产流程中各工序降低资源、能源消耗，减少环境排放的潜力点和改进潜能。

（3）为环境技术、环境决策提供支持。预测、计算工艺结构变化、产品结构变化、节能环保技术和废弃物循环等对钢铁企业产品环境性能的影响，研究中引入的不确定性分析模型，可充分论证环境决策的收益和风险，提高决策的可靠性。

（4）LCA 研究可用于企业与上下游用户、社会公众的环境交流。对上游产品，可以利用 LCA 指导绿色采购、绿色运输；对下游用户，可提供产品环境性能数据，满足下游用户的绿色采购要求；向社会公布产品 LCA 信息，获得公众的信任、支持和尊重，提升企业的国内、国际形象。钢材是产量最大、应用最广泛的民用、工业材料，因此，公布钢铁产品的 LCA 结果对于下游很多工业的 LCA 研究有极大的促进作用。

总之，在过去 50 年间，钢铁生产工艺每个阶段的变化都带来钢铁生产过程中资源和能源利用效率的显著提高，每吨钢材的生产能耗下降了 60%。钢材具有耐久性，可以保证较长的产品寿命和重复利用，还具有可循环性，这些都是使钢材成为可持续发展材料的关键因素。以生命周期评价的方法去分析和评价钢铁生产流程及钢铁产品的使用性能将更有利于钢铁工业的可持续发展。

参 考 文 献

[1] 殷瑞钰．冶金流程工程学 [M]. 北京：冶金工业出版社，2004.

[2] 殷瑞钰，张春霞．钢铁企业功能拓展是实现循环经济的有效途径 [J]. 钢铁，2005，40 (7)：1.

[3] 殷瑞钰．冶金流程集成理论与方法 [M]. 北京：冶金工业出版社，2013.

[4] 殷瑞钰．“流”、流程网络与耗散结构——关于流程制造型制造流程物理系统的认识 [J]. 中国科学：技术科学，2018，48 (2)：136-142.

[5] 刘涛，刘颖昊．钢铁产品生命周期评价研究现状及意义 [J]. 冶金经济与管理，2009 (5)：25-28.

8 世界钢铁工业低碳技术进展

8.1 低碳发展形势

由温室气体排放带来的全球气候变化问题日益引起国际社会的广泛关注。气候变化被认为是21世纪人类面临的最复杂的挑战之一。从1992年《联合国气候变化框架公约》签署到2005年《京都议定书》生效，再到后来京都谈判艰难上路，一个涵盖国际政治、经济、技术、法律、环境等各方面的国际气候制度已经形成并处于不断演化的进程之中。国际气候谈判已不只是单纯的环境事务，而是涉及未来各国争取发展空间和选择发展道路的问题，关乎各国重大的政治和经济利益。向低碳发展转型是世界经济发展的趋势。

8.1.1 低碳发展概念

低碳发展是指一种以低能耗、低污染、低排放为特征的可持续发展模式。低碳发展对经济社会可持续发展具有重要意义。低碳发展是科学发展的内在要求，发展低碳经济有利于“资源节约型、环境友好型”两型社会建设，达到人与自然和谐相处。

低碳发展是“低碳”和“发展”的有机结合，一方面要降低 CO_2 排放，另一方面要实现经济社会发展。低碳发展并非一味降低 CO_2 排放，而是要通过新的经济发展模式，在减少碳排放的同时提高效益或竞争力，促进经济社会发展。推进低碳发展具有重要意义，低碳发展有利于优化能源结构，有利于保护环境，有利于促进产业结构优化和转型升级，有利于培育可持续竞争力。低碳发展的实质是以低碳技术为核心，低碳产业为支撑，低碳政策为保障。通过创新低碳管理模式和发展低碳文化，实现经济社会发展的低碳化。

低碳发展有两方面含义：第一，低碳发展包括生产、交换、分配、消费在内全过程社会活动的低碳化，努力降低温室气体排放，实现低排放乃至零排放；第二，低碳发展要实现社会活动全过程能源消费的低碳化，提高能源效率、降低能源消耗，用低碳能源或无碳能源支撑国民经济和社会活动的可持续发展。因此，低碳发展是指依靠技术创新和政策措施，实施一场能源革命，建立一种较少排放温室气体的经济发展模式。低碳发展的基础是建立低碳能源系统、低碳技术体系和低碳产业结构，核心是能源技术创新和制度创新，从而建立与低碳发展相适应的生产方式、消费模式和鼓励低碳发展的国际国内政策、法律体系和市场机制，实质是高能源利用效率和清洁能源结构问题。低碳发展是通过更少的自然资源消耗和更少的环境污染，获得更多的经济产出。低碳发展是创造更高的生活标准和更好的生活质量的途径和机会，也为发展、应用和输出先进技术创造机会，同时也能创造新的商机和更多的就业机会[1]。

总结来说，低碳发展是来自气候变化领域的命题，本质是能源与发展战略调整，核心是能源技术创新、碳汇技术的发展和制度创新以降低单位 GDP 的碳强度，避免温室气体浓度升高影响人类的生存和发展（例如气候变化异常、出现灾害天气等）。低碳发展的着眼点是未来几十年的国际竞争力和低碳技术市场。要通过技术跨越式发展和制度约束来推动低碳发展，并具体体现在能源效率提高、能源结构优化以及消费行为的理性化[2]等方面。

8.1.2 国外低碳发展形势

为了应对全球气候变化的严峻局面，国际社会及相关组织机构不遗余力地推进低碳经济和相关公约的签订，试图控制温室气体排放，减缓全球气候变暖进程。

联合国于 1979 年召开第一次世界气候大会，1988 年建立了政府间气候变化专门委员会（IPCC），并于 1990 年开始建立政府间谈判委员会，达成《联合国气候变化框架公约》。1992 年 6 月联合国环境与发展大会提交并签署了《联合国气候变化框架公约》确定的“最终目标”是把大气中的温室气体浓度稳定在一个安全水平。1997 年 12 月，149 个国家和地区通过《京都议定书》，确定了各缔约国的减排承诺，并于 2005 年 2 月 16 日正式生效，这是人类历史上首次以法规的形势限制温室气体排放。根据“公平原则”以及“共同但有区别的责任”原则，《京都议定书》规定了 41 个发达国家对控制导致全球气候变暖的温室气体排放的法定义务：在 2008~2012 年将温室气体排放量在 1990 年的水平上平均减少 52%；其中，清洁发展机制（CDM）规定，附件 I 国家可以通过在发展中国家进行符合发展中国家可持续发展政策要求，又能产生温室气体减排效果的项目投资，以换取投资项目产生的部分和全部温室气体减排额度，作为其履行减排义务的组成部分[3]。2016 年 11 月 4 日，《巴黎协定》正式生效，标志着合作共赢、公正合理的全球气候治理体系正在形成，具有里程碑意义，有利于指引全球温室气体排放，彰显了全球各国低碳转型的决心。

低碳发展是世界各国发展的必然选择。英国政府为低碳发展设立了一个清晰的目标：到 2010 年 CO_2 排放量在 1990 年水平上减少 20%，到 2050 年减少 60%，到 2050 年建立低碳经济社会。为此，英国引入了气候变化税、碳排放贸易基金、碳信托交易基金、可再生能源配额等政策。日本与英国在低碳发展方面有很多共同愿景。2007 年 6 月，日本与英国联合主办了以“发展可持续低碳社会”为主题的研讨会，勾画了未来低碳社会发展的蓝图，并投入巨资开发利用太阳能、风能、光能、氢能、燃料电池等替代能源和可再生能源，积极开展潮汐能、水能、地热能等方面的研究；停止或限制高能耗产业发展，鼓励高能耗产业向国外转移，对一些高耗能产品制定了特别严格的能耗标准。2007 年 7 月，美国出台了《低碳经济法案》，提出了创建低碳经济的 10 步计划，对风能、太阳能、生物燃料等一系列可再生能源项目实行减免税收、提供贷款担保和经费支持等优惠政策。巴西、墨西哥、印度等发展中国家也主动减排、限排，低碳发展已成为国际社会主流的战略选择[4]。

8.1.3 中国低碳发展形势

中国正在大力推进生态文明建设，促进绿色、低碳、气候适应型和可持续发展。“十三五”期间（2016~2020 年），中国单位国内生产总值 CO_2 排放和单位国内生产总值能耗将分别下降 18%和 15%，非化石能源占一次能源消费比重将提高至 15%，森林蓄积量将增加 14 亿立方米，作为实施国家自主贡献的切实和关键步骤。中国将继续努力提高工业、交通和建筑领域的能效标准，推动绿色电力调度以加速发展可再生能源，于 2017 年启动全国碳交易市场，逐步削减氢氟碳化物的生产和消费。中国还将推进交通运输低碳发展，加强标准化、现代化运输装备和节能环保运输工具推广应用[5]。

为推进生态文明建设，推动绿色低碳发展，确保实现我国控制温室气体排放行动目标，国家发展改革委分别于 2010 年和 2012 年组织开展了两批低碳省区和城市试点。按照《中共中央关于制定国民经济和社会发展第十三个五年规划的建议》《国家应对气候变化规划（2014—2020 年）》和《“十三五”控制温室气体排放工作方案》要求，为了扩大国家低碳城市试点范围，鼓励更多的城市探索和总结低碳发展经验，经统筹考虑确定在内蒙古自治区乌海市等 45 个城市（区、县）开展第三批低碳城市试点。各试点省市认真落实试点工作要求，在推动低碳发展方面取得积极成效。

截至 2018 年，已经在全国 7 个省市开展了碳市场的试点工作，进展非常顺利。现在做到了有机构、有地方立法确定了配额，也分配了这些配额，建立配额的分配办法，还建立了核算报告、核查的体系及交易规则，完善了监管的体系和能力建设，基本形成了要素完善、特点突出、运行平稳的地方碳排放权交易市场。具体措施体现在：第一，制定了全国碳排放交易配额总量设定和分配方案。第二，印发了关于做好全国碳排放权交易市场启动重点工作的通知，开展了重点排放企业历史碳排放数据的核算、报告与核查工作，涉及重点企业 7000 多家。第三，加快了立法。起草完成了《全国碳排放交易管理条例》，已经列入了国务院的立法计划。还起草了企业碳排放报告管理办法、市场交易管理办法等，在法律法规上做了充分准备。第四，加强了基础能力建设。加强了参与市场建设的人员培训，建立了报告核查的技术问询平台，以及温室气体排放数据的报送系统等。中国的碳市场启动和全面建成需要一定的时间，但按照目前考虑，一旦建成之后将是全球碳排放交易市场中规模最大的市场[6]。

8.2　钢铁工业 CO_2 排放现状及核算

钢铁工业主要利用化石能源，是 CO_2 减排的重点行业。2017 年全球粗钢产量为 16.91 亿吨，如果以吨钢 CO_2 排放量 2t 计算，全球钢铁业 CO_2 排放量达 33.82 亿吨[7]，因此全球钢铁业的减排备受关注，而钢铁行业也在通过技术革新，减少能源消耗量，降低碳排放量。

8.2.1　钢铁工业 CO_2 排放量

世界钢铁协会的技术分析报告指出，世界上粗钢生产中，约 30%是电炉炼钢，其余基本上是长流程高炉-转炉炼钢。西方传统高炉流程的生产企业，吨钢 CO_2 排放量在 1.9t 左右。美国 1.2 亿吨钢，60%以上是电炉钢，吨钢 CO_2 排放 1.19t；欧盟国家约 40%是电炉钢，吨钢 CO_2 排放约 1.6t；亚洲地区粗钢生产以长流程为主，日、韩等国，吨钢 CO_2 排放约 2t。表 8-1 是世界钢协公布的吨钢 CO_2 排放量。中国钢铁工业生产以长流程为主，且能源结构中煤炭的比例高，所以吨钢 CO_2 排放量较高。近年来，随着我国钢铁工业结构调整，加大淘汰落后力度、设备大型化和节能技术广泛应用，能源利用效率的提升，初步测算，目前我国钢铁行业总体上 CO_2 排放强度在 $2tCO_2/t$ 钢左右。2017 年我国粗钢产量 8.32 亿吨，以吨钢 $2tCO_2$ 排放强度估算，排放量在 16 亿~17 亿吨左右，约占全国 CO_2 排放总量的 14%左右，是国内仅次于火电行业的 CO_2 排放大户[8]。

表 8-1　世界钢协公布的吨钢 CO_2 排放量

项　目	2011 年	2012 年	2013 年	2014 年	2015 年	2016 年	2017 年
世界钢产量/亿吨	15.38	15.60	16.50	16.70	16.20	16.06	16.91
世界钢协吨钢 CO_2 排放量/$tCO_2 \cdot t\text{-}s^{-1}$	1.70	1.80	1.80	1.90	1.90	1.90	1.90
世界钢铁行业 CO_2 排放量/亿吨 CO_2	26.15	28.08	29.70	31.73	30.78	30.51	32.13

8.2.2　钢铁工业 CO_2 排放来源

钢铁工业 CO_2 排放涉及生产全流程的焦化、烧结、炼铁、转炉及轧钢工序，CO_2 产生可简要分为工艺生产过程中化学反应排放的 CO_2，如炼焦、烧结、石灰石焙烧、钢铁冶炼和钢材酸洗过程产生的废气；以及燃料在炉、窑中燃烧产生的 CO_2。基于钢铁工业各流程能耗产生 CO_2 排放情况见表 8-2[9]，其中炼铁工序 CO_2 排放比例最大。可见，钢铁工业 CO_2 排放源遍布钢铁生产的各个工序，各 CO_2 排放源 CO_2 浓度不一[10]，见表 8-3。

表 8-2 钢铁工业各工序 CO_2 排放比例

工序	产量/万吨	吨工序产品 CO_2 排放/kg	吨钢 CO_2 排放/kg	所占比例/%
焦化	286	493.48	176.29	8.2
烧结	1098	191.93	263.37	12.25
球团	176	153.77	33.80	1.57
高炉炼铁	762	1457.12	1387.89	64.57
转炉炼钢	825	15.34	15.81	0.74
连铸	800	42.08	42.08	1.96
热轧	784	234.98	230.28	10.71
合计			2149.53	100

表 8-3 部分钢铁生产工序排放烟气中的 CO_2 浓度

烟气排放点	CO_2 浓度/%
焦炉烟道气	2~10
石灰厂石灰窑	22~44
烧结机机头大烟道	20~25
热风炉排烟	22~27
加热炉排烟	17~20
自备电厂尾部烟道	12~15

通过以上数据分析钢铁企业 CO_2 排放具有以下特点：

（1）CO_2 排放点多、分布广泛，遍布钢铁生产各个工序，其中铁前工序排放比例最高；

（2）各 CO_2 排放点烟气量低，浓度各不相同，除钢铁企业大型自备电厂和大型烧结机头排烟外，其他烟气排放点烟气流量都不大；

（3）烟气粉尘中重金属含量较高。

8.2.3 钢铁工业碳排放计算

钢铁工业中的能源消耗以碳素能源为主，大部分碳元素经过氧化过程转变为 CO_2 的形式释放到大气中。针对钢铁工业 CO_2 高强度排放的生产特性，结合目前国际上对钢铁工业节能减排日益重视的现状，国内外研究人员和相关研究机构对如何准确计算钢铁工业 CO_2 排放量和在研究如何降低 CO_2 排放的新技术等方面进行了探索工作。

目前，国际上由不同组织或国家相关机构提出有关钢铁工业温室气体排放的计算方法并不统一。主要有政府间气候变化专门委员会（IPCC）国家温室气体清单 CO_2 排放计算方法、世界钢铁协会（WSA）提出的 CO_2 排放计算方法（第1版和第2版）、世界资源研究所（WRI）与世界可持续发展工商理事会（WBCSD）共同开发的钢铁行业 CO_2 排放计算方法及一些发达国家（如日本）提出的温暖化对策推进计算方法等。近年来，基于全球节能减排的背景，中国主管部门陆续出台了《省级温室气体清单编制指南》《中国钢铁生产企业温室气体排放核算方法与报告指南》和2016年6月开始实施专门针对钢铁生产企业的国家标准《温室气体排放核算与报告要求》（GB/T 32151—2015）。由于使用的目的不同，计算方法也不相同。其中，国际上最常用的计算方法是世界钢铁协会所提出的方法[11]。

8.2.3.1 基于世界钢铁协会的计算

1996年世界钢铁协会进行了“从摇篮到大门”的LCI研究，于2009年、2016年分别出版了两种钢铁 CO_2 排放计算方法，其研究包括了从原燃料开采、运输、钢厂内的产品生产过程，并考虑了副产品在钢厂外部回收再利用的抵扣，但不包括下游产品的制造、使用和废钢回收。世界钢铁协会的钢铁产品生命周期碳排放计算，以各生产工序为单位，基于物质流将温室气体排放源扩大至钢铁生产的所有物料项。基于世界钢铁协会提出方法的计算步骤如下：

（1）绘制边界。确定计算范围内用能设施及设备边界。

（2）计算方法（排放因子）。世界钢铁协会提出的计算方法是基于碳平衡，钢铁工业碳排放的总量为所有工序生产吨工序产品 CO_2 排放量与该工序钢比系数之积的累计求和，如式（8-1）所示：

$$E_{总} = \sum_{i=1}^{n} E_i p_i \tag{8-1}$$

各工序产生的碳排放为输入工序的物料和能源的碳含量与输出工序的产物和副产物的差，如式（8-2）所示：

$$E_{工序} = \sum_{i,j}^{n} (C_{\mathrm{in},i} EF_i - C_{\mathrm{out},j} EF_i) \tag{8-2}$$

钢铁工业各工序碳排放包括3个部分，即直接排放量、间接排放量和碳排放抵扣。其中，直接排放源为构成元素中直接含碳的物料或由 CO_2 直接构成的气体等，具体包括了化石能源、熔剂、原材料和输出外部的副产煤气。间接排放源为本身的元素构成不含碳元素，生产物料或能源的过程中会消耗一定量的含碳能源的物料或能源，例如电力、蒸汽等。此外，该计算方法的间接排放中包含了所有物料和能源的上游排放，即外购能源在上游产生的碳排放，包括高炉煤气、转炉煤气、焦炭、氧气等。碳排放抵扣包括3个方面，即高炉渣、转炉渣和直接向外

排放的 CO_2。

（3）数据汇总。对生产过程中各工序的能够直接产生、间接产生或抵扣的 CO_2 的主要原物料清单进行统计分析，结合各物料和能源的 CO_2 排放因子，计算得出各物料或能源等价的 CO_2 排放值。

8.2.3.2 基于《温室气体排放核算与报告要求》的计算

《温室气体排放核算与报告要求　第 5 部分：钢铁生产企业》（GB/T 32151.5—2015）是国家发改委应对气候变化司提出的，由钢铁研究总院、冶金工业规划院、中国冶金清洁生产中心等机构的专家负责起草，借鉴了国内外有关企业温室气体核算报告研究成果和实践经验。本部分规定了钢铁生产企业温室气体排放量的核算和报告相关的术语、核算边界、核算步骤与核算方法、数据质量管理、报告内容和格式等内容。该方法基于投入产出思想，不考虑碳素流在各工序中的内部流动，从企业宏观层面上核算钢铁生产过程中的 CO_2 排放。核算的排放源包括化石燃料燃烧排放、各生产工序外购含碳原料和熔剂分解和氧化产生的排放、企业购入电力、热力与输出电力、热力产生的排放以及固碳产品隐含的排放。

基于国家标准《温室气体排放核算与报告要求》，钢铁生产企业的 CO_2 排放总量等于核算边界内所有化石燃料燃烧的排放量、过程排放量及企业购入的电力和热力所对应的 CO_2 排放量之和，同时扣除固碳商品隐含的 CO_2 排放量以及输出的电力和热力所对应的 CO_2 排放量，按式（8-3）计算：

$$E_{总} = E_{燃烧} + E_{过程} + E_{电和热} - E_{固碳} \tag{8-3}$$

8.3 钢铁工业低碳技术路径

不同钢铁生产路线的 CO_2 排放强度差异很大，因此优化钢铁生产路线可以减排 CO_2。此外，通过采用最佳可行技术（BAT）提高能源效率、采用创新技术（例如炼铁允许逐步淘汰炼焦和使用粉矿）、采用碳捕获与封存（CCS）技术等也可以达到减排 CO_2 的目的。

8.3.1 通过优化钢铁生产路线减排 CO_2

钢铁生产路线可以概括为高炉-转炉长流程以及电炉短流程两类基本方式，由于高炉-转炉长流程工艺主要依赖于煤、焦炭等化石能源，其吨钢碳排放强度明显高于电炉短流程工艺，因此，提高以废钢为原料的粗钢产量占比可以减少钢铁行业 CO_2 排放量。国际能源署（IEA）在其 2℃情景（2DS）下，为 2050 年的钢铁行业设定了 CO_2 排放较 2011 年减少 28%的目标，到 2025 年使用废钢的电炉钢比例达到 37%。2017 年，电炉钢产量仅占全球粗钢总产量的 28.0%。鉴于现有的生产基础设施使用寿命、废钢获得情况和钢的质量问题，在短短 8 年内电炉钢所占份额从目前的状态跃升至 37%几乎是不可能的。

8.3.2 通过采用最佳可行技术减排 CO_2

自1960年以来，钢铁生产的实际能耗下降了60%。对于许多钢铁企业来说，在降低能耗方面仍然存在很大的改进空间。使用国际能源署（IEA）通过采用最佳可行技术（BAT）估算减少 CO_2 排放量的方法，即2050年与2010年相比减少19%。假设最佳可行技术的推广使用遵循S曲线，并在2025年开始快速增长，国际能源署假定届时用于电炉生产的电力将仅有20%由化石燃料提供，而2011年这一比例为70%。基于此，假设由于电力脱碳和采用最佳可行技术，电炉的 CO_2 排放量在2050年将比目前的水平下降70%。

8.3.3 通过采用突破性技术减排 CO_2

截至目前，世界范围内开发了许多新技术，旨在实现脱碳的突破，本节简要介绍了几项关键技术：

（1）炉顶煤气回收高炉技术。炉顶煤气回收高炉概念意味着从顶部煤气中分离出 CO_2，并将剩余的煤气混合物注入高炉，这对新设备和经改造的设备而言是可行的。在瑞典LKAB公司位于Luleo的试验高炉上进行的试验表明，90%的再循环率使焦炭消耗减少25%，相当于减少24%的 CO_2 排放。在炉顶煤气循环比有限的情况下，将 CO_2 排放强度降低15%更为可行[12]。2015年，安赛乐米塔尔法国弗洛朗日（Florange）钢厂计划实施炉顶煤气回收中试试验，但由于资金问题暂搁，目前该项目的重新启动还没有提上日程。

（2）COURSE50项目。日本开发的COURSE50项目，其关键核心技术是氢还原炼铁法，即用氢作为还原剂，置换一部分焦炭，以减少高炉的 CO_2 排放。该项目使用废热分离以及回收高炉煤气中的 CO_2 等措施，可以减少 CO_2 排放约30%。在开发减排高炉 CO_2 的技术方面，日本钢铁联盟建设了1座 $12m^3$ 的试验高炉，确立了将氢还原效果达到最大化的反应控制技术；在分离捕集高炉 CO_2 的技术方面，研发高性能的化学吸收液，进一步提高物理吸附法效率，并且研究使用未利用的热能，从而进一步降低成本。化学吸收法工艺主要是在吸收塔内，吸收液与供给气体呈逆流接触，选择性地吸收 CO_2。CO_2 浓度升高后，将高浓度的吸收液送往再生塔，加热至120℃左右，释放 CO_2；再生后的吸收液冷却，再送至吸收塔。吸附和分离不断重复，从而达到 CO_2 的分离捕集，如图8-1所示。该技术计划在2030年开始应用。在满足确立 CO_2 封存技术及相关基础设施和确保经济合理性的前提下，预计在2030年之前将1号机投运，并配合高炉相关设备的更新；在2050年之前实现该技术的推广普及[13]。

（3）HIsarna项目。HIsarna项目采用了旋风转炉（CCF）和熔融还原炉（SRV）的组合。自20世纪90年代以来，霍高文公司开发了CCF，用于在

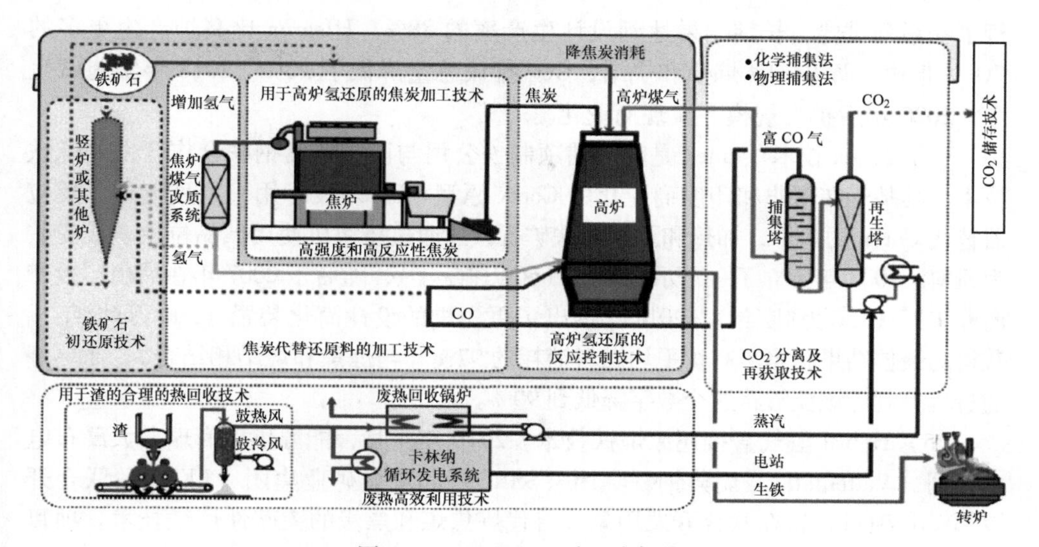

图 8-1 COURSE50 项目示意图

1450℃下熔融还原铁矿石。SRV 支持 HIsmelt 技术，而 2005~2008 年在澳大利亚奎那那（Kwinana）运营了一家采用该技术的产能为 80 万吨/年的示范工厂，该技术是由力拓、纽柯、三菱等公司合作主导的。奎那那示范厂 2008 年停产，山东墨龙 2012 年引进 HIsmelt 设施，2017 年下半年实现了连续工业化生产，平均日产铁量 1550t/d，煤耗保持在 950kg/t 左右[14]。HIsarna 是 CCF 设备和 HIsmelt 技术的混合体（见图 8-2），由印度塔塔钢铁公司在荷兰埃默伊登钢厂与力拓集团和其他一些炼钢和工程公司合作开发。2012~2015 年，在中试工厂（8t/h）进

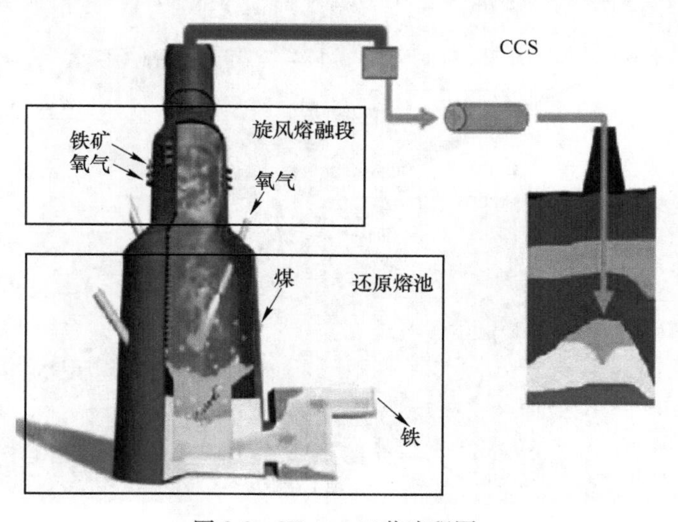

图 8-2 HIsarna 工艺流程图

行了一系列试验，长期结果达到设计生产率的88%。HIsarna比高炉产生更多的CO_2，但由于逐步淘汰炼焦和烧结，CO_2排放总量降低了20%。2018年实施试生产，2020年后扩大规模并实现商业化。

（4）Finex技术。Finex是韩国浦项制铁公司与西门子奥钢联合作开发的炼铁技术，其基于在南非和印度商业化的Corex原型。Finex技术用一系列流化床反应器替代Corex的竖炉，加热和预还原铁矿石，并通过压块机使用低品位块矿或粉矿为原料。2003年建立了一个示范工厂（60万吨/年），随后于2007年在浦项厂投产商业工厂（150万吨/年）。2014年推出了更先进的设计简化装置（200万吨/年）。获得的最佳结果相当于高炉平均燃料消耗的97%（与炼焦和烧结相结合），而更好的过程控制应该能够将这个数字降低到90%。

（5）Hybrit氢气直接还原炼铁技术。2016年4月，能源供应商瑞典大瀑布电力公司（Vattenfall）、瑞典钢铁集团（SSAB）和瑞典矿业集团（LKAB）联合开展Hybrit项目，旨在联合开发用氢气替代炼焦煤和焦炭的突破性炼铁技术。项目计划在2018~2024年进行全面可行性研究，并建立一个中试厂进行试验；在2025~2035年建设示范厂。Hybrit是采用氢的直接还原炼铁工艺项目。采用氢气作为主要还原剂，氢气和球团矿反应生成直接还原铁和水。直接还原铁作为电炉炼钢的原料，该工艺能大幅度降低CO_2排放量。使用的还原剂——氢气的主要来源是电解水制氢，电解水使用的电力来自于水力、风力等清洁能源发电站。

（6）CCUS技术。CCUS技术指CO_2的捕集应用与封存技术，如图8-3所示。

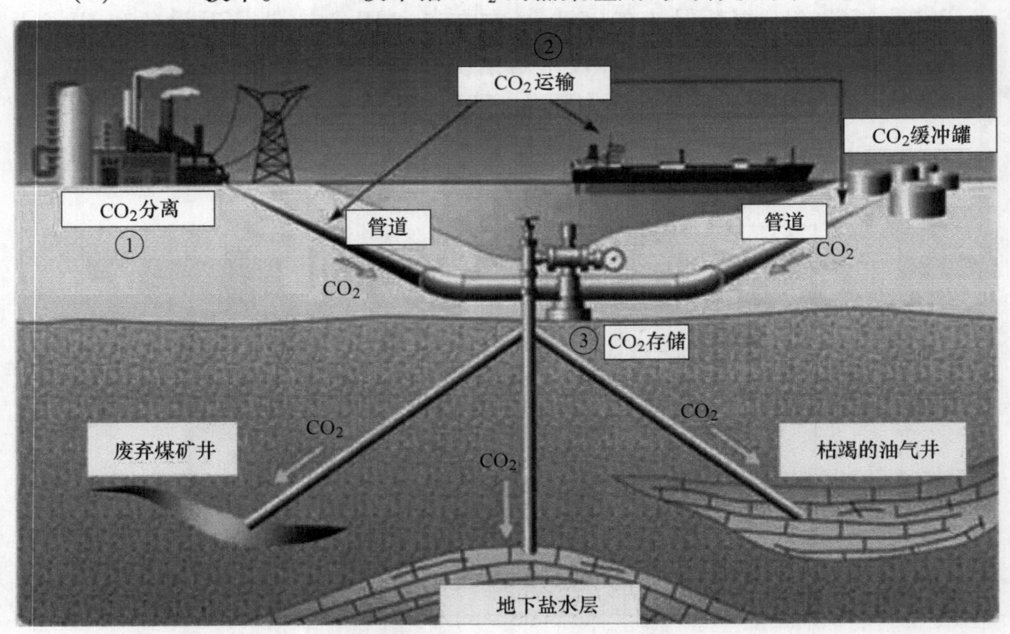

图8-3　CCUS技术示意图

能源工业和其他行业生产中化石燃料燃烧的 CO_2 经分离捕集后重新利用，或者通过管线输送到地下数千米的地质层中或经船舶运到海底封存，与大气隔绝。钢铁行业主要采用燃烧后捕集，常用的技术有深冷分离、物理吸附、化学吸收法及膜分离等。CO_2 捕集后的主要应用领域涵盖 CO_2 强化驱油（EOR）、CO_2 强化采煤层气（ECBM）及食品级 CO_2 精制等。该项技术被认为是应对气候变化并能较大程度减少碳排放的有效方法。美国、澳大利亚、欧盟、中东等国家和地区都十分重视发展 CCUS 技术，对该项目提供了包括政策与资金的大力支持，并深入推进该技术的研究，共同推动解决应对气候变化问题。

8.3.4 碳捕集与利用技术简介

8.3.4.1 捕集技术

CO_2 捕集技术是指 CO_2 的分离与纯化过程，目前钢铁工业 CO_2 捕集工作仍处于起步阶段，CO_2 捕集技术在燃煤电厂已有应用，可以作为钢铁行业 CO_2 捕集技术研究和未来应用中作为借鉴[16]。根据 CO_2 分离原理不同，CO_2 捕集可以分为吸收法、吸附法、膜分离法、低温分离法等，其中化学吸收法是目前研究和应用最多的方法[17]。

吸收法是利用 CO_2 酸性特点，采用碱性溶液进行化学反应，然后借助逆反应实现溶剂再生，最终解析出产品 CO_2；吸附法利用 CO_2 与吸收剂表面活性点之间的引力，通过变压吸附（PSA）或变温吸附（TSA）实现 CO_2 捕集；膜分离法根据在一定条件下，膜对气体渗透的选择性把 CO_2 和其他气体分离开；低温分离法基于混合气体中不同组分具有不同气化和液化特性将 CO_2 与其他气体分离。表 8-4 对比了不同 CO_2 捕集方法优缺点[18]。

表 8-4 不同 CO_2 捕集方法对比

分类	适用性	优点	缺点
吸收法	吸收容量受 CO_2 分压和原料气总压影响较小	吸收速度快； 净化度高； CO_2 回收率高； 投资低	吸收剂再生能耗高； 有腐蚀性
吸附法（PSA）	吸附压力需大于 0.7MPa	无污染物排放； 工艺简单； CO_2 回收率高； 吸附剂使用时间长，损耗小	投资高； 占地面积大
膜分离法	需要较高的 CO_2 分压	能耗低； 操作简单	投资高； 工业化不成熟
低温分离法	需要较高的 CO_2 分压	能耗与 CO_2 浓度有关，只有 CO_2 浓度大于 90%时，分离过程才经济；主要用于高浓度 CO_2 气体分离和提纯	

钢铁工业CO_2捕集主要集中在燃烧后捕集技术开发上，含CO_2烟气具有CO_2分压低、烟气流量不均一、杂质气体含SO_2、NO_x等特点，使得捕集技术选择性较窄，可工业化应用的技术主要为化学吸收法，如醇胺法等。针对化学吸收法吸收剂再生能耗高、有腐蚀性的缺点，技术开发重点为开发新型高效分离剂，降低分离成本；加强分离设备强化方面研究，开发高传质效率、低压降的分离设备和传质内件；加强新型分离技术开发和多种分离过程耦合技术研究。

8.3.4.2　CO_2利用技术

CO_2在国民经济各部门，如农业、轻工、机械、化工等，都有着非常广泛的用途。近些年来备受关注的CO_2利用技术包括石油开采、煤层气开采、化工利用及地质封存等技术领域。

利用CO_2开采石油，是一种合理贮存CO_2的先进技术，适用于油田后期开发。利用高压将CO_2注入油田，在油层温度和压力条件下，CO_2能很好地溶于油和水，进而与原油形成混合物，改善油和水的黏度、密度和压缩性，一般可提高油田开采率10%~15%。

化工利用方面，CO_2可以作为生产尿素、甲醇、有机酸的化工原料，尤其是CO_2在合成高分子材料方面的应用，如合成全降解塑料和碳酸酯等，不仅产生环保效益，而且带来巨大的经济效益，CO_2在化工方面具有广阔的推广前景。

CO_2矿化固定是指用含金属氧化物的材料与CO_2反应形成无机碳酸盐的工艺，模仿自然界矿物吸收CO_2过程形成稳定的碳酸盐来长期存储CO_2，所采用的矿物包括天然矿石和冶金废渣等碱性固体废弃物。

在CO_2地质封存技术方面，地质封存技术主要包括陆上咸水层封存、海底咸水层封存、枯竭油气田封存等方式。地质封存技术面临主要问题是安全问题，如果在运输、注入和封存过程中发生泄漏不仅直接危及现场人员安全，并且可能会对泄漏地附近的居民和生态系统造成不良影响[19]。国内外CO_2利用技术发展情况见表8-5。

表8-5　国内外CO_2利用技术发展情况

CO_2利用分类	国外进展	国内进展
开采石油	60年以上的研究和商业应用经验，技术接近成熟	工业扩大试验阶段
化工利用	日本、美国等在CO_2制备高分子材料方面已有产业化应用	在CO_2合成能源化学品、共聚塑料、碳酸酯方面已进入工业示范阶段
矿化固定	欧盟、美国等正在研发利用含镁天然矿石矿化固定CO_2技术，处于工业示范阶段	冶金废渣矿化固定CO_2关键技术方面已进入中试阶段
地质封存	长达十多年的连续运行和安全监测，年埋存量达到百万吨	仅有10万吨级陆上咸水层封存的工程示范

针对钢铁企业生产特点，在 CO_2 利用技术研究方面建议加强以下方面的研究：

（1）化工利用。加强 CO_2 作为合成原料研究，合成产品型化学品，或与现有焦炉煤气制甲醇、LNG 等工艺联产，CO_2 作为原料气参与到现有工艺中；

（2）矿化固定。重点研究冶金废渣矿化固定 CO_2 技术及产品化应用技术，实现以废制废，达到经济和环保的双重效益。

整体而言，国外钢铁行业已不同程度地开展了降低 CO_2 排放的技术研究，并已取得了一定成效。我国钢铁行业进入转型发展的攻坚期，已由“增量、扩能”向“减量、调整”转变，面临巨大的减排压力。因此，钢铁行业应借鉴国外先进的低碳技术，全流程减排 CO_2，为更好地深化生态文明改革、建设美丽中国而努力。

中国钢铁工业将进入转型升级和创新发展的关键时期，面对日益严峻的低碳发展形势，应积极应对机遇和挑战。2011 年 10 月，国家发改委批准北京、天津、上海、重庆 4 个直辖市以及湖北省（武汉）、广东省（广州）、深圳市开展碳排放权交易的试点工作，建立碳排放交易市场。2016 年，碳排放交易市场覆盖石化、化工、建材、钢铁等 18 个重点排放行业，参与主体为 2013～2015 年任意 1 年综合能源消费量达 1 万吨标准煤的企业。2015 年 11 月 30 日，国家主席习近平在气候变化巴黎大会开幕式上的讲话中提出：“中国在‘国家自主贡献’中提出将于 2030 年左右使 CO_2 排放达到峰值并争取尽早实现，2030 年单位国内生产总值 CO_2 排放比 2005 年下降 60%～65%，非化石能源占一次能源消费比重达到 20%左右，森林蓄积量比 2005 年增加 45 亿立方米左右。”2016 年 9 月，全国人大常委会批准中国加入《巴黎气候变化协定》，将以“自主贡献”的方式参与全球应对气候变化行动，共同减少 CO_2 排放量。2017 年 12 月，全国碳排放交易体系正式启动，首先从发电行业开始部署。钢铁工业是碳交易市场的主要目标和核心参与者，强制性减排 CO_2 将“倒逼”钢铁企业发展低碳技术[20]。

参 考 文 献

[1] 刘伊生．绿色低碳发展概论［M］．北京：北京交通大学出版社，2014.

[2] 殷瑞钰．过程工程与低碳经济［R］．北京：中国工程院咨询项目报告，2011.

[3] 李菽林．工业企业低碳经济发展评价体系研究［M］．北京：北京理工大学出版社，2011.

[4] 黄超，吕学都，马秀琴．论中国主要温室气体排放行业的低碳发展［M］．北京：中国环境出版社，2014.

[5] 孔锋．全球气候治理背景下中国应对气候变化的成就和思考［R］．合肥：中国气象学会，2018.

[6] 边悦．我国低碳试点城市发展评价与路径研究［D］．兰州：兰州大学，2016.

[7] World Steel Association. Steel Statistial Yearbook. 2018.

[8] 杨晓东．钢铁工业低碳发展途径思考［J/OL］．DOC88. com，2017［2019-01-31］.

[9] 上官方钦，张春霞，胡长庆，等．中国钢铁工业的 CO_2 排放估算［J］．中国冶金，2010，5（20）：37-42.

[10] 陈继辉，程旭．钢铁企业二氧化碳减排技术浅析［J］．冶金能源，2012，5（31）：3-6.

[11] 赵艺伟，左海滨，佘海峰，等．钢铁工业二氧化碳排放计算方法实例研究［J］．有色金属科学与工程，2019，10（1）：34-40.

[12] 严珺洁．超低二氧化碳排放炼钢项目的进展与未来［J］．中国冶金，2017，27（2）：6-11.

[13] 全荣．日本环境和谐型炼铁工艺技术（COURSE 50）的研发进展［N］．世界金属导报，2014-01-07.

[14] 张建良，李克江，等．山东墨龙 Hismelt 工艺的技术创新及最新生产指标［J］．炼铁，2018，37（2）：56-59.

[15] 赵沛，董鹏莉．碳排放是中国钢铁工业未来不容忽视的问题［J］．钢铁，2018，53（8）：1-7.

[16] 于德龙，吴明，赵玲，等．碳捕捉与封存技术研究［J］．当代化工，2014，4（43）：544-547.

[17] 朱书景，薛改凤，林博．二氧化碳控制技术及钢铁企业对策［J］．武钢技术，2010，48（3）：4-7.

[18] 李新春，孙永斌．二氧化碳捕集现状和展望［J］．能源技术经济，2010，4（22）：21-26.

[19] 李雪静，乔明．二氧化碳捕获与封存技术进展及存在的问题分析［J］．中外能源，2008，5（13）：104-107.

[20] 赵沛，董鹏莉．碳排放是中国钢铁工业未来不容忽视的问题［J］．钢铁，2018，53（8）：1-7.

9 钢铁工业的绿色设计及评价体系

绿色设计（Green Design）也称为生态设计（Ecological Design）、环境设计（Environmental Design）和环境意识设计（Environment Conscious Design）。

绿色设计是在产品的整个生命周期内，着重考虑原料和材料的绿色获取、产品制造、产品应用和产品的环境属性（可拆卸性、可回收性、可维护性、可重复利用性等），并将其作为设计的全部目标。

绿色设计是在保证产品的应有功能、使用寿命和质量等前提下，去满足绿色制造环境目标的全部要求。

绿色设计源于20世纪60年代在美国兴起的反消费运动。这场反消费运动是由记者帕卡德（Vance Packard）猛烈抨击美国汽车工业及其带来的废料污染问题而引发的。

绿色设计（Green Design）是20世纪80年代末出现的国际绿色设计高潮。绿色设计反映了人们对于现代科技文化所引起的环境及生态破坏的反思，同时也体现了设计师社会责任心的回归。

在漫长的人类设计史中，工业设计在为人类创造了现代生活方式和生活环境的同时，也加速了资源、能源的消耗，并对地球的生态平衡造成了极大的破坏。特别是工业设计的过度商业化，使设计成了鼓励人们无节制消费的重要介质，“有计划的商品废止制”就是这种现象的极端表现。无怪乎人们称“广告设计”和“工业设计”是鼓吹人们消费的罪魁祸首，招致了许多的批评和责难。正是在这种背景下，设计师们不得不重新思考工业设计师的职责和作用，绿色设计也就应运而生。

维克多·巴巴纳克在20世纪60年代出版的《为真实的世界设计》一书中提出：设计的最大作用并不是创造商业价值，也不是包装和风格方面的竞争，而是一种适当的社会变革过程中的元素。他同时强调，设计应该认真考虑有限的地球资源的使用问题，并为保护地球的环境服务。对于他的观点，当时能理解的人并不多。但是，自从70年代“能源危机”爆发，他的“有限资源论”才得到人们普遍的认可，绿色设计也得到越来越多的人的关注和认同。

9.1 绿色设计原则

绿色设计的原则是公认“3R”原则，即Reduce、Reuse、Recycle，即减少环境污染、减小能源消耗，产品和零部件能得到再生、回收循环或者重新利用。

9.2 绿色设计特点

绿色设计具有以下特点：

（1）生态设计需采用生态材料，即其用材不能对人体和环境造成任何危害，做到无毒害、无污染、无放射性等。生产材料应尽可能多地采用二次资源，如废弃物、废液等。最大限度地使用可再生材料，最低限度地使用不可再生材料。

（2）产品的设计一开始就要考虑产品和零件的可循环或回收利用。

（3）采用低能耗和少污染的生产工艺和技术。

（4）将产品的包装减到最低限度。

9.3 绿色设计基本方法和基本程序

绿色设计的基本方法及程序如下：

（1）源头绿色设计。在产品、产量设计和能源结构确定后，设计绿色流程、绿色原料结构和绿色工艺（原料绿色加工、资源和能源高效利用）等。

（2）过程绿色设计。采用清洁生产方法，系统管理和控制过程。

（3）末端绿色设计。在源头和过程控制基础上，采用环保新技术、二次能源和二次资源高效回收和利用技术。

（4）大循环绿色设计。交叉设计钢铁工业和其他工业以及社会产生的二次资源和能源的相互利用。尽可能利用钢铁工业的高温工艺和设备处理其他工业或社会的废弃物。

另外，还要完成绿色物流设计、绿色包装设计、绿色回收设计、可拆卸性设计、绿色服务设计等。

9.4 绿色评价体系

评价方法有3种：

（1）按绿色工业的定义进行评价。

（2）按工信部绿色工业的评价通则和各个行业的评价细则进行评价（有一套定量评价体系）。

（3）按产品的生命周期评价方法进行定量评价（见本书前述内容）。

9.5 实例介绍

9.5.1 河钢唐钢

9.5.1.1 简介

河钢集团唐钢公司（简称河钢唐钢或唐钢），是河钢集团的核心骨干企业，始建于1943年，迄今已有76年的历史。

河钢唐钢在中国现代冶金工业发展史上占有十分重要的地位：新中国成立后很长一段时间，唐钢与上钢、天钢一起并称为“上天唐”，位居全国“十大钢”之一，几十年来为国家和地方经济建设和社会发展做出了历史性贡献。可以说，随着国家的发展建设，唐钢从建国初期的一个破旧的小作坊式的工厂逐步发展成为当今在国内外具有较高知名度和影响力、工序齐全、配套完整、工艺先进、设备精良、产品优质的大型现代化钢铁联合企业。

唐钢是我国碱性侧吹转炉的发祥地，被誉为“中国转炉的故乡”；唐钢是中国钢铁企业中最早实现转炉炼钢全连铸的企业，长期引领着钢铁行业的工艺装备革新和技术进步。

唐钢现有在岗职工近3万人，目前具有铁、钢、材1800万吨的配套生产能力，产品主要包括热轧薄板、冷轧薄板、镀锌板、中厚板、棒线型材等，其中精品板材占产品总量的70%以上，产品广泛用于汽车、家电、机械制造、基建工程等重要领域，远销欧洲、美洲、非洲、亚洲等150多个国家和地区。

近年来，唐钢在工艺、装备、技术、管理等各方面实现一系列重大进步，主要装备进入国际领先行列，工艺技术达到行业先进水平，现已成为国内外具有重要影响力的汽车板、家电板生产商和综合服务商。

唐钢先后荣获“全国五一劳动奖状”“可持续发展卓越奖”“全国生态文化示范企业”“全国绿化模范单位”“国土绿化突出贡献单位”“中国钢铁工业清洁生产环境友好企业”“河北省文明单位”“全国清洁生产示范企业”、第一批“绿色制造体系建设示范企业”以及第一批“绿色工厂”等多项荣誉称号。唐钢的绿色转型被业内称为“唐钢现象”，唐钢被誉为“世界上最清洁的钢厂”。

当前，唐钢正按照河钢集团部署，认真贯彻落实习近平新时代中国特色社会主义思想和党的十九大精神，积极践行新发展理念，深入推进供给侧结构性改革，加快融入“一带一路”和京津冀协同发展国家战略，全面推进转型升级和高质量发展，努力建设最具竞争力钢铁企业。

9.5.1.2 绿色制造理念和绿色发展目标

2015年由冶金工业规划研究院和河钢集团联合编制了《河钢集团有限公司绿色发展行动计划》，提出了“六位一体”全新的发展理念。“六位一体”内涵主要包括绿色制造、绿色产业、绿色产品、绿色采购、绿色物流和绿色矿山。

唐钢是河钢集团实行绿色发展的先行者。按照河钢绿色发展总体路线图，根据河钢集团绿色发展行动计划提出的目标，到2020年，形成唐钢绿色工厂管理体系，体系将综合节能、环保、低碳、计量、质量、社会责任各项职能，形成系统化、规范化、标准化的绿色工厂管理体系。

预计到2019年年底，颗粒物、SO_2、NO_x、COD和氨氮可以完成年排放总量分别为3158t、683.92t、2362.44t、69.56t和2.24t，远低于“十三五”规划颗粒物7000t/a、SO_2 10000t/a、NO_x 14000t/a、COD 700t/a、氨氮35t/a的目标。

9.5.1.3 绿色制造取得的成效

A 装备水平

唐钢主动适应国家经济发展的新常态，积极参与供给侧结构性改革，全面推进改革创新，加快结构调整和产业升级，全面推进提质增效和转型发展，以建设最具竞争力钢铁企业为目标，不断提升新常态下企业的综合竞争力。

唐钢高炉、转炉、轧钢系统及板材生产线的装备配置均能达到国内先进水平。唐钢顺应国内外行业发展新要求，着力加强公司计量工作，从加强测量管理体系建设、搭建专业管理组织架构、强化计量人员素质、加强计量器具配备、严抓计量检定和校准等方面开展工作，确保公司测量设备运行稳定受控，为公司生产经营提供了精准可靠的数据支撑。目前已经获得了国家AAA级测量管理体系认证。

B 环境保护

2015年至今，唐钢环保投入累计约25亿元，建设项目157个，涵盖原料、烧结、炼铁、炼钢、轧钢各个领域，投入后，无组织排放得到有效控制，有组织排放均达到超低水平。

a 无组织排放

铁精矿等原料储存场、煤、焦粉等燃料储存场和石灰（石）等辅料储存场均采用封闭料场（仓、棚、库），并采取雾炮喷淋清扫等抑尘措施。料场路面全部硬化，出口配备车轮和车身清洗装置。

厂内铁精矿、烧结矿、块矿等大宗物料及煤、焦粉等燃料采用封闭通廊或管状带式输送机等封闭式输送装置。

车辆运输的石灰等粉料采取吸排罐车等密闭输送方式；车辆运输的焦粉、煤粉等粉料，采取密闭措施；返矿、返焦采取密闭皮带输送装置。

汽车、火车卸料点设置集气罩、皮带输送机卸料点设置密闭罩，并配备除尘设施。除尘器设置密闭灰仓并及时卸灰，采用真空罐车、气力输送等方式运输除尘灰，除尘灰不落地。

各工序其他产尘点均设置集气罩并配备有效除尘设施。

b 烧结工序

烧结机头烟气采用静电除尘+密相塔半干法脱硫+氧化脱硝工艺，实现烟气脱硫、脱销、脱尘，最终排放指标满足颗粒物10mg/m^3、二氧化硫35mg/m^3、氮氧化物50mg/m^{3}以下的标准要求。

烧结机尾烟气采用电袋复合除尘技术进行处理，实现最终颗粒物排放浓度小于10mg/m^3。

c 炼铁工序

矿槽布料、出料、筛分等产尘点设集尘罩，收集含尘废气后送矿槽布袋除尘器或静电除尘器处理。高炉出铁场铁沟、渣沟加盖封闭，铁沟、渣沟、铁水罐上方设捕集罩，废气送高炉出铁场布袋除尘器处理。实测颗粒物浓度均小于 $10mg/m^3$。

d 炼钢工序

铁水倒罐站、铁水预处理、白灰上料、料仓配备、白灰转运、合金料上料、转炉二次烟气、转炉三次烟气和精炼炉废气均采用布袋除尘方式进行处理。板坯连铸火焰切割部分采用喷水降尘及布袋除尘方式进行抑尘处理。实测颗粒物浓度小于 $10mg/m^3$。

转炉一次烟气采用新型 OG 法净化系统处或 LT 静电干法除尘方式进行处理。实测颗粒物浓度小于 $5mg/m^3$。

e 轧钢工序

加热炉以净化后的煤气为燃料并采用蓄热式低氮燃烧加热炉和煤气换向反吹技术，燃烧后的烟气分别经排气筒排放。最终实现颗粒物 $10mg/m^3$、二氧化硫 $50mg/m^3$、氮氧化物 $150mg/m^3$ 以下。

C 节能水平

a 管理手段

2010 年 4 月，唐钢投资 1.5 亿元，建立了能源管控中心。唐钢能源中心涵盖焦化、北区炼铁、南区、高强汽车板 4 个厂区、240 多个子工序，3800 多个能源计量点、60000 条管理数据通信量、每天处理数据量达 200000 点。唐钢能源中心采用信息化、智能化手段大幅提高了能源管理效率，能源管理数据更准确，分析更全面，对生产指导性更强。

b 技术手段

自 2010 年以来，唐钢在节能减排、清洁生产和环境治理方面，投资 31.8 亿元，实施了 32 项节能减排技术改造项目，实现了从技术改造、系统优化、结构调整等角度分析潜力，改变过去能源管理追求安全稳定运行方式，实现能量系统优化、安全经济运行；改变过去余热余能重回收，实现重转化、重效率，提高余热利用价值。投资 16 亿元建设了 13 项煤气及余热综合利用发电项目及其配套改造项目，新增自发电装机容量 160MW，年实现节能量 29.51 万吨标准煤。最高时，唐钢本部日发电量达到 800 万千瓦时以上，自发电比例达到了 75%以上。

烧结机全部配套了环冷余热发电装置，总装机容量 40MW，吨矿发电量 26kW·h；高炉全部配备了炉顶余压发电装置，总装机容量 64MW，吨铁发电量达到 45kW·h，转炉全部回收转炉煤气和余热蒸汽，吨钢转炉煤气回收量达到 $120m^3$ 以上，吨钢余热蒸汽回收量 110kg 以上，利用转炉余热蒸汽发电的 15MW

低温余热机组，吨钢发电量达 11kW · h 以上；加热炉全部采用了蓄热式燃烧技术，充分利用了炼铁、炼钢回收的二次能源（煤气），不再消耗一次能源；动力系统全部以富余煤气为燃料，不再消耗动力煤，锅炉所产蒸汽在满足高炉鼓风需求后，全部用于发电。

c　结构节能

唐钢作为典型的长流程钢铁联合企业，消耗的主要能源种类有焦炭、无烟煤、烟煤、电力、水、汽油、柴油等。唐钢以能源管控为依托，全面提升成本控制能力和产品创效能力，积极推进转型升级、提质增效，以结构调整、节能减排为主线，依靠科技进步，积极推广应用节能环保新技术、新工艺、新装备，开展以煤气、余热余压综合利用为核心的节能技术攻关活动，节能减排工作取得明显成效，实现了企业节能降耗，减排增效，经济效益和社会效益的协调发展。

唐钢在管理、技术、结构节能手段共同努力下，节能指标也取得了良好的成绩，吨钢综合能耗和企业自发电率等指标都处于行业先进水平。

D　二次能源利用水平

唐钢焦炉煤气、高炉煤气利用率接近 100%，领先 2016 年全行业焦炉、高炉煤气平均利用率（2016 年行业平均高炉煤气损失率 1.06%，焦炉煤气损失率 1.05%），转炉煤气平均回收能量达到 23.8kgce/t，领先 2015 年全行业转炉煤气平均回收热量（23kgce/t），自发电比例达到 80%。高炉 TRT 吨铁平均发电量 49.37kW · h，比行业平均值高出 25%。总体来看，唐钢在二次能源利用方面处于行业领先水平。

唐钢投资 3.3 亿元建设了我国华北地区最大的城市中水与工业废水处理工程。该工程包含城市中水、工业废水处理系统和废水深度处理系统。主要采用超滤和反渗透处理工艺，生产高品质的软化水和除盐水，每天可提供软化水 2.4 万立方米、除盐水 7200m^3，年减少新水使用量 1752 万立方米，每天处理城市中水和工业废水各 7.2 万立方米。2014 年投资 1500 万元将城市中水引入唐钢北区，实现了城市中水全部替代地表水，年减少地表水使用 612 万立方米。唐钢在行业内率先实现了工业水源全部采用城市中水，关停全部深井水，水资源综合利用能力达到行业领先水平。

E　工业废弃物的利用

（1）高炉水渣。唐钢建设 2 条 60 万吨产能的高炉水渣超细粉生产线，年可生产比表面积为 450m^2/kg 的高附加值水渣超细粉 120 万吨，解决了高炉水渣的去向问题，实现了高炉水渣综合回收利用率 100%。

（2）转炉钢渣。唐钢投资 2.2 亿元建设钢渣深度提铁示范项目。从转炉出渣到钢渣运输过程全程不落地，解决落地倒运过程产生的无组织尘排放。同时，钢渣处理采用先进的地上式闷渣工艺解决了长期困扰企业的钢渣处理过程中产生的无组织粉尘排放问题。形成了年加工处理钢渣120万吨的钢渣预处理系统、40万吨的钢渣超细粉生产线和40万吨的钢渣路基料生产线；钢渣处理产生的尾渣全部用于生产路基料和钢渣超细粉，产出的废钢、高品位钢渣粉、中品位钢渣粉、低品位钢渣粉，全部返回用于炼钢冷料、烧结配料综合利用，钢渣综合利用率为100%。

（3）炼钢过程产生的含水70%左右的转炉泥浆全部返回烧结配料直接利用。

（4）冷轧产生的氧化铁皮全部返回烧结配料回收利用，产生的废酸经酸再生处理后回用。冷轧酸再生产生的氧化铁红全部外销用于生产磁性材料。炼铁厂铁烧系统产生的含铁粉尘全部返回烧结系统利用。

（5）工业固体废弃物综合利用率达到100%，全面实现固体废弃物资源化。

近年来，唐钢坚持循环经济“减量化、再利用和资源化”的原则，在钢铁生产及产品服务全生命周期努力践行清洁生产、绿色采购和废弃物资源化利用等循环经济发展理念。注重在各冶炼工序实施工艺技术优化，降低原材料消耗和提高资源产出率；强化对供应商和采购过程的精细化管理，有完整的供应商招投标制度及管理制度，持续推进绿色采购供应链建设。自2008年以来，唐钢在生产经营面临巨大困难的情况下，坚持项目不减、资金不减、管理力度不减的原则，矢志不渝地推进治污减排、清洁生产和环境治理。唐钢建立物质循环、能源循环及废弃物再资源化生产体系，全面推进节能、节水、降耗及资源综合利用等方面的技术进步，使唐钢的资源和能源效率及污染物排放等指标达到业内先进水平。

9.5.2 宝钢湛江

9.5.2.1 简介

宝钢湛江钢铁有限公司是全球领先的现代化钢铁联合企业——“宝山钢铁股份有限公司”的四大基地之一。宝钢湛江位于广东省湛江市东海岛，是连接东盟、大西南、北部湾、海南经济自贸区、粤港澳大湾区等区域经济圈的桥梁与纽带，临近钢铁消费市场，且湛江港的地理位置和深水条件极有利于海外铁矿石输入，实现了资源和市场的最佳结合。宝钢湛江占地面积12.58km，基地强调紧凑、集约、联合（合并），节约用地，充分考虑了集中管理、减员增效，减少设施备用数量、降低建设投资和工序间的运输成本、兼顾远期的发展等多方面因素，更好地体现紧凑型钢厂的优点，可有效减少物流、降低热损，提高效率。宝钢湛江具有年产铁水823万吨、钢水892.8万吨、钢材689万吨的生产能力，主要品种包括热轧板、冷轧薄板、热镀锌板、电工钢及宽厚板等，同时预留热轧超高强钢生产能力。产品满足中国南方市场和“一带一路”新兴经济体对中高端钢铁产品的需求。

2017年，宝钢湛江钢铁被国家工信部评为全国钢铁行业水效领跑者，成功入选2018年度中国钢铁工业清洁生产环境友好企业推荐名单，并排名第一；在广东省企业环保信用评价工作中，被授予广东省环保信用评价绿牌企业；中国钢铁工业协会授予湛江钢铁“全国冶金绿化先进单位”荣誉称号。SO_2、NO_x、颗粒物等排放量比去年进一步下降，完成年度减排目标的103.93%，实现环保税减免658.98万元。

9.5.2.2 绿色制造理念

宝钢湛江致力于打造钢铁绿色产业链，积极构建全流程的绿色钢铁生产体系，成为环境友好的最佳实践者。宝钢湛江以“践行智慧制造、践行清洁生产；引领技术创新、引领产品发展；创造更高效率、创造更好效益”目标，遵循“简单、高效、低成本、高质量”的原则，坚持贯彻新发展理念，以“高强、高效、稳定、智能、绿色”为特点，从高端差异化制造、低成本绿色生产、全流程质量保证、全过程用户服务方面构建装备和技术能力，进一步增强热轧超高强钢，冷轧超高强钢、汽车板等产品的市场供应和盈利能力；将采用全流程超低排放新标准，打造最先进、最高效、最具竞争力的绿色钢厂，成为钢铁业高质量发展的示范基地，为实现中国宝武“共建高质量钢铁生态圈”和宝钢股份“成为未来钢铁引领者”使命贡献智慧和力量，为推动广东构建“一核一带一区”区域发展新格局、服务湛江打造现代化沿海经济带重要发展极发挥应有的作用。

9.5.2.3 绿色制造取得的成效

A 装备水平

宝钢湛江钢铁全面、全流程应用行业BAT技术，并大胆采用了一些较为先进的新技术手段，持续降低钢铁生产过程中的化石能源消耗。

高炉工程采用新型无料钟炉顶设备、全干式除尘工艺；焦化工程采用超大新型环保焦炉，不设筛焦装置，并取消回送焦系统；烧结工程采用超大型烧结机，并运用液封环冷技术；原料工程采用对粉料全部封闭式的原料场，转底炉工艺使含铁固废物100%利用；炼钢工程采用洁净钢冶炼技术、一键炼钢技术、BRP工艺技术等，实现转炉多种冶炼方式组合；热轧工程产线定位清晰，关注高强钢；冷轧工程采用全新的模块化设计理念，规范机组设备配置，有效降低投资与运行成本；能源、运输工程采用专业化、集约化管理，减少物流和管理的交叉。

宝钢湛江在建设中坚持环保最高起点、最高标准，并率先将大量行业前沿探索和示范性技术自主工程集成应用，以大型焦炉烟气综合治理、烧结一体化烟气治理、原料系统全封闭、冶金尘泥转底炉、焦化废水湿地处理、海水淡化及雨水收集利用等一大批环保技术代表着当今钢铁行业最先进的绿色工厂技术。

B 环境保护

宝钢湛江共采用成熟可靠的节能环保技术116项，投入超过65亿元。在保障钢铁生产主体设备技术先进性的同时，积极吸收和采用国内外先进的节能减排新工艺。使用先进的烟气脱除技术，自备电厂采用海水脱硫法和催化还原脱硝工艺，脱硫效率95%，脱硝效率85%；烧结采用活性炭脱硫法，脱硫效率95%；原料单元粉状物料和所有用煤实行全封闭储存，消除全厂最大的无组织排放源；充分利用湛江的雨水资源，全厂设置雨水收集系统，将雨水收集、加工处理成工业水利用；采用先进的循环用水系统，全厂水循环利用率超过98%。环保设施自投产运行以来，宝钢湛江吨钢耗水指标和排水量、废气和废水污染物排放指标运行实绩均优于国内重点大型钢铁企业，在国内，吨钢污染物排放最低。

宝钢湛江投资4900万元，在厂内建设两块人工湿地，共8万平方米，可每天处理焦化废水和生活废水2万吨。处理达标后的焦化和冷轧废水分别用于高炉和转炉冲渣，年节约水量320万吨；其中利用人工湿地净化焦化废水属于国内首例；人工湿地的建设既可以改善生态环境，也可打造成厂内重点景观之一。

在无组织排放控制方面，由原料单元设置“蒙古包”将粉状料全部封闭，配合原料大棚和防尘网，抑制无组织粉尘扩散，在国内钢铁企业属于先例；原料、烧结和炼焦区域过路段实施皮带通廊，其余进行皮带机封闭，同时配以微雾抑尘技术，对起尘点进行粉尘治理，做到无组织粉尘完全受控，改善视觉效果；在炼铁和炼钢设置屋顶除尘系统，杜绝无组织粉尘的散逸，通过以上手段，保证湛江钢铁无组织排放处于钢铁业最优水平。

在组织排放控制方面，全厂共设有170套除尘器，其中包括工艺除尘18套，非工艺除尘152套，全面控制烟粉尘的排放量，减轻环境压力。湛江钢铁严格按照国家和地方的环保要求，通过技术升级改造，使烟粉尘排放浓度达到特别排放限值要求，将空气中的PM10、PM2.5的浓度影响控制到最低。

在烧结烟气“三脱”方面，烧结烟气净化采用国际先进的活性炭技术，实现脱硫、脱硝、脱二噁英，排放达标更有保障。通过活性炭技术对烧结机头烟气净化，使烧结烟气SO_2浓度控制在50mg/m^{3}以下，NO_x控制在150mg/m^{3}以下，粉尘排放浓度控制在20mg/m^{3}以下，均达到特别排放限值标准。

在焦炉烟气脱硫脱硝方面，为了达到特别排放限值要求，湛江钢铁对焦炉烟气采用同步脱硫脱硝工艺，采用低温脱硝技术，与高温和中温脱硝技术相比更加节省能源。同时，煤气精制单元在真空碳酸钾工艺后面增加干法脱硫设备，保证焦炉煤气中硫化氢含量降到100mg/m^{3}以下，符合清洁生产一级标准。

在自备电厂烟气治理方面，为响应《煤电节能减排升级与改造行动计划(2014—2020年)》中“超洁净”排放标准的要求，湛江钢铁自备电厂通过技术优化，进一步降低污染物排放浓度，在设置布袋除尘的基础上，增加湿法电除尘，将烟粉尘浓度排放控制在10mg/m^{3}以下；升级脱硫工艺，有效将二氧化硫浓度控制在35mg/m^{3}以下；通过增加脱硝设施填充料，进一步提高脱硝效率，将氮氧化物的浓度控制在50mg/m^{3}以下。

高炉煤气采用干法煤气除尘工艺，净化后煤气含尘浓度不大于 5mg/m^3，进入全厂煤气管网全部回收利用。湛江钢铁通过自备电厂的调节作用，完全消耗多余的高炉煤气，既节约了燃煤的使用量，也减少煤气放散带来的环境问题。

转炉煤气净化采用湛江钢铁独创的新 OG 技术，既能达到良好的除尘效果，粉尘浓度不大于 20mg/m^3，又能适应湛江潮湿的气候条件，保证系统平稳顺利运行。

C 节能水平

宝钢湛江将各个生产工序中产生的各种余热充分合理利用，最大限度地提高能源利用效率。相继完成了“焦化区域余热蒸汽效能提升”“改善后半 LDG 混合装置能力”和“电厂低负荷两磨运行”等节能项目，全年可节约标煤 11.5 万吨，年减排 CO_2 量约为 30 万吨，并将焦炉、高炉、转炉煤气净化后回收利用，利用率达 100%。

宝钢湛江通过采用工艺节能和能源替代技术，减少铁水和钢水降温、优化轧制工艺、减少出炉时间、提高可热送钢种比例、热送热装等工艺手段，进行低碳工艺路径探索。

D 二次能源利用水平

宝钢湛江建设 7 个二次资源利用项目，二次资源综合利用率达到 99.93%，处于国内最高水平。

除此之外，宝钢湛江设置全厂性的含铁固废处理中心，设转底炉、OG 泥冷压块设施、尘泥均质化设施、筒仓收集设施，100%回收利用含铁尘泥，使固废返生产利用率达 31.5%的先进水平；通过设立冶金渣再生建材厂等多项措施，使固废利用率提高到 99.96%的先进水平。

宝钢湛江采用以“鉴江引水”为基础，“海水淡化”“废水回收”和“雨水收集”并重的水资源结构，充分利用当地雨水资源丰富的特点，改变了传统“1+1”（市政供水+污水回用）用水模式，建设 2 座总容积 120 万立方米的雨水收集池，集雨水收集、排洪、安全贮水、区域隔离等功能为一体，保证全厂供水需求，并大大减少对周边鉴江水的消耗；另外，建设了厂内可满足废水梯级利用的齐备的水处理设施，实现水资源重复利用率达到 98%。

充分利用当地丰富的海水和雨水资源，自备电厂利用海水直流冷却技术，并利用发电乏汽进行热法海水淡化，生产淡水量为 3 万吨/天；设置雨水收集池回收雨水，水量可达 1100 万~1600 万立方米/年。解决了钢铁基地所在地缺乏淡水资源的难题，减少对社会淡水资源的消耗。

不能回用的废水经深度处理后通过专门排放管道进行深海排放，排放量为 180 万吨/年，吨钢废水排放量达到国际先进水平，同时湛江钢铁规划研究采用浓水五效真空蒸发结晶器对该部分废水进行蒸发、结晶处理的可能性，以期真正实现完全“零排放”。

宝钢湛江钢铁将通过建立绿色沟通机制，与地方政府、周边企业等利益相关方构建和谐的企业-地方关系，将各自资源互通有无，充分进行循环利用，实现和谐共赢，共同发展。与中科炼化项目合作，进行能源和物质交换，运输渠道和中转环节共享，实现经济效益和环境效益最大化；可与当地政府合作，对东海岛的市政生活用水进行集中处理并回用，在承担企业社会责任的同时，减少了钢厂的淡水资源消耗；在高炉预留喷吹口，在社会配套政策成熟后，利用高炉热效应处理厂内及社会废旧塑料、轮胎和工业垃圾，减少工厂及城市白色垃圾；充分吸收社会废钢资源，作为企业生产的原料，减轻社会环境压力；通过水泥制造企业、建材企业综合利用厂内钢渣、水渣等二次资源，变废为宝。

9.5.3 首钢京唐

9.5.3.1 企业简介

首钢京唐钢铁联合有限责任公司（以下简称首钢京唐）是我国第一个实施城市钢铁企业搬迁、完全按照循环经济理念设计建设、具有国际先进水平的单体千万吨级临海靠港的大型钢铁企业，企业严格按照产品一流、管理一流、环境一流、效益一流的定位进行运营。企业位于唐山市的曹妃甸工业区，南有大海碧波，北有国家湿地公园的渤海湾难得的深水不冻港——曹妃甸。首钢京唐布局紧凑合理、流程顺畅，在吸收国际国内先进钢铁厂总图布置经验的基础上，最大限度地缩短中间环节物流运距。钢铁厂吨钢占地为0.9m^2，达到国际先进水平。首钢京唐具有年产铁898万吨、钢970万吨、钢材913万吨的生产能力，主要产品是热轧带钢、冷轧带钢、热镀锌板、彩涂板、电工钢等，用于汽车、造船、管线、家电等，产品规格齐全，质量等级达到国际先进水平。

首钢京唐把环保视为企业生存发展的命脉，走绿色低碳、循环发展之路，建设环境优美、资源节约的绿色钢铁梦工厂，做到生产建设和环境保护协调同步、生态发展与效益提升同频共振。首钢京唐被列为第一批钢铁行业资源节约型、环境友好型企业创建试点企业，获得了“中国钢铁工业清洁生产环境友好企业”、第九届企业类中华宝钢环境优秀奖（企业环保类）、国家级钢铁行业“绿色工厂”等荣誉称号。

9.5.3.2 绿色制造理念

首钢京唐按照循环经济理念，以“减量化、资源化、再循环”为原则，以低消耗、低排放、高效率为特征，应用先进节能减排技术，对余热、余压、余气、废水、固体废弃物充分循环利用，实现钢铁厂内部各工序间的循环、单位内部各部门之间的循环，与周边的社会生态系统之间的循环，形成完整的循环经济技术体系，具有钢铁生产、能源转换、城市固废消纳和为相关行业提供资源等功能，成为环境友好、服务社会、资源节约的绿色工厂，成为社会循环经济体系的一部分，实现区域层面上的循环经济。

A 技术水平

首钢京唐采用了220项国内外先进技术，完成了一大批创新成果。所采用的220项国内外先进技术中，自主创新和集成创新占到了2/3。项目总体设备国产化率占总价值的70%以上，占总重量的90%以上。

炼焦系统采用了真空碳酸钾脱硫、焦油氨水超级离心分离、高度自动化的炉机械等14项先进技术；建设两台300MW煤-煤气混烧发电机组，充分利用钢厂副产煤气，煤气掺烧比例最高可达40%（热量比）以上，不仅减少因煤气放散而造成的环境污染，而且年可节约煤炭资源60余万吨。

烧结系统采用了低温厚料层、烧结烟气循环流化床+SCR脱硫脱硝净化、烧结矿冷却余热回收等12项先进技术，烧结矿品位、转鼓强度及能源动力消耗指标均达到先进水平；炼铁系统采用了无料钟炉顶、高炉高效长寿综合技术、BSK高风温顶燃式热风、煤气全干法除尘、环保型渣处理等68项先进技术，有效地控制了粉尘、废渣的排放。

炼钢系统采用了高炉-转炉“一罐到底”的短流程界面衔接技术，在铁水罐内KR脱硫，脱磷、脱硅转炉与脱碳转炉高效配合的“2+3”全三脱冶炼工艺，双工位多功能RH真空精炼等18项先进技术，不仅提高了产品质量，而且有效地降低了能耗、减少了烟尘排放、增加了煤气回收。

B 环境保护

首钢京唐配套废气处理设施135套、废水处理设施8套、固体废物处理设施5套，环保总投资达91亿元。煤炭、矿粉等原燃料100%通过海运、铁路运输至封闭料场，并通过密闭皮带通廊转运，所有转运站、受料点均采用先进的双层密封技术进行密封，设置集尘罩和除尘系统，清洁运输比例已经达到领跑水平；2012年以来，京唐公司累计投入20多亿元推进绿色钢厂创建工作，投资近5亿元实施脱硫脱硝、除尘等超低排放改造工程，采用“半干法循环流化床脱硫+SCR脱硝”工艺对烟气进行深度处理，达到超低排放水平；投资1.2亿元实施焦炉烟气脱硫脱硝改造，投产运行后，颗粒物、二氧化硫、氮氧化物等污染物指标提前达到焦化超低排放限值要求；先后投资1.4亿元对自备电厂2台300MW发电机组提标排放改造工作，环保指标满足超低排放限值要求，于2019年2月1日通过了唐山市生态环境局组织的超低排放验收。

C 节能减排

首钢京唐以低消耗、低排放、高效率为特征，集成应用“三干”（焦炉干熄焦、高炉干法除尘、转炉干法除尘）技术、海水淡化、水电联产、烟气脱硫脱硝等一系列先进技术，对余热、余压、余气、废水、固体废物充分循环利用，初步形成了钢铁—电力、钢铁—化工、钢铁—海水利用、钢铁—建材、钢铁—污水5条综合利用产业链。

首钢京唐充分回收焦炉煤气、转炉煤气、高炉煤气，用于加热炉等工序，焦炉煤气连续多年实现了全年零放散。新投产的4.5万吨煤气发酵制乙醇商业化工厂可年产变性燃料乙醇4.6万吨、蛋白粉7600t、压缩天然气330万标准立方米，可有效降低CO_2和颗粒物排放量。

首钢京唐根据国家《海水利用专项规划》要求，大力实施海水综合利用工程，开辟了一条“热-电-水-盐”四联产的能源综合利用路线，为沿海钢铁企业余能高效利用注入新活力，提升了科技成果转化的能力和水平，为海洋经济提质增效提供了有力支撑。

首钢京唐在焦化废水深度处理上采用先进的电化学催化氧化工艺对原水中有机污染物进行降解和分解，实现了难降解有机污染物的去除，反渗透出水COD（化学需氧量）等指标全部满足国家循环冷却水回用标准。废水经过处理后，70%作为工业水回用，30%浓盐水用于炼钢焖渣和烧结混料。另外，首钢京唐建成固体废物处理设施5套，将工业固体废物资源化，全部消纳于厂内工业原料制造单元。

D　二次能源利用水平

首钢京唐以海水淡化催生的海水综合利用产业链初步形成。在国内首次应用热法低温多效海水能源梯电——水的大循环，年发电量3.4亿度，是循环经营的最好体现；海水淡化与下游制盐产业形成产业链，海水淡化产生的浓盐水供给附近的唐山三友化工股份有限公司。

首钢京唐将回收生产过程中产生的余热资源，除满足企业自用外，还向周边企业供应，目前已实现向工业区部分企业供应采暖水。充分挖掘设备生产能力，实现了氧气、氮气、氩气、氢气外销。目前，50余种能源产品已有20种外销，实现了为社会服务功能。

首钢京唐通过对全流程废渣、尘泥等固体废弃物高效回收、再资源化和产品化技术集成，实现了零排放，并通过深加工提升固废再资源化产品的价值。实现了高炉水渣、钢渣、粉煤灰、除尘灰、轧钢氧化铁皮等各类固体废弃物，实现了固体废弃物100%循环资源化利用。

首钢京唐实现了企业内、外物质、能量的循环。在内部，充分利用生产过程中的余热、余压、余气、废水、含铁物质和固体废弃物等，基本实现废水、固废零排放，铁元素资源100%回收利用。全流程吨钢综合能耗620kg标准煤，吨钢耗新水3.2m^3，水循环率达到98%，自供电率94%，吨钢粉尘排放量0.21kg、二氧化硫排放量0.13kg，达到行业领先水平。与企业外部的循环，每年采用海水淡化技术，可提供1800万吨浓盐水用于制盐，提供330万吨高炉水渣、转炉钢渣、粉煤灰等用于生产水泥等建筑材料，并可消纳大量的社会废钢等。

索　引

H

J

K

L

M

N

P

Q

R

S

T

U

W

X

Y

Z